Probability and Statistics

概率论与数理统计

基于R语言

方 红 ◎ 主 编

詹晓琳 张宣昊 刘晓梅 ◎ 副主编

上海财经大学出版社

图书在版编目(CIP)数据

概率论与数理统计:基于R语言/方红主编. —上海:上海财经大学出版社,2020.7

ISBN 978-7-5642-3444-7/F.3444

Ⅰ.①概… Ⅱ.①方… Ⅲ.①概率论-高等学校-教材②数理统计-高等学校-教材 Ⅳ.①O21

中国版本图书馆CIP数据核字(2020)第002628号

□特约编辑 夏 晴
□责任编辑 袁 敏
□封面设计 贺加贝

概率论与数理统计
——基于R语言
方 红 主 编
詹晓琳 张宣昊 刘晓梅 副主编

上海财经大学出版社出版发行
(上海市中山北一路369号 邮编200083)
网 址:http://www.sufep.com
电子邮箱:webmaster@sufep.com
全国新华书店经销
上海华教印务有限公司印刷装订
2020年7月第1版 2021年8月第2次印刷

787mm×1092mm 1/16 20印张 487千字
印数:4 001—6 000 定价:49.00元

前　言

概率论与数理统计是研究随机现象的统计规律性的一门数学学科，它是数学中与现实世界紧密联系且具有广泛应用的学科之一。随着大数据时代的到来，各个领域及行业所面临的问题都需要通过收集必要的数据，并用数据反映客观事物的本质，进而探究事物发展的客观规律，对未来的发展做出科学预测及决策。因而，作为大数据底层理论之一的概率论与统计就成为当前无论是管理者和决策者还是产品营销、运营者和开发工程师等所必须掌握的知识。

大数据时代发展的背景下，对概率论与数理统计课程的教学提出了新要求。尤其是以应用型人才培养为目标的应用型本科类院校，要突出厚基础、重应用。因此，本书在内容安排、结构体系以及例题和习题的选择上都充分考虑了应用型本科院校的人才培养需求，以适应该类院校本科学生学习概率论与数理统计课程的需要。希望通过本课程的学习，学生不仅能掌握处理随机现象的基本思想和方法，了解数据的基本概念、数据处理的常用方法以及几种具体的数理统计方法，还能够利用统计软件，结合问题的背景及意义，具备运用所学的概率统计方法分析和解决实际问题的能力。

本书最大的特色在于，通过本书，可以将 R 软件的实践融入概率论与数理统计课程几乎每一个知识点的教学中，让学生从繁杂的数学计算中解脱出来，从而能有更多的时间去理解概率论中抽象概念的实际意义及统计学中统计方法的基本原理和思想。书中 R 软件部分的教学可以穿插于理论教学中，也可以单独安排在实验室教学。但是需要指明的一点是，本书并不要求学生具备高水平的 R 软件编程能力，而只需要掌握 R 软件相关的入门知识即可，相关内容见本书的第 1 章。第 1 章中 R 软件的实现部分主要是针对 R 软件中概率论与数理统计学科常用程序包及函数的介绍与学习，主要目的是增加学生对概率统计学习的兴趣，同时帮助学生更好地理解概念和原理。

本书一共分为 10 章，其中：第 1 章学习本书所应该具备的 R 软件入门知识；第 2 章学习本书所应该具备的数据基础知识，包括数据的基本概念及数据可视化方法，为后期概率论与数理统计知识的学习打下数据基础；第 3 章到第 6 章为概率论部分，内容包括概率论的基本概念、一维与多维随机变量及其分布、数字特征、大数定律与中心极限定理等；第 7 章到第 9 章为数理统计部分，包含统计量及其抽样分布、参数估计和假设检验等；第 10 章为方差分析与回归分析，主要介绍单因素和双因素方差分析及一元和多元回归分析的相关内容。

本书由方红担任主编，詹晓琳、张宣昊和刘晓梅担任副主编。

由于编者水平有限，在编写过程中，编者参阅了国内外的诸多教材，在此表示诚挚的谢意。书中的错误和不当之处在所难免，恳请同行和读者在使用本书时提出宝贵的意见，以便后期改正。

编者

2020 年 3 月

目　录

第1章　R语言入门

R语言是允许用户编辑算法并使用其他可编程工具的一种计算机语言，具有完备的数据读取、管理、分析和显示等功能，是一种针对统计分析和数据科学的开源统计语言。本章主要介绍使用R语言所必备的基础知识及语言环境。

1.1　R的下载与安装

1.1.1　R软件的下载与安装

作为开源软件，R可以在通用公共许可(GPL)规则下从互联网获取，获取方式之一是从CRAN(Comprehensive R Archive Network)站点下载。主站是：http://cran.r-project.org/。根据不同的操作系统，选择不同的网址下载：

Windows：http://cran.r-project.org/bin/windows/base/；

MacOS X：http://cran.r-project.org/bin/macosx/；

Linux：http://cran.r-project.org/bin/linus/。

本书写作时，对Windows系统提供的最新版本是R-3.6.1-win.exe。软件下载后双击，按照弹出的提示进行安装。安装完成后，可以在开始菜单中找到R，启动R系统。也可以按创建Windows系统中应用程序的快捷方式的步骤，把R目录中的R.EXE拖放至桌面，形成快捷方式，双击快捷方式即可启动R。

1.1.2　R程序包的下载与安装

R提供了大量备用功能，通过可选模块的下载和安装来实现。截至2019年8月18日，共有14762个R程序包可从网站http://cran.r-project.org/web/packages下载。

R程序包是多个函数的集合，具有详细的说明和示例。Windows下的R程序包是经过编译的zip包。每个程序包包含R函数、数据、预编译代码、帮助文件和描述文件等。计算机上存储包的目录称为库，函数.libPaths( )可以显示库所在的位置，library( )可以显示库中有哪些包。R自带了一系列默认包(包括base、datasets、utils、grDevices、graphics、stats以及methods)，它们提供了种类繁多的默认函数和数据集。其他包可通过下载来进行安装。安装后必须载入会话中才能使用。

CRAN提供每个包的源代码和编译好的程序包。安装包的命令是install.packages( )，不加参数执行install.packages( )将显示CRAN镜像站点的列表，选择其中一个镜像站点之后，将看到所有可用包的列表，选择其中一个包下载和安装。如果知道需要安装包的名称，可以直接将安装包的名称作为参数写入函数，选择镜像后，程序将自动下载并安装程序包。程序包安装一次即可，可用命令 update.packages( )及 installed.packages( )进行更新和查看安装包的描述。

程序包安装结束后，程序包中的函数须先导入再使用。library( )命令用于载入包。在一次应用中，包只需要载入一次。如果需要，可以自定义启动环境以自动载入需频繁使用的包。

习题 1－1

1. 进入 http://cran.r-project.org/网站，下载并安装最新版本的 R(中文版)，并尝试 R 的启动与退出。
2. 安装和加载程序包 ISwR。

1.2 R 语言基础

1.2.1 初始步骤

本节主要介绍 R 语言中最基本的操作，包括算术运算、赋值、数据类型的定义与判断等。

1. 算术运算

利用 R 可以非常简便地进行算术运算。

```
>2+3          #加法
[1] 5
>4*5/6          #乘法与除法
[1] 3.33333
>7^2          #乘幂
[1] 49
```

上面代码中“#”为注释符号。

2. 赋值

与其他计算机语言一样，R 也有符号变量，即可以用来代表数值的名称。例如，给变量 x 赋值 2，输入：

```
>x<-2
```

“<-”为赋值符号，赋值后 x 的值是 2 并将用于后续的算术表达式中。

```
>x
[1] 2
>x+3
[1] 5
```

在 R 中，变量名可以自由选取。它可以由字母、数字和点号构成，但是不能以数字开头，数字后面也不能紧跟点号。点号开头的变量名是特殊的，应尽量避免。变量名区分大小写，TIME 与 time 指的是不同的变量名。

有些变量名已被系统使用，如果将它们用于其他地方，会导致混淆。例如，单字母变量名 c、q、t、D、F、I 和 T 等，还有其他变量名如 diff、df 和 pt 等。这些大多数是函数名，被用作变量名也不会引起太大麻烦。但是，F 和 T 是 FALSE 和 TRUE 的标准简写，如果被重新定义，它们将失去原意。

3. 数据类型

R 语言使用 4 种标准的数据类型：数值型、字符型、逻辑型和复数型。实例如下：

```
>3+5            #数值型
[1] 8
>"星期一"          #字符型
[1] "星期一"
>2>3            #逻辑型
[1] FALSE
>3+4i           #复数型
[1] 3+4i
```

上面代码中用双引号指定字符型数据，也可以用单引号来指定，但是不要同时使用。

可以用 mode( )函数来查询任意对象中保存的数据的模式。例如：

```
>x<-2.3+5.4          #给 x 赋值一个数值型的值
>x
[1] 7.7
>mode(x)           #x 的数据类型
[1] "numeric"
>x<10           #逻辑语句：x 小于 10?
[1] TRUE
>mode(x<10)          #该数据的类型
[1] "logical"
```

在 R 中用“NA”表示缺失值。缺失值可以是“缺失的”数值型、字符型、逻辑型或复数型。

4. 向量创建

R 的强大功能之一就是将整个数据向量作为一个单一对象来处理。在 R 语言中，创建向量的方式有多种，许多函数都以返回的向量作为输出，下面介绍 4 种创建向量的简单方法。

(1) 用 c( )函数创建

c( )函数通过把相同数据类型的元素组合起来创建简单的向量。只需在该函数中列出用逗号隔开的元素，便可将结果存储为向量。示例如下：

```
>numericaVector<-c(2,3,5,6,9,10)          #创建数值型向量
>numericaVector          #显示数值型向量
[1]  2  3  5  6  9 10
>mode(numericaVector)          #“numericaVector”是什么类型
[1] "numeric"
>c("天气","温度","湿度")          #字符型向量
```

[1] "天气" "温度" "湿度"
>c(T,F,F,T,T,F)   #逻辑型向量
[1] True False False True True False
>c(1+2i,5+9i,3+7i)
[1] 1+2i 5+9i 3+7i

c( )函数还能将内含值的向量进行组合,例如:

>a<-c(1,2,3,4)   #创建一个数值型向量
>c(a,a,a,a)   #将向量进行组合
[1] 1 2 3 4 1 2 3 4 1 2 3 4 1 2 3 4   #显示新的向量

(2) 用 c(:)函数创建

“:”符号可用于创建任意给定始末数值且间隔为 1 的数值序列。例如:

>1:10
[1] 1 2 3 4 5 6 7 8 9 10
>1.2:4.2
[1] 1.2 2.2 3.2 4.2
>-5:5
[1] -5 -4 -3 -2 -1 0 1 2 3 4 5

将函数 c( )和符号“:”结合,可以创建更复杂的向量。例如:

>c(-5:-1,0,1:5)
[1] -5 -4 -3 -2 -1 0 1 2 3 4 5   #构建对称向量
>c(2*1:5)
[1] 2 4 6 8 10   #构建从 2 到 10、间隔为 2 的向量

(3) 用 seq( )函数创建

上面介绍了用符号“:”创建间隔为 1 的数值序列,如果需要产生其他间隔的序列,则可以采用 seq( )函数指定间隔长度,例如:

>seq(1,10,2)   #产生 1 为起点、间隔为 2 的序列
[1] 1 3 5 7 9
>seq(1.3,8.5,0.5)   #产生 1.3 为起点、间隔为 0.5 的序列
[1] 1.3 1.8 2.3 2.8 3.3 3.8 4.3 4.8 5.3 5.8 6.3 6.8 7.3 7.8 8.3

seq( )函数还能根据指定的向量长度创建序列,也就是生成内含指定数量的向量,向量长度通过参数 length 来指定,例如:

>seq(2.4,9.6,length=10)   #指定向量长度为 10
[1] 2.4 3.2 4.0 4.8 5.6 6.4 7.2 8.0 8.8 9.6

(4) 用 rep( )函数创建

rep( )可以用来创建内含重复值的向量,该函数的前两个参数分别是待重复的值和重复的次数,例如:

>rep("5",5)
[1] "5" "5" "5" "5" "5"
>rep(5,5)

```
[1] 5 5 5 5 5
```

rep( )函数的第一个参数可以是一个向量，例如：

```
>a<-c(1,2,3,4,5)
>rep(a,5)          #重复向量 a 五次
[1] 1 2 3 4 5 1 2 3 4 5 1 2 3 4 5 1 2 3 4 5 1 2 3 4 5
```

rep( )函数还可以设置将不同数值分别显示不同次数，把待打印向量作为第 1 个参数，然后提供一个与该向量长度相同的向量作为第 2 个参数，例如：

```
>rep(c("今天","明天","后天"),c(3,2,1))          #三个分量分别重复 3,2,1 次
[1] "今天" "今天" "今天" "明天" "明天" "后天"
>rep(c("今天","明天","后天"),rep(3,3))          #三个分量每个重复 3 次
[1] "今天" "今天" "今天" "明天" "明天" "明天" "后天" "后天" "后天"
>rep(c("今天","明天","后天"),each=3)          #三个分量每个重复 3 次
[1] "今天" "今天" "今天" "明天" "明天" "明天" "后天" "后天" "后天"
```

5. 绘图

图形是展示和表达数据分析结果的重要方式之一。R 有一个构建图形的模型，可以进行简单的标准图形生成以及图形组件的精细控制。下面以研究一组人的身高与体重之间的关系为例，简要说明 R 中绘图的基本过程。

```
>height<-c(1.70,1.74,1.85,1.72,1.65,1.60,1.55)      #定义身高变量，单位：米
>weight<-c(70,72,69,90,85,87,50)      #定义体重变量，单位：千克
```

plot( )函数是 R 中用来生成图形的主要函数，将变量 weight 与 height 作为参数放入函数中，就得到体重与身高简单的 x-y 图。

```
>plot(height,weight)
```

得到如图 1.1 所示的结果。通过参数的改变，可以对图形进行修改。在上述命令中添加关键字 pch(绘图符号)改变绘图符号：

```
>plot(height,weight,pch=2)
```

得到如图 1.2 所示的结果，其中的点用三角符号标出。

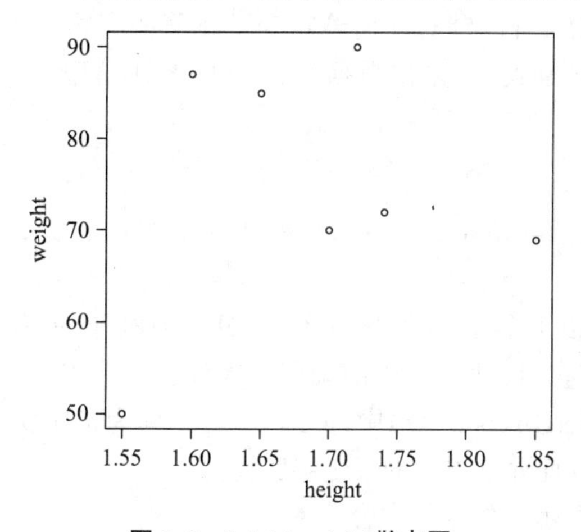

图 1.1　height-weight 散点图

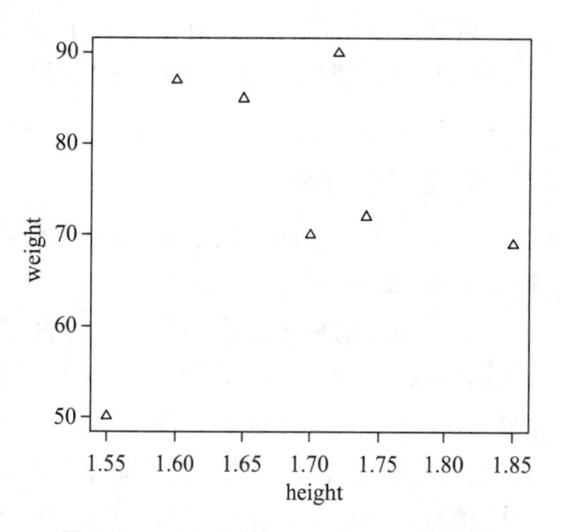

图 1.2　pch=2 的 height-weight 散点图

一个人的体重指数(BMI)定义为体重(以 kg 为单位)除以身高(以 m 为单位)的平方。一个正常的 BMI 值应该是 22.5,也就是在正常 BMI 值下,体重与身高的关系式为 weight≈22.5×height^2。因此,可以在图 1.2 中叠加一个基于 BMI 为 22.5 的体重估计的曲线,通过与曲线对比,可以看出某个人是否超重以及超重多少,结果如图 1.3 所示。程序如下:

```
>hh<-c(1.70,1.74,1.85,1.72,1.65,1.60,1.55)
>lines(hh,22.5 * hh^2)
```

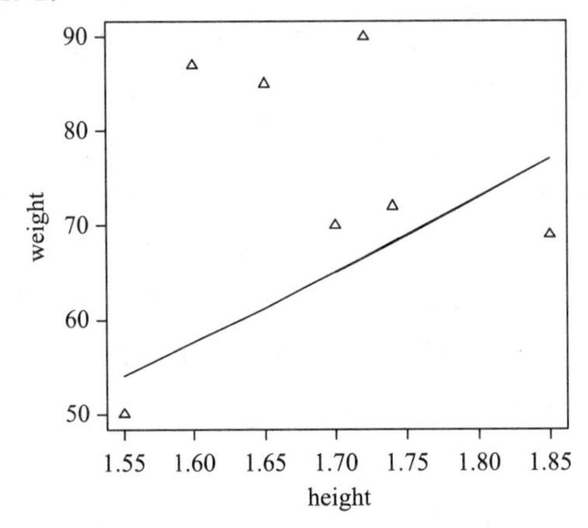

图 1.3　用 lines( )函数在原来图形中添加一条参考曲线

1.2.2　R 语言基础

本节主要介绍 R 语言中最基本的概念,包括表达式与对象、函数与参数及引用和转义序列等。

1. 表达式与对象

R 的一个基本交互模式是表达式求值。用户输入一个表达式,系统进行计算并输出结果。还有的表达式并不需要计算而是其他作用,比如生成一个图形窗口或者写入一个文件。所有的 R 表达式都返回一个值(可以是 NULL),但是有时返回值不可见,而且不被输出。

表达式作用于对象。对象是一个抽象的术语,可以针对任何给定变量赋值的事物。R 中包含不同类型的对象,例如,有“变量”对象、“函数”对象、“数据”对象和“统计模型”对象等。

2. 函数与参数

R 中许多工作都是通过函数调用来完成的,函数调用的过程可以看作一个或几个变量的数学函数的应用过程。

函数调用的格式就是函数名+调用参数。以上节中 plot(height,weight)为例,plot 为函数名,height 和 weight 为参数,这些参数为实参,仅适用于当前调用。函数也有形参,它们在调用中与实参相联系。命令 plot(height,weight,pch=2)中,形式 pch=2 称为指定实际参数,它的名字可以用函数的形式参数匹配,从而允许参数的关键字匹配。

函数调用也可以没有参数,例如,ls( )用来显示工作区的内容。

查看一个函数的形式参数,可以通过 args( )来实现。例如,查看 plot.default 的形式参数:

```
>args(plot.default)
function(x,y=NULL,type="p",xlim=NULL,ylim=NULL,
    log="",main=NULL,sub=NULL,xlab=NULL,ylab=NULL,
    ann=par("ann"),axes=TRUE,frame.plot=axes,panel.first=NULL,
    panel.last=NULL,asp=NA,...)
```

大部分参数都有默认值，这表示如果你没有指定 type 参数，函数将认为设定的是 type="p"。NULL 被默认为参数未被具体指定的标志。

3. 引用和转义序列

一个文本字符串本身和它的输出形式之间是有差异的。例如：

```
>c("HELLO")             #定义字符串 HELLO
[1] "HELLO"
```

尽管显示结果包含引号，但是该字符串是 5 个字符的字符串，而不是 7 个字符的字符串。R 中可以使用 cat( )函数避免在输出字符向量时，将引号加在每个向量上。例如：

```
>cat(c("HELLO","MARY","AND","TOM"))
HELLO MARY AND TOM>
```

这就输出一个不带引号的字符串，而仅用空格字符分隔。字符串后也没有换行符，所以下一行输入的提示符(>)直接跟在这一行的末尾。为将系统提示符转到下一行，必须用一个换行符：

```
>cat(c("HELLO","MARY","AND","TOM"),"\n")
HELLO MARY AND TOM
>
```

这里，\n 是转义序列的一个例子。反斜杠(\)被称为转义字符。同样，可以用\"的方式插入引用字符。例如：

```
>cat("WHO IS\"TOM\"? \n")
WHO IS "TOM"?
```

4. 缺失值

在 R 中，缺失值用符号 NA 表示，不可能出现的值用 NaN 表示。这个值在计算中可以执行，对 NA 的操作产生的结果也是 NA。例如：

```
>c(5,3,2,4,NA)
[1] 5  3  2  4  NA
>mean(c)            #求向量的均值
[1] NA
```

R 中常用来判断向量是否有缺失值的函数是 is.na( )。例如：

```
>is.na(c(5,4,3,2,NA))
[1] FALSE FALSE FALSE FALSE TRUE
>sum(is.na(c(5,4,3,2,NA)))             #求向量中缺失值的个数
[1] 1
```

R 中多数的数值函数都有一个 na.rm=True 的选项，可以在计算之前移除缺失值并使

用剩余值进行计算。例如：

```
>mean(c(5,3,2,4,NA),na.rm=TRUE)          #移除向量中的NA后求平均值
[1] 3.5
```

在使用函数处理不完整的数据时，务必要先查看函数的帮助文档，以确定这些函数是如何处理缺失值的。

5. 矩阵

矩阵是内含相同数据类型的数据的二维数组。R中常用的创建矩阵的方法有两种。

(1)用 cbind( )和 rbind( )函数组合向量创建

cbind( )函数可用于组合多个向量，以形成一个多列的矩阵；rbind( )函数则指定矩阵的行来组合多个向量形成矩阵。例如：

```
>cbind(1:3,3:1,c(2,4,6),rep(1,3))
     [,1] [,2] [,3] [,4]
[1,]    1    3    2    1
[2,]    2    2    4    1
[3,]    3    1    6    1
>rbind(1:3,3:1,c(2,4,6),rep(1,3))
     [,1] [,2] [,3]
[1,]    1    2    3
[2,]    3    2    1
[3,]    2    4    6
[4,]    1    1    1
```

t( )函数用于矩阵的转置，显然 cbind(1:3,3:1,c(2,4,6),rep(1,3))与 t(rbind(1:3,3:1,c(2,4,6),rep(1,3)))是等价的：

```
>t(rbind(1:3,3:1,c(2,4,6),rep(1,3)))
     [,1] [,2] [,3] [,4]
[1,]    1    3    2    1
[2,]    2    2    4    1
[3,]    3    1    6    1
```

(2)用 matrix( )函数创建

matrix( )函数把一个向量中的数据读入矩阵的行和列中，以向量作为该函数的第1个参数。例如：

```
>matrix(1:12)
     [,1]
[1,]    1
[2,]    2
[3,]    3
[4,]    4
[5,]    5
```

```
 [6,]    6
 [7,]    7
 [8,]    8
 [9,]    9
[10,]   10
[11,]   11
[12,]   12
```

matrix( )函数的两个参数 nrow 和 ncol 分别指定待创建矩阵的维度。例如：

```
>matrix(1:12,nrow=3,ncol=4)
     [,1] [,2] [,3] [,4]
[1,]    1    4    7   10
[2,]    2    5    8   11
[3,]    3    6    9   12
```

R 中默认的读入方式是按列读取，参数 byrow 可控制矩阵的读入方式，byrow=T 表示按行读入，byrow=F 表示按列读入。例如：

```
>matrix(1:12,nrow=3)            #按列读入
     [,1] [,2] [,3] [,4]
[1,]    1    4    7   10
[2,]    2    5    8   11
[3,]    3    6    9   12
>matrix(1:12,nrow=3,byrow=F)          #设置参数默认按列读入
     [,1] [,2] [,3] [,4]
[1,]    1    4    7   10
[2,]    2    5    8   11
[3,]    3    6    9   12
>matrix(1:12,nrow=3,byrow=T)          #设置参数按行读入
     [,1] [,2] [,3] [,4]
[1,]    1    2    3    4
[2,]    5    6    7    8
[3,]    9   10   11   12
```

其他常用函数有：mode( )查询矩阵的类型，dim( )查询矩阵的维数，length( )查询矩阵中所有元素的个数，rownames( )和 colnames( )对矩阵的行和列进行命名。

6. 因子

分类数据在统计数据中是常见的。在 R 中处理分类数据时，要使用一种特殊的数据类型：因子。因子本质上就是由水平及标签组成的分类变量。因子的水平用于限制因子的标签的取值范围。因子水平是字符类型，因子的标签只能从因子水平中取值，这意味着，因子的每个标签要么是因子水平中的字符(或转换为其他数据类型)，要么是缺失值。下面将介绍如何将分类数据转换成因子，也就是因子的创建方法。

factor( )函数用于把数值型向量或字符型向量转换成因子。该函数的第一个参数必须

是字符向量，通过 levels 参数显示设置因子水平。例如：

```
>ratings<-c(0,2,3,1,1,2,3)            #7个产品的等级水平向量(数值型)
>fratings<-factor(ratings,levels=0:3)            #创建4水平因子 fratings
>levels(fratings)<-c("nice","good","great","perfect")            #设置4个水平的名称
```

因子结果显示如下：

```
>fratings
[1] nice   great   perfect   good   good   great   perfect
Levels: nice   good   great   perfect
```

可以通过 as. numeric( )函数来提取因子标签对应的数字编码，levels( )函数提取水平的名称：

```
>as. numeric(fratings)
[1] 1  3  4  2  2  3  4
>levels(fratings)
[1] "nice"   "good"   "great"   "perfect"
```

根据结果发现，产品的等级水平向量中的 0-3 不再显示了，提取出的数字编码为 1-4。因此，在处理含有数值型水平的因子时，虽然标签显示的是表示各水平的数值，但是 R 中默认的因子本身被存储为从 1 开始的整数值，其类型为数值型：

```
>mode(fratings)
[1] "numeric"
```

7. 列表

在实际应用中，大部分数据源都包含不同类型的数据，因此需要一个简单、有效的格式来存储这种数据，列表即是其中之一。

列表可以存储任意类型的对象，例如，包含矩阵或向量。在 R 中，用 list( )函数可以创建一个列表，最简单的是直接用不含参数的命令 list( )创建一个空列表：

```
>emptyList<-list( )
>emptyList
list( )
```

非空列表的创建，可以通过在 list( )函数中用逗号分隔作为参数的一系列对象。例如：创建一个存储了向量与矩阵的列表 mylist，代码如下：

```
>vector1<-c(2,3,4,5,6,9)
>matrix1<-matrix(LETTERS[1:9],nrow=3)
>mylist<-list(vector1,matrix1)
>mylist
[[1]]
[1] 2  3  4  5  6  9
[[2]]
```

```
     [,1] [,2] [,3]
[1,] "A"  "D"  "G"
[2,] "B"  "E"  "H"
[3,] "C"  "F"  "I"
```

结果显示可知，列表 mylist 存储了两个对象：vector1 和 matrix1。创建列表时，可以选择是否给元素命名。有元素名的列表在以后引用元素时很方便，例如：

```
>namedList<-list(PHE=vector1,MASS=matrix1)
>namedList
$PHE
[1] 2  3  4  5  6  9
$MASS
     [,1] [,2] [,3]
[1,] "A"  "D"  "G"
[2,] "B"  "E"  "H"
[3,] "C"  "F"  "I"
>namedList$PHE          #引用列表中第一个对象，用符号$
[1] 2  3  4  5  6  9
>namedList$MASS          #引用列表中第二个对象，用符号$
     [,1] [,2] [,3]
[1,] "A"  "D"  "G"
[2,] "B"  "E"  "H"
[3,] "C"  "F"  "I"
```

8. 数据框

数据框是 R 中另一种可以用来存储不同类型的数据的格式。在数据框中，相同的列存储的数据类型必须相同，不同的列存储的数据类型既可以相同，也可以不相同，但是每列的行数必须相同。数据框是 R 中最常用的数据结构。在 R 中，数据框可以通过 data. frame( ) 函数来创建。例如，创建一个 4 位同学某科目成绩的数据框 myDataframe：

```
>myDataframe<-data.frame(          #创建数据框
+Name=c("Mary","Tom","Jack","Hilter"),
+Sex=c("F","M","M","M"),
+Score=c(90,85,80,70)
+)
>myDataframe          #显示数据框
    Name  Sex  Score
1   Mary   F    90
2   Tom    M    85
3   Jack   M    80
4  Hilter  M    70
```

与列表一样，可以通过符号$来获得单个列：

```
>myDataframe$Name
[1] Mary    Tom   Jack   Hilter
Levels: Hilter   Jack   Mary   Tom
```

9. 索引

当需要访问一个对象的部分或个别元素时，需要通过索引来完成。下面以索引向量为例，简要说明 R 中实现索引的基本方法。

索引向量通过向量名+[]的形式来实现，[]内可以为空白、内含正整数向量、内含负整数向量、内含逻辑型向量及内含字符型向量这五种形式。例如：

```
>x<-c(2,3,4,5,8,9)          #创建一个向量
>x[]          #输入空白
[1] 2 3 4 5 8 9
>x[c(1,3,5)]          #输入正整数向量，打印向量中第1、3、5个数
[1] 2 4 8
>x[c(-1,-3,-5)]          #输入负整数向量，剔除向量中第1、3、5个数
[1] 3 5 9
>x[x>3]          #输入逻辑型向量，保留大于3的数
[1] 4 5 8 9
>names(x)<-c("A","B","C","D","E","F")   #添加元素名
>x
A B C D E F
2 3 4 5 8 9
>x[c("A","D","F")]          #输入字符型向量，返回对应的元素
A D F
2 5 9
```

10. 分组数据和数据框

通常在数据框中分组数据的存储方法是在一个向量中存储数据，另一个向量(因子)中记录数据对应的组别。以 R 中内置数据集 energy 为例，由于 energy 数据集是存放在 ISwR 程序包中，因此需要先加载程序包，具体程序如下：

```
>install.packages("ISwR")
>library(ISwR)
>data(energy)          #读取数据框
>energy
   expend   stature
1    9.21    obese
2    7.53     lean
3    7.48     lean
4    8.08     lean
5    8.09     lean
```

```
6    10.15    lean
7     8.40    lean
8    10.88    lean
9     6.13    lean
10    7.90    lean
11   11.51   obese
12   12.79   obese
13    7.05    lean
14   11.85   obese
15    9.97   obese
16    7.48    lean
17    8.79   obese
18    9.69   obese
19    9.68   obese
20    7.58    lean
21    9.19   obese
22    8.11    lean
```

上述数据框的格式对于分类数据的存储非常方便。同时，对于不同组的数据很容易从数据框中被提取出来，存放在单独的向量中：

```
>fenzu.lean<--energy$expend[energy$stature=="lean"]
>fenzu.obese<-energy$expend[energy$stature=="obese"]
>fenzu.lean
[1]  7.53  7.48  8.08  8.09  10.15  8.40  10.88  6.13  7.90  7.05  7.48
7.58
[13]  8.11
>fenzu.obese
[1]  9.21  11.51  12.79  11.85  9.97  8.79  9.69  9.68  9.19
```

或者使用 split( )函数，也可以根据分组生成一系列的向量：

```
>fenzu1<-split(energy$expend,energy$stature)
>fenzu1
$lean
[1]  7.53  7.48  8.08  8.09 10.15  8.40 10.88  6.13  7.90  7.05  7.48  7.58
[13]  8.11
$obese
[1]  9.21 11.51 12.79 11.85  9.97  8.79  9.69  9.68  9.19
```

11. 排序

在 R 中，通过 sort( )函数可以轻松对向量进行排序。在默认的情况下，该函数按从低到高(从小到大)的升序排序向量。可以通过设置 decreasing=TRUE 来指定函数对数据进行降序排列。例如：

```
>sort(fenzu1$lean)
[1]  6.13 7.05 7.48 7.48 7.53 7.58 7.90 8.08 8.09 8.11 8.40 10.15
[13] 10.88
```

sort( )函数只能用于处理向量，如果需要排序数据框，需要使用 order( )函数。该函数的默认的排序顺序是升序，在排序变量前面加一个减号，即可得到降序的 排序结果。以内置数据集 energy 中的变量 expend 升序排列为例，结果如下：

```
>energy[order(energy$expend),]
    expend  stature
9     6.13     lean
13    7.05     lean
3     7.48     lean
16    7.48     lean
2     7.53     lean
20    7.58     lean
10    7.90     lean
4     8.08     lean
5     8.09     lean
22    8.11     lean
7     8.40     lean
17    8.79    obese
21    9.19    obese
1     9.21    obese
19    9.68    obese
18    9.69    obese
15    9.97    obese
6    10.15     lean
8    10.88     lean
11   11.51    obese
14   11.85    obese
12   12.79    obese
```

上述结果表明，在将 expend 变量按照升序排列后，stature 也根据 expend 对应的位置进行了重新排序。

习题 1－2

1. 给出两种利用 R 实现将 1～12 这 12 个数字作为一个 3×4 维矩阵的元素。
2. 纽约某 5 天的气温预报数据如下表所示，利用 R 创建所给数据的数据框。

Day	Date	TempF
Saturday	Jul 4	75
Sunday	Jul 5	86
Monday	Jul 6	87
Tuesday	Jul 7	83
Wednesday	Jul 8	87

3. 由 1～16 这 16 个数字构成两个方阵，其中矩阵 A 按列输入，矩阵 B 按行输入，并计算：

(1) C=A+B；

(2) D=AB；

(3) 去除矩阵 A 的第三行和矩阵 B 的第三列，再计算 E=AB。

1.3　R 语言环境

本节主要介绍 R 操作的基本实用知识，主要包括工作区的结构、数据的存储与读取及 R 编程等。

1.3.1　会话管理

1. 工作空间窗口

在 R 中创建的所有变量都被存储在一个共同的工作区。可以使用 ls( )函数来了解工作区中定义了哪些变量。如果想要删除输出中的某些对象，可以通过 rm( )函数来完成。

用 rm(list=ls( ))可以清空整个工作空间。在 Windows 下也可以通过菜单选项“Remove all objects”和“Clear Workspace”来完成。用以上方法清除变量时，不会移除以点号开头的变量，因为通过 ls( )函数不能列出它们，如果需要列出，可以使用 ls(all=T)，但是这些变量都是系统本身自带的，因此尽可能不要清除。

可以通过 save. image( )函数将工作空间存到一个文件中，执行命令后，你所运行的当前目录下将被保存为一个. RData 文件。Windows 版本的 File 菜单里也有这个选项。当退出 R 时，也会被询问是否保存工作空间映像，如果选择“是”，也同样会保存工作空间。

2. 文本输出

在一次对话期间，工作区仅包含 R 对象，而不是产生所有的输出。如果想保存输出结果，可以点击 Windows 窗口中 File 菜单下的“Save to File”来保存。

将输出转化为文档的另一种方法是使用 sink( )函数，工作方式如下：

```
>sink("myfile")
>ls( )
```

当前工作目录可以通过 getwd( )获取，通过 setwd( )转换。初始工作目录则依赖于系统，例如：

```
>getwd( )
```

```
[1] "C:/Users/Administrator/Documents"
```

3. 脚本

如果要处理的问题比较复杂,最好使用 R 脚本文件,即 R 代码行的集合。脚本文件可以存储在一个文件中,也可以存储在计算机内存中。

可以通过 source( )函数来执行脚本文件,在执行前整个文件会进行语法检查。在调用中设置 echo=T 通常会很有帮助,此时命令将随着输出一同显示出来。也可以直接使用脚本编辑窗口,它允许提交脚本文件中的一行或者几行来运行,它的表现如同在提示符下输入相同的行。R 的 Windows 版本有简单的内置脚本窗口,也有一些脚本编辑器,具有发送命令到 R 的功能。

在一个对话中输入的命令历史可以使用 savehistory( )和 loadhistory( )函数来保存和重新加载,它们也会映射到 Windows 的菜单项中。history( )函数会显示在控制台输入的最后的命令,其默认是最多 25 行。

4. attach( )与 detach( )函数

从前序的例子中可以看出,用 $ 符号访问数据框中的变量非常不方便,尤其在重复写一些长命令时。R 中的 attach( )函数可以实现数据框中的变量通过变量名直接调用。以内置数据框 energy 为例,输入命令:

```
>attach(energy)
```

则不需要 $ 符号就可以直接调用数据框中的变量 expend 和 stature。

```
>expend
[1]   9.21  7.53  7.48  8.08  8.09 10.15  8.40 10.88  6.13  7.90 11.51 12.79
[13]  7.05 11.85  9.97  7.48  8.79  9.69  9.68  7.58  9.19  8.11
>stature
[1] obese lean  lean  lean  lean  lean  lean  lean  lean  lean  obese obese
[13] lean  obese obese lean  obese obese obese lean  obese lean
Levels: lean obese
```

上述命令使数据框 energy 置于系统的搜索路径中,用 search( )函数可以查询搜索路径:

```
>search( )
[1] ".GlobalEnv"        "energy"            "package:ISwR"
[4] "package:stats"     "package:graphics"  "package:grDevices"
[7] "package:utils"     "package:datasets"  "package:methods"
[10] "Autoloads"        "package:base"
```

从上述结果可以看出,energy 被置于搜索路径中的第二位。

可以用 detach( )函数从搜索路径中删除数据框。如果不输入参数,则搜索路径中的第二位数据框并删除。

```
>detach( )
>search( )
```

```
[1] ".GlobalEnv"         "package:ISwR"         "package:stats"
[4] "package:graphics"   "package:grDevices"    "package:utils"
[7] "package:datasets"   "package:methods"      "Autoloads"
[10] "package:base"
```

5. 获取帮助

R 中以文本形式配备了丰富的在线帮助和一系列的 HTML 文件。帮助页面可以通过 Windows 菜单栏下的“help”获取，在任何平台下都可以通过 help. start( )得到，可以查看帮助手册、常见问题集及参考资料等。

在命令行中，通过 help(函数名)或“? 函数名”的形式可以获得函数的帮助。在使用 help( )函数时，特殊字符和一些保留字符需要添加引号。例如，查看 if( )函数的帮助文件的格式是 help(“if”)。R 中的帮助文档中一般都包含例子，如果想查看其中的例子，可以通过 example(函数名)的形式。如果不知道所需要查询的具体函数名或想实现具体功能的函数名，可以用 help. search( )进行模糊搜索。例如，help. search(“Tree Regression”)查找能实现树回归的方式。

1.3.2　数据的存储与读取

本节主要介绍 R 中用于数据存储与读取的基本函数。

1. 数据的存储

R 中可以使用 write. table( )或 save( )函数在文件中写入一个对象，对象的形式可以是数据框，也可以是向量、矩阵、数组和列表等。下面以数据框为例，介绍数据存储的基本方法。

以 1.2.2 节中的数据框 myDataframe 为例。

(1) 保存为简单的文本文件

```
>write.table(myDataframe,file="C:/Users/Administrator/Documents/cj.txt",
+row.names=F,quote=F)
```

其中，row. names=F 表示行名不写入文件，quote=F 表示变量名不放在双引号中。

(2) 保存为逗号分隔的文本文件

```
>write.csv(myDataframe,file="C:/Users/Administrator/Documents/cj.csv",
+row.names=F,quote=F)
```

(3) 保存为 R 格式文件

```
>save(myDataframe,file="C:/Users/Administrator/Documents/cj.Rdata")
```

【注】 可用 getwd( )函数获得当前工作目录。

2. 数据的读取

R 中 read. table( )、scan( )和 read. fwf( )函数都可以用来读取存储在文本文件(ASCII)中的数据。

(1) read. table( )函数读取

read. table( )可以用来创建一个数据框，因此它是读取表格形式的数据的主要方法。下面仍以 1.2.2 节中的数据为例，在目录“C:/data”下建立问卷 cj. dat，其数据内容为：

```
   Name   Sex  Score
1  Mary    F    90
2  Tom     M    85
3  Jack    M    80
4  Hilter  M    70
```

则使用命令：

```
>setwd("C:/data")
>cjdata<-read. table(file="cj. dat")
>cjdata
   Name   Sex  Score
1  Mary    F    90
2  Tom     M    85
3  Jack    M    80
4  Hilter  M    70
```

可以建立数据框 cjdata。

说明：在默认的情况下，数值项被当作数值变量读入。非数值变量，被当作因子读入。如果需要将数据的第一行作为表头行，则可以使用选项 header，形式如下：

```
>cjdata<-read. table(file="cj. dat",header=TRUE)
```

read. table 还有其他 4 种形式，分别为 read. csv( )、read. csv2( )、read. delim( )和 read. delim2( )。前面两个用于读取逗号分隔的数据，后面两个用于读取其他分隔符分隔的数据。

(2)scan( )函数读取

scan( )函数读取文件时可以指定变量的类型。例如，先建立文件“C:/data/salary. dat”，内容如下：

```
M  24   5000
F  30   4000
M  40   3000
F  45  12000
```

使用命令：

```
>setwd("C:/data")
>mydata<-scan("salary. dat",what=list(sex="",age=0,salary=0))
```

得到结果

```
>mydata
$sex
[1] "M" "F" "M" "F"
$age
[1] 24 30 40 45
$salary
[1] 5000  4000  3000  12000
```

该命令读取了 salary. dat 中的三个变量,并分别对三个变量进行命名。

(3)read. fwf( )函数读取

read. fwf( )函数可以用来读取文件中一些固定宽度格式的数据,包含 widths 选项,用来说明读取字段的宽度。例如,先建立文件"C:/data/datamy. txt",内容如下:

```
1.5052345245.2
2.3456423455.4
3.3445564545.6
4.5632453535.7
```

使用命令:

```
>mydata<-read.fwf("datamy.txt",widths=c(3,8,3),col.names=c("X","Y","Z"))
```

得到结果:

```
>mydata
    X        Y     Z
1  1.5   5234524  5.2
2  2.3  45642345  5.4
3  3.3  44556454  5.6
4  4.5  63245353  5.7
```

1.3.3 R编程

本节主要从统计语言和编程角度来简要介绍 R 编程需要的一些基本技术。

1. 流程控制

R 语言主要采用两种流程控制结构:条件语句与循环结构。

(1) 条件语句

条件语句常用来避免除零或负数的对数等数学问题,包含如下两种形式:

① if (条件)表达式 1　else 表达式 2

② ifelse (条件,yes,no)

例如:

```
>x=-5
>if(x>=0) sqrt(x) else abs(x)
[1] 5
>x=5
>if(x>=0) sqrt(x) else abs(x)
[1] 2.236068
>x=5
>ifelse(x>=0,sqrt(x),abs(x))
[1] 2.236068
>x=-5
>ifelse(x>=0,sqrt(x),abs(x))
```

[1] 5

(2) 循环结构

循环结构包括三种形式:

① 使用 for:for(变量 in 变量)表达式

② 使用 while:while(条件)表达式

③ 使用 repeat:repeat 表达式

三者的区别是如果知道终止条件用 for 循环语句;如果不能知道运行次数,则用 while 或 repeat 循环语句,repeat 循环利用 break 语句跳出循环。

下面通过一个相同的例子来比较三种循环的不同用法:

for 循环

```
>for(i in 1:5)print(1:i)
```

while 循环

```
>i=1
>while(i<=5){
+   print(1:i)
+ i=i+1
+ }
```

repeat 循环

```
>i=1
>repeat{
+ print(1:i)
+ i=i+1
+ if(i>5)break
+ }
```

输出结果:

```
[1] 1
[1] 1 2
[1] 1 2 3
[1] 1 2 3 4
[1] 1 2 3 4 5
```

2. 编写自己的函数

在 R 中,用户可以编写自己的函数,所编写的函数与 R 里面的其他函数有相同的特性。基本形式如下:

变量名=function(变量列表) 函数主体

下面以读取数据并画图为目的编写函数 myfunction 如下:

```
>myfunction<-function(F){
+data<-read.table(F)
+plot(data$V1,data$V2,type="p")
+ }
```

```
>myfunction("mydata")
```

建立文件“C:/data/mydata. dat”,内容如下:

```
160 56
165 78
167 75
179 85
156 50
190 90
175 63
179 85
189 90
```

调用函数 myfunction:

```
myfunction("mydata. dat")
```

得到图 1.4 的结果:

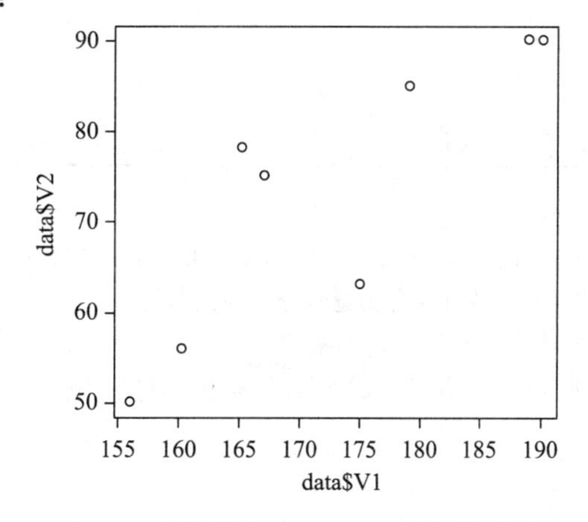

图 1.4 调用函数 myfunction 的画图结果

函数的调用与其参数的位置与参数名有关,例如 myfun( )函数有三个参数,定义如下:

```
>myfun<-function(arg1,arg2,arg3){...}
```

则函数调用可以按照位置调用函数,也可以按照参数名调用函数,如:

```
>myfun(u,v,w)      #按照位置调用函数
>myfun(arg3=w,arg2=v,arg1=u)      #按照参数名调用
```

函数的调用还可以采用定义时的默认设置。例如,myfun1( )函数也有三个参数,定义如下:

```
>myfun1<-function(arg1,agr2=TRUE,arg3=0){…}
```

则下面三种形式的函数调用是等价的:

```
>myfun1(x)
>myfun1(x,arg2=TRUE)
>myfun1(x,arg2=TRUE,0)
```

习题 1－3

1. 10 名成年人测量的 3 项指标数据如表 1.1 所示。

表 1.1　10 名成年人的 3 项测量指标数据

序号	体重	腰围	脉搏
1	191	36	50
2	189	37	52
3	193	38	58
4	162	35	62
5	189	35	46
6	182	36	56
7	211	38	56
8	167	34	60
9	176	31	74
10	154	33	56

(1) 创建上表数据的数据框；

(2) 将上表写成纯文本的文件，并用 read. table( )函数读取文件中的数据；

(3) 用 write. csv( )函数将上表数据保存为逗号分隔的文本文件。

2. 编写一个函数，用于求解两个 3×3 矩阵的乘积。

3. 编写一个函数，用于求解一个 n 维向量的均值、标准差、方差和中位数。

第 2 章　数据的描述与可视化

在统计实践中，统计分析处理的对象是数据。本章主要介绍数据的相关概念以及数据描述与可视化的三大类方法：表格法、图形法和数值法。

2.1　数据与统计资料

统计学是关于数据的科学，它提供了一套有关数据收集、处理、分析、解释并从数据中得出结论的方法，因此统计研究的对象是来自各领域、各行业的数据。要学习统计，一定要先理解什么是数据，数据从哪里来。没有数据，就无法进行统计。

统计方法是适用所有学科领域的通用数据分析方法，统计方法已被应用到自然科学和社会科学的众多领域，只要是产生数据的领域，统计就会有它的用武之地，比如财务分析、市场营销、生产质量监测、经济预测、人力资源管理、医学诊断、心理研究、气象问题等。

本节主要讨论什么是数据、数据的来源和数据的分类。

2.1.1　数据的相关定义

数据是为了描述和解释所搜集、分析、汇总的事实和数字。用于特定研究而搜集的所有数据将形成研究的数据集。表 2.1 中是平板电脑经销商提供的各种各样关于平板电脑的信息，表格中提供了消费者比较关注的几个参数，如价格、价位、操作系统、显示器大小、电池寿命和中央处理器(CPU)厂商等。

表 2.1　10 种平板电脑的产品信息

平板电脑	价格(美元)	操作系统	显示器大小(英寸)	电池寿命(小时)	CPU 厂商	价位
Acer Iconia W510	599	Windows	10.1	8.5	英特尔	中端机
Amazon Kindle Fire HD	299	Android	8.9	9	德州仪器	低端机
Apple iPad 4	499	iOS	9.7	11	苹果	中端机
HP Envy X2	860	Windows	11.6	8	英特尔	高端机
Lenovo ThinkPad Tablet	668	Windows	10.1	10.5	英特尔	高端机
Microsoft Surface Pro	899	Windows	10.6	4	英特尔	中端机
Motorola Droid X Y board	530	Android	10.1	9	德州仪器	中端机
Samsung Ativ Smart PC	590	Windows	11.6	7	英特尔	中端机
Samsung Galaxy Tab	525	Android	10.1	10	英伟达	中端机
Sony Tablet S	360	Android	9.4	8	英伟达	低端机

构成数据的两个要素是个体和变量。个体是指搜集数据的实体。在表 2.1 的数据集中，每一个品牌的平板电脑都是一个个体，有 10 个品牌就有 10 个个体。变量是观察中所感兴趣的那些特征，表 2.1 的数据集中有 6 个变量。

在一项研究中，对每一个个体收集相关变量的每一个观测值，从而得到数据。这里针对某一个特定个体得到的观测值集合称为一个观测值。如表 2.1 所示，品牌“Apple iPad 4”的观测值：499，iOS，9.7，11，苹果，中端机。因此，10 个个体的数据集有 10 个观测值。

2.1.2 数据录入的 R 实现

数据本质上是个二维数组，每一行存放一个样本，每一列存放一个变量，但是变量的类型可能是数值、文本、逻辑或其他，因此，在 R 中通常是用数据框来存放数据。

一般需要先建立向量，然后利用函数来创建数据框。当然，如果每一个变量已经存在，只要向量或因子的长度相同，就可以直接利用已经存在的向量创建数据框。

【例 2.1】 用 R 软件建立表 2.1(10 种平板电脑的产品信息)的数据集。

R 程序：

(1) 创建向量

>平板电脑<-c("Acer Iconia W510","Amazon Kindle Fire HD","Apple iPad 4","HP Envy X2","Lenovo ThinkPad Tablet","Microsoft Surface Pro","Motorola Droid X Y board","Samsung Ativ Smart PC","Samsung Ativ Smart PC","Sony Tablet S")　　＃创建“平板电脑”向量

>价格<-c(599,299,499,860,668,899,530,590,525,360)　　＃创建“价格”向量

>操作系统

<-c("Windows","Android","iOS","Windows","Windows","Windows","Android"," Windows","Android","Android")　　＃创建“操作系统”向量

>显示器大小<-c(10.1,8.9,9.7,11.6,10.1,10.6,10.1,11.6,10.1,9.4)　　＃创建“显示器大小”向量

>电池寿命<-c(8.5,9,11,8,10.5,4,9,7,10,8)　　＃创建“电池寿命”向量

>CPU 厂商<-c("英特尔","德州仪器","苹果","英特尔","英特尔","英特尔","德州仪器","英特尔","英伟达","英伟达")　　＃创建“CPU 厂商”向量

价位<-c("中端机","低端机","中端机","高端机","高端机","中端机","中端机","中端机","中端机","低端机")　　＃创建“价位”向量

(2) 创建数据框

>product.information<-data.frame(平板电脑，价格，操作系统，显示器大小，电池寿命，CPU 厂商，价位)　　＃创建数据框“product.information”

>product.information　　＃显示数据框“product.information”

显示结果如图 2.1 所示。

```
> product.information
                平板电脑  价格  操作系统  显示器大小  电池寿命   CPU厂商    价位
1          Acer Iconia W510  599  Windows        10.1       8.5    英特尔  中端机
2      Amazon Kindle Fire HD  299  Android         8.9       9.0  德州仪器  低端机
3              Apple iPad 4  499      iOS         9.7      11.0      苹果  中端机
4               HP Envy X2  860  Windows        11.6       8.0    英特尔  高端机
5    Lenovo ThinkPad Tablet  668  Windows        10.1      10.5    英特尔  高端机
6     Microsoft Surface Pro  899  Windows        10.6       4.0    英特尔  中端机
7  Motorola Droid X Y board  530  Android        10.1       9.0  德州仪器  中端机
8     Samsung Ativ Smart PC  590  Windows        11.6       7.0    英特尔  中端机
9     Samsung Ativ Smart PC  525  Android        10.1      10.0    英伟达  中端机
10           Sony Tablet  S  360  Android         9.4       8.0    英伟达  低端机
> |
```

图 2.1　R 语言输出结果

2.1.3　数据的来源

数据可以从现有的资源中获得，也可以通过观测或实验性研究获得，这里被分别称为数据的间接来源和直接来源。

从使用者的角度去看，数据的来源主要有两种渠道：一是利用已有现成数据。例如，从国家统计年鉴上获得相关研究数据，即利用二手数据，这是数据的间接来源。二是通过自己调查、观测或实验活动，直接获得第一手数据。例如，美国总统大选时为预测竞选结果而进行的民意调查获得的数据，这是数据的直接来源。

为了研究的需要，研究者首先明确研究的个体和变量，如果这些观测资料已经存在，我们只是对这些信息重新加工、整理，使之成为我们可以进行统计分析的数据，则我们首先选择利用二手数据。二手数据主要的来源渠道有：国家和各级政府部分公开的有关数据；各类信息咨询机构、专业调查机构、各行业协会提供的市场信息行业发展的数据情报；各类专业期刊、图书等公开发表的文献资料；企业内部经营活动过程中的各种统计报表、各种财务或会计核算等资料。互联网的充分发展，已使其成为数据和统计信息的一个重要来源，人们能够从网络上查找到股票价格、餐馆评价、商品参数等各种信息，为了特定研究的需要，人们开始使用爬虫软件在互联网上有规模、有选择、持续性地抓取有用的市场信息资料。

2.1.4　观测数据和实验数据

虽然二手数据收集方便，但是针对性差，仅靠二手数据不能回答研究的所有问题，因此需要通过调查、测量和实验的方法直接获得一手资料。其中，我们把通过调查、观测获得的数据称为观测数据，把通过实验方法获得的数据称为实验数据。

传统的市场调查部门会根据特定的研究目的设计调查问卷，以了解消费者对某一品牌、产品或服务的评价、消费者的购买行为等问题。随着智能设备的应用和数据存储能力的强大，当今社会不缺一手的观测数据，电商企业记录着每一位消费者的消费记录和消费者的商品浏览信息，社交平台每时每刻都在记录着用户发送的文字、语音、图片等各类数据。以上收集的数据均为观测数据。所谓观测数据，是指通过调查或观测而收集到的数据，观测数据的主要特征是在没有对事物人为控制的条件下得到的。有关社会现象、经济现象和商务数据大多都是观测数据。

数据收集的另一类方法是通过实验方法获得数据，在实验中控制实验对象而搜集到的变量数据。例如，为了判断不同饲料对牲畜增重的影响，分别搜集了食用不同饲料的牲畜的体重的增加值；为了检验一种新药的疗效，分别测量了服用新药与旧药病人的治疗效果数据。实验是检验变量间因果关系的一种方法，在实验中，研究者需要控制影响观测变量（如牲畜的体重、治疗效果）的所有相关方面，通过改变少数感兴趣的变量（如饲料的品种、药的品种），然后观察控制变量与观测变量的变化关系。

观测数据和实验数据的主要区别在于，实验数据是在控制条件下获得的。因此，从设计好的实验中获得的数据通常比现有来源或进行观测数据包含更多的信息。

2.1.5　数据的类型

数据的一个基本要素是变量，对变量的若干次观察获得该变量的数据，因此谈到数据类型和变量类型本质上是同一个问题，什么类型的变量产生什么类型的数据。在统计学中，从统计测量和统计分析的不同角度出发，类型划分的详细程度也有所不同。

1. 统计测量的四个尺度

记录一个射手的射击成绩，从粗略到精细的记录方法可以有三种：是否脱靶，具体环数，从落点到靶心的距离。显然，是否脱靶的记录结果只有“是”和“否”两种结果，测量的程度最粗糙。具体的环数的记录结果为 0,1,2,…,10，这时不仅记录了是否脱靶，同时从环数的大小上可以初步反映落点距离靶心的位置，因此测量程度比“是否脱靶”更加详细，但是记录信息最全面详细的还是测量“落点到靶心的距离”。这个例子说明从统计的角度出发，对于数据测量时由低到高、由粗略到精确一般有四种尺度：定类尺度、定序尺度、定距尺度和定比尺度。测量尺度决定了数据中蕴含的信息量。

(1) 定类尺度。它是按照客观现象的某种属性对个体进行分类后，测量了个体所属的类别。例如，按照性别对人口分类，测量结果“男”或“女”；按照平板电脑的 CPU 厂商进行分类，测量结果为“英特尔”、“德州仪器”、“苹果”和“英伟达”。这些测量结果仅仅表示个体所属的类别，因此变量“性别”和“CPU 厂商”的测量类别均为定类。

(2) 定序尺度。相比于定类尺度，它对个体不仅有分类，而且类别之间因为优劣程度不同、量的大小不同等原因造成了一定的顺序。例如，学生的成绩档次根据分数从高到低可以分为“优”、“良”、“中”、“及格”和“不及格”五个类别，顾客的满意度从负面到正面可以分为“不满意”、“基本满意”和“非常满意”。这些测量结果不仅表达了类别，而且类别的顺序是明显的，类似于数学特征的“＜”或“＞”。因此，变量“成绩档次”和“顾客满意度”的测量类别均为定序。

(3) 定距尺度。不同于定类和定序，它的测量结果不是记录类别，而是反映个体具体的量化结果。例如，学生的成绩和气象学中的温度、湿度等变量。学生的成绩的记录结果为 88 分、44 分等，所以，定距尺度的测量结果一定是数值的。但是，读者可能没有意识到：对于分数，我们可以说 88 分比 44 分高了 44 分，但是绝对不能说 88 分的学习能力是 44 分的 2 倍，即这里分数之差是有意义的，但是分数之比是无意义的。气象学中的温度和湿度同样类似。究其原因，其实这类变量的“0”没有绝对意义，均是人为设定的。因此，这种用数值记录结果，数值可以表明顺序和间隔但是不能进行比值运算的变量的测量尺度称为定距尺度。

(4) 定比尺度。如果数据具有等距尺度的所有性质，并且两个数值之比是有意义的，则这种变量的测量尺度称为定比尺度。例如，物理学中的距离、重量、时间等变量都用定比尺度来测量。显然，定比尺度的测量结果也是数值的。同时，能够用定比尺度测量的变量一定有绝对意义的"0"，"0"表示什么也不存在。例如，考虑商品的成本，因为成本为0意味着没有成本，成本为20元比成本为10元多了10元，成本20元是成本10元的2倍。因此，变量"距离"、"重量"、"时间"、"成本"的测量尺度均为定比尺度。

2. 统计分析的三个类别

由于定距和定比测量尺度下变量的记录结果均为数值型数据，因此在统计分析的方法上是没有区别的。从统计分析的角度出发，数据的类型仅有三类：分类数据、顺序数据和数值型数据。

(1) 分类数据：数据结果仅表示类别且没有顺序的非数字型数据。

(2) 顺序数据：数据结果不仅表示类别，而且有顺序之分的非数字型数据。

(3) 数值型数据：数据结果可以用数值来表达的数字型数据。现实中大部分的变量产生的数据均为数值型数据。

值得一提的是，有时我们也把分类数据和顺序数据统称为分类数据。所以，如果粗略地划分数据的类型仅有两种类型：分类数据和数值型数据。分类数据用文字表达，数值型数据用数字表达。在R中是区分分类数据和数值型数据的，一般创建因子存储分类数据，创建向量存储数值型数据。

能够产生分类数据、顺序数据、数值型数据的变量依次对应称为分类变量、顺序变量、数值型变量。正确地区别三种变量类型，对于后期量化统计分析是非常重要的。

2.1.6　数据的维度和多维度数据分析

"横看成岭侧成峰，远近高低各不同"的意思是：从正面、侧面看庐山山岭连绵起伏、山峰耸立，从远处、近处、高处、低处看庐山，庐山呈现各种不同的样子。这句话出自宋朝苏轼的《题西林壁》。我们在看待事物的时候，如果从不同角度看往往会得出不同的结果。在对业务数据进行分析时也会有这种现象。例如，对某个区域的销售数据进行分析，如果以年销售额来分析的话，也许发现每年的销售额在按一定的速度增长，这是现象中好的一面；不过如果从客户的角度出发进行分析，可能会发现一些老客户的销售额在逐渐降低。

1. 数据的维度

如何理解数据中的维？通俗地说，维是人们观察事物的角度。在实际应用中，人们对于现象和事物的观察需要同时从多角度来描述或测量。例如，体检时会记录人的身高、体重、血压等多方面信息。某电商企业在做销售数据分析时，关注了产品的销售区域、产品种类、销售时间三个问题。这里，身高、体重、血压、销售区域、产品种类、销售时间在各自的数据中被称为变量。因此，体检数据中关注了3个变量，销售数据中也关注了3个变量。

以销售数据为例，为了将数据直观地展示，可以建立X—Y—Z坐标系确定数据中每一个个体的位置，得到如图2.2所示的3维图。因此，产品的销售数据是3维的，同理，体检数据也是3维的。一般地,刻画数据的变量有 n 个,就称该数据是 n 维的。3维及以下的数据是可以通过作图可视的,但是维数大于或等于4维时,则无法直观用坐标系标定。

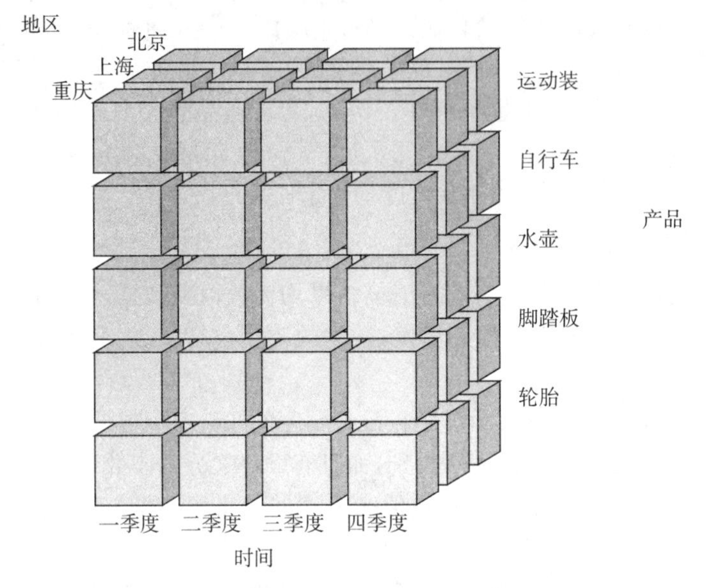

图2.2 多维度数据分析的直观理解示意图

2. 多维度数据分析

当数据有了维的概念之后,便可以对多维数据进行多角度的数据分析。比如某一个淘宝店铺的销售数据记录了商品销售数据的详细情况,包含了产品的类别、品牌、型号、购买价格、购买时间、消费者的级别、地区等变量。针对该数据,可以从以下几个方面来分析销售数据:从产品的角度,可以按产品的类别、品牌、型号来查看产品的销售情况;从客户的角度,可以按顾客的级别、地区来查看产品的购买情况;从时间的角度,可以按年度、季度、月份来观察产品销售的变动规律情况。其中,产品、客户、时间分别是三个不同的数据分析的角度,每个角度都从不同方面体现了销售数据的特征。因此,多维度数据分析是指以多角度展开对多维数据的分析。

2.1.7 大数据的概念

由于使用磁卡片输入机、条形码扫描仪、POS机终端以及智能手机的使用,许多机构每天可以获取大量的基础数据。例如,大型零售商每天获取2000万～3000万个交易数据,电信公司每天有超过3亿个电话记录,银行的Visa每秒处理6800次支付交易或每天处理近6亿个交易。这些数据产生的数量之大、速度之快,是令人惊叹的。存储、管理和分析这些交易数据并从中发现一些统计规律,是一件非常有意义的事情。

企业现在所收集的数据除了数量和速度之外,变量的类型更为复杂。在社交平台上发表的言论是文本数据、公开的相片是图片数据。从服务电话中收集的是音频数据,通过室内外摄像机记录的是视频数据。因为将信息转换成可以分析的数据是复杂的工作,所以分析这些通过非传统来源得到的信息更为复杂。

体量更大和变量类型更为复杂的数据集通常被称为大数据,这不是一个非常严格的定义,许多数据分析学家将大数据定义为3V数据:大量(Volume)、高速(Velocity)和多样

(Variety)。大量是指数据的体积大,高速是指数据产生速度快所以要求处理速度和时效高,多样是指数据类型的多样性。更多的人喜欢将大数据认为有4V的特点,即还有一个价值(Value),指数据的价值密度低。那么,如何采用有效的方法才能快速分析这些大量和多样化的数据并挖掘出其内在的深层价值呢?数据挖掘在充分汲取统计学、机器学习、分布式和云计算等技术养分,在方法研究、算法效率、软件工具集成环境和创新应用等方面不断开拓,正将昔日数据"矿锤"升级为现代化的数据"挖掘机"。我们将看到越来越多的行业或领域在利用大数据产生有价值的信息。例如,拥有大型客服中心的公司(如零售商、金融机构和通信公司)成为大数据的主要应用者。零售商(如天猫、京东等)通过消费者购买行为的大数据分析可以得到不同消费者对不同产品偏好的特征。当消费者登录公司网站并且留下了浏览商品的轨迹或购买了一件商品之后,网站会及时推送可能购买的其他相关商品的信息。

习题 2-1

1. 什么是二手资料?使用二手资料需要注意些什么?

2. 观测数据和实验数据在来源和用途上有何区别?试分别举例说明何谓观测数据、实验数据。

3. 分别按照统计测量尺度和统计分析的两个角度,指出下面变量的类型:

(1)年龄;(2)性别;(3)温度;(4)时间;(5)籍贯;(6)考试成绩;(7)员工对企业某项改革措施态度(赞成、中立、反对);(8)购买商品时的支付方式(现金、信用卡、支付宝)。

4. 简述定距数据和定比数据的区别,并各举一例。

5. 观察现象时为什么要做多维度的数据收集?

6. 通过举例说明什么是数据的多维度分析。

7. 大数据的概念是什么?

8. 在日常生活中,哪些地方可以产生大数据?

9. 品牌平板电脑公司提供各种各样关于品牌电脑的信息,使消费者容易比较不同品牌平板电脑的使用参数,在R中录入表2.1中10种平板电脑的产品信息的数据集,并回答这个数据集中有多少个个体?有多少个变量?各变量的类型是什么?

10. 表2.2给出了8种无绳电话的数据,在R中录入表2.2中8种无绳电话的数据,并回答这个数据集中有多少个个体?有多少个变量?

表2.2　8种无绳电话的数据

品牌	型号	价格(美元)	综合得分	语音质量	电话是否在底座上	通话时间(小时)
AT&T	CL84100	60	73	优秀	是	7
AT&T	TL 92271	80	70	很好	否	7
松下	4773B	100	78	很好	是	13
松下	6592T	70	72	很好	否	13
友利电	D2997	45	70	很好	否	10
友利电	D1788	80	73	很好	是	7
伟易达	DS6521	60	72	优秀	否	7
伟易达	GS6649	50	72	很好	是	7

2.2　分类数据的整理与展示

当我们观察人的外表时，会通过抓住人的关键特征去对这个人的外表有基本印象，比如高、矮、胖、瘦等。当我们观察数据时，原始数据可能杂乱无章且令人眼花缭乱，那么如何对数据形成一些基本的印象呢？比如，对于数值型数据（上海市每个家庭的电费的数据），可能会关心数据的大致范围是什么？数据的平均值是多少？对于分类型数据（某商场里女士皮鞋销售款式的数据），可能会关心该数据最常见的值是什么等等问题。当然，收集数据都是有一定的目的，比如股票价格的走势。对于数据能否给出反映特征或目的的一些直观展示呢？实际上，借助一些表格、图形和一些简单的运算，可以了解一个数据的基本特征，从而反映研究目的。因此，我们在年度报告、报纸文章或者研究报告中常可以看到数据的表格和图形。但是，如何选择正确的方式去反映数据的特征和研究目的，理解它们是怎样形成的，以及如何解读这些表格和图形也是至关重要的。

本章主要针对不同类型的数据，介绍如何恰当、正确地用表格、图形和少量的一些数字来概括数据的某些特征，并且尽可能将数据的特征进行可视化。所谓数据的可视化，是指用于描述汇总和表达一个数据集信息的图形显示，其目的是尽可能有效和清晰地传达数据的重要信息。本节主要介绍表格和图形的方法。

2.2.1　分类数据的表格法

分类数据本身就是对事物的一种分类，该数据对应的变量值是有限且可数的。在整理数据的过程中最关心的问题之一是各个变量值的频数分布，因此，先从频数（频率）分布的定义开始介绍统计表格的制作，然后介绍常用的统计图的制作。在介绍过程中，先介绍一维数据（单变量），然后介绍多维数据（两个或两个以上的变量）的情形。

1. 频数(频率)分布表

首先，根据分类数据的变量值，将个体分到互不重叠的类别中。其次，针对每个类别中的个体进行清点或计算。把各个类别及落在其中的相应频数（频率）全部列出，并用表格形式表现出来，称为频数（频率）分布。这里首先给出两个相关的基本概念：频数、频率。

频数：每组中个体的总数。

频率：每组中个体的总数占全部数据的个体总数的比例或百分比，也称为相对频数。

【例 2.2】 为研究运动场所软饮料的市场销售情况，某调查公司在某自动贩售机旁观察记录了 51 位顾客的购买情况，原始数据如表 2.3 所示。

表 2.3　51 位顾客的年龄、性别及购买饮料类型

饮料类型	年龄	性别	饮料类型	年龄	性别	饮料类型	年龄	性别
可口可乐	35	男	绿茶	41	女	运动饮料	56	男
百事可乐	18	男	百事可乐	19	男	可口可乐	52	男

续前表

饮料类型	年龄	性别	饮料类型	年龄	性别	饮料类型	年龄	性别
绿茶	54	女	矿泉水	26	男	运动饮料	35	女
雪碧	25	女	运动饮料	16	男	矿泉水	58	女
矿泉水	37	女	可口可乐	27	男	橙汁	16	女
可口可乐	28	女	可口可乐	43	男	运动饮料	32	女
雪碧	16	男	运动饮料	35	女	百事可乐	19	男
矿泉水	38	男	绿茶	56	男	运动饮料	21	女
橙汁	46	女	运动饮料	34	男	可口可乐	47	男
运动饮料	35	男	矿泉水	41	男	运动饮料	42	女
可口可乐	29	男	橙汁	15	男	百事可乐	24	女
雪碧	24	男	百事可乐	23	女	雪碧	17	女
运动饮料	26	男	运动饮料	25	男	运动饮料	19	女
运动饮料	24	女	可口可乐	39	男	运动饮料	25	男
矿泉水	60	男	矿泉水	57	女	矿泉水	29	男
可口可乐	48	女	雪碧	15	男	矿泉水	49	女
矿泉水	43	女	运动饮料	21	女	运动饮料	38	女

解　数据中涉及 3 个变量，即饮料类型、年龄、性别，这里饮料类型和性别是分类变量，对它们分别进行频数统计。得到如表 2.4 和表 2.5 所示的频数/频率分布表。

表 2.4　顾客购买饮料类型的频数分布

饮料类型	频数	频率
可口可乐	9	17.65%
百事可乐	5	9.80%
绿茶	3	5.88%
雪碧	5	9.80%
矿泉水	10	19.61%
橙汁	3	5.88%
运动饮料	16	31.38%
合计	51	100%

表 2.5　顾客的性别频数分布

性别	频数	频率
男	27	52.94%
女	24	47.06%
合计	51	100%

2. 列联表

在数据分析的过程中,决策者往往需要汇总两个变量的数据,以揭示变量间的关系。针对例 2.2 的销售数据,市场研究者好奇:不同年龄的人群在运动后对各类型的软饮料的喜好状况,男和女对软饮料的喜好有差别吗?下面我们介绍如何编制两个或两个以上分类变量数据的表格汇总。

有两个或两个以上的变量交叉分类的频数分布表称为列联表,二维的列联表(两个变量交叉分类)也称为交叉表。一般参与变量均为分类变量。

【例 2.3】 沿用例 2.2 的数据,利用二维列联表观察男性和女性在运动后对各类型的软饮料的喜好状况,以及不同年龄的人群在运动后对各类型的软饮料的喜好状况。

解 性别和饮料类型都是分类变量,可以直接做二维列联表,交叉的频数分布如表 2.6 所示。

表 2.6 性别与饮料类型的交叉的频数分布

		饮料类型							合计
		可口可乐	百事可乐	绿茶	雪碧	矿泉水	橙汁	运动饮料	
性别	男	7	3	1	3	5	1	7	27
	女	2	2	2	2	5	2	9	24
	合计	9	5	3	5	10	3	16	51

由表 2.6 可以看出,男性和女性在对软饮料的喜好上是有差别的,女性更偏爱矿泉水和运动饮料,对其他饮料的喜好没有差别;男性更喜欢可口可乐和运动饮料,对绿茶和橙汁的兴趣程度较低。

由于年龄是数值型数据,不能直接做交叉表,因此需要将其进行分组,变为分类数据,这里不妨将年龄≤25 定义为青少年,26≤年龄≤45 定义为中青年,将年龄≥46 定义为中老年。将年龄分组后定义为新变量“人群”,再利用人群和饮料类型做交叉列联表,如表 2.7 所示。

表 2.7 人群与饮料类型的交叉的频数分布

		饮料类型							合计
		可口可乐	百事可乐	绿茶	雪碧	矿泉水	橙汁	运动饮料	
人群	青少年	0	5	0	5	0	2	7	19
	中青年	6	0	1	0	6	0	8	21
	中老年	3	0	2	0	4	1	1	11
	合计	9	5	3	5	10	3	16	51

通过交叉列联表的频数分布可以发现:青少年和中青年人群更偏爱运动饮料;中老年人群更喜欢相对传统的矿泉水和可口可乐,对于橙汁和运动饮料兴趣不大;青少年和中青年人群对于可乐的品牌选择也有明显差异,青少年偏爱百事可乐,中青年偏爱可口可乐。

2.2.2　统计表的R语言实现

在R中可以利用summary( )函数来提供变量的信息，对于类型变量，它可以汇总每个变量值的频数分布。summary( )函数的参数可以是一个变量、cbind( )函数的输出或者数据框。

如果需要计算两维或多维分类变量的交叉频数，可以利用R软件的table( )、xtabs( )或ftable( )做一个表格。这些函数通常将它们的水平值自动作为行和列的名称，因此在建立分类变量时建议将数字编码的分类数据转化成因子。table( )函数是这三个函数中最常用的函数；当维度大于二维时，ftable( )创建的表格更简洁。当然利用这三个函数也可以对一维的分类变量进行频数统计。

在频数列联表的基础之上，由频数列联表除以边际和就可以得到相对列和或行和的频率列联表，这可以通过prop.table( )函数实现，如果再乘以100就能得到相对应的用百分比表示的频率列联表。如果想获得全局相对频率列联表，则可由prop.table( )函数直接实现，也可通过编程来实现，详见下面的例子。

【例2.4】　利用R实现例2.2。

R程序：

(1) 创建因子

```
>drinkingtype<-c(1,2,3,4,5,1,4,5,6,7,1,4,7,7,5,1,5,3,2,5,7,1,1,7,3,7,5,6,
2,7,1,5,4,7,7,1,7,5,6,7,2,7,1,7,2,4,7,7,5,5,7)
>fdrinkingtype<-factor(drinkingtype,levels=1:7)
>levels(fdrinkingtype)<-c("可口可乐","百事可乐","绿茶","雪碧","矿泉水","橙汁",
"运动饮料")
```

(2) 汇总因子的频数分布

```
>summary(fdrinkingtype)            # 利用summary函数进行频数统计
可口可乐  百事可乐  绿茶  雪碧  矿泉水  橙汁  运动饮料
    9         5       3     5     10     3       16
>table(fdrinkingtype)           # 利用table函数进行频数统计
fdrinkingtype
可口可乐  百事可乐  绿茶  雪碧  矿泉水  橙汁  运动饮料
    9         5       3     5     10     3       16
```

同理，可得关于性别的频数分布：

```
>sex<-c(0,0,1,1,1,1,0,0,1,0,0,0,0,1,0,1,1,1,0,0,0,0,0,1,0,0,0,0,1,0,0,1,
0,1,0,0,1,1,1,1,0,1,0,1,1,1,1,0,0,1,1)
>fsex<-factor(sex,levels=0:1)
>levels(fsex)<-c("男","女")
>summary(fsex)
男  女
27  24
```

【例 2.5】 利用 R 实现例 2.3。

R 程序：

(1) 建立饮料类型和性别的交叉频数表

```
>table(fdrinkingtype,fsex)
                fsex
fdrinkingtype  男  女
可口可乐        7   2
百事可乐        3   2
绿茶            1   2
雪碧            3   2
矿泉水          5   5
橙汁            1   2
运动饮料        7   9
```

(2) 计算上表的边际和

```
>type. sex<-table(fdrinkingtype,fsex)           #为交叉表设定名称
>type. sex
                fsex
fdrinkingtype  男  女
可口可乐        7   2
百事可乐        3   2
绿茶            1   2
雪碧            3   2
矿泉水          5   5
橙汁            1   2
运动饮料        7   9
>margin. table(type. sex,1)           #求行的边际和
fdrinkingtype
可口可乐  百事可乐  绿茶  雪碧  矿泉水  橙汁  运动饮料
    9         5       3     5     10      3       16
>margin. table(type. sex,2)           #求列的边际和
fsex
男  女
27  24
```

(3) 建立饮料类型和性别的交叉频率表

```
>round(prop. table(type. sex,1),digits=3)           #除以行和得到的频率列联表
                fsex
fdrinkingtype    男      女
可口可乐       0.778   0.222
百事可乐       0.600   0.400
```

```
绿茶      0.333  0.667
雪碧      0.600  0.400
矿泉水    0.500  0.500
橙汁      0.333  0.667
运动饮料  0.438  0.562
>round(prop.table(type.sex,2),digits=3)          #除以列和得到的频率列联表
                   fsex
fdrinkingtype    男      女
可口可乐        0.259  0.083
百事可乐        0.111  0.083
绿茶            0.037  0.083
雪碧            0.111  0.083
矿泉水          0.185  0.208
橙汁            0.037  0.083
运动饮料        0.259  0.375
>round(prop.table(type.sex),digits=3)          #全局频率列联表
>round(type.sex/sum(type.sex),digits=3)          #除以样本总数得到的全局频率列联表
                   fsex
fdrinkingtype    男      女
可口可乐        0.137  0.039
百事可乐        0.059  0.039
绿茶            0.020  0.039
雪碧            0.059  0.039
矿泉水          0.098  0.098
橙汁            0.020  0.039
运动饮料        0.137  0.176
```

【注】 这里的round( )使显示的数据的精度保留到小数点后指定的位数。

(4) 将变量age作数据分组

```
>break1<-c(14,25,45,60)
>labels<-c("青少年","中青年","中老年")
>agegroup<-cut(age,break1,labels,ordered_result=T)
>agegroup
```

[1] 中青年青少年中老年青少年中青年中青年青少年中青年中老年中青年中青年青少年中青年青少年中老年

[16] 中老年中青年中青年青少年中青年青少年中青年中青年中青年中老年中青年中青年青少年青少年青少年

[31] 中青年中老年青少年青少年中老年中老年中青年中老年青少年中青年青少年青少年中老年中青年青少年

```
[46] 青少年青少年青少年中青年中老年中青年
Levels：青少年<中青年<中老年
```

(5) 建立饮料类型和年龄群的交叉频数表

```
>table(agegroup,fdrinkingtype)
fdrinkingtype
agegroup  可口可乐  百事可乐  绿茶  雪碧  矿泉水  橙汁  运动饮料
青少年       0         5        0     5      0      2       7
中青年       6         0        1     0      6      0       8
中老年       3         0        2     0      4      1       1
```

2.2.3　分类数据的图示法

建立分类数据的频数(频率)分布表是用来反映分类变量值的分布问题，如果用图形来展示分布，则会更加直观和形象。因此，好的统计图胜过统计表，而统计表胜过冗长的文字表达。这里主要介绍条形图、饼图和帕累托图。

1. 条形图

条形图是用宽度相同的条形的高度或长短来表示频数(频率)多少的图形。注意，做图时应将这些长条分隔开，以强调每一组的相互独立的事实。

2. 饼图

饼图是用圆内扇形的角度来表示频数(频率)多少的图形。注意，做图时尽量将类别和频数(频率)直接显示在饼图的扇形里，这样比较简单、直观。

3. 帕累托图

帕累托图是以意大利经济学家维尔弗雷多·帕累托的名字命名的，又称为排列图、主次图。该图是按各类别的频数多少排序后绘制的条形图，同时计算累计频率。通过对条形图的排序，容易看出哪些类数据出现得多，哪些类数据出现得少。

2.2.4　统计图的 R 实现

R 中 barplot( )函数可绘制条形图，该函数有一个重要的参数，可以是向量或者矩阵。如果处理对象是向量，则表示一个单变量的频数或频率的柱状图；如果处理对象是矩阵，则默认创建一个“堆叠柱形图”，其中每一个柱根据表中不同行的贡献被分割。如果希望把行的贡献放置在旁边，可以使用参数 beside=T。

R 中可以绘制帕累托图的方法至少有 4 种，这里介绍利用 qcc 程序包中的 pareto.chart( )函数来绘制该图。

【例 2.6】 根据例 2.2、例 2.3 的频数(频率)，利用 R 绘制条形图。

R 程序：

```
>barplot(table(fdrinkingtype))
```

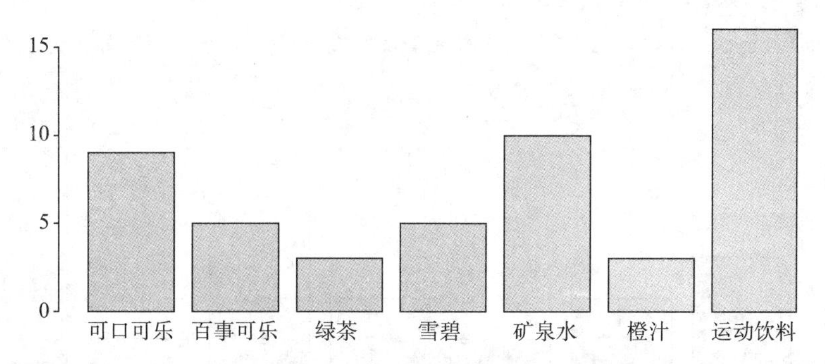

图 2.3 顾客购买饮料类型的频数分布条形图

```
>barplot(prop.table(table(fdrinkingtype)))
```

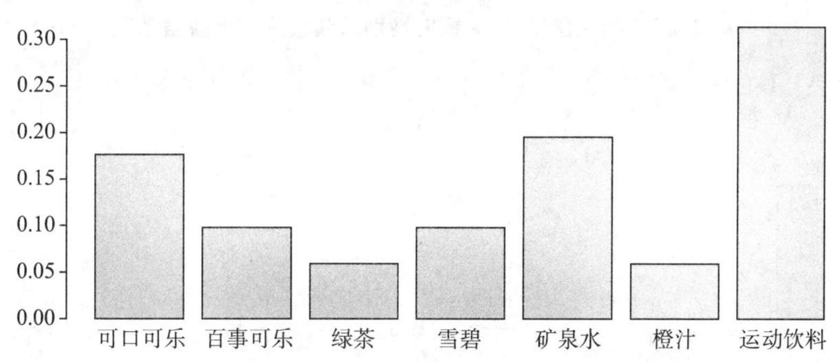

图 2.4 顾客购买饮料类型的频率分布条形图

```
>type.sex
              fsex
fdrinkingtype 男  女
可口可乐      7   2
百事可乐      3   2
绿茶          1   2
雪碧          3   2
矿泉水        5   5
橙汁          1   2
运动饮料      7   9
>barplot(type.sex)            #为不同性别分别建立堆叠的柱子
```

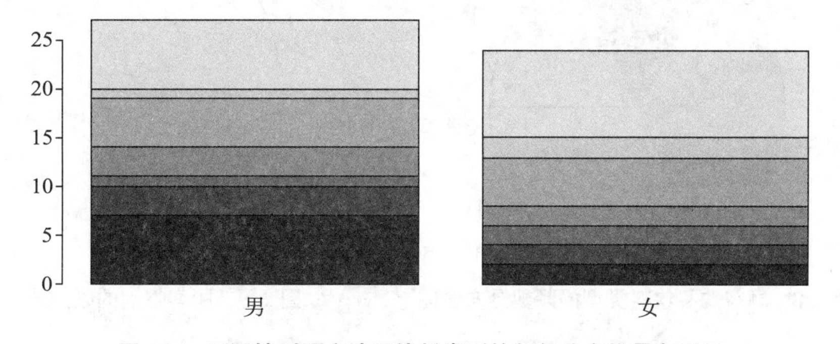

图 2.5 不同性别顾客购买饮料类型的频数分布堆叠条形图

```
>barplot(t(type.sex))            #用转置 t 函数交换行和列,再做堆叠条形图
```

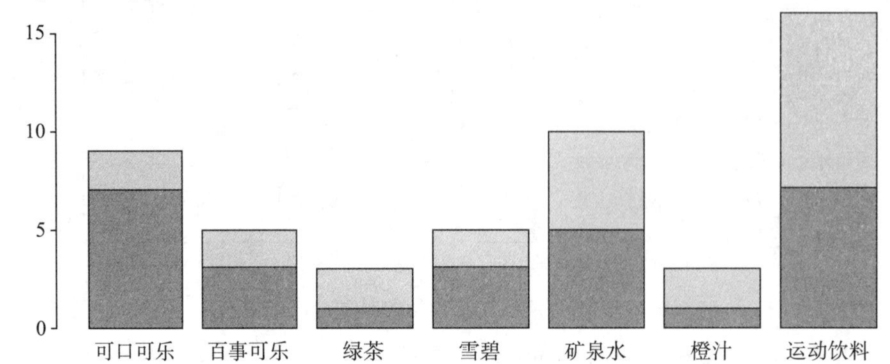

图 2.6　不同饮料类型的顾客性别的频数分布堆叠条形图

```
>barplot(t(type.sex),beside=T)          #使用参数 beside=T 将堆叠的柱子放倒
```

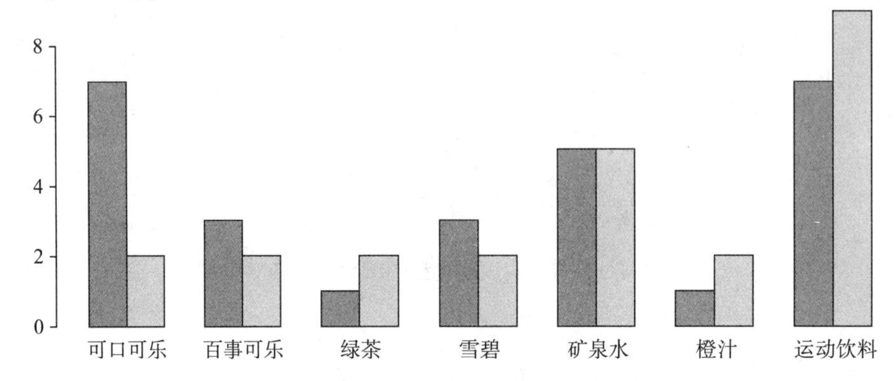

图 2.7　不同饮料类型的顾客性别的频数分布复式条形图

barplot( )函数的其他参数可以起到"美化"条形图的作用,比如处理标签和颜色等,受到篇幅的限制,这里不再赘述,更多制图的细节请参阅该函数的帮助说明。

【例 2.7】 根据例 2.2 的频数(频率),利用 R 绘制饼图。

R 程序:

```
>pie(table(fdrinkingtype))
```

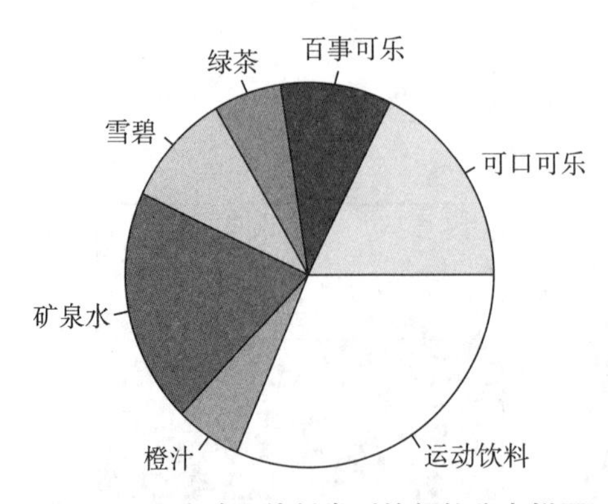

图 2.8　顾客购买饮料类型的频数分布饼图

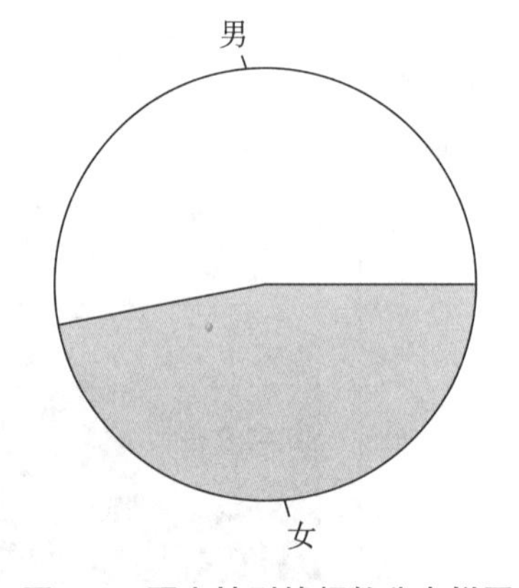

图 2.9　顾客性别的频数分布饼图

【例 2.8】 根据例 2.2 的饮料类型的频数分布,利用 R 绘制帕累托图。

R 程序：

```
>install.packages("qcc")
>library(qcc)
>type<-c(9,5,3,5,10,3,16)
>names(type)<-c("可口可乐","百事可乐","绿茶","雪碧","矿泉水","橙汁","运动饮料")
>pareto.chart(type,ylab="频数",ylab2="累计频率","帕累托图")
```

Pareto chart analysis for type

	Frequency	Cum. Freq.	Percentage	Cum. Percent.
运动饮料	16.000000	16.000000	31.372549	31.372549
矿泉水	10.000000	26.000000	19.607843	50.980392
可口可乐	9.000000	35.000000	17.647059	68.627451
百事可乐	5.000000	40.000000	9.803922	78.431373
雪碧	5.000000	45.000000	9.803922	88.235294
绿茶	3.000000	48.000000	5.882353	94.117647
橙汁	3.000000	51.000000	5.882353	100.000000

帕累托图

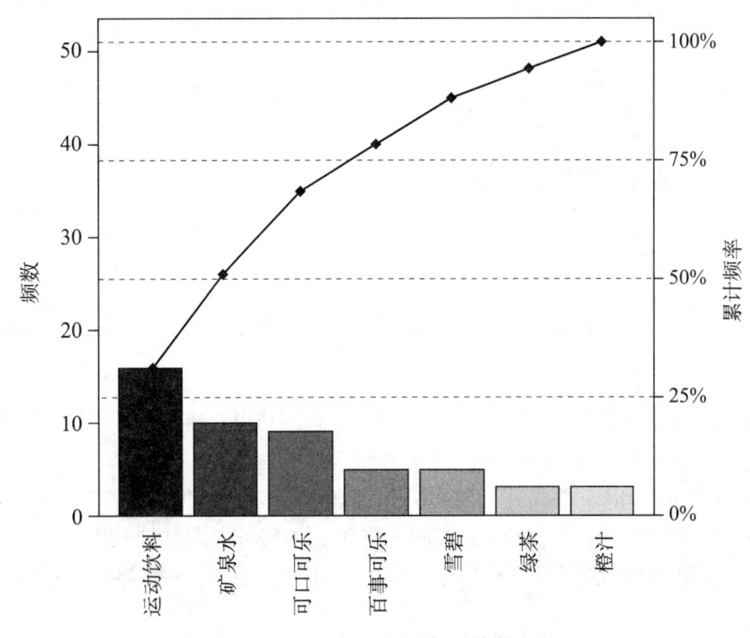

图 2.10　顾客购买饮料类型的帕累托图

习题 2－2

1. 复式条形图的作用是什么？

2. 建立列联表的作用是什么？

3. 下表是北京、上海和天津地区按收入法计算的地区生产总值(单位：亿元，按当年价格计算)数据，请用 R 软件绘制复式条形图，以比较三个地区的生产总值构成。

地区	劳动者报酬	生产税净额	固定资产折旧	营业盈余
北京	3496.57	1161.55	1251.09	1961.07
天津	1383.36	775.09	595.09	1605.61
上海	3756.56	1623.36	1730.51	3255.94

4. 为了研究智能手机的市场品牌占有率，一家市场调查公司随机抽取了 50 名顾客进行调查，下表统计了 50 名顾客的性别及购买品牌。

顾客性别	手机品牌	顾客性别	手机品牌	顾客性别	手机品牌
女	苹果	女	苹果	女	其他
男	华为	男	华为	女	苹果
男	小米	男	其他	女	其他
女	小米	女	苹果	女	华为
男	苹果	男	华为	男	华为
男	小米	男	华为	女	华为
女	苹果	女	苹果	女	苹果
女	华为	男	苹果	女	华为
男	华为	女	华为	男	小米
男	苹果	男	小米	女	苹果
女	小米	女	华为	女	华为
女	其他	女	苹果	女	其他
男	苹果	女	小米	女	华为
男	华为	男	其他	男	华为
男	苹果	男	苹果	女	其他
女	其他	女	华为	女	小米
男	小米	男	小米		

要求：

(1)利用 R 软件给出顾客性别与手机品牌的交叉列联表，并利用列联表的信息尝试概括性别与手机品牌的选择是否有关系，如果有关系，二者呈现出什么样的关系？

(2)利用 R 软件分别做出顾客性别和手机品牌的频数分布表。

(3)利用 R 软件分别做出顾客性别和手机品牌频数分布的条形图、饼图和帕累托图。

(4)为了更好地对比男性和女性在手机品牌选择上的异同，利用 R 软件做出恰当的复式条形图或堆叠条形图。

2.3 顺序数据的整理与展示

广义地说，顺序数据是一类特殊的分类数据，变量值不仅代表类别，而且类别之间是有序的。因此，分类数据的频数(频率)分布表和图示方法也适用于顺序数据。但是，对于顺序数据除了前述的方法以外，还可以计算累计频数(频率)。

所谓累计频数(频率),是指将各有序类别的频数(频率)逐级累加起来得到的频数(频率)。频数(频率)累计的方法有两种:将各类别的频数(频率)由变量值低的组向变量值高的组逐组累计,称为向上累计或称较小制累计,表明某一类别以下的频数(频率)之和;将各类别的频数(频率)由变量值高的组向变量值低的组逐组累计,称为向下累计或称较大制累计,表明某一类别以上的频数(频率)之和。

【例 2.9】 某班有 40 名学生,经过统计,期末统计学课程的考试成绩频率分布如下,计算它的向上累计、向下累计的频数和频率,如表 2.8 所示。

表 2.8　某班级统计学课程成绩的频数(频率)累计分布表

考试成绩	人数	百分比(%)	向上累计		向下累计	
			人数	百分比(%)	人数	百分比(%)
优	3	7.5	3	7.5	40	100
良	6	15	9	22.5	37	92.5
中	18	45	27	67.5	31	77.5
及格	9	22.5	36	90	13	32.5
不及格	4	10	40	100	4	10

习题 2-3

1. 为了评价家电行业售后服务的质量,随机抽取了由 100 个家庭构成的一个样本,服务质量的等级分别表示为:A——好,B——较好,C——一般,D——较差,E——差。调查结果如下:

B、	E、	C、	C、	A、	D、	C、	B、	A、	E、	D、	A、	C、	B、	C、	D、	E、	C、	E、	E
A、	D、	B、	C、	C、	A、	E、	D、	C、	B、	B、	A、	C、	D、	E、	A、	B、	D、	D、	C
C、	B、	C、	E、	D、	B、	C、	C、	B、	C、	D、	A、	C、	B、	C、	D、	E、	C、	E、	B
B、	E、	C、	C、	A、	D、	C、	B、	A、	E、	B、	A、	C、	D、	E、	A、	B、	D、	D、	C
A、	D、	B、	C、	C、	A、	E、	D、	C、	B、	C、	B、	C、	E、	D、	B、	C、	C、	B、	C

要求:

(1) 利用 R 软件绘制频数分布表;

(2) 利用 R 软件绘制条形图;

(3) 利用 R 软件绘制评价等级的帕累托图。

2. 某行业管理局所属的 40 个企业 2018 年的产品销售收入数据如下(单位:万元):

152	124	129	116	100	103	92	95	127	104
105	119	114	115	87	103	118	142	135	125
117	108	105	110	107	137	120	136	117	108
97	88	123	115	119	138	112	146	113	126

按规定，销售收入在125万元以上为先进企业，115万～125万元为良好企业，105万～115万元为一般企业，105万元以下为落后企业，按先进企业、良好企业、一般企业、落后企业进行分组。根据企业类型，利用R软件绘制条形图、饼图、帕累托图。

2.4 数值型数据的整理与展示

数值型数据与分类数据的最大区别在于数值型变量值很多甚至是不可数，在统计频数(频率)分布时，不方便逐一清点。但是，可以通过数据分组将数值型数据变为分类数据。这里数据分组是根据研究的需要，将原始数据按照某种标准不重复不遗漏地分成不同的组别，分组后的数据称为分组数据。分组数据可以认为是分类数据，因此2.2节和2.3节中介绍的分类和顺序数据的整理和展示方法也都适用于数值型数据。除此之外，数值型数据还拥有一些独有的整理和展示方法。

2.4.1 数据分组和频数分布表

根据数值型数据变量值个数的多少，分为单变量值分组和组距分组。单变量值分组是把每一个变量值作为一组。例如，某品牌汽车店每日销售的轿车的数量为0,1,2,3,4五种可能性，因此把每一个变量值作为一组。不难发现，只有当变量值为离散且取值较少的情况下，才能采用单变量值分组。这里主要讨论组距分组。

由于数据分组的目的之一是观察数据分布的特征，因此在数据分组的基础上统计各组频数(频率)。主要步骤可以分为：首先，根据数据的分布特点和波动范围确定组数；其次，确定每组的组距或组限；最后，根据分组方法统计各组的频数(频率)制作频数(频率)分布表。

Step1：确定组数。分组的目的是用足够多的组来显示数据的集中趋势和变异性，如果分组过于细致或粗糙，则会导致数据的分布的集中趋势或变异性无法正确地被反映。作为一般性原则，我们建议组数不少于5且不多于15。

Step2：确定组距或组限。组距是一个组的上限与下限的差。根据组距是否相等，分为等距分组和异距分组。有许多社会经济现象的分布存在明显的偏斜状况，这时不适合等距分组，应考虑采用异距分组。例如，关于人口的年龄分布(如表2.9所示)。

表2.9 某地区人口分布状况

人口按年龄分组	人口数(万人)
1岁以下(婴儿组)	10
1～6岁(幼儿组)	60
6～18岁(学龄少年组)	120
18～65岁(有劳动能力的人口组)	240.6
65岁以上(老年组)	80.1
合计	510.7

如果采用等距分组，则组距的计算方法如下：

$$组距=(最大值-最小值)/组数 \tag{2.1}$$

如果计算结果为小数，可以就近取整，在统计实践中组距的选择偏爱 5 或 10 的倍数。

【例 2.10】 某小型会计师事务所对 20 名客户完成年末审计的时间(单位：天)，统计结果如下：12，14，19，18，15，15，18，17，20，27，22，23，22，21，33，28，14，18，16，13。对该数据进行恰当的数据分组。

解　对于年末审计时间数据，最大值为 33，最小值为 12，如果决定组数为 5，则近似组宽为(33－12)/5＝4.2。因此，可以决定以 5 天作为分组数据的组距。

无论是等距分组还是异距分组，都会涉及一个概念——“组限”。一个小组的最小值称为下限，一个组的最大值称为上限。组限的选择务必使每一个数据值属于且唯一地属于一组。如何正确表达组限是一个重要的问题。

表 2.9 中讨论的“年龄”是数值型变量且是连续的，因此，表达组限时会发现前一组的上限和后一组的下限是同一个数字，那么 1 岁、6 岁、18 岁、65 岁到底该属于哪一组呢？为了解决不重复的问题，统计分组时习惯规定“上组限不在内”原则，用数学语言表示：对于分组后的变量值 x 满足 $a\leqslant x<b$。如此，1 岁、6 岁、18 岁的数据自然地规定放在下一组内。

例 2.10 中涉及的时间单位“天”是数值型且是离散的，此时在表达组限时，可以采用“上组限不在内”的原则确定组限，则例 2.10 的组限可以定义为：10～15，15～20，20～25，25～30，30～35。同时，经检查第一组的下限覆盖到数据最小值，且最后一组的上限也覆盖到数据最大值。由于统计单位“天”是离散的，该例也可以采用上、下限为不同数值：10～14，15～19，20～24，25～29，30～34。在统计实践中，建议采用前一种做法。

因此，针对数值型数据的组限写法采用哪一种做法的选择依据是判断该变量是连续型还是离散型。

细心的读者会发现，表 2.9 中的第一组没有明确的下限，最后一组没有明确的上限。这样缺上限或下限的组称为开口组。在统计实践中，由于不明确具体的上下限，为了避免个别极端值被漏掉，第一组和最后一组可以采用“某数以上”或“某数以下”开口组的方式。

Step3：根据分组结果整理频数分布表。

根据前面讨论的组数、组距和组限的确定方法，例 2.10 的频数(频率)分布如表 2.10 所示。通过频数分布表可以看出，最频繁发生的审计时间在 15～20 天这一组。

表 2.10　审计时间数据的频数分布

审计时间(天)	频数	频率
10～15	4	0.2
15～20	8	0.4
20～25	5	0.25
25～30	2	0.1
30～35	1	0.05
总计	20	1

2.4.2 数据分组的 R 实现

【例 2.11】 利用 R 软件实现例 2.10。

R 程序：

```
>time<-c(12,14,19,18,15,15,18,17,20,27,22,23,22,21,33,28,14,18,16,13)
>break1<-c(10,14,19,24,29,35)
>labels<-c("10～15","15～20","20～25","25～30","30～35")
>time. interval<-cut(time,break1,labels,ordered_result=T)
>table(time. interval)          #计算分组数据的频数分布
time. interval
10～15  15～20  20～25  25～30  30～35
  4       8       5       2       1
>prop. table(table(time. interval))          #计算分组数据的频率分布
time. interval
10～15  15～20  20～25  25～30  30～35
 0.20    0.40    0.25    0.10    0.05
```

2.4.3 数值型数据的图示法及 R 实现

首先介绍单变量的直方图、茎叶图、线图，然后介绍多变量的散点图、气泡图、雷达图。

1. 直方图

直方图是一种常用的展示分组数据分布的一种图形，它是探索性数据分析的基本工具。选择所关心的变量放在横轴上，则按组限大小确定每个柱子的宽度；将频数（频率）放在纵轴上，以频数（频率）的大小确定柱子的高。图形的形状与选择的各组区间端点有关，故选择区间端点时需要谨慎。

直方图与条形图类似，但是两者的区别是明显的：条形图用于展示分类数据；直方图则用于展示数值型数据；数值型数据分组后，通常各柱子是连续排列的，中间没有间断。分类数据的各个柱子之间是分离的。

R 中可用函数 hist( )来绘制直方图，通过 hist(x)可以得到一个简单的直方图，其中 x 是包含数据的变量。R 将自动选择分组的数目，使得合适的数据点落到每一个格子中，同时确保 x 轴上的分割点是“漂亮”的数字。同时注意到，该函数的主要选项：breaks 取向量则用于指明直方图区间的分割位置，若取正整数，则用于指定直方图的小区间数；freq 取 T 表示使用频数画直方图，取 F 则使用“密度”画直方图。其他选项可参考 hist( )的帮助说明。

【例 2.12】 统计学课程的成绩满分为 150 分，某班级 50 位学生的考试成绩如下，用 R 软件绘制该数据的直方图，并根据直方图分析数据的分布特征。

表 2.11 50位学生的统计学成绩

112	72	69	97	107	73	92	76	86	73
126	128	118	127	124	82	104	132	134	83
92	108	96	100	92	115	76	91	102	81
95	141	81	80	106	84	119	113	98	75
68	98	115	106	95	100	85	94	106	119

R程序：

>score<-c(112,72,69,97,107,73,92,76,86,73,126,128,118,127,124,82,104,132,134,83,92,108,96,100,92,115,76,91,102,81,95,141,81,80,106,84,119,113,98,75,68,98,115,106,95,100,85,94,106,119)

>hist(score)　　　　#根据函数的默认设置生成的简单的频数直方图

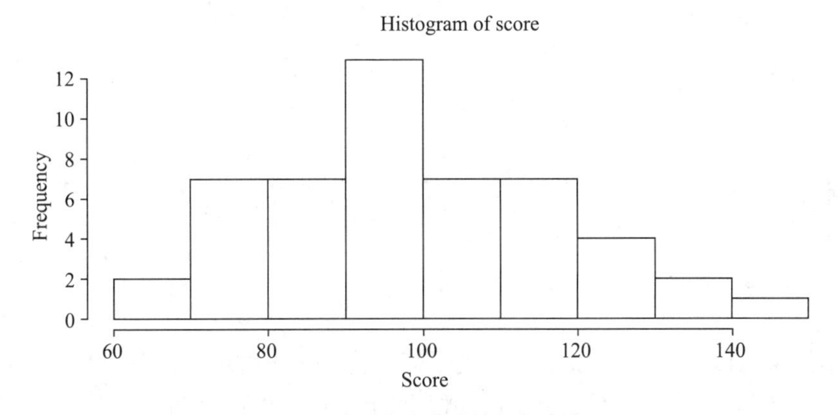

图 2.11 某班统计学成绩频数直方图

>hist(score,breaks=7,xlim=c(40,160),ylim=c(0,0.05),freq=F)　　　　#设置横轴、纵轴坐标范围后生成的频率直方图

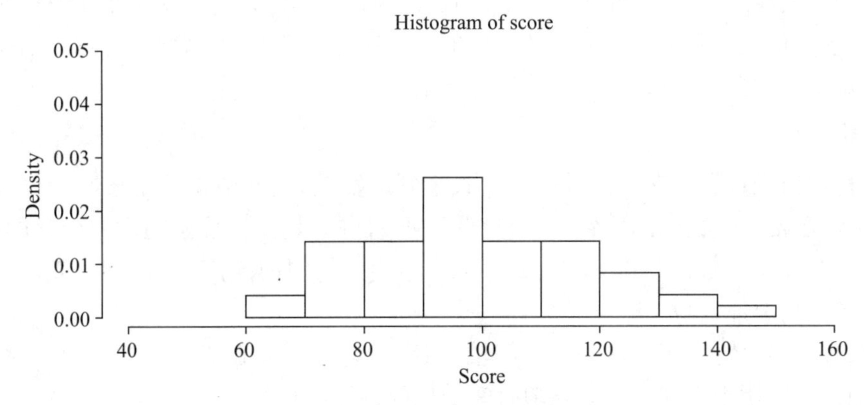

图 2.12 某班统计学成绩频率直方图

值得一提的是，这里 y 轴的数值并不是频率，而是频率除以区间长度的数值。因此，y 轴被定义为"密度"(Density)。

根据直方图，该门课程的分数主要集中在90～100分区间，位于这一区间的频数最高，分数围绕在这个区间的左右基本对称分布，高分数的频数大于低分数的频数。

2. 茎叶图

直方图虽然能很好地显示数据的分布，但不能保留原始数据在各组内的分布特征，这属于信息的丢失。茎叶图是反映原始数据分布的图形，它由茎和叶两部分构成。绘制茎叶图的关键是设计好茎和叶，一般将一个数字分为两个部分，通常以该数字的最高几位的数值作为树茎，而该数字的最后一位的数值作为叶。

R 中可使用 stem( )函数来绘制茎叶图。

【例 2.13】 根据例 2.12 的数据，利用 R 软件绘制茎叶图。

R 程序：

```
>stem(score)
  The decimal point is 1 digit(s) to the right of the |
   6 | 89
   7 | 233566
   8 | 01123456
   9 | 12224556788
  10 | 002466678
  11 | 2355899
  12 | 4678
  13 | 24
  14 | 1
```

由输出结果可以看出，左边茎是分数的最高两位——十位或十位加百位，右边叶是个位上的数字，显然叶的部分是落在该分数区间段上的频数。例如，茎为 11、叶为 2355899 时，表明在 110～120 的区间上共有 7 个分数，分别是 112、113、115、115、118、119、119。

由本例不难看出，茎叶图类似于直方图，茎叶图的外观很像横放的直方图，但是茎叶图中的叶增加了具体的数值，因此茎叶图不仅能给出数据的分布状况，还能给出每一个原始数值，即原始数据信息没有丢失。在统计实践中，如果数据量较大，通常用直方图，而茎叶图通常用于数据量少的数据，否则茎叶图太过于复杂。

3. 线图

有一种数值型数据是在不同时间点上收集到的数据，这些数据值是按时间先后顺序给出的，不可以随便打乱数据的位置，收集这些数据的目的是描述现象随时间变化的情况，这类数据称为时间序列数据。例如，1978～2019 年我国的国内生产总值数据；某日从开盘到收盘每一整点的上证指数。

针对时间序列数据，用横轴表示时间轴，用纵轴记录所关心变量的数值大小，称为线图(或折线图)，一般用于直观反映现象随时间变化的特征或趋势。

R 中用最基本的绘图函数 plot( )就可以绘制折线图。在 plot( )函数中指定 x 轴向量和 y 轴向量，便可以在平面中给出(x,y)的散点图。这里是时间序列，因此 x 轴通常是表明时间的数据，y 轴用于存放观察变量的数据。因为要做出折线图的效果，这里只需要通过设定 type 参数并令 type="b"即可。plot()函数的功能很强大，关于函数的更多细节请参阅帮助说明。

【例 2.14】 某自行车厂在过去 10 年自行车销售量的数据(如表 2.12 所示),用 R 实现自行车销售量的折线图,并通过折线图概括数据特征。

R 程序:

```
>year<-c(1,2,3,4,5,6,7,8,9,10)
>sales.volume<-c(21.6,22.9,25.5,21.9,23.9,27.5,31.5,29.7,28.6,31.4)
>plot(year,sales.volume,xlim=c(1,10),ylim=c(20,34),main="sales volume time series",type="b")
```

表 2.12　10 年中某自行车厂销售量

年	销售量(千辆)
1	21.6
2	22.9
3	25.5
4	21.9
5	23.9
6	27.5
7	31.5
8	29.7
9	28.6
10	31.4

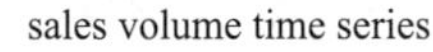

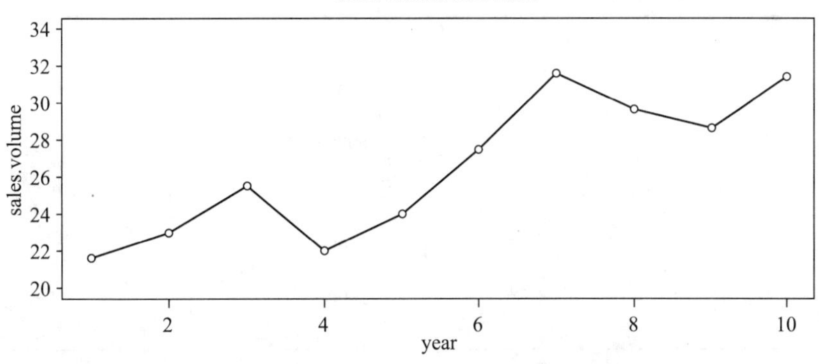

图 2.13　自行车销售量时间序列折线图

时间序列的折线图直观地显示出:在过去 10 年中销售量有上下波动,但销售量总体呈现增长的趋势。

上面介绍的三种图形描述都是单变量数据,当需要同时刻画两个或两个以上变量,且试图直观展现出变量间的互动关系时,需要采用多变量的图示方法,常见的有散点图、气泡图、雷达图。

4. 散点图

散点图是用二维坐标展示两个变量之间关系的一种图形。它用横轴代表其中一个变量

x,纵轴代表另一个变量 y,每组数据(x_i,y_i)在二维坐标系中用一点表示,如此 n 组数据在坐标系中形成 n 个点,称为散点。

【例 2.15】 为了研究小麦的产量与降雨量、温度之间的关系,收集到小麦单位面积下产量、降雨量和温度的三维数据(见表 2.13),绘制散点图,并试着分析它们之间的关系。

表 2.13　小麦产量、降雨量和温度的数据

温度(摄氏度)	降雨量(mm)	产量(千克)
6	25	2250
8	40	3450
10	58	4500
13	68	5750
14	110	5800
16	98	7500
21	120	8250

R 程序:

```
>temperature<-c(6,8,10,13,14,16,21)
>rainfall<-c(25,40,58,68,110,98,120)
>output<-c(2250,3450,4500,5750,5800,7500,8250)
>par(mfrow=c(1,2))          #将当前窗口分割为1行2列的窗口
>plot(temperature,output,main="温度与产量")     #建立温度与产量的散点图
>plot(rainfall,output,main="降雨量与产量")     #建立降雨量与产量的散点图
```

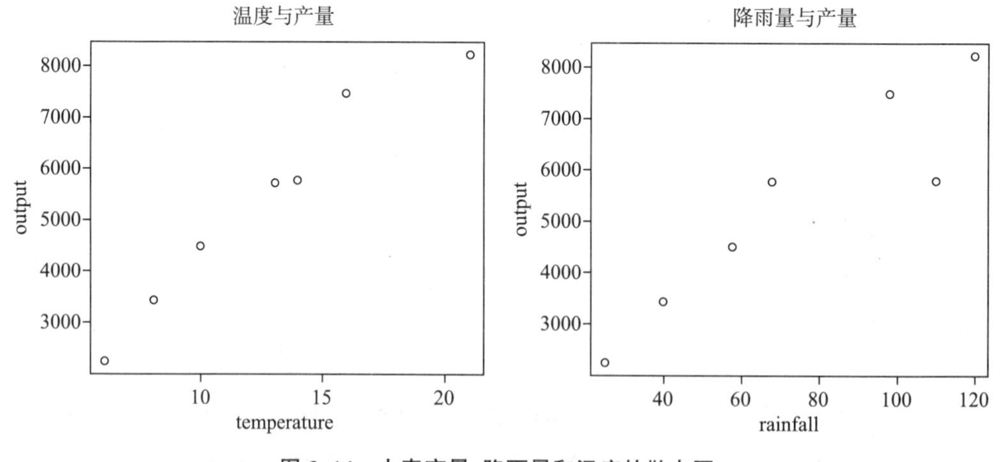

图 2.14　小麦产量、降雨量和温度的散点图

从散点图可以看出,小麦产量与温度之间具有明显的线性关系,且随着温度的增加,产量也随之增加。小麦产量与降雨量之间也有类似的关系。

5. 气泡图

气泡图是将一个变量放在横轴,另一个变量放在纵轴,第三个变量则用气泡的半径来表示,这样气泡图可在一个平面上展示三个变量之间的关系。

R 中 symbols( )函数可以绘制气泡图,其重要的三个参数就是指定 x 轴、y 轴的变量,然

后定义好气泡半径的变量,或定义清楚它的计算方法。bg 指定气泡的填充颜色。关于 symbols( )函数的更多细节请参阅帮助说明。

【例 2.16】 利用 R 软件绘制例 2.15 的气泡图。

```
>symbols(temperature,rainfall,circle=output,bg=rainbow(10),ylim=c(0,150))
```

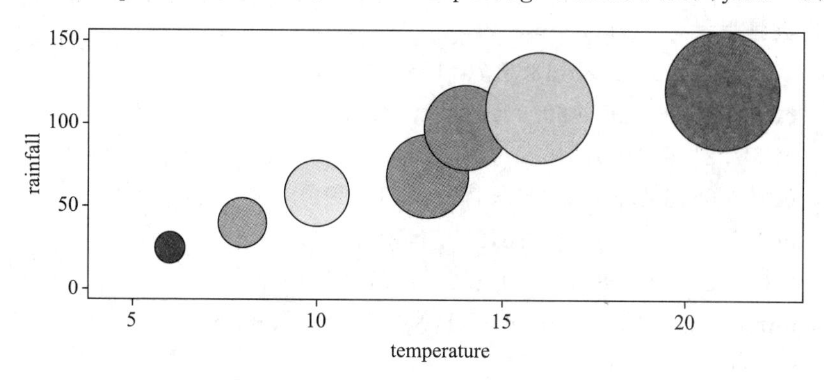

图 2.15 小麦产量、降雨量和温度的气泡图

由气泡图可以看出:随着气温的升高,降雨量也在增加;随着气温和降雨量的增加,小麦的产量也在提高。

6. 雷达图

雷达图是显示多个变量的常用图示。设数据有 n 个观测且是 p 维的,即测量了 p 个变量 $X_1,X_2,X_3,\cdots,X_p$。雷达图的具体做法:先画一个圆,将圆做 p 等分并由原点连接各分点,将所得的 p 条线段依次作为 p 个变量的坐标轴,根据各变量的取值对各坐标轴做适当的刻度。这样,对每个观测可以分别在 p 个轴上确定其坐标,在各坐标轴上依次连接 p 个点,可以得到一个 p 边形。通过观察各个 p 边形的形状,就可以对各个观测的相似性进行分析。

绘制雷达图的函数可调用 fmsb 包中的 radachart( )函数,该函数要求处理的数据集一定是数据框类型,同时注意传给雷达图的数据集由三部分构成:第一行是每一个轴的最大值,第二行是每一个轴的最小值,最后才是真正用于绘制雷达图的数据,可以利用 rbind( )函数来构造这样的数据框。关于 radachart( )函数的参数解释,可以通过 help(radachart)来查看。

【例 2.17】 为了比较某年 5 个省份的消费差异,收集了该五个省份的城镇居民在食品(X_1)、衣着(X_2)、交通(X_3)、家庭设备用品(X_4)、医疗保健(X_5)、居住(X_6)6 个方面的平均每人每年消费性支出的数据,见表 2.14。试用雷达图将 5 个省份的 6 维数据做对比展示,并根据雷达图概括该数据特征。

表 2.14 城镇居民平均每人每年消费性支出

	X_1	X_2	X_3	X_4	X_5	X_6
辽宁	1772.14	568.25	307.21	298.66	352.20	364.28
浙江	2752.25	569.95	623.05	662.31	541.06	599.98
河南	1386.76	460.99	246.24	312.97	280.78	547.19
甘肃	1552.77	517.16	265.29	402.03	272.44	302.27
青海	1711.03	458.57	297.72	334.91	307.24	274.48

R 程序：

(1) 下载安装软件包

```
>install.packages("fmsb")
>library(fmsb)
```

(2)创建数据框

```
>X1<-c(1772.14,2752.25,1386.76,1552.77,1711.03)
>X2<-c(568.25,569.95,460.99,517.16,458.57)
>X3<-c(307.21,623.05,246.24,265.29,297.72)
>X4<-c(298.66,662.31,312.97,402.03,334.91)
>X5<-c(352.20,541.06,280.78,272.44,307.24)
>X6<-c(364.28,599.98,547.19,302.27,274.48)
>consumption.data<-data.frame(X1,X2,X3,X4,X5,X6)
>consumption.data
       X1        X2       X3       X4       X5       X6
1  1772.14   568.25   307.21   298.66   352.20   364.28
2  2752.25   569.95   623.05   662.31   541.06   599.98
3  1386.76   460.99   246.24   312.97   280.78   547.19
4  1552.77   517.16   265.29   402.03   272.44   302.27
5  1711.03   458.57   297.72   334.91   307.24   274.48
```

(3)绘制雷达图

```
>addMaxMin=rbind(rep(3000,6),rep(0,6),consumption.data)
>radarchart(addMaxMin,axistype=2,pcol=topo.colors(5),plty=1,
+title ="(axistype=2,pcol=topo.colors(5),plty=1)")
```

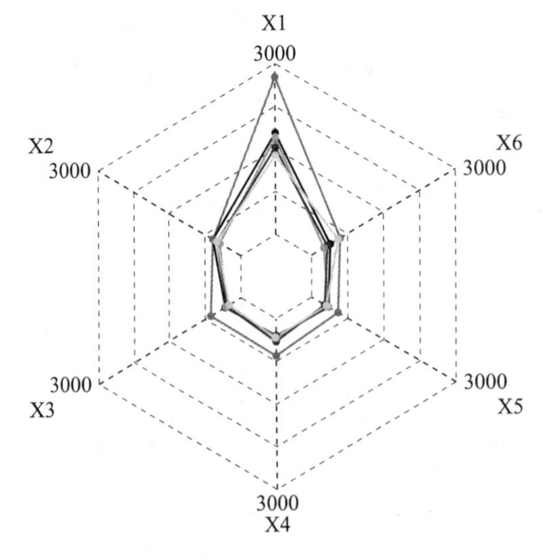

图 2.16　五个省份消费数据雷达图

根据雷达图可以看出：从消费项目上看，五个省份在六项消费项目中均是食品的消费明显高于其他五个项目，衣着等其他五个项目的消费金额类似；从省份上看，浙江省的消费能力高于其他各省，特别在食品项目上明显高于其他五省。辽宁、河南、青海、甘肃四省的消费状况高度相似。

习题 2 - 4

1. 直方图和条形图有何区别？

2. 茎叶图和直方图相比有什么优点？

3. 某行业管理局所属的 40 个企业 2018 年的产品销售收入数据如下：

152	124	129	116	100	103	92	95	127	104
105	119	114	115	87	103	118	142	135	125
117	108	105	110	107	137	120	136	117	108
97	88	123	115	119	138	112	146	113	126

要求：

(1) 根据上面数据进行适当分组，编制频数分布表，并计算出向上和向下累计频数；

(2) 用 R 软件绘制直方图、茎叶图；

(3) 根据数据的统计图概括数据特征。

4. 下表给出了四大钢铁公司关于资金利润方面的五大指标，为了更好地对比各大钢铁公司在盈利能力方面的相似程度，利用 R 软件绘制五大指标的雷达图，并概括数据特征。

项目	宝钢	鞍钢	武钢	首钢
长期负债倍数	5.16	9.15	6.07	2.63
资产利润率	21.71	17.34	24.77	11.89
收入利润率	23.17	11.33	19.55	7.6
成本费用利润率	30.23	12.76	24.81	8.05
净利润现金比率	1.79	0.9	1.7	1.09

5. 下表给出了五家企业近三年企业发展状况的三个指标。

项目	A 企业	B 企业	C 企业	D 企业	E 企业
三年资产平均增长率	1.48	7.28	63.3	11.76	13.18
三年销售平均增长率	20.07	29.19	52.88	18.77	24.16
三年平均资本增长率	11.04	10.5	48.95	7.63	17.51

要求：

(1) 为了更直观地展示五家企业的发展状况，对比发展的优劣，利用 R 软件绘制三大指标的雷达图，并概括数据特征。

(2) 为了更好地研究三个增长率之间的关系，利用 R 软件绘制三大指标的气泡图，并概括其中的规律。

(3) 试总结雷达图和气泡图应用场合有什么不同。

6. 某企业某产品近四年的销售量(单位：万件)资料如下表所示，请利用 R 软件绘制线图，并概括销售量随时间变化的特点。

年\月	1	2	3	4	5	6	7	8	9	10	11	12
2015	10	17	41	64	111	225	203	89	42	23	16	12
2016	16	20	58	90	139	235	198	96	53	28	16	17
2017	15	23	66	91	148	253	240	127	78	50	25	19
2018	16	23	69	96	155	265	250	132	81	52	26	20

7. 某地区玻璃销售额与该地区汽车制造业和建筑业的生产关系相当密切，现有下表资料，请利用 R 软件分别绘出玻璃销售额和汽车产量、玻璃销售额和建筑业产值的散点图，并通过散点图分别概括两组变量之间的关系特点。

年份	玻璃销售额(万元)	汽车产量(万辆)	建筑业产值(千万元)
1	280	3.909	9.43
2	281.5	5.119	10.36
3	337.5	6.666	14.50
4	404.5	5.338	15.75
5	402.1	4.321	16.78
6	452	6.117	17.44
7	431.7	5.559	19.77
8	582.3	7.920	23.76
9	596.6	5.816	31.61
10	620.8	6.113	32.17
11	531.6	4.258	35.09
12	606.9	5.591	36.42
13	629	6.675	36.58
14	602.7	5.543	37.14
15	656.7	6.933	41.30
16	778.5	7.638	45.62
17	877.6	7.752	47.38

2.5 数据的概括性度量

描述统计学主要负责展示数据的特征，利用表格、图形是直观地展示数据的一种手段，但是这种展示是概括的、粗略的。除此之外，还有一种量化的方法就是“指标”。所谓指标，就是利用数据集中每个个体的数据计算的一个综合的数量特征。毫不夸张地说，在各大新闻报告中，我们几乎每天都能接触到各种统计指标，例如，“电影《绿皮车》在猫眼评分为 9.3 分”，“2019 年 1～7 月中国对美国出口总额为 1.62 万亿元”等等。这里，我们并不清楚某一个影评人对电影的评分，也不知道某一家出口企业在 2019 年 1～7 月的出口额是多少？但是通过一个或几个简单的数字，就能让你对总体概况有一个大致的了解，这就是统计指标的作用。

在大数据时代，进行量化描述统计的地位进一步突出。描述统计学不仅仅是简单地概括数据，更重要的是为后续的统计分析提供方向，有时也许会带给我们一些连我们自己都想不到的提示。因此，如何恰当地运用统计指标进行数据概括性的度量就显得尤为重要。

一般的描述统计主要从三个方面进行测度：一是数据分布的集中趋势，反映数据的“中心位置”；二是数据分布的离散程度，反映各数据向中心位置靠拢或分散的程度；三是分布的形态，反映数据分布的陡峭（扁平）、偏斜的程度。

2.5.1　数据分布的集中趋势度量

人们常常会听到中国的哪个省居民收入比较高，哪个省居民收入比较低，也常常会听到世界上哪个国家的人比较高，哪个国家的人比较矮。这些说法中其实都隐含了“平均起来”或者“大部分”等意思。我们在比较不同总体下的大量数据时，其实比较的是它们各自集中趋势所在的“位置”。大多数情况下，数据都会向这一中心位置靠拢。因此，集中趋势是概括数据特征的一个重要指标。根据数据的类型不同，从低层次到高层次的三类数据（即分类数据、顺序数据、数值型数据）逐步介绍三种测度方法：众数、中位数、平均数。需要提醒读者，适用于低层次的测度方法一定是适用于高层次的，例如，适用于分类数据的方法一定适用于顺序数据和数值型数据。但是，反过来却不成立。

1. 分类数据：众数

众数（mode）是一组数据中出现次数最多的变量值，一般用 M_0 表示。众数主要用于测度分类数据的集中趋势，且在数据量较大的情况下，众数才有意义。如果一个数据中正好有两个众数，则称数据是复众数的；如果数据中的众数超过两个，则称数据是多众数的。在多众数的情况下，几乎从不报告众数，因为此时对于描述数据的位置来说，众数并不能起多大的作用。

【例 2.18】　在一项有关城市住房问题的研究中，在某城市抽样了 300 个家庭进行调查，其中一个问题是：“您家庭住房所在的区域”调查结果的频数分布如表 2.15 所示，计算住房位置的众数。

表 2.15　家庭住房区域频数分布

所在区域	户数
内环内	25
内环与中环之间	73
中环与外环之间	103
外环外	98

解　因为“中环与外环”的频数为 103，是频数中唯一最大值。根据众数的定义，该问题调查结果的众数为“中环与外环之间”。

【例 2.19】　在一项有关城市住房问题的研究中，在某城市抽样了 300 个家庭进行调查，其中一个问题是：“您对您家庭目前的住房状况是否满意”调查结果的频数分布如表 2.16 所示，计算住房状况满意度的众数。

表 2.16　家庭住房满意度频数分布

回答类别	户数
非常不满意	24
不满意	108
一般	93
满意	45
非常满意	30
合计	300

解　根据众数的定义，因为“不满意”的频数为 108，为频数中唯一最大值，因此住房状况满意度的众数为“不满意”。

【例 2.20】　在一项有关城市住房问题的研究中，在某城市抽样了 300 个家庭进行调查，其中一个问题是：“您家庭的人口数”调查结果的频数分布如表 2.17 所示，计算家庭人口数的众数。

表 2.17　家庭人口数频数分布

人口数	户数
1	24
2	56
3	90
4	67
5	35
6	23
7	2
8	3

解　根据众数定义，家庭人口数的众数为“3”。

2. 顺序数据：中位数

中位数(median)是一组数据从小到大排序后处于中间位置上的数值，一般用 M_e 表示。中位数主要用于测度顺序数据的集中趋势，适用于数值型数据，不适用于分类数据。

中位数的计算首先需要排序，其次需要确定中位数的位置，最后需要确定中位数的具体数值。当观测值是奇数个时，中位数就是位于中间的那个数值；当观测值是偶数个时，则为中间两个观测值的平均值。

设一组数据为 $x_1,x_2,\cdots,x_n$，从小到大排列后记为 $x_{(1)},x_{(2)},\cdots,x_{(n)}$，则中位数为：

$$M_e=\begin{cases} x_{\left(\frac{n+1}{2}\right)}, & n\text{ 为奇数} \\ \frac{1}{2}\left(x_{\left(\frac{n}{2}\right)}+x_{\left(\frac{n}{2}+1\right)}\right), & n\text{ 为偶数} \end{cases} \tag{2.2}$$

【例 2.21】　关于某高校商学院本科毕业生税后起薪的调查，收集了 12 位毕业生的工资如下：

4130、3710、3850、3940、3755、4325、3950、3880、3890、4050、3880、3920

问起薪的中位数是多少？

解　将 12 个数据从小到大排列后如下：

3710、3755、3850、3880、3880、3890、3920、3940、3950、4050、4130、4325

由于 $n=12$，找出中间的两个数值 3890 和 3920，中位数是它们的平均值：

$$M_e=\frac{1}{2}(3890+3920)=3905$$

【例 2.22】　询问顾客关于某品牌商品的推荐性，推荐的程度分为：

非常不推荐——1；一般不推荐——2；保持中立——3；一般推荐——4；非常推荐——5

街头拦截调查了 20 位消费者，调查结果如下：

2、3、1、4、4、2、4、5、4、4、2、1、4、2、2、4、5、5、4、2

问该款商品的推荐性如何？

解　商品推荐性变量是顺序变量，可以用变量值的中位数代表推荐性的集中趋势。为了求中位数，先把数据的频数分布整理如表 2.18 所示。

表 2.18　顾客满意程度频数分布表

推荐性	频数	向上累计
1:非常不推荐	2	2
2:一般不推荐	6	8
3:保持中立	1	9
4:一般推荐	8	17
5:非常推荐	3	20

中位数的位置＝(20＋1)/2＝10.5，因此根据向上累计的频数可以知道，第 10.5 的位置落在第四个变量值“一般推荐”，因此本数据的 $M_e=4$，即商品的推荐性为：一般推荐。

3. 数值型数据：平均数

平均数(mean)也称为均值，是最容易理解也是最常用到的测量数据集中趋势的方法，一般用 $\bar{x}$ 表示。用数据之和除以个体的个数即得到平均数。该测度方法仅适用于数值型数据，例如，平均房价、平均收入。计算公式如下：

$$\bar{x}=\frac{\sum_{i=1}^{n}x_i}{n} \tag{2.3}$$

在生活中，常常会听到这样的调侃——“你被平均了吗?”该如何理解这句话呢？例如，例 2.21 中提及的某高校商学院本科毕业生税后起薪的调查，如果计算 12 位毕业生的平均数为 3940。但是，又有一位毕业生的起薪为 15000，则平均数将更改为 4791。如果你是起薪为 3710 的毕业生，那么均值 4791 完全无法代表你的收入状态，这时我们会说你被这个带有误导性的均值“被平均”了。通过这个例子是想告诉大家：平均数在测度中心位置时容易受到极端值的影响，这是平均数在应用中存在的最大不足。

如果数据中遇到这种极大或极小的极端值情形，我们就束手无策了吗？请大家不要忘记，我们还有中位数和众数可以去测量数值型数据。此时，针对 13 位毕业生税后起薪的中位数＝3920，众数＝3880，比起平均数，这个数值能够更好地代表数据的中心位置。

【例 2.23】　某生鲜超市需要采购西瓜，在过去的 3 个月中分 5 次采购了共计 6250 千克的西瓜，每次采购西瓜的重量和进价记录如表 2.19 所示，求该超市西瓜的平均进价是多少？

表 2.19　西瓜进货记录

购进批次	价格(元/千克)	数量(千克)
1	3.00	1200
2	3.40	500
3	2.80	2750
4	2.90	1000
5	3.25	800

解　$\bar{x}=\dfrac{1200\times 3.00+500\times 3.40+2750\times 2.80+1000\times 2.90+800\times 3.25}{1200+500+2750+1000+800}=\dfrac{18500}{6250}=2.96$(元/千克)

因为根据进价的频数分布表可以知道:在求解购买金额之和的过程中,因为 3.00 出现了 1200 次,因此它的和为 1200×3.00,同理可得其他批次的购买金额。

这种计算方法可以总结为如下公式:

$$\bar{x}=\frac{\sum_{i=1}^{n} f_i x_i}{\sum_{i=1}^{n} f_i} \tag{2.4}$$

以这种方式计算的平均数称为加权平均数。式中 f_i 为第 i 个观测值的权重,通常用该观测值的频数或频率充当。

平均数或加权平均数统称为算术平均数,根据数据资料的形式不同或者反映的问题不同,除了算术平均数,还有几何平均数和调和平均数,这里不做赘述,如果有兴趣想进一步了解,请参阅其他的统计学教材。

2.5.2　数据分布的离散程度度量

《论语》中有一句话:“不患寡,而患不均。”这是指不怕财富少,而是怕分配不公平导致贫富差距太大。贫富多寡是用来描述数据集中趋势,而是否“均”则是描述数据的波动状况,也称为离散程度或变异程度,这是数据分布的另一个重要特征。不难理解:如果数据的波动程度大,那么数据的集中趋势对于该组数据的平均水平的代表性就差;反之,如果数据的波动程度小,则其代表性就好。根据数据的类型不同,从低层次的数据开始逐步介绍三类测度方法:异众比率、四分位差、方差和标准差。因此,我们经常在统计报告中看到平均数后面常常相伴着标准差。

1. 分类数据:异众比率

异众比率是指非众数组的频数占总频数的比例,一般用 V_r 表示。其计算结果为 0～1 之间,异众比率值越接近于 1,说明非众数组的频数比重越大,众数的代表性越差;异众比率越接近于 0,说明众数组的频数比重越大,众数的代表性越好。异众比率主要适合测度分类数据的离散程度。计算公式如下:

$$V_r=\frac{\sum_{i=1}^{n} f_i - f_m}{\sum_{i=1}^{n} f_i}=1-\frac{f_m}{\sum_{i=1}^{n} f_i} \tag{2.5}$$

式中，f_i 为每组的频数，f_m 为众数组的频数。

【例2.24】 某市关于某项新政的民意调查，在街头拦截调查的100人中，对于该项政策的态度的频数分布如表2.20所示。

表2.20 态度频数分布

新政态度	频数
反对	23
中立	45
支持	32

解 根据公式得：$V_r=\dfrac{100-45}{100}=0.55=55\%$

在所调查的100人中，对新政态度的众数为"中立"，但是这一态度的代表性是否好呢？异众比率为55%，这说明在调查人群中有55%的人持有不同于"中立"的态度，因此用"中立"来代表市民对于新政的态度，其代表性不是很好。

2. 顺序数据：四分位差

顺序数据与分类数据相比，数值上有了大小方向，因此在集中趋势的测量时可以采用中位数的方法，但是，该中位数对于平均水平的代表性好吗？此时，可以考虑以中位数为中心的50%的数据量的数值的离中程度作为全部数据离散程度的刻画，即四分位差。数据两端可能会存在少量极端值，少量的极端值不能代表主体数据的波动性，因此我们斩头去尾地考虑中间的50%的数据可以排除极端值的影响，从而能更好地反映数据主体的波动性。但是，在给出明确的四分位差的概念前，我们先来学习四分位数的概念。

中位数从中间点将全部数据等分为两个部分，与中位数类似的还有四分位数、十分位数、百分位数、p 百分位数等概念。这里仅介绍四分位数概念，其他概念类似。

四分位数也称四分位点，它是数据从小到大排序后处于25%、50%、75%这些分割点位置上对应的变量值。因此，数据被四分位点等分为四个部分，其中每个部分包含25%的数据量。

Q_1＝第一四分位数，也称下四分位数，处于25%位置上的数值，也常记为 Q_L；

Q_2＝第二四分位数，即是中位数，处于50%位置上的数值；

Q_3＝第三四分位数，也称上四分位数，处于75%位置上的数值，也常记为 Q_U。

四分位数的计算方法与中位数类似：首先，对数据排序；其次，确定四分位点的位置；最后，明确该位置对应的变量值就是四分位数。这里：

$$Q_L \text{ 的位置}=(n+1)/4,\quad Q_U \text{ 的位置}=3(n+1)/4 \tag{2.6}$$

四分位差是上四分位数与下四分位数之差，一般用 Q_d 表示。四分位差主要用于测定顺序数据的离散程度。其计算公式如下：

$$Q_d=Q_U-Q_L \tag{2.7}$$

【例2.25】 关于某高校商学院本科毕业生税后起薪的调查，收集了12位毕业生的工资如下：

4130、3710、3850、3940、3755、4325、3950、3880、3890、4050、3880、3920

问：起薪的上四分位数和下四分位数分别是多少？计算某高校商学院本科毕业生税后起薪的四分位差。

解 将12个数据从小到大排列后如下：

3710、3755、3850、3880、3880、3890、3920、3940、3950、4050、4130、4325

Q_L 的位置=$(n+1)/4=3.25$，

即 Q_L 的位置在第 3 个数值和第 4 个数值之间 0.25 的位置上，因此：

$$Q_L=3850+0.25\times(3880-3850)=3857.5$$

Q_U 的位置=$3(n+1)/4=9.75$

即 Q_U 的位置在第 9 个数值和第 10 个数值之间 0.75 的位置上，因此：

$$Q_U=3950+0.75\times(4050-3950)=4025$$

$$Q_d=Q_U-Q_L=4025-3857.5=167.5$$

【例 2.26】 询问顾客关于某品牌商品的推荐性，推荐的程度分为：

非常不推荐——1；一般不推荐——2；保持中立——3；一般推荐——4；非常推荐——5

街头拦截调查了 20 位消费者，调查结果如下：

2、3、1、4、4、2、4、5、4、4、2、1、4、2、2、4、5、5、4、2

问：该款商品的推荐性的四分位差是什么？

解 商品推荐性变量是顺序变量，为了求四分位数，先把数据的频数分布整理如表 2.21 所示。

表 2.21 推荐程度频数分布

推荐性	频数	向上累计
1：非常不推荐	2	2
2：一般不推荐	6	8
3：保持中立	1	9
4：一般推荐	8	17
5：非常推荐	3	20

Q_L 的位置=$(n+1)/4=5.25$，Q_U 的位置=$3(n+1)/4=15.75$

由向上累计频数可知，Q_L 的位置落在"一般不推荐"，Q_U 的位置落在"一般推荐"，因此：

$$Q_d=Q_U-Q_L=\text{“一般推荐”}-\text{“一般不推荐”}=4-2=2$$

由例 2.22 可知，该商品的推荐性的平均水平为"一般推荐"，但是这一结论是否有足够大的代表性呢？由四分位差的结论可知，50%的人的推荐性都有很大的变化，从"一般不推荐"到"一般推荐"。因此，对于该商品的推荐性，顾客之间差异较大。

3. 数值型数据：方差和标准差

数值型数据的测量尺度最精细，因此，对于数据分布的离散程度的测量的方法也多种多样，从粗糙到精细的测量方法有极差、平均差、方差和标准差、离散系数。本书简单介绍极差、平均差，重点介绍方差和标准差、离散系数。

极差是一组数据的最大值与最小值之差，一般用符号 R 表示。极差越大，数据离差程度越大，反之亦然。因为只利用了一组数据两端的信息，所以不能反映出中间数据的波动状况，且容易受两端极端值的影响，故极差是一种简单、粗糙的测度方法。

平均差是各变量值与其平均数离差绝对值的平均数，一般用 M_d 表示。计算公式如下：

$$M_d=\frac{\sum_{i=1}^{n}|x_i-\bar{x}|}{n} \tag{2.8}$$

由计算公式可以看出：平均差是以平均数为中心，反映了每个数据与平均数的平均差异程度。平均差越大，数据离散程度越大，反之亦然。与极差相比，它充分利用了数据中的每一个数据，因此平均差对于离散程度的刻画要比极差精细。但是，由于平均差在计算时对离差取了绝对值，这给计算带来了不便，因而实际中应用较少。

方差是各变量值与其平均数离差平方的平均数，一般用 s^2 表示。方差的平方根称为标准差，一般用符号 s 表示。计算公式如下：

$$s^2=\frac{\sum_{i=1}^{n}(x_i-\bar{x})^2}{n-1} \tag{2.9}$$

$$s=\sqrt{\frac{\sum_{i=1}^{n}(x_i-\bar{x})^2}{n-1}} \tag{2.10}$$

为了避免离差之和等于零而无法测算离差的波动，平均差是在计算时采取对离差取绝对值的方法，而方差是通过平方的方法，在计算的处理上更为方便，某种程度上也进一步放大了差异的程度，因此能够更好地反映出数据的离散程度，在实际应用中被广泛应用。方差开方后即得到标准差。将方差转为与其相对应的标准差有什么好处呢？我们知道方差的计量单位都是平方项，而标准差与原始数据的计量单位相同，因此，标准差更容易与平均数或其他与原始单位有相同测量单位的指标进行比较，实际意义要比方差清楚。

【例 2.27】 关于某高校商学院本科毕业生税后起薪的调查，收集了12位毕业生的工资如下：

4130、3710、3850、3940、3755、4325、3950、3880、3890、4050、3880、3920

计算起薪的方差和标准差。

解 计算过程详见表2.22。

表 2.22 方差、标准差计算过程

起薪(x_i)	平均数($\bar{x}$)	平均数离差($x_i-\bar{x}$)	离差的平方$(x_i-\bar{x})^2$
4130	3940	190	36100
3710	3940	−230	52900
3850	3940	−90	8100
3940	3940	0	0
3755	3940	−185	34225
4325	3940	385	148225
3950	3940	10	100
3880	3940	−60	3600
3890	3940	−50	2500
4050	3940	110	12100
3880	3940	−60	3600
3920	3940	−20	400
合计		0	301850

因为
$$\bar{x}=\frac{1}{n}\sum_{i=1}^{n}x_i=3940(\text{元})$$
$$s^2=\frac{\sum_{i=1}^{n}(x_i-\bar{x})^2}{n-1}=\frac{301850}{11}=27440.91(\text{元}^2)$$
$$s=\sqrt{27440.91}=165.65(\text{元})$$

【例 2.28】 关于某城市在校本科生兼职工作的每小时工资调查，收集 5 个数据分别是：46、54、42、46、32。

求小时工资的方差和标准差，并思考该数据的波动程度与例 2.27 相比是大还是小？

解 因为 $\bar{x}=\frac{\sum_{i=1}^{n}x_i}{n}=\frac{1}{5}(46+54+42+46+32)=44(\text{元})$
$$s^2=\frac{\sum_{i=1}^{n}(x_i-\bar{x})^2}{n-1}=\frac{1}{4}(4+100+4+4+144)=64(\text{元}^2)$$
$$s=\sqrt{64}=8(\text{元})$$

例 2.28 中本科生的小时工资标准差为 8 元，例 2.27 中本科生的起薪的标准差为 165.65 元，从绝对值的大小上看，起薪的波动程度大于小时工资。但是，读者有没有想到：方差和标准差反映数据离散程度的绝对值，即这个值的大小与数据的平均数有关，平均数越大，方差和标准差相对较大。因此，如果不考虑均值大小或计量单位的不同直接比较方差和标准差是否会有失公平？为了消除变量值的水平高低和计量单位不同对离散程度的测度值的影响，下面引入离散系数。离散系数是一组数据的标准差与其相应的平均数之比，一般用符号 v_s 表示。其计算公式为：
$$v_s=\frac{s}{\bar{x}} \tag{2.11}$$

由计算公式可以看出，离散系数是没有单位量纲的，很好地解决了计量单位不同的数据之间的比较；同时，标准差除以平均值，给出了相对于平均数大小的波动程度的刻画，因此离散系数是测度数据离散程度的相对值，更加擅长于比较不同数据的离散程度。离散系数越大，数据的离散程度越大，反之亦然。

【例 2.29】 利用例 2.27 和例 2.28 的数据，试比较本科生税后起薪和小时工资两个数据的离散程度。

解 由 $v_s=\frac{s}{\bar{x}}$ 可知：

税后起薪的 $v_{s_1}=\frac{s_1}{\bar{x}_1}=\frac{165.65}{3940}\times 100\%=4.20\%$

小时工资的 $v_{s_2}=\frac{s_2}{\bar{x}_2}=\frac{8}{44}\times 100\%=18.18\%$

由离散系数可以得出：小时工资的离散程度大于税后起薪的离散程度。

2.5.3　数据分布的分布形态度量

集中趋势和离散程度是数据分布的两个重要特征，但是对于数值型数据，人们希望获得一种更直观的分布特征的刻画。直方图对分布形态提供了一种很好的图形描述，但是我们还需要量化的测度方法。分布形态主要关注两个问题：问题一——数据分布是否对称，如果不对称，偏斜的程度如何？即偏态的度量。问题二——数据在中心位置的集中程度如何？即峰态的度量。“偏态”(skewness)和“峰态”(kurtosis)的概念由英国统计学家 K. Pearson 于 1895 年和 1905 年分别提出。

数值型数据通过数据分组的手段将数值分为个数有限的若干组，利用直方图展示其各组的频数或频率的分布，由图 2.17 可以看出当分组的组数无限增多时，由其柱状顶点连起的折线越来越逼近一条光滑的曲线。事实上，数值型数据所对应的变量的分布形态在它的取值范围内可以用一条连续的曲线来表示其频率分布，关于这一内容的介绍可以详见本书第 4 章。通过该曲线的“高矮胖瘦”等形态可以直观地观察数据分布是否对称、集中程度如何。但是为了让对称或不对称程度以及集中程度能够进行精细化比较，因此需要通过偏态系数及峰态系数的计算。

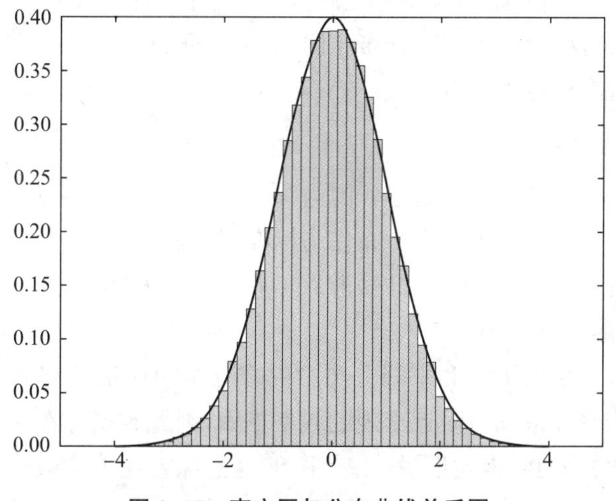

图 2.17　直方图与分布曲线关系图

为了让量化的测度方法更加直观、更容易比较，在这里将测量的结果与一个长相堪称“完美”的分布——标准正态分布相比(有关标准正态分布的介绍详见本书第 4 章)。简单地说，标准正态分布形态是左右对称的，且分布的“高矮胖瘦”刚刚好。

1. 偏态和偏态系数

“对称”对于数据的分布而言意味着什么？通俗地说，在平均数的左右两边，较大数值和较小数值出现的频率相当。但是，如果分布曲线有一条长尾巴拖在左侧，则意味着数据中出现极端小值的频率增大，在统计上称这种现象为左偏或负偏；如果分布曲线有一条长尾巴拖在右侧，则意味着数据中出现极端大值的频率增大，在统计上称这种现象为右偏或正偏(见

图 2.18)。进一步,同为偏态分布的数据,它的偏斜程度如何用数值的方法量化其程度呢?测度偏态的方法有很多,这里仅给出最常用的测度偏态系数的方法。

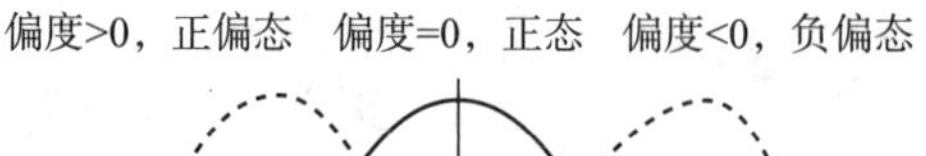

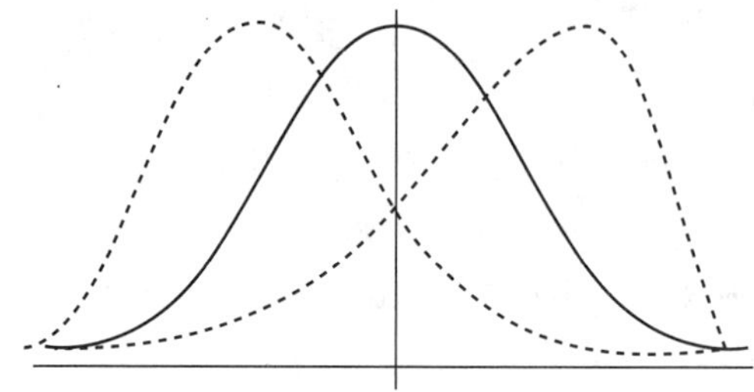

图 2.18　数据分布偏态图

偏态系数一般用符号 SK 表示,其计算公式如下:

$$SK=\frac{n\sum_{i=1}^{n}(x_i-\bar{x})^3}{(n-1)(n-2)s^3} \tag{2.12}$$

如果一组数据的分布是对称的,则偏态系数等于 0;如果偏态系数明显不等于 0,则表明数据的分布是非对称的。如果 $SK<0$,则数据的分布是左偏的;如果 $SK>0$,则数据的分布是右偏的。且 SK 的绝对值越大,偏斜程度越大。普遍认为:若 $|SK|>1$,称为严重偏态分布;若 $0.5<|SK|<1$,称为中等偏态分布。例如,某数据的 $SK=0.225$,表明数据的分布有一定的偏斜,且为右偏,但偏斜程度不大。

2. 峰态和峰态系数

数据分布的“高矮胖瘦”是什么意思?因为“高矮胖瘦”是比较主观的判断,因此,这里需要寻找标准。统计中选择了标准正态分布作为标准,凡是比标准正态分布更加“瘦高”的,称为尖峰分布;凡是比标准正态分布更加“矮胖”的,称为平峰(低峰)分布。对于“瘦高”和“矮胖”的直观理解可以参见图 2.19。

如何理解数据分布中的尖峰和平峰分布?尖峰分布的变量分布曲线比较瘦高,换句话说,比较陡峭,这意味着在平均数附近出现的频率更大,因此数据分布更集中。反之,平峰分布的变量分布曲线比较矮胖,换句话说,比较平坦,这意味着在平均数附近出现的频率变小,而在极端值附近出现的频率更大,因此数据分布更分散。为了进一步量化数据中分散的程度,这里采用峰度系数。

峰态系数一般用符号 K 表示,其计算公式如下:

$$K=\frac{n(n+1)\sum_{i=1}^{n}(x_i-\bar{x})^4-3\left[\sum_{i=1}^{n}(x_i-\bar{x})^2\right]^2(n-1)}{(n-1)(n-2)(n-3)s^4} \tag{2.13}$$

标准正态分布的峰态系数为 0,如果峰态系数明显不等于 0,表明数据的分布与标准正态分布的陡峭平坦的程度有较大差别。当 $K>0$,分布为尖峰分布,表示数据比标准正态分布更集中在均值附近,且 K 的数值越大,则变量分布曲线越陡峭;当 $K<0$,分布为平峰分布,表示数据比标准正态分布更分散,且 K 的数值越小,则变量分布曲线越平坦。

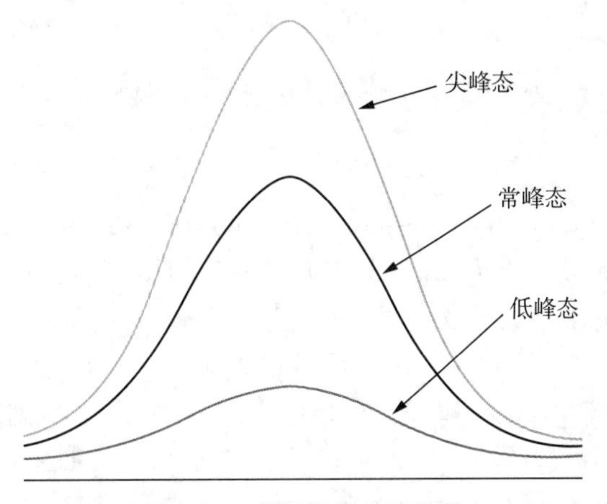

图 2.19　数据分布的峰度图

2.5.4　数据概括性度量的 R 实现

1. 数据分布的集中趋势度量的 R 实现

R 中通过直接调用 mean( )和 median( )函数计算一维数据的平均数和中位数，而没有直接计算众数的内置函数，必须通过自定义函数来完成众数的计算。

【例 2.30】　自编函数 getmode( )实现一维数据众数的计算，并举例。

R 程序：

```
>getmode<-function(v) {
+uniqv<-unique(v)
+uniqv[which.max(tabulate(match(v,uniqv)))]
+}                    #定义函数
>v<-c(2,3,3,4,5,6,7,4,5,4)
>getmode(v)          #调用函数
[1] 4
>v<-c("星期一","星期二","星期三","星期二","星期二")
>getmode(v)
[1] "星期二"
```

R 中计算中位数的 median( )函数的调用格式是：median(x,na.rm=FALSE)，其中，x 表示输入数据向量，na.rm 用于设置输入数据中缺失值是否删除。

【例 2.31】　利用 R 软件计算例 2.21。

R 程序：

```
>salary<-c(4130,3710,3850,3940,3755,4325,3950,3880,3890,4050,3880,3920)
>median(salary)
[1] 3905
```

【例 2.32】　利用 R 软件计算例 2.22。

R 程序：

```
>level<-c(2,3,1,4,4,2,4,5,4,4,2,1,4,2,2,4,5,5,4,2)
>median(level)
[1] 4
```

R 中计算平均数的 mean( )函数的格式是：mean(x,trim=0,na.rm=FALSE,...)，其中，x 表示输入数据向量，trim 用于设置从排序的数据的两端删除一些观测值，na.rm 定义如上。

【例 2.33】 利用 R 软件计算例 2.23。

R 程序：

```
>price<-c(3.00,3.40,2.80,2.90,3.25)           #创建价格向量
>weight<-c(1200,500,2750,1000,800)           #创建重量向量
>average<-mean(price * weight)/mean(weight)           #求平均数
>average
[1] 2.96
```

2. 数据分布的离散程度度量的 R 实现

异众比率的计算本质上就是众数的计算，可参考例 2.30，本节就不再赘述其 R 实现。R 中对四分位数的计算可直接调用 quantile( )来实现，其格式为：

quantile(x,probs=seq(0,1,0.25),na.rm=FALSE,names=TRUE,type=7,...)

其中，x 表示输入数据，probs 表示相应的百分数，na.rm 设置输入数据中缺失值是否删除，names 设置是否为结果给出命名属性，type 是设置分位数的计算方法，其取值范围为 1～9，默认值为 7。

【例 2.34】 利用 R 软件计算例 2.25。

R 程序：

```
>salary<-c(4130,3710,3850,3940,3755,4325,3953,3880,3890,4050,3880,3920)
>quantile(salary,0.25)           #求下四分位数
   25%
[1] 3872.5
>quantile(salary,0.75)           #求上四分位数
   75%
[1] 3977.25
>quantile(salary,c(0.25,0.5,0.75))           #同时求上、下四分位数及中位数
   25%      50%      75%
[1] 3872.50 3905.00 3977.25
>quantile(salary,c(0.25,0.5,0.75),names=FALSE)       #去除结果的命名属性
[1] 3872.5 3905.0 3975.0
```

R 中方差和标准差的计算可以直接调用 var( )及 sd( )函数来实现。var( )的格式为 var(x,y=NULL,na.rm=FALSE,use)，其中，x 表示输入数据；y 是与 x 维度相同的对象，默认为 NULL 值，若指定了另一个向量，则表示求 x 和 y 的协方差；na.rm 设置输入数据中缺失值是否删除；use 是一个可选参数，用于指明在缺失值时计算协方差的方法。如果输入两个变量，可通过 R 的帮助功能进一步深入了解。sd( )的格式为 sd(x,na.rm=FALSE)，

其中参数的含义与var( )函数相同。

【例2.35】 利用R软件计算例2.27。

R程序：

```
>salary<-c(4130,3710,3850,3940,3755,4325,3950,3880,3890,4050,3880,3920)
>var(salary)
[1] 27440.91
>sd(salary)
[1] 165.653
```

【例2.36】 利用R软件计算例2.28。

R程序：

```
>salary<-c(46,54,42,46,32)
>var(salary)
[1] 64
>sd(salary)
[1] 8
```

R中可以调用summary( )函数一次性给出数据的最小值、最大值、上下四分位数和平均数。如执行例2.27中的数据，可得到如下结果：

```
>salary<-c(4130,3710,3850,3940,3755,4325,3950,3880,3890,4050,3880,3920)
>summary(salary)

 Min.   1st Qu.   Median   Mean   3rd Qu.   Max.
 3710   3872      3905     3940   3975      4325
```

3. 数据分布的分布形态度量

R中数据偏度和峰度的计算可以调用fBasics包、e1071包或者moments包中的函数skewness( )和函数kurtosis( )，其格式分别为skewness(x,na.rm=FALSE)和kurtosis(x,na.rm=FALSE)，其中，x表示输入数据，na.rm设置输入数据中缺失值是否删除。

【例2.37】 设某专业的学生分为甲、乙两个班级，各班级的高等数学的成绩如表2.23所示。

表2.23　甲、乙两班高等数学成绩

甲班	60、79、48、76、67、58、65、78、64、75、76、78、84、48、25、90、98、70、77、78、68、74、95、85、68、80、92、88、73、65、72、74、99、69、72、74、85、67、33、94、57、60、61、78、83、66、77、82、94、55、76、75、80、61
乙班	91、74、62、72、90、94、76、83、92、85、94、83、77、82、84、60、60、51、60、78、78、80、70、93、84、81、81、82、85、78、80、72、64、41、75、78、61、42、53、92、75、81、81、62、88、79、98、95、60、71、99、53、54、90、60、93

利用R软件分别计算两个班级的高等数学成绩的平均值、标准差、离散系数、偏度系数、峰度系数，并利用这些统计指标对两个数据的分布特征进行概括和对比分析。

R程序：

```
>install.packages("fBasics")
```

```
>library(fBasics)            #安装、加载 fBasics 包
>scores1<-c(60,79,48,76,67,58,65,78,64,75,76,78,84,48,25,
+90,98,70,77,78,68,74,95,85,68,80,92,88,73,65,
+72,74,99,69,72,74,85,67,33,94,57,60,61,78,83,
+66,77,82,94,55,76,75,80,61
+ )
>scores2<-c(91,74,62,72,90,94,76,83,92,85,94,83,77,82,84,
+60,60,51,60,78,78,80,70,93,84,81,81,82,85,78,
+80,72,64,41,75,78,61,42,53,92,75,81,81,62,88,
+79,98,95,60,71,99,53,54,90,60,93
+ )
>skewness(scores1)            #求甲班成绩数据的偏度系数
[1] -0.784496
attr(,"method")
[1] "moment"
>kurtosis(scores1)            #求甲班成绩数据的峰度系数
[1] 1.242773
attr(,"method")
[1] "excess"
>skewness(scores2)            #求乙班成绩数据的偏度系数
[1] -0.5589324
attr(,"method")
[1] "moment"
>kurtosis(scores2)            #求乙班成绩数据的峰度系数
[1] -0.4761705
attr(,"method")
[1] "excess"
>mean(scores1)
[1] 72.7037
>sd(scores1)
[1] 14.68105
>mean(scores2)
[1] 76.01786
>sd(scores2)
[1] 14.25673
```

所以 $V_{甲}=\frac{S_{甲}}{\bar{x}_{甲}}=\frac{14.681}{72.704}=0.202, V_{乙}=\frac{S_{乙}}{\bar{x}_{乙}}=\frac{14.257}{76.018}=0.188$。

综上，根据计算结果可得数据特征：分别评价甲、乙两班，甲班的平均成绩约为 72.7，它的标准差是 12.68 分，偏度系数 −0.78，意味着中度左偏，存在一部分较低的分数，峰度系数

1.24，意味着尖峰分布，数据较为集中；乙班的平均成绩约为76.0，它的标准差是12.26分，偏度系数−0.59，意味着中度左偏，存在一部分较低的分数，峰度系数−0.48，意味着平峰分布，数据较为分散；对比甲、乙两班，乙班平均水平高于甲班，但是，由于甲班的离散系数大于乙班，故甲班的学生成绩波动更大，而乙班成绩则较为集中；甲、乙两班均存在一定数量的偏离均值的较低的分数。

习题 2-5

1. 一组数据的分布特征可以从哪几个方面进行测度？
2. 怎样理解平均数在统计学中的地位？
3. 什么类型的数据适合用众数来测度集中趋势？众数在哪些场合不适合？
4. 简述众数、中位数和平均数的特点和应用场合。
5. 简述异众比率、四分位差、方差或标准差的应用场合。
6. 为什么要计算离散系数？
7. 随机抽取25个网络用户，得到他们的年龄数据如下：

19、15、29、25、24、23、21、38、22、18、30、20、19、19、16、23、27、22、34、24、41、20、31、17、23

要求：

(1) 计算众数、中位数、平均数；

(2) 计算四分位数和四分位差；

(3) 计算方差、标准差；

(4) 计算偏态系数和峰态系数；

(5) 对网民年龄的分布特征进行综合分析；

(6) 利用R软件实现(1)、(2)、(3)、(4)。

8. 对10名成人和10名幼儿的身高进行抽样调查，结果如下：

成年组	166	169	172	177	180	170	172	174	168	173
幼儿组	68	69	68	70	71	73	72	73	74	75

要求：

(1) 如果想要比较成年组和幼儿组的身高差异程度，你会采用什么样的测度方法？为什么？

(2) 经过计算和比较，哪一组的身高差异大？

(3) 利用R软件实现(1)和(2)。

9. 某段时间内三类股票投资基金的年平均收益和标准差数据如下表：

股票类别	平均收益率(%)	标准差(%)
A	5.63	2.71
B	6.94	2.71
C	8.23	9.07

要求：

(1) 根据上表中平均收益和标准差的信息可以得出什么结论？

(2) 你认为该用什么样的测度方法来反映投资的风险？为什么？

(3) 假如你是一个稳健型的投资者，你倾向于购买哪一类股票？为什么？

第3章　随机事件与概率

概率论与数理统计是研究随机现象统计规律性的一门学科。本章从随机试验的介绍出发，给出了概率论中的基本概念，包括样本空间，随机事件，随机事件的关系及运算，概率的定义、性质及其运算。

3.1　随机事件

3.1.1　随机现象

在一定条件下，只有一个结果的现象称为确定性现象，而并不总是出现相同结果的现象称为随机现象。例如，掷一颗骰子出现的点数、一天进入某超市的顾客数、某种型号手机的寿命等都是随机现象。

随机现象的结果事先不能预知，为了对随机现象的统计规律性进行研究，就需要对随机现象进行重复观察，我们把对可重复的随机现象的观察称为随机试验。随机试验具有可重复性、可观察性和不确定性的特点。例如抛一枚硬币，观察其正面朝上还是反面朝上，该试验可重复进行，每次试验的结果可观察到，而事先是不确定的，因此它就是一个随机试验。而通过大量重复地抛硬币，我们可以发现正面朝上的可能性为 1/2 这一统计规律。

3.1.2　随机事件

1. 样本空间

随机试验的每一个可能结果称为一个样本点，记为 ω，样本点组成的集合称为样本空间，记为 S 或 Ω。例如，抛一枚硬币，观察其正面朝上还是反面朝上，则 $S=\{$正面，反面$\}$；掷一颗骰子观察出现的点数，则 $S=\{1,2,3,4,5,6\}$；观察某种型号手机的寿命，则 $S=\{t\,|\,t\geqslant 0\}$。

2. 事件的集合表示

随机现象的某些样本点组成的集合称为随机事件，简称事件，即随机事件是样本空间 S 的一个子集，常用大写字母 $A,B,\cdots$表示。事件可以用语言描述也可以用集合表示，而集合 A 中的某个样本点出现了就说事件 A 发生了，即事件 A 发生当且仅当 A 中的某个样本点出现了。下面通过一个例子进一步说明。

【例 3.1】　做随机试验，从 1 到 9 中随机取一个整数，则样本空间 $S=\{1,2,3,\cdots,9\}$。

事件 $A=$"取出的是 2"$=\{2\}$，它由 S 的单个样本点"2"组成，称之为基本事件；事件 $B=$"取出的是偶数"$=\{2,4,6,8\}$，它由 S 的多个样本点"2，4，6，8"组成，称之为复合事件；

事件 C="取出的数大于 10"$=\varnothing$，它不包含任何样本点，显然它不可能发生，故称之为不可能事件。

对于本例，如果试验的结果为取出的是 6，则事件 B 发生；如果试验结果为取出的是 2，则事件 A 和 B 都发生了。考虑到样本空间 S 包含了所有的样本点，故无论哪个样本点出现，样本空间 S 一定会发生，因此样本空间 S 又称为必然事件。

3. 事件的关系与运算

事件的关系与运算相当于集合的关系与运算。

（1）包含关系

如果属于 A 的样本点必属于 B，则称事件 B 包含事件 A，或 A 被包含于 B，记为 $A\subset B$，或 $B\supset A$。其含义为：事件 A 发生必然导致事件 B 发生。

（2）相等关系

如果属于 A 的样本点必属于 B，属于 B 的样本点必属于 A，即 $A\subset B$ 且 $B\subset A$，则称事件 A 与事件 B 相等，记为 $A=B$。其含义为：事件 A 发生等价于事件 B 发生。

（3）并（和）运算

事件 A 与 B 的并，记为 $A\cup B$ 或 $A+B$，是由属于 A 或属于 B 的样本点组成的新事件，称为 A 与 B 的和事件。其含义为：事件 A 发生或事件 B 发生，即 A、B 中至少一件发生。另记 $\bigcup\limits_{i=1}^{n}A_i=A_1\cup A_2\cup\cdots\cup A_n$ 为 $A_1,A_2,\cdots,A_n$ 的和事件。

（4）交（积）运算

事件 A 与 B 的交，记为 $A\cap B$ 或 AB，是由属于 A 且属于 B 的样本点组成的新事件，称为 A 与 B 的积事件。其含义为：事件 A 发生且事件 B 发生，即 A、B 同时发生。另记 $\bigcap\limits_{i=1}^{n}A_i=A_1\cap A_2\cap\cdots\cap A_n$ 为 $A_1,A_2,\cdots,A_n$ 的积事件。

（5）差运算

事件 A 与 B 的差，记为 $A-B$，是由事件 A 中不属于 B 的样本点组成的新事件，称为 A 与 B 的差事件。其含义为：事件 A 发生而事件 B 不发生。

（6）对立（逆）事件

事件 A 的对立事件，记为 $\overline{A}$，是由样本空间 S 中不属于 A 的样本点组成的新事件，即 $\overline{A}=S-A$，也称为 A 的逆事件。其含义为：事件 A 不发生。需要注意的是对立事件是相互的，A 的对立事件是 $\overline{A}$，而 $\overline{A}$ 的对立事件是 A，即 $\overline{\overline{A}}=A$。

【注】 显然成立 $A\cup\overline{A}=S$，$A\cap\overline{A}=\varnothing$，$A-B=A\overline{B}$。

（7）互不相容

如果事件 A 与 B 没有相同的样本点，即 $AB=\varnothing$，则称事件 A 与 B 互不相容，或称 A 与 B 互斥，其含义为：事件 A 与事件 B 不可能同时发生。需要注意的是，对立必互斥，但互斥未必对应。由上可知，A 与 $\overline{A}$ 互不相容。

（8）完备事件组

若事件 $A_1,A_2,\cdots,A_n$ 满足两两互不相容且其和事件为样本空间，即 $A_iA_j=\varnothing(i\neq j,i,j=1,2,\cdots,n)$，$\bigcup\limits_{i=1}^{n}A_i=S$，则称事件 $A_1,A_2,\cdots,A_n$ 为 S 的一个完备事件组或分割。显然 A 与 $\overline{A}$ 为 S 的一个完备事件组。

4. 事件的运算律

(1)交换律 $A\cup B=B\cup A, A\cap B=B\cap A$;

(2)结合律 $(A\cup B)\cup C=A\cup(B\cup C),(A\cap B)\cap C=A\cap(B\cap C)$;

(3)分配律 $(A\cup B)\cap C=(A\cap C)\cup(B\cap C);(A\cap B)\cup C=(A\cup C)\cap(B\cup C)$;

(4)对偶律 $\overline{(A\cup B)}=\overline{A}\cap\overline{B},\overline{(A\cap B)}=\overline{A}\cup\overline{B}$。

【注】 上述各运算律可推广到有限个或可数个事件的情形。

【例 3.2】 设 A,B,C 是同一样本空间下的事件,用它们的运算表示下列事件:

(1)A,B,C 中至少有一个发生:$A\cup B\cup C$;

(2)A 发生且 B,C 都不发生:$A\cap\overline{B}\cap\overline{C}$;

(3)A,B,C 都不发生:$\overline{A}\cap\overline{B}\cap\overline{C}$ 或 $\overline{A\cup B\cup C}$;

(4)A,B,C 不都发生:$\overline{A}\cup\overline{B}\cup\overline{C}$ 或 $\overline{A\cap B\cap C}$;

(5)A,B,C 中至少有两个发生:$(AB)\cup(AC)\cup(BC)$。

3.1.3 样本空间、随机事件及其运算的 R 实现

R 中通常用数据框来表示样本空间,数据框的每一行都代表一个试验结果。但是如果随机试验的结果比较复杂,仅仅用数据框不足以描述完整的样本空间,这时可以考虑采用列表数据结构来表示。

【例 3.3】 以抛掷一枚均匀的硬币观察其出现正面或反面的随机试验为例,该试验中样本有两个:正面和反面,样本空间 $S=\{$正面、反面$\}$,用 R 软件建立该随机试验的样本空间。

R 程序:

```
>S<-data.frame(outcome=c("正面","反面"))
>S
  outcome
1    正面
2    反面
```

R 中的程序包 prob 中包含了模拟部分随机试验的函数。例如,tosscoin( )函数模拟硬币的抛掷试验,直接调用函数即可实现。

```
>install.packages("prob")
>library(prob)
>tosscoin(1)
    toss1
1     H
2     T
```

上述函数中的数字 1 表示抛掷硬币 1 次,H 和 T 分别表示正面(head)和反面(tail)。

下面可以观察一下抛掷硬币 3 次的样本空间。

```
tosscoin(3)
   toss1  toss2  toss3
1    H      H      H
```

```
2  T  H  H
3  H  T  H
4  T  T  H
5  H  H  T
6  T  H  T
7  H  T  T
8  T  T  T
```

可以用 rolldie( )函数模拟抛掷一颗均匀骰子的随机试验。抛掷 1 次的样本空间如下：

```
>library(prob)
>rolldie(1)
X1
2  2
3  3
4  4
5  5
6  6
```

rolldie( )函数默认参数是抛掷 6 面的骰子，可以设置参数 nsides=4，模拟抛掷 4 面骰子的随机试验。例如，3 次抛掷 4 面骰子的样本空间可以通过命令 rolldie(3，nsides=4)得到。

cards( )函数可以模拟从 52 张扑克牌中随机抽取扑克牌的随机试验。抽取 1 张的样本空间如下：

```
>library(prob)
>head(cards( ))            #查看数据集的前 6 行
   rank   suit
1    2    Club
2    3    Club
3    4    Club
4    5    Club
5    6    Club
6    7    Club
```

随机事件是样本空间的子集，因此 R 中随机事件通常也是通过数据框的形式显示。已知随机试验的样本空间数据集，可以通过抽取数据集的部分行来构建随机事件的数据框。

【例 3.4】 随机抛掷均匀的硬币 2 次，利用 R 软件，求硬币至少 1 次正面朝上的随机事件的数据框。

R 程序：

```
>library(prob)
>S<-tosscoin(2,makespace=TRUE)            #创建样本空间数据框
>S[1:3,]            #选取正面朝上次数不少于 1 次的行
  toss1  toss2  probs
1   H      H    0.25
```

```
2  T  H  0.25
3  H  T  0.25
```

也可以调用 subset( )函数,选取满足一定条件的行。

【例 3.5】 随机抛掷均匀的骰子 3 次,利用 R 软件,求 3 次所得点数之和大于 16 点的随机事件的数据框。

R 程序:

```
>library(prob)
>subset(rolldie(3),X1+ X2+ X3>16)
     X1  X2  X3
180  6   6   5
210  6   5   6
215  5   6   6
216  6   6   6
```

【例 3.6】 从 52 张扑克牌中随机抽取 1 张,利用 R 软件,求事件:抽扑克牌花色为红桃的数据框。

R 程序:

```
>library(prob)
>S<-cards( )
>subset(S,suit == "Heart")
    rank  suit
27   2    Heart
28   3    Heart
29   4    Heart
30   5    Heart
31   6    Heart
32   7    Heart
33   8    Heart
34   9    Heart
35   10   Heart
36   J    Heart
37   Q    Heart
38   K    Heart
39   A    Heart
```

R 中随机事件的交、并及差运算可以调用 union( )、intersect( )及 setdiff( )函数来直接运算。

【例 3.7】 从 52 张扑克牌中随机抽取 1 张,记事件 A:“抽取的花色为红桃”,事件 B:“扑克牌上的图案为 7、8 和 9”。利用 R 软件,求事件 $A\cup B$,$A\cap B$,$A-B$ 对应的数据集。

R 程序:

```
>library(prob)
```

```
>S<-cards( )
>subset(S,suit == "Heart")
   rank  suit
27   2   Heart
28   3   Heart
29   4   Heart
30   5   Heart
31   6   Heart
32   7   Heart
33   8   Heart
34   9   Heart
35  10   Heart
36   J   Heart
37   Q   Heart
38   K   Heart
39   A   Heart
>S=cards( )
>A=subset(S,suit == "Heart")
>B=subset(S,rank %in% 7:9)
>union(A,B)
   rank  suit
6    7   Club
7    8   Club
8    9   Club
19   7   Diamond
20   8   Diamond
21   9   Diamond
27   2   Heart
28   3   Heart
29   4   Heart
30   5   Heart
31   6   Heart
32   7   Heart
33   8   Heart
34   9   Heart
35  10   Heart
36   J   Heart
37   Q   Heart
38   K   Heart
```

```
39    A    Heart
45    7    Spade
46    8    Spade
47    9    Spade
> intersect(A,B)
     rank  suit
32    7    Heart
33    8    Heart
34    9    Heart
> intersect(A,B)
     rank  suit
32    7    Heart
33    8    Heart
34    9    Heart
```

习题 3-1

1. 设某人向靶子射击 3 次，用 A_i 表示"第 i 次射击击中靶子"($i=1,2,3$)，试用语言描述下列事件：

(1)$\overline{A_1}\cup\overline{A_2}\cup\overline{A_3}$；(2)$\overline{A_1\cup A_2}$；(3)$(A_1A_2\overline{A_3})\cup(\overline{A_1}A_2A_3)$

2. 在抛三枚硬币的试验中，写出下列事件的集合表示：

A="至少出现一个正面"；B="最多出现一个正面"；

C="恰好出现一个正面"；D="出现三面相同"。

3.2 随机事件的概率

一个随机事件的发生是带有偶然性的，在一次随机试验中，它是否会发生，事先不能确定。但随机事件发生的可能性是有大小之分且可以度量的。本节通过介绍用以描述事件发生频繁程度的频率，进而引出刻画事件发生可能性大小的概率。

3.2.1 频率的概念

定义 3.1 在相同条件下进行的 n 次随机试验中事件 A 发生的次数为 $r_n(A)$，则称 $r_n(A)$ 为事件 A 发生的频数，$f_n(A)=\dfrac{r_n(A)}{n}$ 为事件 A 发生的频率。

频率具有下述基本性质：

(1) 非负性：$0\leqslant f_n(A)\leqslant 1$；

(2) 规范性：$f_n(S)=1$；

(3) 有限可加性：设 $A_1,A_2,\cdots,A_n$ 是两两互不相容的事件，则

$$f_n(A_1 \cup A_2 \cup \cdots \cup A_n) = f_n(A_1) + f_n(A_2) + \cdots + f_n(A_n)$$

例如,抛一枚硬币10次,正面朝上6次,则正面朝上的频率为0.6,若抛100次,正面朝上52次,则正面朝上的频率为0.52。可见频率会随试验情况发生改变,然而随着试验次数的增加,频率将稳定在一个确定的数值附近。历史上有著名的抛掷硬币试验记录,结果如表3.1所示。不难发现,正面朝上的频率趋于0.5。

表3.1 抛掷硬币试验结果

试验者	投掷次数	正面次数	正面频率
De Morgan	2048	1061	0.5181
Buffon	4040	2048	0.5069
Pearson	12000	6019	0.5016
Pearson	24000	12012	0.5006

著名的抛掷硬币试验表明这样一个事实:当试验次数增加时,事件A发生的频率$f_n(A)$总是稳定在一个确定的数值P附近,而且偏差随着试验次数的增加而越来越小。频率的这种性质在概率论中被称为"频率的稳定性"。频率具有稳定性的事实说明了刻画随机事件A发生的可能性大小的数——概率的客观存在性。

3.2.2 概率的定义

1. 概率的统计定义

定义3.2 设在相同条件下重复进行n次试验,若事件A发生的频率为$f_n(A)$,随着试验次数n的增大而稳定地在某个常数$P(0 \leqslant P \leqslant 1)$附近摆动,则称$P$为事件$A$的概率,记为$P(A)$。

由定义知,上述投掷硬币试验中,正面朝上的概率为0.5。

2. 概率的公理化定义

在概率论发展的历史上,曾有过概率的古典定义、几何定义、统计定义和主观定义,这些定义各适合一类随机现象。以下给出适合一切随机现象的概率的公理化定义。

定义3.3 设随机试验E的样本空间为S,对于E的每一个事件A,定义一个实值函数$P(A)$,若$P(A)$满足:

(1) 非负性:对每一个事件A,有$P(A) \geqslant 0$;

(2) 完备性:$P(S)=1$;

(3) 可列可加性:设事件$A_1, A_2, \cdots$两两互不相容,成立$P(\bigcup_{i=1}^{\infty} A_i) = \sum_{i=1}^{\infty} P(A_i)$。

则称$P(A)$为事件A的概率。

【注】 $P(A)$是事件A发生的可能性大小的度量。

3. 概率的性质

性质1 $P(\varnothing)=0$。

性质 2 有限可加性：设 $A_1, A_2, \cdots, A_n$ 是两两互不相容的事件，则有 $P(\bigcup_{i=1}^{n} A_i) = \sum_{i=1}^{n} P(A_i)$，特别地，若 $AB=\varnothing$，则 $P(A\cup B)=P(A)+P(B)$。

性质 3 $P(\overline{A})=1-P(A)$。

性质 4 $P(A-B)=P(A)-P(AB)$。

特别地，若 $B\subset A$，则 $P(A-B)=P(A)-P(B)$，$P(A)\geqslant P(B)$。

性质 5 对任一事件 A，有 $P(A)\leqslant 1$。

性质 6 对任意两事件 A,B，有 $P(A\cup B)=P(A)+P(B)-P(AB)$。

【注】 概率的性质是求概率的重要依据，证明略。

【例 3.8】 已知 $P(A)=0.4$，$P(B)=0.3$，$P(A\cup B)=0.6$，求 $P(A\overline{B})$。

解 $P(A\cup B)=P(A)+P(B)-P(AB)$，所以 $P(AB)=P(A)+P(B)-P(A\cup B)=0.1$，所以 $P(A\overline{B})=P(A-B)=P(A)-P(AB)=0.3$。

【例 3.9】 抛一枚硬币 5 次，求 5 次中既出现了正面又出现了反面的概率。

解 设 $A=$“出现正面又出现反面”，$B=$“只出现正面”，$C=$“只出现反面”，

则 $P(A)=1-P(\overline{A})=1-P(B\cup C)=1-P(B)-P(C)=1-\left(\frac{1}{2}\right)^5-\left(\frac{1}{2}\right)^5=\frac{15}{16}$。

求实际概率问题时，一般都需要假设一些随机事件，再运用概率性质等工具求解。例 3.9 中先求简单的对立事件概率，再用性质 3 得到原事件的概率是常用的一个方法。

3.2.3 计算随机事件概率的 R 实现

R 中求随机事件的概率可以直接调用程序包 prob 中的函数 prob( )。

【例 3.10】 利用 R 软件计算例 3.7 中事件 A 和 B 的概率。

R 程序：

```
>insall.packages("prob")
>library(prob)
>S<-cards(makespace=TRUE)
>A<-subset(S,suit == "Heart")
>B<-subset(S,rank %in% 7:9)
>prob(A)
[1] 0.25
>prob(B)
[1] 0.2307692
```

习题 3-2

1. 假设事件 A 与 B 互不相容，$P(A)=0.6$，$P(A\cup B)=0.8$，求 B 的逆事件的概率并给出利用 R 软件实现的程序。

2. 已知 $P(A)=0.4$，$P(B)=0.4$，$P(A\cup B)=0.5$，求 $P(\overline{A}\cup\overline{B})$并给出利用 R 软件实现的程序。

3. 观察某地区未来5天的天气情况，假设事件 A_i =“有 i 天不下雨”，$i=0,1,2,3,4,5$。已知 $P(A_i)=iP(A_0)$，求下列各事件的概率并给出利用R软件实现的程序。

(1) 5天均下雨；(2)至少1天不下雨；(3)至多3天不下雨。

3.3 古典概型与几何概型

3.3.1 古典概型

1. 概率的古典定义

古典概型是一类最简单的概率模型，是概率论历史上最先开始研究的情形。我们称具有下列两个特征的随机试验模型为古典概型：

(1) 随机试验只有有限个可能结果，即样本空间有限，记 $S=\{\omega_1,\omega_2,\cdots,\omega_n\}$；

(2) 每个结果发生的可能性大小相同，即 $A_i=\{\omega_i\}$，$P(A_i)=\frac{1}{n}$，$i=1,2,\cdots,n$。

例如，掷骰子观察点数就是一个古典概型。

容易证明对古典概型中的任一随机事件 A，若 A 包含其样本空间 S 中 r 个样本点，则事件 A 发生的概率为：

$$P(A)=\frac{r}{n}=\frac{A\text{ 包含的样本点数}}{S\text{ 中样本点的总数}} \tag{3.1}$$

称此概率为古典概率，即概率的古典定义。不难验证，由(3.1)式确定的古典概率满足概率的公理化定义。另外需要注意，古典概率与上节中的频率在式子上比较接近，但含义截然不同，实际上，我们已经了解到频率会随试验情况发生改变，而概率与试验结果无关，是确定值。例如，上节所述的投掷硬币试验，正面朝上的频率虽然不同，但概率恒等于1/2。

2. 计算古典概率的方法

在古典概型的条件下，求某事件 A 的概率主要是计算 A 包含的样本点个数和 S 中的样本点总数，因此求古典概率的问题转化为对基本事件的计数问题，而排列组合是常用的工具。

(1) 排列

从 n 个不同元素中任取 r 个($1\leqslant r\leqslant n$)的不同排列总数为：

$$P_n^r=\frac{n!}{(n-r)!}=n(n-1)\cdots(n-r+1)$$

$r=n$ 时称为全排列，可记为 P_n，即 $P_n=n!$。

(2) 组合

从 n 个不同元素中任取 r 个($1\leqslant r\leqslant n$)的不同组合总数为：

$$C_n^r=\frac{P_n^r}{r!}=\frac{n!}{(n-r)!\ r!}=\frac{n(n-1)\cdots(n-r+1)}{1\cdot 2\cdot\cdots\cdot r}$$

C_n^r 可记为 $\binom{n}{r}$。

【注】 容易证明 $C_n^{n-r}=C_n^r$，$C_n^{n-1}=C_n^1=n$，$C_n^n=C_n^0=1$，上述等式可用于简化计算，例

如：$C_{100}^{98}=C_{100}^{2}=4950$，$C_{100}^{99}=C_{100}^{1}=100$，$C_{100}^{100}=C_{100}^{0}=1$。

【例 3.11】 一个兴趣小组中有 8 个同学，其中 3 个优秀生、5 个普通生，求：

(1) 从小组中任选一名同学，选出的是优秀生的概率；

(2) 从小组中任选两名同学，刚好一个优秀生一个普通生的概率以及两个都是优秀生的概率。

解 (1)设 A="选出的是优秀生"，则：

$$P(A)=\frac{C_3^1}{C_8^1}=\frac{3}{8}$$

(2) 设 B="刚好一个优秀生一个普通生"，C="两个都是优秀生"，则：

$$P(B)=\frac{C_3^1C_5^1}{C_8^2}=\frac{15}{28},\ P(C)=\frac{C_3^2}{C_8^2}=\frac{3}{28}$$

【例 3.12】 书架上有 10 本书，随机排放在一层 10 个位子上，其中 3 本一套，4 本一套，其余 3 本，求下列事件的概率：

A="3 本一套的书放一起"　　B="4 本一套的书放一起"

C="两套各自放一起"　　D="两套至少一套放一起"

解 $P(A)=\dfrac{P_8^8P_3^3}{P_{10}^{10}}=\dfrac{1}{15}$，$P(B)=\dfrac{P_7^7P_4^4}{P_{10}^{10}}=\dfrac{1}{30}$，$P(C)=\dfrac{P_5^5P_4^4P_3^3}{P_{10}^{10}}=\dfrac{1}{210}$

$$P(D)=P(A\cup B)=P(A)+P(B)-P(AB)=P(A)+P(B)-P(C)$$
$$=\frac{1}{15}+\frac{1}{30}-\frac{1}{210}=\frac{2}{21}$$

上述例 3.11 用组合公式，例 3.12 用排列公式，区别在于例 3.11 中选取同学观察优秀与否在计数时不考虑顺序，而例 3.12 中书的摆放位子计数时需考虑顺序。另外，例 3.12 中复杂事件 D 通过简单事件 B，A 的运算表示后再运用概率性质求解是常用的一个方法。

【例 3.13】 将 3 个球随机放入 4 个杯子中，问杯子中球的个数最多为 1，2，3 的概率各是多少？

解 设 A，B，C 分别表示杯子中球的个数最多为 1，2，3，放球过程的所有可能结果数为 $4^3=64$，则：

$$P(A)=\frac{P_4^3}{4^3}=\frac{3}{8},\ P(C)=\frac{C_4^1}{4^3}=\frac{1}{16},\ P(B)=1-P(A)-P(C)=\frac{9}{16}$$

上述例 3.13 中一个杯子可同时放多个球，因此所有可能结果在计数时需考虑到可以重复，不同于例 3.12 每个位子只能摆放一本书，不能重复。而事件 A="杯中最多 1 个球"，在计数时不重复，因此事件 A 的样本点数用排列公式计算。类似于例 3.13 中事件 A 概率的计算，请读者思考，一个有 40 名同学的班级，有人生日相同的概率是多少？

3.3.2 几何概型

古典概型考虑了有限等可能结果的随机试验，而几何概型则研究样本空间为一线段、平面区域或空间立体等的等可能随机试验。

设样本空间 S 是平面上某区域，面积记为 $\mu(S)$。向区域 S 上随机投掷一点，该点落入

S 内任何区域 A 的可能性只与区域 A 的面积 $\mu(A)$ 有关，与区域 A 的位置和形状无关，如图3.1所示。该点落在区域 A 的事件仍记为 A，概率为：

$$P(A)=\frac{\mu(A)}{\mu(S)} \tag{3.2}$$

此即概率的几何定义。

【注】 若样本空间 S 为线段或空间立体，则向 S“投点”的相应概率仍可用(3.2)式确定，但 $\mu(\cdot)$ 应理解为长度或体积。

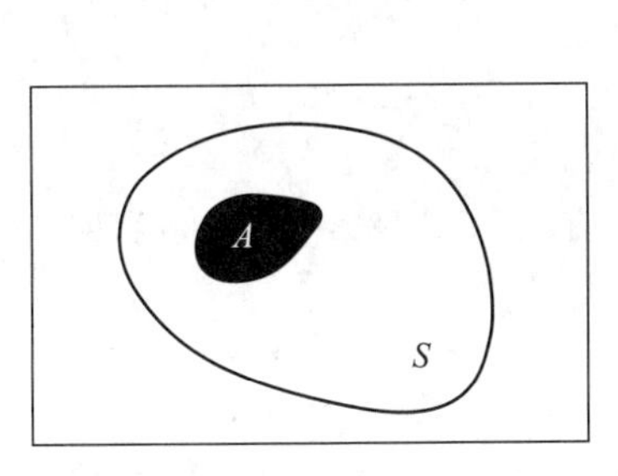

图3.1 几何概型

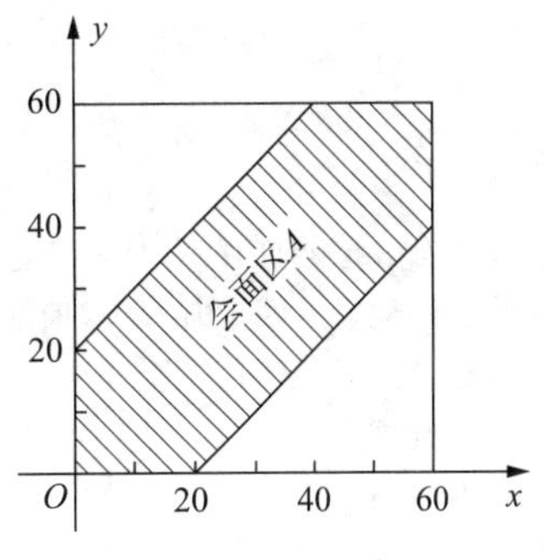

图3.2 例3.14图

【例3.14】 甲、乙两人相约在7点到8点之间在某地会面，先到者等候另一人20分钟，过时就离开。如果每个人可在指定的一小时内任意时刻到达，试计算两人能够会面的概率。

解 记7点为计算时刻的0时，以分钟为单位，x,y 分别记甲、乙到达指定地点的时刻，则样本空间为 $S=\{(x,y)\mid 0\leqslant x\leqslant 60,0\leqslant y\leqslant 60\}$。

设 A＝“两人能会面”，A 的区域如图3.2所示，则显然有 $A=\{(x,y)\mid (x,y)\in S,|x-y|\leqslant 20\}$，

所以 $P(A)=\frac{\mu(A)}{\mu(S)}=\frac{60^2-40^2}{60^2}=\frac{5}{9}$。

3.3.3 古典概型和几何概型的R实现

古典概型(几何概型)中随机事件概率的计算主要是计算样本空间和随机事件中样本点的数量(长度、面积或体积等)。常用函数包括choose(n,k)，用于计算 C_n^k；函数factorial(n)，用于计算阶乘。

R中针对常用模型给出了相关的样本点数量的计算函数，下面以试验为例，介绍其样本点数量的计算函数nsamp( )。这里“随机取球”试验是指“从一个装有完全不同的 n 个球的袋子中随机依次抽取 k 个球”。为简化说明，取 $n=3,k=2$，即从3个球中随机依次抽取2个球，这时要考虑以下几种情况：

(1)有序且有放回

```
>nsamp(n=3,k=2,replace=TRUE,ordered=TRUE)
[1] 9
```

(2)有序且无放回

```
>nsamp(n=3,k=2,replace=FALSE,ordered=TRUE)
```

```
[1] 6
(3)无序且无放回
>nsamp(n=3,k=2,replace=FALSE,ordered=FALSE)
[1] 3
(4)无序且有放回
>nsamp(n=3,k=2,replace=TRUE,ordered=FALSE)
[1] 6
```

习题 3-3

1. 10 把钥匙中有 3 把能打开门，任取 2 把，求能打开门的概率。
2. 将两封信随机地投入四个邮筒，求前两个邮筒内没有信的概率及第一个邮筒内只有一封信的概率。
3. 口袋中有红、黄、黑色球各一个，有放回地取 3 次，求下列事件概率：

A="三次都是红球"　　B="三次未抽到黑球"

C="颜色全不相同"　　D="颜色不全相同"

4. 从 5 双不同的鞋子中任取 4 只，问这 4 只鞋子中至少有两只配成一双的概率是多少？
5. 在区间(0,1)中随机取两个数，求两数之和小于$\frac{6}{5}$的概率。

3.4 条件概率

前述内容中，考虑随机事件的概率是不加任何条件的，但若事先给定一些条件信息，事件的概率会不会改变呢？考虑这样一个问题，根据统计观察，某地区的人能活到 80 岁的概率为 0.3，现该地区有一新生婴儿，那么不加任何其他条件的情况下，他能活到 80 岁的概率自然是 0.3。如果现在增加一个条件，他已非常健康地活到了 79 岁又 364 天(再过一天即将年满 80 岁)，此时再问他能活到 80 岁的概率是多少，显然已经远不止 0.3。这就是本节要介绍的条件概率，它是概率论中既重要又实用的一个概念。

3.4.1 条件概率的概念

所谓条件概率，是在某事件 A 发生的条件下，另一事件 B 发生的概率，记为 $P(B|A)$，先由一个简单的例子引入条件概率的概念。

【例 3.15】 一批同型号产品由甲、乙两厂生产，产品结构如表 3.2 所示：

表 3.2 甲、乙两厂产品结构表

数量	甲厂	乙厂	合计
合格品	540	380	920
次品	60	20	80
合计	600	400	1000

从这批产品中随机抽取一件，由于1000件中有80件次品，则这件产品为次品的概率为0.08，现在假设被告知取出的产品是甲厂生产的，那么这件产品为次品的概率又是多大呢？由于600件中有60件次品，所以取出的这件产品为次品的概率为0.1。

如果设A="取出的产品是甲厂生产的"，B="取出的产品是次品"，则本例是在事件A发生的条件下，求事件B发生的概率，即求条件概率$P(B|A)$。实际上，本例中$P(B|A)=0.1=\frac{60}{600}=\frac{60/1000}{600/1000}=\frac{P(AB)}{P(A)}$。

定义3.4　设A，B是两个事件，且$P(A)>0$，则称

$$P(B|A)=\frac{P(AB)}{P(A)} \tag{3.3}$$

为在事件A发生的条件下事件B的条件概率。相应地，把$P(B)$称为无条件概率，一般地，$P(B|A)\neq P(B)$。

条件概率具有如下性质：设B是一事件，对任一事件A，$P(A)>0$，则：

(1) $0\leqslant P(B|A)\leqslant 1$；

(2) $P(S|A)=1$；

(3) 设$A_1,A_2,\cdots,A_n$是两两互不相容的事件，则有

$$P(A_1\cup A_2\cup\cdots\cup A_n|A)=P(A_1|A)+P(A_2|A)+\cdots+P(A_n|A)$$

特别地，$P(B|A)=1-P(\overline{B}|A)$。

【注】　3.2节中所述概率的性质都适用于条件概率。

【例3.16】　某种动物由出生算起活到20年以上的概率为0.8，活到25年以上的概率为0.4。问现年20岁的这种动物，它能活到25岁以上的概率是多少？

解　设A="能活到20岁以上"，B="能活到25岁以上"，则：

$$P(B|A)=\frac{P(AB)}{P(A)}=\frac{P(B)}{P(A)}=\frac{0.4}{0.8}=0.5$$

现实中往往条件概率已知或可以间接得到，我们需要利用条件概率去解决其他问题，因此，以下介绍条件概率的相关应用。

3.4.2　乘法公式

由条件概率的定义立即得到：

$$P(AB)=P(B|A)P(A)\quad (P(A)>0) \tag{3.4}$$

注意到A，B的对称性可得到：

$$P(AB)=P(A|B)P(B)\quad (P(B)>0) \tag{3.5}$$

即为乘法公式。在已知条件概率的基础上，利用乘法公式可计算积事件的概率。

【注】　乘法公式可推广到多个事件的情形，例如：

$$P(ABC)=P(C|AB)P(AB)=P(C|AB)P(B|A)P(A)\quad (P(A)\geqslant P(AB)>0)$$

【例3.17】　A，B为随机事件，已知$P(A)=\frac{1}{3}$，$P(B)=\frac{1}{2}$，$P(B|A)=\frac{1}{4}$，求$P(A|B)$及$P(A\cup B)$。

解 $P(AB)=P(B|A)P(A)=\frac{1}{4}\times\frac{1}{3}=\frac{1}{12}, P(A|B)=\frac{P(AB)}{P(B)}=\frac{1/12}{1/2}=\frac{1}{6}$,

$P(A\cup B)=P(A)+P(B)-P(AB)=\frac{1}{3}+\frac{1}{2}-\frac{1}{12}=\frac{3}{4}$。

【例 3.18】 某厂生产的 100 个产品中有 95 个优质品,采用不放回抽样,每次从中任取一个,求:

(1) 第一次抽到优质品;

(2) 第一次、第二次都抽到优质品;

(3) 第一次、第二次都抽到优质品,第三次抽到非优质品的概率。

解 设 A_i="第 i 次取到优质品",$i=1,2,3$,则:

(1)$P(A_1)=\frac{95}{100}=0.95$;

(2)$P(A_1A_2)=P(A_2|A_1)P(A_1)=\frac{94}{99}\times\frac{95}{100}=0.902$;

(3)$P(A_1A_2\overline{A_3})=P(\overline{A_3}|A_1A_2)P(A_2|A_1)P(A_1)=\frac{5}{98}\times\frac{94}{99}\times\frac{95}{100}=0.046$。

3.4.3 全概率公式

全概率公式是概率论中的一个重要公式。它提供了计算复杂事件概率的一条有效途径,使一个复杂事件的概率计算问题化繁为简。

定理 3.1 设 $A_1,A_2,\cdots,A_n$ 是样本空间 S 的一个完备事件组,且 $P(A_i)>0, i=1,2,\cdots,n$,则对任一事件 B,有:

$$P(B)=P(B|A_1)P(A_1)+P(B|A_2)P(A_2)+\cdots+P(B|A_n)P(A_n) \tag{3.6}$$

即为全概率公式。

证: $P(B)=P(BS)=P(B(\bigcup_{i=1}^{n}A_i))=P(\bigcup_{i=1}^{n}(BA_i))=\sum_{i=1}^{n}P(BA_i)=\sum_{i=1}^{n}P(B|A_i)P(A_i)$。

特别地,A 与 $\overline{A}$ 为 S 的一个完备事件组,$P(B)=P(B|A)P(A)+P(B|\overline{A})P(\overline{A})$。在已知条件概率的基础上,利用全概率公式可计算分情况的复杂事件概率。

【例 3.19】 某运输系统处于低负荷运输的概率为 0.6,此时故障率为 0;处于中负荷运输的概率为 0.3,此时故障率为 0.1;处于高负荷运输的概率为 0.1,此时故障率为 0.5。求该运输系统的故障率。

解 设 B="系统发生故障",A_1,A_2,A_3 分别表示系统处于低、中、高负荷,则:

$P(A_1)=0.6$, $P(A_2)=0.3$, $P(A_3)=0.1$,

$P(B|A_1)=0$, $P(B|A_2)=0.1$, $P(B|A_3)=0.5$

所以 $P(B)=P(B|A_1)P(A_1)+P(B|A_2)P(A_2)+P(B|A_3)P(A_3)=0\times0.6+0.1\times0.3+0.5\times0.1=0.08$。

【例 3.20】 玻璃杯成箱出售,每箱 20 只,假设各箱中含 0 只和 1 只残次品的概率分别为 0.8 和 0.2,一个顾客欲购买一箱玻璃杯,在购买时顾客开箱验货,顾客随机地察看 4 只,若无残次品则购买下该箱玻璃杯，否则退回。求顾客购买该箱玻璃的概率。

解　设 B="顾客察看的4只中没有残次品"，A="箱子中没有残次品"，则：

$$P(A)=0.8, P(\overline{A})=0.2, P(B|A)=1, P(B|\overline{A})=\frac{C_{19}^4}{C_{20}^4}=0.8$$

所以 $P(B)=P(B|A)P(A)+P(B|\overline{A})P(\overline{A})=1\times0.8+0.8\times0.2=0.96$。

3.4.4　贝叶斯公式

由乘法公式和全概率公式可推导出另一个很重要的公式——贝叶斯公式。我们先通过一个例子来了解一下贝叶斯公式的作用。

【例3.21】　四条流水线生产同一种产品，产量分别占15%、20%、30%、35%，不合格品率分别为0.05、0.04、0.03、0.02。现从出厂成品中任取一件，若问取到不合格品的概率，则可用全概率公式解决：

设 B="取出的是不合格品"，A_i="取出的是第 i 条流水线生产的"，$i=1,2,3,4$，则：

$P(A_1)=0.15$，　$P(A_2)=0.2$，　$P(A_3)=0.3$，　$P(A_4)=0.35$，

$P(B|A_1)=0.05$，$P(B|A_2)=0.04$，$P(B|A_3)=0.03$，$P(B|A_3)=0.02$

所以 $P(B)=\sum_{i=1}^{4}P(B\mid A_i)P(A_i)=0.05\times0.15+0.04\times0.2+0.03\times0.3+0.02\times0.35=0.0325$。

考虑这样一个问题，为了责任到位，流水线在生产的产品上会贴上自己生产的识别标签，现从出厂成品中任取一件产品检验，发现取出的恰为不合格品，此时应追究相应流水线的责任，然而发现该产品标签已脱落，问四条流水线责任该如何分配(简单的平均分配，即各条线负四分之一的责任是不合理的)。以第四条线为例，实际上，问第四条线负多少责任就是求取到的不合格品是第四条线生产的概率是多少，即求 $P(A_4|B)$。运用前述各公式，得到：

$$P(A_4|B)=\frac{P(A_4B)}{P(B)}=\frac{P(B|A_4)P(A_4)}{P(B)}=\frac{0.02\times0.35}{0.0325}=0.215$$

即第四条流水线应负21.5%的责任。类似地，也可计算其他流水线应负的责任。

例3.21中用到的就是下面介绍的贝叶斯公式。

定理3.2　设 $A_1,A_2,\cdots,A_n$ 是样本空间 S 的一个完备事件组，则对任一事件 B，$P(B)>0$，有：

$$P(A_i\mid B)=\frac{P(A_iB)}{P(B)}=\frac{P(B\mid A_i)P(A_i)}{\sum_{j=1}^{n}P(B\mid A_j)P(A_j)}, i=1,2,\cdots,n \tag{3.7}$$

即为贝叶斯公式。

特别地，A 与 $\overline{A}$ 为 S 的一个完备事件组，公式为：

$$P(A|B)=\frac{P(AB)}{P(B)}=\frac{P(B|A)P(A)}{P(B|A)P(A)+P(B|\overline{A})P(\overline{A})}$$

在已知条件概率的基础上，利用贝叶斯公式可计算逆条件概率[已知 $P(B|A)$，求

$P(A|B)$]。

【例 3.22】 对以往数据分析结果表明，当机器调整得良好时，产品的合格率为 0.98，而当机器发生某种故障时，其合格率为 0.55。每天早上机器开动时，机器调整良好的概率为 0.95。试求已知某日早上第一件产品是合格时，机器调整得良好的概率是多少？

解 设 A＝"机器调整良好"，B＝"生产的产品合格"，则：

$$P(B|A)=0.98, P(B|\overline{A})=0.55, P(A)=0.95, P(\overline{A})=0.05$$

所以：

$$P(A|B)=\frac{P(B|A)P(A)}{P(B|A)P(A)+P(B|\overline{A})P(\overline{A})}=\frac{0.98\times 0.95}{0.98\times 0.95+0.55\times 0.05}=0.97$$

【例 3.23】 有甲、乙、丙三个盒子，其中分别有一个白球和两个黑球、一个黑球和两个白球、三个白球和三个黑球。掷一颗骰子，若出现 1，2、3 点则选甲盒，若出现 4 点则选乙盒，否则选丙盒。然后从所选的盒子中任取一球。求：

(1) 取出的球是白球的概率；

(2) 当取出的球为白球时，此球来自甲盒的概率。

解 设 B＝"取到白球"，A_1＝"选甲盒"，A_2＝"选乙盒"，A_3＝"选丙盒"，则：

$$(1)P(A)=P(B|A_1)P(A_1)+P(B|A_2)P(A_2)+P(B|A_3)P(A_3)$$
$$=\frac{1}{3}\times\frac{3}{6}+\frac{2}{3}\times\frac{1}{6}+\frac{3}{6}\times\frac{2}{6}=\frac{4}{9}。$$

$$(2)P(A_1|B)=\frac{P(B|A_1)P(A_1)}{P(B)}=\frac{\frac{1}{3}\times\frac{3}{6}}{\frac{4}{9}}=\frac{3}{8}。$$

3.4.5 条件概率及贝叶斯公式的 R 实现

R 中程序包 prob 的函数 prob( )可以用来计算条件概率。

【例 3.24】 同时抛掷两颗骰子，设事件 A＝"两个点数相同"，事件 B＝"点数之和大于等于 8"，则 $P(A)=6/36$，$P(B)=15/36$，$P(AB)=3/36$，$P(A|B)=1/5$，$P(B|A)=1/2$。给出利用 R 软件实现的程序。

R 程序：

```
>library(prob)
>S<-rolldie(2,makespace=TRUE)          #创建样本空间的数据框
>head(S)          #显示样本空间数据框的前 6 行
   X1  X2    probs
1  1   1   0.02777778
2  2   1   0.02777778
3  3   1   0.02777778
4  4   1   0.02777778
5  5   1   0.02777778
6  6   1   0.02777778
```

```
>A<-subset(S,X1==X2)          #定义事件A="两个点数相同"
>B<-subset(S,X1+X2>=8)          #定义事件B="点数之和大于等于8"
>prob(A,given=B)          #计算P(A|B)
[1] 0.2
>prob(B, given=A)          #计算P(B|A)
[1] 0.5
```

【注】 也可以不单独定义事件 A 和 B,而直接计算,程序如下:

```
>prob(S,X1==X2,given=(X1+X2 >=8) )
[1] 0.2
>prob(S,X1+X2>=8,given=(X1==X2) )
[1] 0.5
```

R 中全概率公式及贝叶斯公式的计算可以通过向量运算直接实现。

【例 3.25】 利用 R 软件实现例 3.23。

R 程序:

```
>prior<-c(3/6,1/6,2/6)
>like<-c(1/3,2/3,3/6)
>post<-prior * like
>sum(post)
[1] 0.4444444          #全概率公式
>post/sum(post)          #后验概率向量
[1] 0.375 0.250 0.375
```

习题 3-4

1. A,B 为随机事件,已知 $P(A)=\frac{1}{4}$,$P(B|A)=\frac{1}{3}$,$P(A|B)=\frac{1}{2}$,求 $P(A\cup B)$。

2. 设某光学仪器厂制造的透镜第一次落下时打破的概率为 1/2,若第一次落下未打破,第二次落下打破的概率为 7/10,若前两次落下未打破,第三次落下打破的概率为 9/10。试求透镜落下三次而未打破的概率,并给出 R 实现的程序。

3. 人们为了解一只股票未来一定时期内价格的变化,往往会去分析影响股票价格的基本因素,比如利率的变化。现假设人们经分析估计利率下调的概率为 60%,利率不变的概率为 40%。根据经验,人们估计,在利率下调的情况下,该只股票价格上涨的概率为 80%,而在利率不变的情况下,其价格上涨的概率为 40%,求该只股票将上涨的概率,并给出 R 实现的程序。

4. 8 支步枪中有 5 支已校准过,3 支未校准。一名射手用校准过的枪射击时,中靶的概率为 0.8;用未校准的枪射击时,中靶的概率为 0.3。现从 8 支枪中任取一支用于射击,结果中靶,求所用的枪是校准过的概率,并给出 R 实现的程序。

5. 设某公路上通过货车、客车与非机动车,数量之比为 3∶2∶1,货车中途停车修理的概率为 0.01,客车中途停车修理的概率为 0.02,非机动车中途停车修理的概率为 0.03。求:

(1) 车辆中途停车修理的概率;

(2) 有一辆车中途停车修理,求该辆车是货车的概率;

(3) 利用 R 软件实现(1)和(2)。

3.5　事件的独立性

独立性是概率论中又一个重要概念。本节先讨论两个事件的独立性，然后再讨论多个事件的独立性。

3.5.1　两个事件的独立性

两个事件的独立是指一个事件发生不影响另一个事件的发生。例如，某人扔一枚硬币和一颗骰子，那么“硬币正面朝上”与“骰子点数是 6”这两件事就互不影响，也即它们是独立的。

事实上，由上节条件概率知道，如果事件 A 的发生对事件 B 的发生有影响，那么 $P(B)\neq P(B|A)$；反之，如果没有影响，则 $P(B)=P(B|A)$，于是由乘法公式得 $P(AB)=P(A)P(B|A)=P(A)P(B)$。同样，如果事件 B 对事件 A 没有影响，也有此式成立。因此，两个事件积事件的概率等于它们各自概率的积，则两事件独立，具体定义如下。

定义 3.5　若两事件 A,B 满足：

$$P(AB)=P(A)P(B) \tag{3.8}$$

则称 A,B 相互独立，简称独立。否则称 A,B 不独立或相依。

定理 3.3　若有两事件 A 与 B 相互独立，则下列各对事件也相互独立：A 与 $\overline{B}$，$\overline{A}$ 与 B，$\overline{A}$ 与 $\overline{B}$。（证略）

在实际问题中，许多情况下两个事件独立是根据经验（相互有无影响）来判断的，但有时也需要用(3.8)式来判断独立性。

【例 3.26】　从一副不含大小王的扑克牌中任取一张，记 $A=$“抽到 K”，$B=$“抽到的牌是黑色的”，问事件 A 与 B 是否独立？

解　$P(A)=\dfrac{4}{52}=\dfrac{1}{13}$，$P(B)=\dfrac{26}{52}=\dfrac{1}{2}$，$P(AB)=\dfrac{2}{52}=\dfrac{1}{26}$，

所以 $P(AB)=P(A)P(B)$成立，由定义判断事件 A 与 B 相互独立。

3.5.2　有限个事件的独立性

首先定义三个事件的独立性：

定义 3.6　设 A,B,C 为三个事件，若满足等式：

$$\begin{cases} P(AB)=P(A)P(B) \\ P(AC)=P(A)P(C) \\ P(BC)=P(B)P(C) \\ P(ABC)=P(A)P(B)P(C) \end{cases} \tag{3.9}$$

则称事件 A,B,C 相互独立。

【注】　若满足(3.9)式中的前三条，则称事件 A,B,C 两两独立，可见相互独立性是比

两两独立性更强的条件。

对 n 个事件的独立性，可类似写出其定义。

定义 3.7　设 $A_1, A_2, \cdots, A_n$ 是 $n(n>1)$ 个事件，若对其中任意 $k(1<k\leqslant n)$ 个事件 $A_{i_1}, A_{i_2}, \cdots, A_{i_k}(1\leqslant i_1<i_2<\cdots<i_k\leqslant n)$ 均满足等式：

$$P(A_{i_1}A_{i_2}\cdots A_{i_k})=P(A_{i_1})P(A_{i_2})\cdots P(A_{i_k}) \tag{3.10}$$

则称事件 $A_1, A_2, \cdots, A_n$ 相互独立。

【注】　若事件 $A_1, A_2, \cdots, A_n(n>1)$ 相互独立，则其中任意 $k(1<k\leqslant n)$ 个事件也相互独立。

定理 3.4　若事件 $A_1, A_2, \cdots, A_n(n>1)$ 相互独立，则将 $A_1, A_2, \cdots, A_n$ 中任意 $m(1\leqslant m\leqslant n)$ 个事件换成它们的对立事件，所得的 n 个事件仍相互独立。

【例 3.27】　三人独立破译密码，他们能单独破译出的概率分别为 $\frac{1}{5}, \frac{1}{4}, \frac{1}{3}$，求此密码能被破译出的概率。

解　设 A, B, C 分别表示此三人破译出密码，$D=$"此密码被破译出"，则：

$$P(A)=\frac{1}{5}, P(B)=\frac{1}{4}, P(C)=\frac{1}{3},$$

$$P(D)=1-P(\overline{D})=1-P(\overline{A}\cap\overline{B}\cap\overline{C})=1-P(\overline{A})P(\overline{B})P(\overline{C})$$

$$=1-\left(1-\frac{1}{5}\right)\left(1-\frac{1}{4}\right)\left(1-\frac{1}{3}\right)=\frac{3}{5}$$

【例 3.28】　甲、乙两人进行乒乓球比赛，每局甲胜的概率为 $p(p\geqslant 1/2)$。问对甲而言，采用三局二胜制有利，还是采用五局三胜制有利(各局胜负相互独立)？

解　采用三局二胜制：

甲最终获胜的情况是："甲甲"或"甲乙甲"或"乙甲甲"，由独立性得甲最终获胜的概率为：

$$p_1=p\cdot p+p\cdot(1-p)\cdot p+(1-p)\cdot p\cdot p=p^2+2p^2(1-p)$$

采用五局三胜制：

甲最终获胜需比赛 3 局或 4 局或 5 局，且最后一局必须是甲胜，而前面甲须胜两局。例如，共赛 4 局，则甲的获胜情况是："甲乙甲甲"，"乙甲甲甲"，"甲甲乙甲"，由独立性得甲最终获胜的概率为：

$$p_2=p^3+C_3^2p^3(1-p)+C_4^2p^3(1-p)^2$$

于是 $p_2-p_1=3p^2(p-1)^2(2p-1)$，当 $p\geqslant 1/2$ 时，$p_2\geqslant p_1$，即对甲来说采用五局三胜制较为有利。

3.5.3　伯努利概型

定义 3.8　设随机试验只有两种可能的结果：事件 A 发生(记为 A) 或事件 A 不发生(记为 $\overline{A}$)，则称这样的试验为伯努利试验；设 $P(A)=p, P(\overline{A})=1-p(0<p<1)$，将伯努利试验独立地重复进行 n 次，称这一串重复的独立试验为 n 重伯努利试验，简称为伯努利概型。

伯努利概型是一种很重要的数学模型，特点是：事件 A 在每次试验中发生的概率相同，且不受其他各次试验中 A 是否发生的影响。而实际应用中，我们经常需要关心在 n 重伯努利试验中事件 A 发生若干次的概率。

定理 3.5 设在一次试验中，事件 A 发生的概率为 $p(0<p<1)$，则在 n 重伯努利试验中，事件 A 恰好发生 k 次的概率为：

$$C_n^k p^k (1-p)^{n-k}, k=0,1,\cdots,n \tag{3.11}$$

推论 3.1 设在一次试验中，事件 A 发生的概率为 $p(0<p<1)$，则在 n 重伯努利试验中，事件 A 在第 k 次试验中才首次发生的概率为：

$$p(1-p)^{k-1}, k=1,\cdots,n \tag{3.12}$$

【例 3.29】 对 5 人做疫苗试验，试验结果为阳性或阴性，结果为阳性的概率为 0.45，且各人的试验结果相互独立，求恰有 3 人为阳性及至少有 2 人为阳性的概率。

解 设 A＝“试验结果为阳性”，则 $P(A)=p=0.45, n=5$。

恰有 3 人为阳性的概率：$C_n^3 p^3 (1-p)^{n-3} = C_5^3 \cdot 0.45^3 \cdot (1-0.45)^{5-3} = 0.276$；

至少有 2 人为阳性的概率：$1 - C_n^0 p^0 (1-p)^{n-0} - C_n^1 p^1 (1-p)^{n-1} = 1-(1-0.45)^5 - 5 \cdot 0.45^1 \cdot (1-0.45)^4 = 0.744$。

3.5.4 独立事件与伯努利概型的 R 实现

下面通过一个例子简要说明计算独立事件的概率的 R 实现方法。

【例 3.30】 随机抛掷 10 枚均匀的硬币，求至少 1 枚硬币正面朝上的概率。

R 程序：

```
>library(prob)
>S<-tosscoin(10,makespace=TRUE)              #创建样本空间的数据框
>A<-subset(S,isrep(S,vals="T",nrep=10))      #所求事件的对立事件的数据框
>1-prob(A)
[1] 0.9990234
```

伯努利试验是独立重复试验的一种。R 中的 iidspace( )函数是专门针对独立重复试验所设计的。调用格式为 iidspace(x,ntrials,probs)，其中，x 代表一次试验中所有可能的结果，ntrials 代表试验重复的次数，probs 代表在一次试验中每种可能发生的概率。

【例 3.31】 抛掷一枚非均匀的硬币，连续抛掷三次，每次抛掷中正面朝上的概率为 0.7，反正朝上的概率为 0.3，试用 iidspace( )函数创建该随机试验的概率空间。

R 程序：

```
>iidspace(c("H","T"),ntrials=3,probs=c(0.7,0.3))
   X1  X2  X3  probs
1  H   H   H   0.343
2  T   H   H   0.147
3  H   T   H   0.147
```

4　T　T　H　0.063
5　H　H　T　0.147
6　T　H　T　0.063
7　H　T　T　0.063
8　T　T　T　0.027

【注】 如果函数中没有明确probs向量，则默认每种可能的结果等可能发生。伯努利概型的R实现放在离散型随机变量的章节讨论。

习题3-5

1. 加工某一零件共需经过四道工序，设第一、二、三、四道工序的次品率分别是2%，3%，5%，3%，假定各道工序是互不影响的，求加工出来的零件的次品率，并给出R实现的程序。

2. 某种小树移栽后的成活率为0.9，一居民小区移栽了20棵，求能成活18棵的概率，并给出R实现的程序。

3. 一条自动生产线上的产品，次品率为0.04，求：

(1) 从中任取10件，至少有两件次品的概率；

(2) 一次取1件，无放回地抽取，当取到第二件次品时，之前已取到8件正品的概率；

(3) 利用R软件实现(1)和(2)。

第 4 章　随机变量及其分布

在随机试验中，用来表示随机现象结果的变量称为随机变量。第 3 章中我们知道随机事件是样本点的集合，而实际上，很多随机事件还可用随机变量来表示。与普通的变量不同，人们无法事先预知随机变量确切的取值，但可以研究其取值的统计规律性。

4.1　随机变量

4.1.1　随机变量的概念

为了更好地揭示随机现象的统计规律性，需将随机试验的结果数量化，即把随机试验的结果与实数对应起来。我们通过一个例子来引出随机变量的概念。

【例 4.1】 同时抛掷两颗骰子，观测点数，则样本空间为：

$$S=\begin{Bmatrix}(1,1) & (1,2) & \cdots & (1,6)\\ (2,1) & \cdots & \cdots & (2,6)\\ \cdots & \cdots & \cdots & \cdots\\ (6,1) & \cdots & \cdots & (6,6)\end{Bmatrix}$$

共 36 个样本点。若记 X 为两个点数之和，则对样本点 (i,j)，有 $X=i+j$ 与之对应，$i,j=1,2,\cdots,6$，例如试验结果为 $(2,3)$，则 $X=5$。而对于随机事件“点数之和等于 5”，其集合表示为 $\{(1,4),(2,3),(3,2),(4,1)\}$，即为事件“$X=5$”，所以有 $P(X=5)=4/36$。这里的变量 X 取值与试验结果相关，有一定的概率，即为随机变量。

定义 4.1　设随机试验的样本空间为 S，称定义在样本空间 S 上的实值单值函数 $X=X(\omega)$ 为随机变量。随机变量 X 可简记为 r.v X。

随机变量常用大写英文字母 X,Y,Z 等表示，其具体取值一般采用小写字母。而事件 $A=\{\omega|X(\omega)=a\}$ 简记为 $\{X=a\}$，有 $P(A)=P(X=a)$。

【例 4.2】 在抛掷一枚硬币进行打赌时，若规定出现正面时抛掷者赢 1 元钱，出现反面时输 1 元钱，则其样本空间为 $S=\{$正面，反面$\}$。若记赢钱数为随机变量 X，则 X 作为样本空间 S 的实值函数定义为：

$$X(\omega)=\begin{cases}1, & \omega=\text{正面}\\ -1, & \omega=\text{反面}\end{cases}$$

且有 $P(X=1)=P(X=-1)=1/2$。

【例 4.3】 在测试灯泡寿命的试验中，每一个灯泡的实际使用寿命可能是 $[0,+\infty)$ 中任何一个实数，若用 X 表示灯泡的寿命（小时），则 X 是定义在样本空间 $S=\{t|t\geqslant 0\}$ 上的函数，即 $X=X(t)=t$ 是随机变量，而事件“灯泡寿命超过 1000 小时”即为事件 $\{X>1000\}$。

在不少场合，用随机变量表示事件较为简洁明了。而随机变量的引入，使得对随机现象统计规律性的研究，由对随机事件概率的研究转化为对随机变量及其取值规律的研究。

随机变量因其取值方式不同，通常分为离散型和非离散型两类。而非离散型随机变量中最重要的是连续型随机变量。我们主要讨论离散型随机变量和连续型随机变量。

4.1.2　随机变量的R实现

R中的addrv( )函数可以创建随机变量。

【例4.4】　抛掷一枚四面的骰子，连续抛掷3次，观察试验结果，分别得到三个随机变量X_1，X_2，X_3，定义随机变量$U=X_1-X_2+X_3$。用R软件求随机变量U的取值及对应的概率。

R程序：

```
>library(prob)
>S<-rolldie(3,nsides=4,makespace=TRUE)          #建立随机试验的样本空间
>S<-addrv(S,U=X1-X2+X3)          #定义随机变量
>head(S)
   X1  X2  X3  U   probs
1  1   1   1   1   0.015625
2  2   1   1   2   0.015625
3  3   1   1   3   0.015625
4  4   1   1   4   0.015625
5  1   2   1   0   0.015625
6  2   2   1   1   0.015625
```

从上述结果可以得到随机变量U的取值及对应的概率。还可以利用prob( )函数计算随机事件的概率，例如：

```
>prob(S,U>6)          #随机变量取值大于6的概率
[1] 0.015625
```

习题4-1

1. 随机变量的特征是什么？

2. 盒中有大小相同的10个球，编号分别为0，1，2，…，9，从中任取1个，观察号码是“小于5”、“等于5”、“大于5”的情况，试定义一个随机变量来表达上述随机试验的结果，并写出此随机变量取每一个特定值的概率。

4.2　离散型随机变量

4.2.1　离散型随机变量及其概率分布

若一个随机变量仅可能取有限或无限可列个值，则称其为离散型随机变量。为了描述某个离散型随机变量，我们除了要了解它能取什么值，还需要知道它取这些值的概率。

定义 4.2 设离散型随机变量 X 的所有可能取值为 $x_i(i=1,2,\cdots)$，则称

$$P(X=x_i)=p_i,i=1,2,\cdots \tag{4.1}$$

为 X 的概率分布或分布律。常用表格形式来表示 X 的概率分布：

X	x_1	x_2	$\cdots$	x_n	$\cdots$
p_i	p_1	p_2	$\cdots$	p_n	$\cdots$

显然，分布律有如下性质：

(1) $p_i\geqslant 0,i=1,2,\cdots$；　　(2) $\sum\limits_i p_i=1$.

【注】 利用 X 的分布律可求由其所生成的事件概率：

$$P(a\leqslant X\leqslant b)=\sum_{a\leqslant x_i\leqslant b}p_i \tag{4.2}$$

【例 4.5】 设随机变量 X 的概率分布为 $P(X=k)=\dfrac{a}{2^k},k=1,2,3$，求常数 a 及 $P(X<3|X\neq 2)$，$P(1.5<X<5)$。

解 由分布律性质得：$\sum\limits_{k=1}^{3}P(X=k)=\dfrac{a}{2}+\dfrac{a}{2^2}+\dfrac{a}{2^3}=\dfrac{7}{8}a=1$，所以 $a=\dfrac{8}{7}$，

即随机变量 X 的分布律为：

X	1	2	3
P_i	$\dfrac{4}{7}$	$\dfrac{2}{7}$	$\dfrac{1}{7}$

所以 $P(X<3|X\neq 2)=\dfrac{P(X<3,X\neq 2)}{P(X\neq 2)}=\dfrac{P(X=1)}{1-P(X=2)}=\dfrac{\frac{4}{7}}{1-\frac{2}{7}}=\dfrac{4}{5}$，

$$P(1.5<X<5)=P(X=2)+P(X=3)=\frac{2}{7}+\frac{1}{7}=\frac{3}{7}。$$

【注】 这里 $P(\{X<3\}\cap\{X\neq 2\})\overset{\text{记为}}{=}P(X<3,X\neq 2)$。

4.2.2 常用离散分布

离散型随机变量非常之多，每个离散型随机变量都有一个概率分布。以下介绍几个常用的离散分布。

1. 两点分布

定义 4.3 若离散型随机变量 X 只有两个可能取值，概率分布为：

$$P(X=x_1)=p,P(X=x_2)=1-p(0<p<1)$$

则称 X 服从 x_1,x_2 处参数为 p 的两点分布。

特别地，若 $x_1=1,x_2=0$，即 X 的概率分布为：

X	0	1
P_i	$1-p$	p

则称 X 服从参数为 p 的 0-1 分布。

对于一个随机试验，若只有两个可能的结果，即样本空间只含两个样本点，则总能定义一个服从0-1分布的随机变量。例如，抛硬币试验，可定义：

$$X=\begin{cases}1,\omega=\text{正面}\\0,\omega=\text{反面}\end{cases}$$

则 X 服从参数 $p=\dfrac{1}{2}$ 的0-1分布。

2. 二项分布

n 重伯努利试验是常见的概率模型。若设 X 为 n 重伯努利试验中事件 A 发生的次数，而 p 为每次试验中 A 发生的概率，即 $P(A)=p$，$P(\overline{A})=1-p$，则有 $P(X=k)=C_n^k p^k(1-p)^{n-k}(k=0,1,\cdots,n)$，故有如下定义：

定义 4.4　若离散型随机变量 X 的概率分布为：

$$P(X=k)=C_n^k p^k(1-p)^{n-k},k=0,1,\cdots,n \tag{4.3}$$

则称 X 服从参数为 n,p 的二项分布，记为 $X\sim b(n,p)$（或 $B(n,p)$）。

容易验证 $P(X=k)\geqslant 0(k=0,1,\cdots,n)$，$\sum\limits_{k=0}^{n}P(X=k)=1$。

【注】　当 $n=1$ 时，X 服从参数为 p 的0-1分布，也即0-1分布是二项分布的一个特例。另外，n 重伯努利试验是二项分布的背景，因此试验的"独立性"是二项分布的必要条件。

图4.1是 $n=10,p=0.7$ 时二项分布的概率分布图，可见当 k 增加时，$P(X=k)$ 先增加后减少，一般的二项分布都具有此特点。

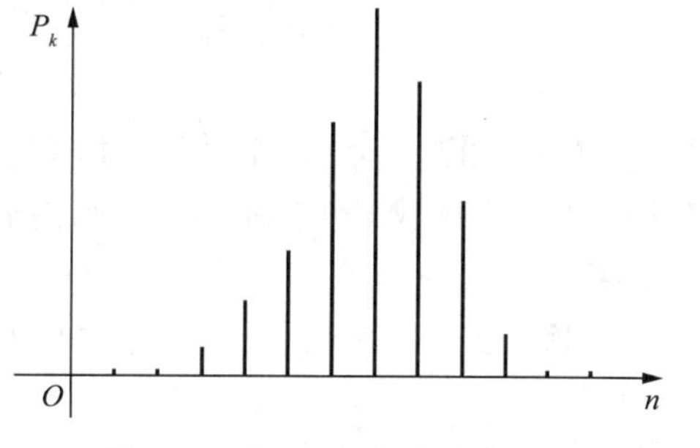

图4.1　$b(10,0.7)$ 概率分布图

【例4.6】　某篮球运动员投篮命中的概率为0.4，独立投篮6次，求只投中2次和至少投中2次的概率。

解　设投中的次数为 X，则 $X\sim b(6,0.4)$，X 的分布律为：

$$P(X=k)=C_6^k\cdot 0.4^k\cdot(1-0.4)^{6-k},k=0,1,\cdots,6$$

所以：

$$\begin{aligned}P(X=2)&=C_6^2\cdot 0.4^2\cdot(1-0.4)^{6-2}=0.311,\\P\{X\geqslant 2\}&=1-P(X=0)-P(X=1)\\&=1-(1-0.4)^6-6\cdot 0.4\cdot(1-0.4)^5=0.767\end{aligned}$$

【例4.7】　设随机变量 $X\sim b(2,p)$，$Y\sim b(3,p)$，若 $P(X\geqslant 1)=\dfrac{5}{9}$，求 $P(Y\geqslant 1)$。

解　由 $P(X\geqslant 1)=\dfrac{5}{9}$，得 $P(X=0)=\dfrac{4}{9}$，即 $(1-p)^2=\dfrac{4}{9}$，解得 $p=\dfrac{1}{3}$，所以 $P(Y\geqslant 1)=1-P(Y=0)=1-\left(1-\dfrac{1}{3}\right)^3=\dfrac{19}{27}$。

3. 泊松分布

泊松分布是概率论中最重要的几个分布之一，实际问题中许多随机现象对应的随机变量都服从或近似服从泊松分布。例如，单位时间内电话被呼叫的次数、一天内进入某商店的顾客数、下雨后1平方米玻璃窗上的水珠数量等都服从泊松分布。

定义4.5 若离散型随机变量X的概率分布为：

$$P(X=k)=\frac{\lambda^k}{k!}e^{-\lambda},k=0,1,2,\cdots \tag{4.4}$$

则称X服从参数为λ的泊松分布，记为$X\sim p(\lambda)$(或$\pi(\lambda)$)。

显然$P(X=k)\geqslant 0(k=0,1,\cdots,n)$，而$\sum\limits_{k=0}^{\infty}P(X=k)=\sum\limits_{k=0}^{\infty}\frac{\lambda^k}{k!}e^{-\lambda}=e^{-\lambda}\cdot\sum\limits_{k=0}^{\infty}\frac{\lambda^k}{k!}=e^{-\lambda}\cdot e^{\lambda}=1$。

图4.2是$\lambda=12$时泊松分布的概率分布图，与二项分布具有相似的特点。另外，泊松分布的概率值一般都可查表得到，无需计算。

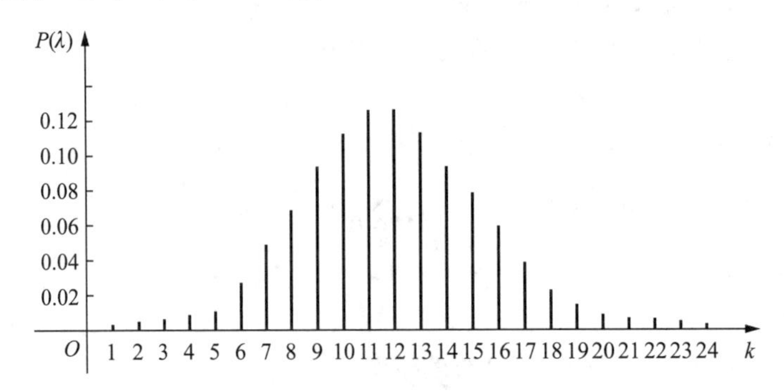

图4.2 $p(12)$概率分布图

【例4.8】 某放射性物质1毫秒内放出的阿尔法粒子数是随机的，它服从参数为4的泊松分布。求该放射性物质在1毫秒内放出6个阿尔法粒子和至少放出3个阿尔法粒子的概率。

解 设1毫秒内放出的阿尔法粒子数为X，则$X\sim p(4)$，X的分布律为：

$P(X=k)=\frac{4^k}{k!}e^{-4},k=0,1,2,\cdots$，所以$P(X=6)=\frac{4^6}{6!}e^{-4}\approx 0.104$，

$P(X\geqslant 3)=1-P(X=0)-P(X=1)-P(X=2)=1-e^{-4}-4e^{-4}-8e^{-4}\approx 0.762$。

【注】 历史上，泊松分布是作为二项分布的近似，于1837年由法国数学家泊松引入的。在n重伯努利试验中，事件A在每次试验中发生的概率为p_n(与试验的次数n有关)，如果$n\to\infty$时，有$np_n\to\lambda$($\lambda>0$为常数)，则对任意给定的k，有$\lim\limits_{n\to\infty}b(k;n,p_n)=\frac{\lambda^k}{k!}e^{-\lambda}$，其中$b(k;n,p_n)=C_n^k p_n^k(1-p_n)^{n-k}$。简言之，若$X$服从$b(n,p)$，在$n$充分大，$p$足够小，$np\leqslant 10$时，则有$X$近似服从$p(\lambda)$，其中$\lambda=np$。

【例4.9】 某人独立射击5000次，每次命中率均为0.001，求至少命中2次的概率。

解 设命中次数为X，则$X\sim b(5000,0.001)$，X的分布律为：

$$P(X=k)=C_{5000}^k\cdot 0.001^k\cdot(1-0.001)^{5000-k},k=0,1,\cdots,5000$$

所以：$P(X\geqslant 2)=1-P(X=0)-P(X=1)=1-0.999^{5000}-5000\cdot 0.001\cdot 0.999^{4999}\approx 0.95964$。

显然依二项分布解，计算较为麻烦。此例中由于试验次数5000足够大，因此我们可利用泊松分布近似二项分布来简化计算，具体如下：

$\lambda=np=5000\times0.001=5$，则 X 近似服从 $p(5)$，X 的分布律为：

$$P(X=k)=\frac{5^k}{k!}e^{-5},k=0,1,2,\cdots$$

所以 $P\{X\geqslant2\}=1-P(X=0)-P(X=1)=1-e^{-5}-5\cdot e^{-5}\approx0.95957$。

由结果可见，近似效果很好。

4. 几何分布

在 n 重伯努利试验中，p 为每次试验中事件 A 发生的概率。若设 X 为事件 A 首次发生时的试验次数，则 X 的可能取值为 $1,2,3,\cdots$，称 X 服从几何分布，记为 $X\sim Ge(p)$，其概率分布为：

$$P(X=k)=(1-p)^{k-1}p,k=1,2,\cdots \tag{4.5}$$

实际中有不少随机变量服从几何分布，例如，某产品的不合格品率为0.03，则首次查到不合格品的检查次数 $X\sim Ge(0.03)$；某射手的命中率为0.9，则他首次击中目标的射击次数 $Y\sim Ge(0.9)$；掷一颗骰子，首次出现点数6的投掷次数 $Z\sim Ge(1/6)$。

5. 超几何分布

从一个有限总体中进行不放回抽样常会遇到超几何分布。设有 N 个产品，其中有 M 个不合格品。若从中不放回地随机抽取 n 个，则其中含有不合格品的个数 X 服从超几何分布，记为 $X\sim h(n,N,M)$，其概率分布为：

$$P(X=k)=\frac{C_M^kC_{N-M}^{n-k}}{C_N^n},k=0,1,\cdots,r \tag{4.6}$$

其中 $r=\min(M,n)$，且 $M\leqslant N,n\leqslant N,n,N,M$ 均为正整数。

【注】 当 $n\ll N$ 时，即抽取产品的个数远小于产品总数时，每次抽取后，总体中的不合格品率 $p=M/N$ 改变甚微，所以不放回抽样可以近似地看成放回抽样，这时超几何分布可用二项分布近似：

$$\frac{C_M^kC_{N-M}^{n-k}}{C_N^n}\approx C_n^kp^k(1-p)^{n-k},\text{其中 } p=M/N \tag{4.7}$$

超几何分布也是一种常见的离散分布，它在抽样技术与应用中占有重要地位。

【例4.9】 已知100件产品中有5件次品，现从中有放回地取3次，每次任取1件。求：在所取的3件中恰有2件次品的概率；当抽取到第4次时首次取到次品的概率；若将"有放回"改为"不放回"，则所取的3件中恰有2件次品的概率。

解　有放回取时，设 X 为3件中的次品数，则 $X\sim b(3,0.05)$，所以 $P(X=2)=C_3^2 0.05^2(1-0.05)^{3-2}=0.007125$；

设 Y 为有放回地取时首次取到次品的抽取次数，则 $Y\sim Ge(0.05)$，所以 $P(Y=4)=(1-0.05)^{4-1}\cdot0.05=0.045125$；

不放回取时，设 Z 为3件中的次品数，则 $Z\sim h(3,100,5)$，所以 $P(Z=2)=\frac{C_5^2C_{95}^1}{C_{100}^3}=0.00618$。

4.2.3　离散型随机变量的R实现

R中dbinom( )函数可计算二项分布某点的概率值，调用格式为dbinom(x,size,prob)，其中,x 表示观察事件发生的次数,可以取单个整数值,也可以取向量,size 表示试验次数,prob 表示观察事件发生的概率。

【例 4.10】 利用 R 软件给出随机变量 $X \sim b(4, 0.5)$的概率分布并求 $P(X=2)$。

R 程序:

```
>dbinom(0:4,4,0.5)          #计算分布律
[1] 0.0625 0.2500 0.3750 0.2500 0.0625
```

或者

```
>dbinom(c(0:4),4,0.5)          #计算分布律
[1] 0.0625 0.2500 0.3750 0.2500 0.0625
>dbinom(2,4,0.5)          #计算 P(X=2)
[1] 0.375
```

R 中函数可以计算二项分布的累积概率。调用格式为 pbinom(q,size,prob),其中,q 表示观察事件累计发生的次数,size 表示试验次数,prob 表示观察事件发生的概率。

【例 4.11】 已知随机变量 $X \sim b(4, 0.5)$,利用 R 软件计算 $P(2 \leqslant X \leqslant 4)$。

R 程序:

```
>pbinom(4,size=4,prob=1/2)-pbinom(1,size=4,prob=1/2)
[1] 0.6875
```

或:

```
>diff(pbinom(c(1,4),size=4,prob=1/2))
[1] 0.6875
```

二项分布还可以通过程序包 distr 中的 Binom(size,prob)函数来定义,其中,size 表示试验次数,prob 表示观察事件发生的概率。例如,在例 4.11 中,随机变量 X 的分布可以通过如下命令得到:

```
>library(distr)
>X<-Binom(size=4,prob=1/2)          #将随机变量存储在对象 X 中
>X
Distribution Object of Class: Binom
size: 4
prob: 0.5
>d(X)(2)          #计算 P(X=2)
[1] 0.375
>p(X)(3)          #计算 P(X<=3)
[1] 0.9375
```

R 中调用 dpois(x,lambda)函数可计算泊松分布某点取值的概率,其中,x 表示随机变量的取值,lambda 表示泊松分布的参数;调用 ppois(x,lambda)函数计算泊松分布累积取值的概率。

【例 4.12】 给出例 4.8 的 R 实现程序。

R 程序:

```
>dpois(6,4)          #计算 P(X=6)的概率
[1] 0.1041956
```

```
>1-ppois(2,4)            #计算P(X>=3)概率
[1] 0.7618967
```

R中通过调用函数dgeom(x,prob)可计算几何分布，其中，x表示观察事件首次成功前失败的次数，prob表示观察事件发生的概率；调用dhyper(x,m,n,k)函数可计算超几何分布，其中，x表示抽取到的不合格品数，m表示总的不合格品数，n表示总的合格品数，k表示抽取产品的个数。

【例4.13】 给出例4.9的R实现程序。

R程序：

```
>dbinom(2,3,0.05)            #计算二项分布
[1] 0.007125
>dgeom(4,0.05)            #计算几何分布
[1] 0.04072531
>dhyper(2,5,95,3)            #计算超几何分布
[1] 0.005875077
```

R中也可以自己定义某离散型随机变量的概率分布。例如，需定义随机变量X的概率分布为：

X	0	1	2	3
p_i	$\frac{1}{8}$	$\frac{3}{8}$	$\frac{3}{8}$	$\frac{1}{8}$

则可执行如下命令：

```
>library(distrEx)
>X<-DiscreteDistribution(supp=0:3,prob=c(1,3,3,1)/8)
>X
Distribution Object of Class: DiscreteDistribution
```

习题4-2

1. 已知随机变量可取$-1,0,1,2$四个值，相应概率依次为$\frac{1}{2c},\frac{3}{4c},\frac{5}{8c},\frac{7}{16c}$，试确定常数$c$，并计算$P(X<1|X\neq 0)$。

2. 一汽车沿一街道行驶，需要通过三个均设有红绿信号灯的路口，每个信号灯为红或绿与其他信号灯为红或绿相互独立，且红绿两种信号灯显示的时间相等。以X表示该汽车首次遇到红灯前已通过的路口的个数，求X的概率分布，并给出R软件实现的程序。

3. 设有80台同类型设备，各台工作是相互独立的，发生故障的概率都是0.01，且一台设备的故障能由一个人处理。考虑两种配备维修工人的方法，其一是由4人维护，每人负责20台；其二是由3人共同维护80台。试比较这两种方法在设备发生故障时不能及时维修的概率的大小，并给出R软件实现的程序。

4. 某一城市每天发生火灾的次数服从参数$\lambda=0.8$的泊松分布，求该城市一天内发生3次或3次以上火灾的概率，并给出R软件实现的程序。

5. 一家商店采用科学管理，由该商店过去的销售记录知道，某种商品每月的销售数可以用参数$\lambda=5$的泊松分布来描述，为了以95%以上的把握保证不脱销，问商店在月底至少应进某种商品多少件？

4.3 分布函数

为了描述随机变量 X 的统计规律，就要掌握 X 的取值及其概率。而随机事件又往往由随机变量的一些取值表示。例如：

记 X 为掷一颗骰子出现的点数，则 $A=$"点数小于 3"可表示为$\{X<3\}$；

记 Y 为一天内到达某商场的顾客数，则 $B=$"至少来 1000 位顾客"可表示为$\{Y\geqslant 1000\}$；

记 T 为某灯泡的使用寿命，则 $C=$"寿命在 5000 到 10000 小时之间"可表示为$\{5000\leqslant T\leqslant 10000\}$。

甚至有时一些随机事件表面上是随机变量的某一取值，而其实用随机变量的取值范围表示更为合理，例如，上述 T 为某灯泡的使用寿命，则 $D=$"寿命为 8000 小时"可表示为$\{T=8000\}$，而其实我们不会严格要求寿命正好为 8000 小时（一分一秒都不差），只要在 8000 小时附近的小区间内都认为寿命为 8000 小时，因此此时 D 表示为$\{8000-\Delta t\leqslant T\leqslant 8000+\Delta t\}$更合理。

由于$\{a<X\leqslant b\}=\{X\leqslant b\}-\{X\leqslant a\}$，$\{X>c\}=S-\{X\leqslant c\}$，也即我们若能掌握随机变量 X 小于等于某个值的概率，即可描述随机变量 X 的统计规律。为此，我们引入随机变量分布函数的概念。

4.3.1 分布函数的概念

定义 4.6 设 X 是一个随机变量，称

$$F(x)=P(X\leqslant x)\quad(-\infty<x<+\infty) \tag{4.8}$$

为 X 的分布函数。有时记作 $X\sim F(x)$或 $F_X(x)$。

【注】 分布函数 $F(x)$在 x 处的函数值为随机变量 X 落在区间$(-\infty,x]$上的概率，故 $0\leqslant F(x)\leqslant 1$；对任意实数 $a<b$，有：

$$P(a<X\leqslant b)=P(X\leqslant b)-P(X\leqslant a)=F(b)-F(a) \tag{4.9}$$

可以验证，分布函数有如下性质：

(1) 单调非减：若 $x_1<x_2$，则 $F(x_1)\leqslant F(x_2)$；

(2) $F(-\infty)=\lim\limits_{x\to-\infty}F(x)=0$，$F(+\infty)=\lim\limits_{x\to+\infty}F(x)=1$；

(3) 右连续性：$\lim\limits_{x\to x_0^+}F(x)=F(x_0)$。

【例 4.14】 已知 $F(x)=A+B\arctan x\ (-\infty<x<+\infty)$为某随机变量 X 的分布函数，求常数 A，B 及 $P(-1<X\leqslant 1)$。

解 由 $F(-\infty)=A-\frac{\pi}{2}B=0$，$F(+\infty)=A+\frac{\pi}{2}B=1$，解得 $A=\frac{1}{2}$，$B=\frac{1}{\pi}$，

所以 $F(x)=\frac{1}{2}+\frac{1}{\pi}\arctan x$，因此：

$$P(-1<X\leqslant 1)=F(1)-F(-1)=\left(\frac{1}{2}+\frac{1}{\pi}\cdot\frac{\pi}{4}\right)-\left(\frac{1}{2}+\frac{1}{\pi}\cdot\left(-\frac{\pi}{4}\right)\right)=\frac{1}{2}$$

4.3.2　离散型随机变量的分布函数

设离散型随机变量 X 的概率分布为：

X	x_1	x_2	$\cdots$	x_n	$\cdots$
p_i	p_1	p_2	$\cdots$	p_n	$\cdots$

则 X 的分布函数为：

$$F(x)=P(X\leqslant x)=\sum_{x_i\leqslant x}P(X=x_i)=\sum_{x_i\leqslant x}p_i \tag{4.10}$$

即为：

当 $x<x_1$ 时，$F(x)=0$；

当 $x_1\leqslant x<x_2$ 时，$F(x)=P(X=x_1)=p_1$；

当 $x_2\leqslant x<x_3$ 时，$F(x)=P(X=x_1)+P(X=x_2)=p_1+p_2$；

……

当 $x_{n-1}\leqslant x<x_n$ 时，$F(x)=P(X=x_1)+P(X=x_2)+\cdots+P(X=x_{n-1})=p_1+p_2+\cdots+p_{n-1}$；

……

【注 1】 如图 4.3 所示，离散型随机变量的分布函数是一个阶梯型曲线。反之，若一个随机变量的分布函数是一个阶梯型曲线，则其一定是离散型随机变量。

【注 2】 如图 4.3 所示，离散型随机变量的阶梯型曲线是右连续函数。

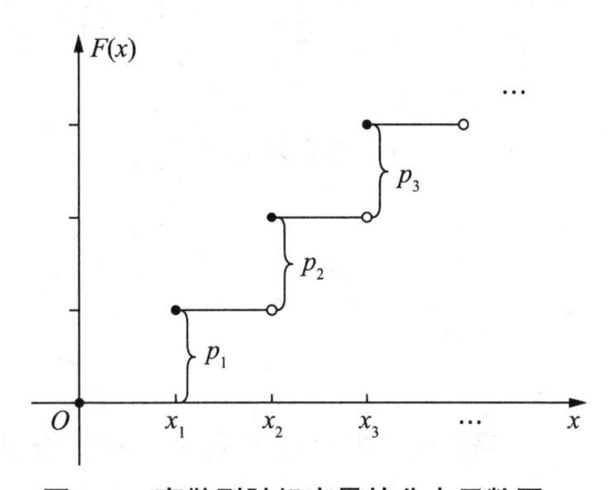

图 4.3　离散型随机变量的分布函数图

【例 4.15】 设随机变量 X 的分布律为

X	0	1	2
p_i	$\frac{1}{3}$	$\frac{1}{6}$	$\frac{1}{2}$

，求其分布函数 $F(x)$。

解　$F(x)=P(X\leqslant x)$，则有：

当 $x<0$ 时，$F(x)=0$；

当 $0\leqslant x<1$ 时，$F(x)=P(X=0)=\frac{1}{3}$；

当 $1\leqslant x<2$ 时，$F(x)=P(X=0)+P(X=1)=\frac{1}{3}+\frac{1}{6}=\frac{1}{2}$；

当 $x\geqslant 2$ 时，$F(x)=P(X=0)+P(X=1)+P(X=2)=\frac{1}{3}+\frac{1}{6}+\frac{1}{2}=1$。

即 $F(x)=\begin{cases}0, & x<0\\ 1/3, & 0\leqslant x<1\\ 1/2, & 1\leqslant x<2\\ 1, & x\geqslant 2\end{cases}$。

【例 4.16】 设随机变量 X 的分布函数为：

$$F(x)=\begin{cases}0, & x<1\\0.2, & 1\leqslant x<2\\0.5, & 2\leqslant x<3\\1, & x\geqslant 3\end{cases}$$

求 X 的概率分布。

解　随机变量 X 为离散型随机变量，X 可取 1,2,3,而

$$P(X=1)=P(X\leqslant 1)=F(1)=0.2,$$
$$P(X=2)=P(1<X\leqslant 2)=F(2)-F(1)=0.5-0.2=0.3,$$
$$P(X=3)=P(2<X\leqslant 3)=F(3)-F(2)=1-0.5=0.5$$

所以 X 的概率分布为：

X	1	2	3
p_i	0.2	0.3	0.5

。

实际上，离散型随机变量分布函数的跳跃间断点就是它所有可能的取值，而跳跃度恰好为取得该值的概率。

【例 4.17】　设一盒中有 5 个纪念章，编号分别为 1,2,3,4,5，现从中等可能地任取 3 个，用 X 表示取出的纪念章的最大号码，求 X 的概率分布和分布函数。

解　随机变量 X 为离散型随机变量，X 可取 3,4,5,而

$$P(X=3)=\frac{1}{C_5^3}=\frac{1}{10},P(X=4)=\frac{C_3^2}{C_5^3}=\frac{3}{10},P(X=5)=\frac{C_4^2}{C_5^3}=\frac{6}{10}$$

所以 X 的概率分布为：

X	3	4	5
p_i	0.1	0.3	0.6

，分布函数为：

$$F(x)=\begin{cases}0, & x<3\\0.1, & 3\leqslant x<4\\0.4, & 4\leqslant x<5\\1, & x\geqslant 5\end{cases}$$

离散型随机变量求概率分布即求其所有可能的取值及取这些值的概率。

4.3.3　分布函数的 R 实现

R 中二项分布、泊松分布、几何分布及超几何分布的分布函数可以通过调用 pbinom( )、ppois( )、pgeom( )和 phyper( )函数实现。

【例 4.18】　已知离散型随机变量 $X\sim b(4,0.5)$，利用 R 软件求随机变量的分布函数。

R 程序：

```
>pbinom(0:4,4,0.5)
[1] 0.0625 0.3125 0.6875 0.9375 1.0000
```

上述结果表示 $P\{0\leqslant X<1\}=0.0625$，$P\{1\leqslant X<2\}=0.3125$，$P\{2\leqslant X<3\}=0.6875$，$P\{3\leqslant X<4\}=0.9375$，$P\{X>4\}=1$。

1. 判别下列函数是否为某随机变量的分布函数：

(1)$F(x)=\begin{cases}0, & x<-2\\ 1/2, & -2\leqslant x<0;\\ 1, & x\geqslant 0\end{cases}$

(2)$F(x)=\begin{cases}0, & x<0\\ \sin x, & 0\leqslant x<\pi;\\ 1, & x\geqslant \pi\end{cases}$

(3)$F(x)=\begin{cases}-1, & x<0\\ x+1/2, & 0\leqslant x<1/2。\\ 1, & x\geqslant 1/2\end{cases}$

2. 设随机变量 X 的分布函数为：

$$F(x)=\begin{cases}0, & x<-1\\ 0.4, & -1\leqslant x<1\\ 0.8, & 1\leqslant x<3\\ 1, & x\geqslant 3\end{cases}$$

求 X 的概率分布及 $P(X<2|X\neq 1)$。

3. 设随机变量 X 的概率分布为 $\begin{array}{c|ccc} X & -1 & 2 & 3\\ \hline p_i & 1/4 & 1/2 & 1/4\end{array}$，求 X 的分布函数及 $P\left(X\leqslant\frac{1}{2}\right)$，$P\left(\frac{3}{2}<X\leqslant\frac{5}{2}\right)$，$P(2\leqslant X\leqslant 3)$。

4.4　连续型随机变量

4.4.1　连续型随机变量及其概率密度

连续型随机变量的一切可能取值是充满某个区间的，在这个区间内有无穷不可列个实数，因此描述连续型随机变量的概率分布不能再用离散型随机变量的分布律形式表示，而要改用概率密度函数表示。

定义 4.7　如果对随机变量 X 的分布函数 $F(x)$ 存在非负可积函数 $f(x)$，使得对于任意实数 x 有：

$$F(x)=P(X\leqslant x)=\int_{-\infty}^{x}f(t)dt \tag{4.11}$$

则称 X 为连续型随机变量，称 $f(x)$ 为 X 的概率密度函数，简称为概率密度或密度函数。

显然，概率密度有如下性质：

(1) $f(x)\geqslant 0$；(2) $\int_{-\infty}^{+\infty}f(x)dx=1$。

【注】　上述性质的几何意义如图 4.4 和图 4.5 所示。反之，若一个函数满足上述性质，则其一定可作为某连续型随机变量的密度函数。

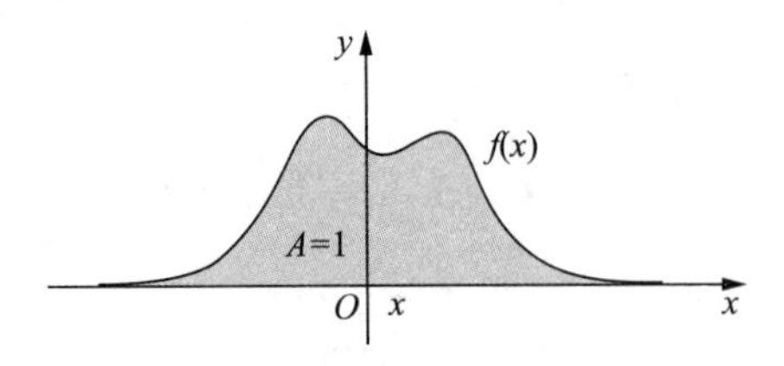

图 4.4 概率密度几何意义(1)

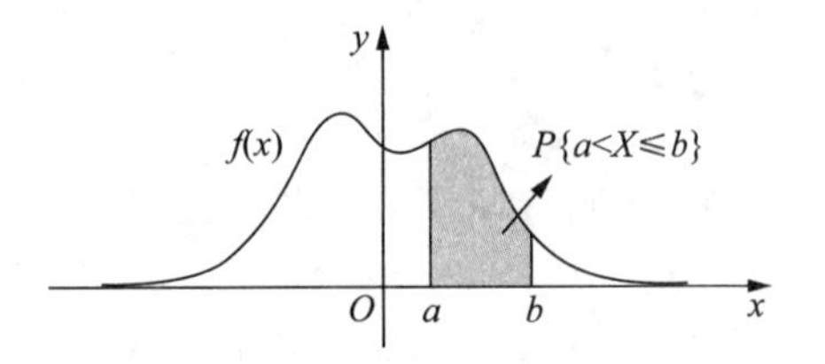

图 4.5 概率密度几何意义(2)

关于概率密度的说明：

(1) 对一个连续型随机变量 X，若已知其密度函数 $f(x)$，则根据定义，可求得其分布函数 $F(x)$。同时，还可求得 X 的取值落在任意区间$(a,b]$上的概率：

$$P(a < X \leqslant b) = F(b) - F(a) = \int_a^b f(x)dx \tag{4.12}$$

(2) 由于 $P(X=a) = \lim\limits_{\Delta x \to 0^+} P(a-\Delta x < X \leqslant a) = \lim\limits_{\Delta x \to 0^+} \int_{a-\Delta x}^{a} f(x)dx = 0$，所以连续型随机变量 X 取任一值的概率为 0，说明概率为 0 的事件不一定是不可能事件，且有 $P(a<X\leqslant b)=P(a\leqslant X<b)=P(a\leqslant X\leqslant b)=P(a<X<b)$。

(3) 若 $F(x)$在点 x 处可导，则 $F'(x)=f(x)$。

【例 4.19】 设随机变量 X 的分布函数为：

$$F(x)=\begin{cases}0, & x\leqslant 0\\ x^2, & 0<x<1\\ 1, & x\geqslant 1\end{cases}$$

求：(1)$P(0.3<X<0.7)$；(2)X 的密度函数。

解 (1) $P(0.3<X<0.7)=F(0.7)-F(0.3)=0.7^2-0.3^2=0.4$；

(2) X 的密度函数为：

$$f(x)=F'(x)=\begin{cases}0, & x\leqslant 0\\ 2x, & 0<x<1\\ 0, & x\geqslant 1\end{cases}=\begin{cases}2x, & 0<x<1\\ 0, & \text{其他}\end{cases}$$

由于连续型随机变量 X 取任一值的概率为 0，对 $F(x)$中的不可导点，其密度函数 $f(x)$ 的值会为 0，或为其他值。因此上述例 4.19 中求密度函数可对分布函数直接求导而不必单独讨论分段点处是否可导的情况。

【例 4.20】 设随机变量 X 的密度函数为：

$$f(x)=\begin{cases}a\cos x, & -\dfrac{\pi}{2}\leqslant x\leqslant\dfrac{\pi}{2}\\ 0, & \text{其他}\end{cases}$$

求：(1)常数 a；(2)X 的分布函数；(3)$P\left(-\dfrac{\pi}{3}\leqslant x\leqslant\dfrac{\pi}{3}\right)$。

解 (1) $\int_{-\infty}^{+\infty} f(x)dx = \int_{-\frac{\pi}{2}}^{\frac{\pi}{2}} a\cos x dx = a\sin x \Big|_{-\frac{\pi}{2}}^{\frac{\pi}{2}} = 2a = 1$，所以 $a=\dfrac{1}{2}$。

(2) $F(x)=\int_{-\infty}^{x} f(t)dt$，所以：

当 $x<-\dfrac{\pi}{2}$时，$F(x)=\int_{-\infty}^{x} 0dt=0$；

当$-\frac{\pi}{2}\leqslant x\leqslant\frac{\pi}{2}$时，$F(x)=\int_{-\infty}^{-\frac{\pi}{2}}0dt+\int_{-\frac{\pi}{2}}^{x}a\cos tdt=\frac{1}{2}(\sin x+1)$；

当$x>\frac{\pi}{2}$时，$F(x)=\int_{-\infty}^{-\frac{\pi}{2}}0dt+\int_{-\frac{\pi}{2}}^{\frac{\pi}{2}}a\cos tdt+\int_{\frac{\pi}{2}}^{x}0dt=1$。

即 X 的分布函数为$F(x)=\begin{cases}0, & x<-\frac{\pi}{2}\\ \frac{1}{2}(\sin x+1), & -\frac{\pi}{2}\leqslant x\leqslant\frac{\pi}{2}\\ 1, & x>\frac{\pi}{2}\end{cases}$。

(3) $P\left(-\frac{\pi}{3}\leqslant x\leqslant\frac{\pi}{3}\right)=\int_{-\frac{\pi}{3}}^{\frac{\pi}{3}}f(x)dx=\int_{-\frac{\pi}{3}}^{\frac{\pi}{3}}\frac{1}{2}\cos xdx=\frac{\sqrt{3}}{2}$。

4.4.2　常用连续型分布

连续型随机变量非常之多，每个连续型随机变量都有一个概率密度。以下介绍几个常用的连续分布。

1. 均匀分布

均匀分布的背景可视为随机点 X 落在区间(a,b)上的位置。均匀分布在实际中经常被使用，具体定义如下：

定义 4.8　若连续型随机变量 X 的概率密度为：

$$f(x)=\begin{cases}\frac{1}{b-a}, & a<x<b\\ 0, & \text{其他}\end{cases}\tag{4.13}$$

则称 X 在区间(a,b)上服从均匀分布，记为 $X\sim U(a,b)$。

容易验证，$f(x)\geqslant 0$，$\int_{-\infty}^{+\infty}f(x)dx=1$；$X$ 的分布函数为：

$$F(x)=\begin{cases}0, & x\leqslant a\\ \frac{x-a}{b-a}, & a<x<b\\ 1, & x\geqslant b\end{cases}$$

【注】　若 $X\sim U(a,b)$，任取$(c,c+l)\subset(a,b)$，有：

$$P(c<X<c+l)=\int_{c}^{c+l}f(x)dx=\int_{c}^{c+l}\frac{1}{b-a}dx=\frac{l}{b-a}$$

故 X 落在(a,b)中任意的等长度的子区间内的概率相同。

【例 4.21】　某公共汽车站从上午 6 时起每 10 分钟来一班车，如果乘客到达此站时间 X 是在 7:00 到 7:20 之间服从均匀分布的随机变量，试求他候车时间少于 3 分钟的概率。

解　以 7:00 为起点 0，以分钟为单位，则 $X\sim U(0,20)$，密度函数为：

$$f(x)=\begin{cases}\frac{1}{20}, & 0<x<20\\ 0, & \text{其他}\end{cases}$$

为使候车时间 X 少于 3 分钟，乘客必须在 7:07 到 7:10 之间或在 7:17 到 7:20 之间到达车站，故所求概率为：

$$P(7<X<10)+P(17<X<20)=\int_{7}^{10}\frac{1}{20}dx+\int_{17}^{20}\frac{1}{20}dx=\frac{3}{10}$$

【例 4.22】 设随机变量 X 在区间(0,10)上服从均匀分布，对 X 进行 4 次独立观测，求至少有 3 次取值大于 5 的概率。

解 $X\sim U(0,10)$，密度函数为 $f(x)=\begin{cases}\frac{1}{10}, & 0<x<10\\ 0, & \text{其他}\end{cases}$。

设随机变量 Y 为 4 次观测中 X 取值大于 5 的次数，则 $Y\sim b(4,p)$，其中 $p=P(X>5)=\int_{5}^{+\infty}f(x)dx=\int_{5}^{10}\frac{1}{10}dx=\frac{1}{2}$，所以 Y 的分布律为 $P(Y=k)=C_4^k\cdot\left(\frac{1}{2}\right)^k\cdot(1-\frac{1}{2})^{4-k}$，$k=0$，1，2，3，4，所以 $P(Y\geqslant 3)=P(Y=3)+P(Y=4)=C_4^3\cdot\left(\frac{1}{2}\right)^3\cdot\left(1-\frac{1}{2}\right)^{4-3}+\left(\frac{1}{2}\right)^4=\frac{5}{16}$。

2. 指数分布

指数分布常被用作各种“寿命”分布，例如电子元件的寿命、动物的寿命、电话的通话时间等都服从指数分布。指数分布在可靠性和排队论上都有广泛应用。

定义 4.9 若随机变量 X 的概率密度为：

$$f(x)=\begin{cases}\lambda e^{-\lambda x}, & x>0\\ 0, & \text{其他}\end{cases}\tag{4.14}$$

其中 $\lambda>0$，则称 X 服从参数为 λ 的指数分布，记为 $X\sim e(\lambda)$ 或 $X\sim Exp(\lambda)$。

容易验证，$f(x)\geqslant 0$，$\int_{-\infty}^{+\infty}f(x)dx=1$；$X$ 的分布函数为：

$$F(x)=\begin{cases}1-e^{-\lambda x}, & x>0\\ 0, & \text{其他}\end{cases}$$

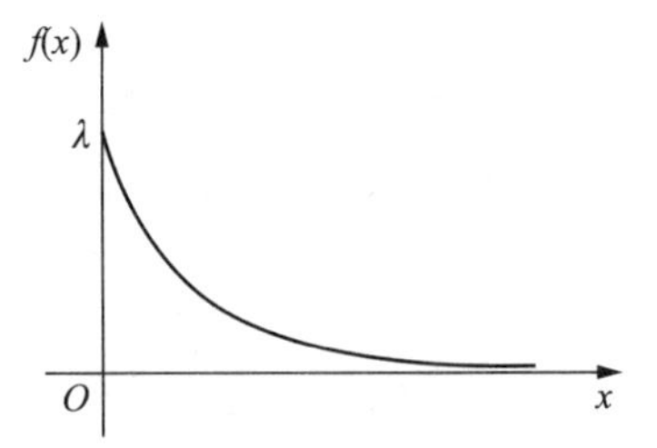

图 4.6 指数分布的概率密度图

【注】 图 4.6 是指数分布的密度函数图形，可见服从指数分布的随机变量只可能取非负实数，且取较小值的概率较大。

【例 4.23】 某元件的寿命 X 服从指数分布，已知其参数 $\lambda=\frac{1}{1000}$，求 3 个这样的元件使用 1000 小时至少已有 1 个损坏的概率。

解 $X\sim e\left(\frac{1}{1000}\right)$，密度函数为 $f(x)=\begin{cases}\frac{1}{1000}e^{-\frac{1}{1000}x}, & x>0\\ 0, & \text{其他}\end{cases}$，则 1 个元件寿命超过 1000 小时的概率为：

$$P(X>1000)=\int_{1000}^{+\infty}f(x)dx=\int_{1000}^{+\infty}\frac{1}{1000}e^{-\frac{1}{1000}x}dx=\frac{1}{e}$$

所以 3 个这样的元件使用 1000 小时至少已有 1 个损坏的概率为：

$$1-(P(X>1000))^3=1-e^{-3}$$

3. 正态分布

正态分布是概率论与数理统计中最重要的一个分布，又称为高斯分布，在实际中有着广泛的应用。一般来说，一个随机变量如果受大量微小的、独立的随机因素影响，那么它就服从正态分布。例如，测量误差、产品重量、人的身高、年降雨量等都服从或近似服从正态分布。

定义 4.10　若随机变量 X 的概率密度为：

$$f(x)=\frac{1}{\sqrt{2\pi}\sigma}e^{-\frac{(x-\mu)^2}{2\sigma^2}},-\infty<x<+\infty \tag{4.15}$$

其中 μ 和 $\sigma(\sigma>0)$ 都是常数，则称 X 服从参数为 μ 和 σ^2 的正态分布，记为 $X\sim N(\mu,\sigma^2)$。

可以验证，$f(x)\geqslant 0$，$\int_{-\infty}^{+\infty}f(x)dx=1$，$X$ 的分布函数为积分形式：

$$F(x)=\frac{1}{\sqrt{2\pi}\sigma}\int_{-\infty}^{x}e^{-\frac{(t-\mu)^2}{2\sigma^2}}dt,-\infty<x<+\infty$$

【注】　图 4.7 是正态分布的密度函数图形，密度函数关于 $x=\mu$ 对称，且在 $x=\mu$ 处取得最大值 $f(x)=\frac{1}{\sqrt{2\pi}\sigma}$。

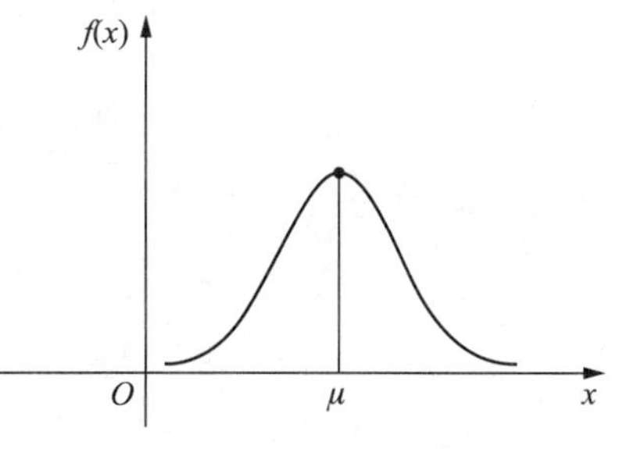

图 4.7　正态分布的概率密度图

注意到正态分布的密度函数找不到原函数，无法利用密度函数积分求相应的概率，那么，它的概率该如何计算呢？为此，我们引进一个特殊且重要的分布：

正态分布中当 $\mu=0,\sigma=1$ 时称为标准正态分布，记为 $N(0,1)$，其密度函数和分布函数常用 $\varphi(x)$ 和 $\Phi(x)$ 表示，其函数图形分别见图 4.8 和图 4.9。人们利用数值积分的方法计算了 $\Phi(x)$ 的近似值，并编制了标准正态分布表(详见附录)。

$$\varphi(x)=\frac{1}{\sqrt{2\pi}}e^{-\frac{x^2}{2}},\Phi(x)=\frac{1}{\sqrt{2\pi}}\int_{-\infty}^{x}e^{-\frac{t^2}{2}}dt$$

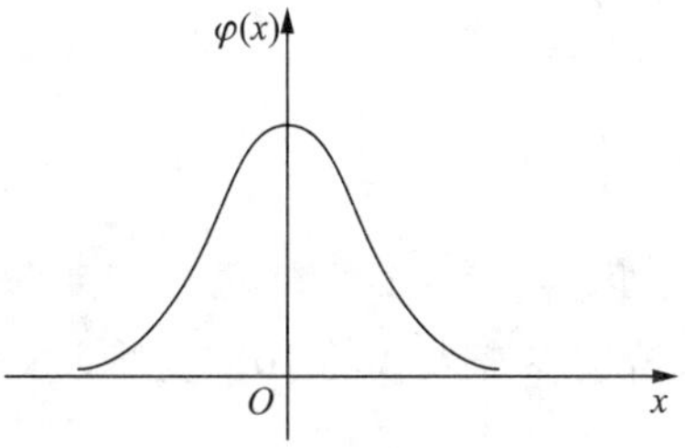

图 4.8　$N(0,1)$ 的概率密度图

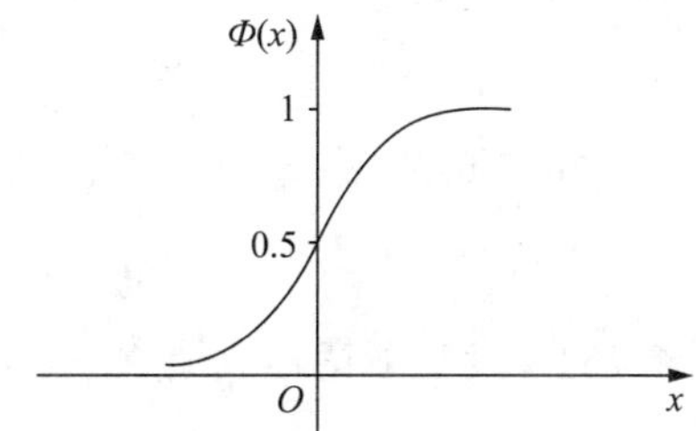

图 4.9　$N(0,1)$ 的分布函数图

标准正态分布的重要性在于，任何一个一般的正态分布都可以通过线性变换转化为标准正态分布，有如下定理：

定理 4.1　设 $X\sim N(\mu,\sigma^2)$，则 $Y=\frac{X-\mu}{\sigma}\sim N(0,1)$。

证明　随机变量 $Y=\frac{X-\mu}{\sigma}$ 的分布函数为：

$$P(Y\leqslant x)=P\left(\frac{X-\mu}{\sigma}\leqslant x\right)=P(X\leqslant \mu+\sigma x)=\int_{-\infty}^{\mu+\sigma x}\frac{1}{\sqrt{2\pi}\sigma}e^{-\frac{(t-\mu)^2}{2\sigma^2}}dt$$

$$\overset{u=\frac{t-\mu}{\sigma}}{=}\frac{1}{\sqrt{2\pi}}\int_{-\infty}^{x}e^{-\frac{u^2}{2}}du=\Phi(x)$$

所以 $Y=\frac{X-\mu}{\sigma}\sim N(0,1)$。

上述定理启示我们随机变量 X 的函数 Y 仍为随机变量，且可由 X 的分布求得其函数 Y 的分布，关于随机变量函数的分布将在 4.5 节讨论。而此处标准正态分布的作用在于求一般正态分布的概率：

(1)标准正态分布表中给出了 $x>0$ 时 $\Phi(x)$ 的数值，而当 $x<0$ 时，利用正态分布的对称性(见图 4.10)，有 $\Phi(x)=1-\Phi(-x)$。

(2)若 $X\sim N(0,1)$，则 $P(a<X\leqslant b)=\Phi(b)-\Phi(a)$。

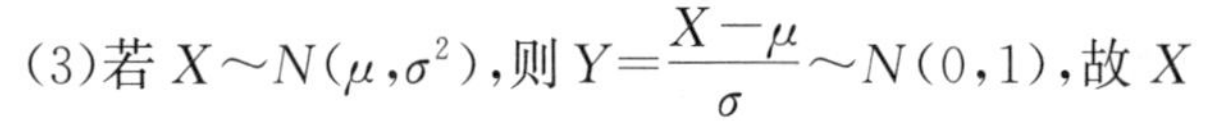

(3)若 $X\sim N(\mu,\sigma^2)$，则 $Y=\frac{X-\mu}{\sigma}\sim N(0,1)$，故 X 的分布函数为：

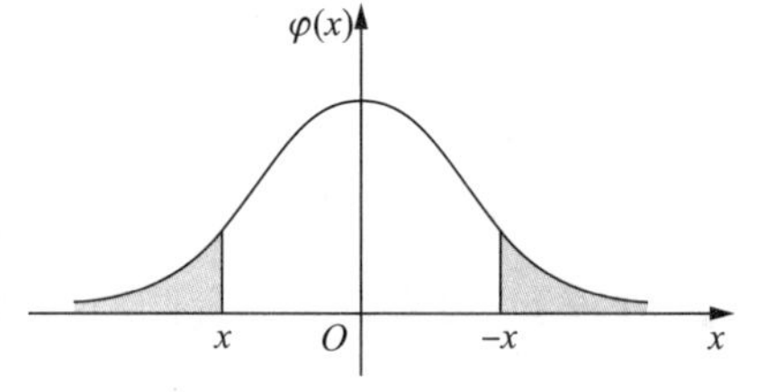

图 4.10　N(0,1)的对称性

$$F(x)=P(X\leqslant x)=P\left(\frac{X-\mu}{\sigma}\leqslant\frac{x-\mu}{\sigma}\right)=P\left(Y\leqslant\frac{x-\mu}{\sigma}\right)=\Phi\left(\frac{x-\mu}{\sigma}\right)$$

所以：

$$P(a<X\leqslant b)=F(b)-F(a)=\Phi\left(\frac{b-\mu}{\sigma}\right)-\Phi\left(\frac{a-\mu}{\sigma}\right)\qquad(4.16)$$

【例 4.24】 设 $X\sim N(1,4)$，求 $P(0<X<1.6)$，$P(|X-1|\leqslant 2)$。

解　这里 $\mu=1,\sigma=2$，所以：

$$P(0<X<1.6)=\Phi\left(\frac{1.6-1}{2}\right)-\Phi\left(\frac{0-1}{2}\right)=\Phi(0.3)-\Phi(-0.5)$$

$$=\Phi(0.3)-(1-\Phi(0.5))=0.6179-(1-0.6915)=0.3094$$

$$P(|X-1|\leqslant 2)=P(-1\leqslant X\leqslant 3)=\Phi\left(\frac{3-1}{2}\right)-\Phi\left(\frac{-1-1}{2}\right)$$

$$=\Phi(1)-\Phi(-1)=2\Phi(1)-1=2\times 0.8413-1=0.6826$$

【例 4.25】 设某项竞赛成绩 $X\sim N(65,100)$，若按参赛人数的 10% 发奖，问获奖分数线应定为多少？

解　这里 $\mu=65,\sigma=10$，设获奖分数线为 a，则：

$$P(X\geqslant a)=1-P(X<a)=1-F(a)=1-\Phi\left(\frac{a-65}{10}\right)=0.1$$

即 $\Phi\left(\frac{a-65}{10}\right)=0.9$，查表得 $\frac{a-65}{10}=1.29$，解得 $a=77.9$，故分数线可定为 78 分。

【注】 正态分布的 3σ 准则——若 $X\sim N(\mu,\sigma^2)$，则：

$$P(\mu-\sigma<X<\mu+\sigma)=\Phi(1)-\Phi(-1)=0.6826;$$

$$P(\mu-2\sigma<X<\mu+2\sigma)=\Phi(2)-\Phi(-2)=0.9544;$$
$$P(\mu-3\sigma<X<\mu+3\sigma)=\Phi(3)-\Phi(-3)=0.9974。$$

可见，虽然 X 的取值范围是 $(-\infty,+\infty)$，但落在 $(\mu-3\sigma,\mu+3\sigma)$ 内的概率接近 1，即正态随机变量的取值几乎都集中在对称轴的正负 3σ 范围内。

4.4.3　连续型随机变量的 R 实现

R 中计算连续型随机变量的随机事件的概率可以通过 integrate( )函数求积分直接实现，也可以通过调用程序包 distr 中的 p( )函数来实现。

【例 4.26】 设随机变量 X 的概率密度为：

$$f(x)=\begin{cases}3x^2, & 0<x<1\\0, & 其他\end{cases}$$

给出计算 $P(0.14\leqslant X\leqslant 0.71)$ 的 R 程序。

R 程序：

```
>f<-function(x) 3 * x^2              #定义密度函数
>integrate(f,lower=0.14,upper=0.71)            #计算积分
0.355167 with absolute error<3.9e-15
```

或：

```
>library(distr)
>f<-function(x) 3 * x^2
>X<-AbscontDistribution(d=f,low1=0,up1=1)            #确定取值范围
>p(X)(0.71)-p(X)(0.14)          #分布函数作差
[1] 0.355167
```

下面以正态分布为例，简要介绍 R 中常用连续型随机变量分布的函数的使用。

正态分布相关的函数包括 Norm( )、dnorm( )及 pnorm( )等，这三个函数分别定义了正态分布、正态分布的概率密度函数和正态分布的分布函数。

【例 4.27】 利用 R 软件定义随机变量 X 的正态分布 $N(1,4)$，绘制该分布的概率密度函数、分布函数和分位点函数的图形，计算概率 $P\{0<X<1.6\}$。

R 程序：

```
>library(distr)
>X<-Norm(mean=1,sd=2)          #定义均值为 1、标准差为 2 的正态分布
>X
Distribution Object of Class: Norm
mean: 1
sd: 2
>plot(X)          #画出正态分布的概率密度函数、分布函数和分位点函数图
```

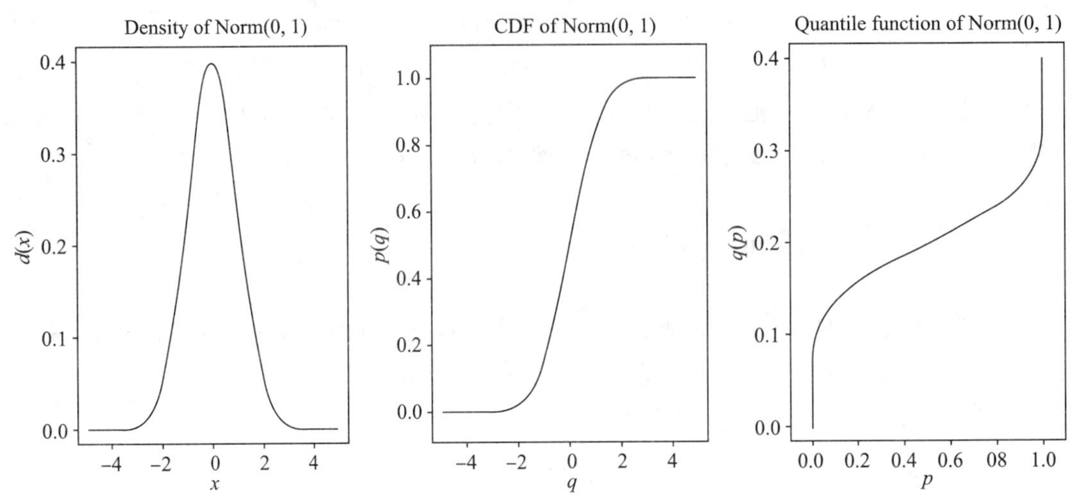

图 4.11　正态分布的概率密度函数、分布函数和分位点函数图

```
>pnorm(1.6,1,2)-pnorm(0,1,2)              #计算事件的概率
  [1] 0.3093739
```

习题 4-4

1. 设连续型随机变量 X 的分布函数为：

$$F(x)=\begin{cases}A+Be^{-2x}, & x>0\\ 0, & \text{其他}\end{cases}$$

求：(1)A，B 的值；(2)$P(-1<X<1)$；(3)X 的密度函数。

2. 设随机变量 X 具有概率密度：

$$f(x)=\begin{cases}kx, & 0\leqslant x<3\\ 2-\dfrac{x}{2}, & 3\leqslant x\leqslant 4\\ 0, & \text{其他}\end{cases}$$

求：(1)k 的值；(2)$P\left(1<X\leqslant\dfrac{7}{2}\right)$；(3)$X$ 的分布函数。

3. 设随机变量 X 为某型号电子管的寿命(以小时计)，密度函数为：

$$f(x)=\begin{cases}\dfrac{100}{x^2}, & x\geqslant 100\\ 0, & \text{其他}\end{cases}$$

(1)试求一个电子管使用 150 小时不用更换的概率；

(2)某一电子设备中配有 10 个这样的电子管，电子管能否正常工作相互独立，设随机变量 Y 表示 10 个电子管中使用 150 小时不用更换的个数，求 Y 的概率分布；

(3)求 $P(Y\geqslant 1)$。

4. 已知 $X\sim N(8,0.5^2)$，求 $P(7.5\leqslant X\leqslant 10)$，$P(|X-8|\leqslant 1)$，给出利用 R 软件实现的程序。

5. 已知某台机器生产的螺栓长度 X(单位：厘米)服从参数 $\mu=10.05$，$\sigma=0.06$ 的正态分布。规定螺栓长度在 10.05 ± 0.12 内为合格品，试求螺栓为合格品的概率，并给出利用 R 软件实现的程序。

4.5　随机变量函数的分布

设 $y=g(x)$ 是定义在直线上的一个函数，X 是一个随机变量，那么 $Y=g(X)$ 作为 X 的函数同样也是一个随机变量，且 X 与 Y 各有各的分布。本节我们研究：已知随机变量 X 的分布，如何求出另一个随机变量 $Y=g(X)$ 的分布。以下分别对离散型和连续型两种情况讨论。

4.5.1　离散型随机变量函数的分布

离散型随机变量函数的分布是比较容易求得的。设 X 是一个离散型随机变量，其概率分布为：

X	x_1	x_2	$\cdots$	x_n	$\cdots$
p_i	p_1	p_2	$\cdots$	p_n	$\cdots$

则 $Y=g(X)$ 也是一个离散型随机变量，其概率分布为：

Y	$g(x_1)$	$g(x_2)$	$\cdots$	$g(x_n)$	$\cdots$
p_i	p_1	p_2	$\cdots$	p_n	$\cdots$

当 $g(x_1),g(x_2),\cdots,g(x_n),\cdots$ 中有某些值相等时，则把那些相等的值分别合并，并将对应的概率相加即可。

【例 4.28】 设随机变量 X 具有以下的分布律，试求 $Y=X^2+1$ 的分布律。

X	-1	0	1	3
p_i	0.1	0.3	0.2	0.4

解　$Y=X^2+1$ 的分布律为：

Y	2	1	2	10
p_i	0.1	0.3	0.2	0.4

将相等的取值合并得：

Y	1	2	10
P_i	0.3	0.3	0.4

4.5.2　连续型随机变量函数的分布

连续型随机变量的函数不一定是连续型随机变量，我们主要研究连续型随机变量的函数仍是连续型随机变量的情形。具体分两种情况讨论。

1. 当 $g(x)$ 为严格单调时

在这种情况下有以下定理：

定理 4.2　设随机变量 X 具有概率密度 $f_X(x)$，$x\in(-\infty,+\infty)$，又设 $y=g(x)$ 处处可导且恒有 $g'(x)>0$[或恒有 $g'(x)<0$]，则 $Y=g(X)$ 是一个连续型随机变量，其概率密度

为：

$$f_Y(y)=\begin{cases}f(h(y))|h'(y)|, & \alpha<y<\beta \\ 0, & 其他\end{cases} \tag{4.17}$$

其中 $x=h(y)$ 是 $y=g(x)$ 的反函数，且

$$\alpha=\min(g(-\infty),g(+\infty)),\beta=\max(g(-\infty),g(+\infty))$$

【例 4.29】 设随机变量 X 具有概率密度

$$f_X(x)=\begin{cases}2x, & 0<x<1 \\ 0, & 其他\end{cases}$$

求 $Y=3X+1$ 的密度函数 $f_Y(y)$。

解 $y=3x+1, y'=3>0$，所以 $y=g(x)$ 单调上升，而 $x=\dfrac{y-1}{3}$，即 $h(y)=\dfrac{y-1}{3}$，又 $0<x<1$，得 $1<y<4$。

$$f_Y(y)=\begin{cases}f(h(y))|h'(y)|, & \alpha<y<\beta \\ 0, & 其他\end{cases}$$

$$=\begin{cases}2\cdot\dfrac{y-1}{3}\cdot\left|\left(\dfrac{y-1}{3}\right)'\right|, & 1<y<4 \\ 0, & 其他\end{cases}=\begin{cases}\dfrac{2(y-1)}{9}, & 1<y<4 \\ 0, & 其他\end{cases}$$

【例 4.30】 设随机变量 X 在(0,1)上服从均匀分布，求 $Y=-2\ln X$ 的概率密度。

解 $X\sim U(0,1)$，$\ln x<0$，$y=-2\ln x>0$，$y'=-\dfrac{2}{x}<0$，所以 $y=g(x)$ 在区间 $(0,+\infty)$ 上单调下降，有反函数 $x=h(y)=e^{-\frac{y}{2}}$。

$$f_Y(y)=\begin{cases}f_X(e^{-\frac{y}{2}})\left|\dfrac{d(e^{-\frac{y}{2}})}{dy}\right|, & 0<e^{-\frac{y}{2}}<1 \\ 0, & 其他\end{cases}$$，而 $f_X(x)=\begin{cases}1, & 0<x<1 \\ 0, & 其他\end{cases}$，代入 $f_Y(y)$ 的表达式中，得 $f_Y(y)=\begin{cases}\dfrac{1}{2}e^{-\frac{y}{2}}, & y>0 \\ 0, & 其他\end{cases}$，即 Y 服从参数为 $\dfrac{1}{2}$ 的指数分布。

运用上述求函数分布的方法可得到如下定理 4.3，读者可自行证明之。

定理 4.3 设随机变量 $X\sim N(\mu,\sigma^2)$，则 $Y=aX+b\sim N(a\mu+b,a^2\sigma^2)(a\neq 0)$，即正态分布的线性函数也服从正态分布。

特别地，若取 $a=\dfrac{1}{\sigma}$，$b=-\dfrac{\mu}{\sigma}$，则得 $Y=\dfrac{X-\mu}{\sigma}\sim N(0,1)$，即为上节中定理的结果。

例如，$X\sim N(2,3)$，则 $2X-1\sim N(3,12)$，$\dfrac{X-2}{\sqrt{3}}\sim N(0,1)$。

2. 当 $g(x)$ 为其他形式时

以上定理 4.2 在使用时较为简便，但条件要求较高，实际中未必能满足，一般地，可以先求 $Y=g(X)$ 的分布函数，再求导得其密度函数。

【例 4.31】 对上述例 4.29 另解。

解　$F_Y(y)=P(Y\leqslant y)=P(3X+1\leqslant y)=P(X\leqslant \frac{y-1}{3})=F_X\left(\frac{y-1}{3}\right)=\int_{-\infty}^{\frac{y-1}{3}} f_X(x)dx$，

所以：

$$f_Y(y)=F'_Y(y)=f_X\left(\frac{y-1}{3}\right)\cdot\left(\frac{y-1}{3}\right)'$$

$$=\begin{cases}2\cdot\frac{y-1}{3}\cdot\frac{1}{3}, & 1<y<4\\ 0, & \text{其他}\end{cases}=\begin{cases}\frac{2(y-1)}{9}, & 1<y<4\\ 0, & \text{其他}\end{cases}$$

【例 4.32】 设随机变量 $X\sim N(0,1)$，$Y=e^X$，求 Y 的概率密度函数。

解　当 $y\leqslant 0$ 时，有 $F_Y(y)=P(Y\leqslant y)=P(e^X\leqslant y)=0$，

当 $y>0$ 时，$F_Y(y)=P(Y\leqslant y)=P(e^X\leqslant y)=P(X\leqslant \ln y)=\frac{1}{\sqrt{2\pi}}\int_{-\infty}^{\ln y} e^{-\frac{x^2}{2}}dx$，

所以 $f_Y(y)=F'_Y(y)=\begin{cases}\frac{1}{\sqrt{2\pi}y}e^{-\frac{(\ln y)^2}{2}}, & y>0\\ 0, & y\leqslant 0\end{cases}$。

【注】 称上式中的 Y 服从对数正态分布。对数正态分布也是一种常用的分布，例如，某些绝缘材料的寿命、某设备故障的维修时间、家中两个小孩的年龄差都可能服从对数正态分布。

4.5.3　随机变量函数的 R 实现

R 中随机变量函数的定义可直接由随机变量的定义得到。

【例 4.33】 已知 $X\sim N(0,1)$，利用 R 软件确定随机变量 $Y=4-3X$ 及 $Y=e^X$ 的分布。

R 程序：

```
>library(distr)
>X<-Norm(mean=0,sd=1)
>Y<-4-3*X
>Y
Distribution Object of Class: Norm
mean: 4
sd: 3
>Y<-exp(X)
>Y
Distribution Object of Class: AbscontDistribution
```

上述结果表明 $Y=4-3X\sim N(4,9)$，而 $Y=e^X$ 的分布软件并不能确定，也就是说，R 并不“认识”该分布。

习题 4－5

1. 设随机变量 X 具有以下的分布律，求常数 a 及 $Y=X^2+X$ 的分布律。

X	-2	-1	0	1	2
p_i	0.2	0.1	0.1	0.3	a

2. 随机变量 X 密度函数为 $f_X(x)=\begin{cases}\dfrac{x}{8}, & 0<x<4\\ 0, & 其他\end{cases}$，求 $Y=2X+8$ 的密度函数。

3. 随机变量 X 密度函数为 $f_X(x)=\begin{cases}\dfrac{2x}{\pi^2}, & 0<x<\pi\\ 0, & 其他\end{cases}$，求 $Y=\sin X$ 的密度函数。

4. 已知随机变量 X 的分布函数 $F(x)$ 是严格单调的连续函数，证明 $Y=F(X)$ 服从 $[0,1]$ 上的均匀分布。

第 5 章　多维随机变量及其分布

有些随机现象中，对每个样本点只用一个随机变量描述是不够的，需要同时用两个或两个以上的随机变量。例如，研究儿童的生长发育时，仅研究儿童的身高或仅研究其体重都是片面的，这时就需要把身高和体重作为一个整体来考虑。有时甚至要同时研究两个以上的随机变量，既要研究它们各自的统计规律，而且还要研究它们之间的统计关系。本章我们主要讨论二维随机变量。

5.1　二维随机变量及其分布

5.1.1　二维随机变量及其分布函数

定义 5.1　设 $X=X(\omega)$，$Y=Y(\omega)$是定义在同一样本空间 $S=\{\omega\}$上的两个随机变量，则称(X,Y)为二维随机变量或二维随机向量。

【注】　称 n 个随机变量的整体$(X_1,X_2,\cdots,X_n)$为 n 维随机变量或 n 维随机向量。

类似于一维随机变量，二维随机变量的统计规律也可以用分布函数来描述，只是这里二维随机变量需作为一个整体来考虑。

定义 5.2　设(X,Y)是二维随机变量，对任意实数 x，y，称二元函数

$$F(x,y)=P(\{X\leqslant x\}\cap\{Y\leqslant y\})\overset{\text{记为}}{=}P(X\leqslant x,Y\leqslant y) \tag{5.1}$$

为二维随机变量(X,Y)的联合分布函数。

当然，如果我们将二维随机变量(X,Y)拆开，那么随机变量 X 和随机变量 Y 就应有各自的分布函数。而实际上在已知联合分布函数的条件下，我们还可以得到它们自己的分布函数：

$$F_X(x)=P(X\leqslant x)=P(X\leqslant x,Y<+\infty)=F(x,+\infty) \tag{5.2}$$

$$F_Y(y)=P(Y\leqslant y)=P(X<+\infty,Y\leqslant y)=F(+\infty,y) \tag{5.3}$$

分别称 $F_X(x)$和 $F_Y(y)$为随机变量 X 和随机变量 Y 的边缘分布函数。即联合分布可以推导出边缘分布。

可以验证，联合分布函数有如下性质：

(1) 对任意的实数 x，y，有 $0\leqslant F(x,y)\leqslant 1$，且 $F(-\infty,y)=0$，$F(x,-\infty)=0$，$F(-\infty,-\infty)=0$，$F(+\infty,+\infty)=1$；

(2) $F(x,y)$分别对 x 和 y 为单调不减的，即当 $x_2>x_1$ 时 $F(x_2,y)\geqslant F(x_1,y)$，当 $y_2>y_1$ 时 $F(x,y_2)\geqslant F(x,y_1)$；

(3) $F(x,y)$分别对 x 和 y 为右连续的，即 $F(x,y)=F(x+0,y)$，$F(x,y)=F(x,y+0)$。

5.1.2 二维离散型随机变量及其概率分布

若二维随机变量(X,Y)只取有限或无限可列个值,则称(X,Y)为二维离散型随机变量。可见,(X,Y)为二维离散型随机变量当且仅当X,Y均为离散型随机变量。与一维情形类似,为了描述二维离散型随机变量,我们除了要了解它能取什么值之外,还需要知道它取这些值的概率。

定义 5.3 若二维离散型随机变量(X,Y)所有可能的取值为$(x_i,y_j)(i,j=1,2,\cdots)$,则称

$$P(X=x_i,Y=y_j)=p_{ij},i,j=1,2,\cdots \tag{5.4}$$

为(X,Y)的联合概率分布或联合分布律。

显然,联合分布律有如下性质:

(1)$p_{ij}\geqslant 0,i,j=1,2,\cdots$;

(2) $\sum\limits_i\sum\limits_j p_{ij}=1$。

常用表格形式来表示(X,Y)的联合概率分布:

X \ Y	y_1	y_2	$\cdots$	y_j	$\cdots$	$P(X=x_i)$
x_1	p_{11}	p_{12}	$\cdots$	p_{1j}	$\cdots$	$\sum\limits_j p_{1j}$
x_2	p_{21}	p_{22}	$\cdots$	p_{2j}	$\cdots$	$\sum\limits_j p_{2j}$
$\vdots$	$\vdots$	$\vdots$	$\cdots$	$\vdots$	$\cdots$	$\vdots$
x_i	p_{i1}	p_{i2}	$\cdots$	p_{ij}	$\cdots$	$\sum\limits_j p_{ij}$
$\vdots$	$\vdots$	$\vdots$	$\cdots$	$\vdots$	$\cdots$	$\vdots$
$P(Y=y_j)$	$\sum\limits_i p_{i1}$	$\sum\limits_i p_{i2}$	$\cdots$	$\sum\limits_i p_{ij}$	$\cdots$	

【注】 利用(X,Y)的联合概率分布能够确定(X,Y)取值于任何区域D上的概率:

$$P((X,Y)\in D)=\sum_{(x_i,y_j)\in D}p_{ij} \tag{5.5}$$

可以确定联合分布函数:

$$F(x,y)=P(X\leqslant x,Y\leqslant y)=\sum_{x_i\leqslant x,y_j\leqslant y}p_{ij} \tag{5.6}$$

还可以得到它们自己的概率分布:

$$p_{i\cdot}=P(X=x_i)=\sum_j p_{ij},i=1,2,\cdots \tag{5.7}$$

$$p_{\cdot j}=P(Y=y_j)=\sum_i p_{ij},j=1,2,\cdots \tag{5.8}$$

分别称$p_{i\cdot}$和$p_{\cdot j}$为随机变量X和随机变量Y的边缘概率分布,它们等于联合概率分布表

的行和与列和。

【例5.1】 设随机变量X在1,2,3,4四个整数中等可能地取一个值，另一个随机变量Y在$1\sim X$中等可能地取一整数值，试求(X,Y)的联合概率分布，边缘概率分布，$P\left(2\leqslant X\leqslant 3,\frac{1}{2}\leqslant Y\leqslant\frac{5}{2}\right)$，$P(X+Y\leqslant 3)$。

解 易知(X,Y)的取值情况是：$\{X=i,Y=j\}$，$i=1,2,3,4$，j取不大于i的正整数，且

$$P(X=i,Y=j)=P(Y=j\mid X=i)P(X=i)=\frac{1}{i}\cdot\frac{1}{4}=\frac{1}{4i},i=1,2,3,4,j\leqslant i$$

于是(X,Y)的联合概率分布为：

X \ Y	1	2	3	4	$p_{i\cdot}$
1	1/4	0	0	0	1/4
2	1/8	1/8	0	0	1/4
3	1/12	1/12	1/12	0	1/4
4	1/16	1/16	1/16	1/16	1/4
$p_{\cdot j}$	25/48	13/48	7/48	3/48	

而随机变量X的边缘概率分布$p_{i\cdot}$等于联合概率分布表的行和，随机变量Y的边缘概率分布$p_{\cdot j}$等于联合概率分布表的列和。

$$P\left(2\leqslant X\leqslant 3,\frac{1}{2}\leqslant Y\leqslant\frac{5}{2}\right)$$

$$=P(X=2,Y=1)+P(X=2,Y=2)+P(X=3,Y=1)+P(X=3,Y=2)$$

$$=\frac{1}{8}+\frac{1}{8}+\frac{1}{12}+\frac{1}{12}=\frac{5}{12},$$

$$P(X+Y\leqslant 3)=P(X=1,Y=1)+P(X=2,Y=1)=\frac{1}{4}+\frac{1}{8}=\frac{3}{8}。$$

5.1.3　二维连续型随机变量及其概率密度

与一维情形类似，我们用概率密度函数来描述二维连续型随机变量。

定义5.4 设(X,Y)为二维随机变量，$F(x,y)$为其联合分布函数，若存在一个非负可积的二元函数$f(x,y)$，使对任意实数x,y，有：

$$F(x,y)=\int_{-\infty}^{x}\int_{-\infty}^{y}f(s,t)dsdt \tag{5.9}$$

则称(X,Y)为二维连续型随机变量，并称$f(x,y)$为(X,Y)的联合概率密度或联合密度函数。

显然，联合密度函数有如下性质：

(1) $f(x,y)\geqslant 0$；

(2) $\int_{-\infty}^{+\infty}\int_{-\infty}^{+\infty}f(x,y)dxdy=F(+\infty,+\infty)=1$。

【注】 利用(X,Y)的联合概率密度能够确定(X,Y)落入xOy平面上任何区域D内的概率：

$$P((x,y)\in D)=\iint\limits_{D}f(x,y)dxdy \tag{5.10}$$

还可以得到它们自己的概率密度：

因为$F_x(x)=P(X\leqslant x)=P(X\leqslant x,Y<+\infty)=\int_{-\infty}^{+\infty}\int_{-\infty}^{x}f(s,t)dsdt=\int_{-\infty}^{x}\left[\int_{-\infty}^{+\infty}f(s,t)dt\right]ds$，所以$X$是连续型随机变量，且其概率密度为：

$$f_X(x)=\int_{-\infty}^{+\infty}f(x,y)dy \tag{5.11}$$

同理，Y是连续型随机变量，且其概率密度为：

$$f_Y(y)=\int_{-\infty}^{+\infty}f(x,y)dx \tag{5.12}$$

分别称$f_X(x)$和$f_Y(y)$为随机变量X和随机变量Y的边缘概率密度。

【例 5.2】 设二维连续型随机变量(X,Y)的概率密度为：

$$f(x,y)=\begin{cases}x^2+\dfrac{1}{3}xy, & 0\leqslant x\leqslant 1,0\leqslant y\leqslant 2\\ 0, & 其他\end{cases}$$

试求：(1)X和Y的边缘概率密度；(2)$P(-2\leqslant X\leqslant 1,-3\leqslant Y\leqslant 1)$，$P(X+Y>1)$。

解 (1) $f_X(x)=\int_{-\infty}^{+\infty}f(x,y)dy=\begin{cases}\int_0^2\left(x^2+\dfrac{1}{3}xy\right)dy, & 0\leqslant x\leqslant 1\\ 0, & 其他\end{cases}$

$$=\begin{cases}2x^2+\dfrac{2}{3}x, & 0\leqslant x\leqslant 1\\ 0, & 其他\end{cases},$$

$$f_Y(y)=\int_{-\infty}^{+\infty}f(x,y)dx=\begin{cases}\int_0^1\left(x^2+\dfrac{1}{3}xy\right)dx, & 0\leqslant y\leqslant 2\\ 0, & 其他\end{cases}$$

$$=\begin{cases}\dfrac{y}{6}+\dfrac{1}{3}, & 0\leqslant y\leqslant 2\\ 0, & 其他\end{cases}。$$

(2) $P(-2\leqslant X\leqslant 1,-3\leqslant Y\leqslant 1)=\int_{-3}^{1}\int_{-2}^{1}f(x,y)dxdy$

$$=\int_0^1\int_0^1\left(x^2+\frac{1}{3}xy\right)dxdy=\int_0^1\left(\frac{y}{6}+\frac{1}{3}\right)dy=\frac{5}{12},$$

$$P(X+Y>1)=\iint\limits_{x+y>1}f(x,y)dxdy=\int_0^1\int_{1-x}^{2}\left(x^2+\frac{1}{3}xy\right)dydx$$

$$=\int_0^1\left(x^2y+\frac{1}{6}xy^2\right)\Big|_{1-x}^{2}dx=\int_0^1\left(\frac{5}{6}x^3+\frac{4}{3}x^2+\frac{1}{2}x\right)dx=\frac{65}{72}。$$

5.1.4　常用二维分布

1. 二维均匀分布

定义 5.5　设 G 是平面上的有界区域，其面积为 A，若二维随机变量 (X,Y) 具有概率密度

$$f(x,y)=\begin{cases}\dfrac{1}{A}, & (x,y)\in G\\ 0, & \text{其他}\end{cases} \tag{5.13}$$

则称 (X,Y) 在 G 上服从二维均匀分布。

【注】　若 (X,Y) 在矩形区域 $G: a\leqslant x\leqslant b, c\leqslant y\leqslant d$ 上服从二维均匀分布，则容易验证 X 在区间 (a,b) 上服从一维均匀分布，Y 在区间 (c,d) 上服从一维均匀分布，而对其他区域未必有此结论。

【例 5.3】　设二维随机变量 (X,Y) 在由曲线 $y=x^2$ 与 $y=x$ 围成的区域上服从二维均匀分布（如图 5.1 所示），求它们的联合概率密度和边缘概率密度。

解　区域面积 $A=\int_0^1 (x-x^2)dx=\dfrac{1}{6}$，所以联合概率密度 $f(x,y)=\begin{cases}6, & x^2\leqslant y\leqslant x\\ 0, & \text{其他}\end{cases}$，边缘概率密度

$$f_X(x)=\int_{-\infty}^{+\infty} f(x,y)dy=\begin{cases}\int_{x^2}^{x} 6dy, & 0\leqslant x\leqslant 1\\ 0, & \text{其他}\end{cases}$$

$$=\begin{cases}6(x-x^2), & 0\leqslant x\leqslant 1\\ 0, & \text{其他}\end{cases}, f_Y(y)=\int_{-\infty}^{+\infty} f(x,y)dx=$$

$$\begin{cases}\int_{y}^{\sqrt{y}} 6dx, & 0\leqslant y\leqslant 1\\ 0, & \text{其他}\end{cases}=\begin{cases}6(\sqrt{y}-y), & 0\leqslant y\leqslant 1\\ 0, & \text{其他}\end{cases}。$$

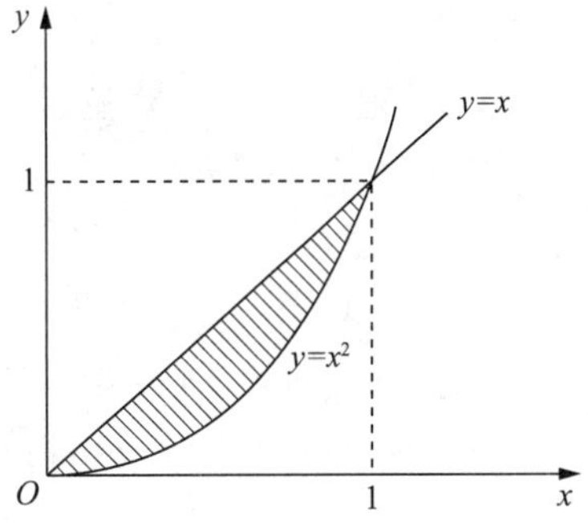

图 5.1　二维随机变量 (X,Y) 的取值区域

例 5.3 中的区域并非矩形区域，X 与 Y 都不服从某区间上的一维均匀分布。

2. 二维正态分布

定义 5.6　若二维随机变量 (X,Y) 具有概率密度

$$f(x,y)=\frac{1}{2\pi\sigma_1\sigma_2\sqrt{1-\rho^2}}e^{\frac{1}{2(1-\rho^2)}\left[\left(\frac{x-\mu_1}{\sigma_1}\right)^2-2\rho\left(\frac{x-\mu_1}{\sigma_1}\right)\left(\frac{y-\mu_2}{\sigma_2}\right)+\left(\frac{y-\mu_2}{\sigma_2}\right)^2\right]} \tag{5.14}$$

其中 $\mu_1,\mu_2,\sigma_1,\sigma_2,\rho$ 均为常数，且 $\sigma_1>0,\sigma_2>0,|\rho|<1$，则称 (X,Y) 服从参数为 $\mu_1,\mu_2,\sigma_1,\sigma_2,\rho$ 的二维正态分布。

【注】　二维正态随机变量的两个边缘分布都是一维正态分布，$X\sim N(\mu_1,\sigma_1^2)$，$Y\sim N(\mu_2,\sigma_2^2)$，且都不依赖于参数 ρ，即对给定的 $\mu_1,\mu_2,\sigma_1,\sigma_2$，不同的 ρ 对应不同的二维正态分布，但它们的边缘分布都是相同的。实际上，仅由 X 和 Y 的边缘分布是不能确定二维随机变量 (X,Y) 的联合分布的。

5.1.5 二维分布的R实现

二维离散型随机变量可调用程序包 prob 中的 addrv( )函数来定义，调用 marginal( )函数来计算其边缘概率分布。

【例 5.4】 抛掷一枚均匀的骰子两次，随机变量 U 和 V 的定义如下：

U：两次抛掷所得点数的最大值

V：两次抛掷所得点数之和

利用R软件求二维随机变量(U,V)的联合分布律和边缘概率分布。

R程序：

```
>library(prob)
>S<-rolldie(2,makespace=TRUE)          #创建样本空间数据框
>S<-addrv(S,FUN=max,invars=c("X1","X2"),name="U")          #定义随机变量U
>S<-addrv(S,FUN=sum,invars=c("X1","X2"),name="V")          #定义随机变量V
>head(S)          #显示联合分布数据框的前6行
  X1  X2  U  V     probs
1  1   1  1  2  0.02777778
2  2   1  2  3  0.02777778
3  3   1  3  4  0.02777778
4  4   1  4  5  0.02777778
5  5   1  5  6  0.02777778
6  6   1  6  7  0.02777778
```

上述结果中同时包含 $X1$ 和 $X2$ 向量，分别表示第一次抛掷和第二次抛掷所得的点数。可以调用 marginal( )函数来计算(U,V)的联合概率分布。

```
>UV<-marginal(S,vars=c("U","V"))
>head(UV)
  U  V     probs
1 1  2  0.02777778
2 2  3  0.05555556
3 2  4  0.02777778
4 3  4  0.05555556
5 3  5  0.05555556
6 4  5  0.05555556
```

为了使得输出的联合分布律可读性更强，可以调用 xtabs( )函数对上述结果进行显示调整。

```
xtabs(round(probs,3)~U+V,data=UV)
```

```
V
U   2     3     4     5     6     7     8     9     10    11    12
1 0.028 0.000 0.000 0.000 0.000 0.000 0.000 0.000 0.000 0.000 0.000
2 0.000 0.056 0.028 0.000 0.000 0.000 0.000 0.000 0.000 0.000 0.000
3 0.000 0.000 0.056 0.056 0.028 0.000 0.000 0.000 0.000 0.000 0.000
4 0.000 0.000 0.000 0.056 0.056 0.056 0.028 0.000 0.000 0.000 0.000
5 0.000 0.000 0.000 0.000 0.056 0.056 0.056 0.056 0.028 0.000 0.000
6 0.000 0.000 0.000 0.000 0.000 0.056 0.056 0.056 0.056 0.056 0.028
```

在上述结果的基础上再调用 marginal( )函数求 U 和 V 的概率分布。

```
>marginal(UV,vars="U")
  U   probs
1 1 0.02777778
2 2 0.08333333
3 3 0.13888889
4 4 0.19444444
5 5 0.25000000
6 6 0.30555556
>marginal(UV,vars="V")
    V   probs
1   2 0.02777778
2   3 0.05555556
3   4 0.08333333
4   5 0.11111111
5   6 0.13888889
6   7 0.16666667
7   8 0.13888889
8   9 0.11111111
9  10 0.08333333
10 11 0.05555556
11 12 0.02777778
```

R 中可加载程序包 mvtnorm 来执行多元正态分布的相关任务。该程序包中的 dmvnorm( )和 rmvnorm( )函数分别用来获得多维正态分布的概率密度函数和生成随机向量。下面以绘制二维正态分布 $N(0,0,1,1,0)$的概率密度函数图形为例给出函数的使用方法。

```
>library(mvtnorm)
>x<-y<-seq(from=-3,to=3,length.out=30)
>f<-function(x,y) dmvnorm(cbind(x,y),mean=c(0,0),
+ sigma=diag(2)
+ )
>z<-outer(x,y,FUN=f)
```

```
>persp(x,y,z,theta=-30,phi=30,ticktype="detailed")
>persp(x,y,z,theta=-30,phi=30,ticktype="detailed")
```

运行上述程序得到图 5.2。

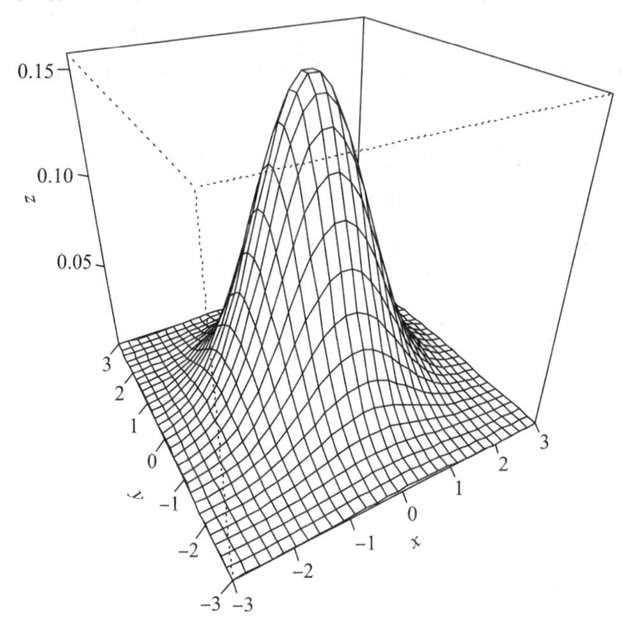

图 5.2　二维正态分布 $N(0,0,1,1,0)$ 的概率密度函数图

习题 5-1

1. 设二维离散型随机变量(X,Y)的联合分布函数为$F(x,y)$，联合分布律如下：

X \ Y	1	2	3	4
1	1/4	0	0	1/16
2	1/16	1/4	0	1/4
3	0	1/16	1/16	0

求：

(1)$P\left(\frac{1}{2}<X<\frac{3}{2},0<Y<4\right)$；

(2)$P(1\leqslant X\leqslant 2,3\leqslant Y\leqslant 4)$；

(3)$F(2,3)$；

(4)利用 R 软件实现(1)、(2)和(3)。

2. 将两封信随机地投入 3 个邮筒，设 X,Y 分别表示投入第 1、2 号邮筒中信的数目，求 X 和 Y 的联合概率分布及边缘概率分布，并给出 R 实现的程序。

3. 设向量 X,Y 的联合密度函数为：

$$f(x,y)=\begin{cases}kxy, & 0\leqslant x\leqslant 1,0\leqslant y\leqslant 1\\ 0, & 其他\end{cases}$$

求：(1) 常数 k 的值；(2)X 和 Y 的边缘概率密度。

4. 设随机变量(X,Y)在区域$D=\{(x,y)|0<x<2,-1<y<2\}$上服从二维均匀分布，求：(1)随机变量(X,Y)的联合概率密度；(2)$P(X\leqslant Y)$。

5.2　随机变量的独立性

5.2.1　二维随机变量的独立性

在多维随机变量中，各分量的取值有些会相互影响，有些则毫无影响。例如，一个人的身高和体重会相互影响，但与收入一般无影响。当两个随机变量取值的统计规律互不影响时，就称它们是相互独立的。

之前我们已将两个随机事件的独立定义为它们积事件的概率等于它们各自概率的积，而随机变量的独立本质上是随机事件的独立，且随机变量都可由分布函数描述其统计规律性。因此，类似地，定义两个随机变量的独立性如下：

定义5.7　设随机变量(X,Y)的联合分布函数为$F(x,y)$，边缘分布函数为$F_X(x)$和$F_Y(y)$，若对任意实数x,y，有$P(X\leqslant x,Y\leqslant y)=P(X\leqslant x)P(Y\leqslant y)$，即：

$$F(x,y)=F_X(x)F_Y(y) \tag{5.15}$$

则称随机变量X和Y相互独立。

【注】　5.1节中我们已经知道，通过二维随机变量(X,Y)的联合分布可推导出它们的边缘分布；反之，仅由X和Y的边缘分布，一般来说是不能确定二维随机变量(X,Y)的联合分布的。但若X和Y相互独立，则联合分布可由边缘分布唯一确定。另外，两个随机变量的独立性可推广到多个随机变量的独立性。

关于随机变量的独立性，有下列两个定理：

定理5.1　随机变量X和Y相互独立的充要条件是X所生成的任何事件与Y生成的任何事件独立。即对任意实数集A、B，有：

$$P(X\in A,Y\in B)=P(X\in A)P(Y\in B)$$

定理5.2　如果随机变量X和Y相互独立，则对任意函数$g_1(x)$，$g_2(y)$均有随机变量$g_1(X)$，$g_2(Y)$相互独立。

5.2.2　离散型随机变量的独立性

用二维离散型随机变量(X,Y)的联合概率分布及边缘概率分布描述它们的统计规律相比分布函数更为直观。因此，定义离散型随机变量的独立性如下：

定义5.8　若对二维离散型随机变量(X,Y)的所有可能取值$(x_i,y_j)(i,j=1,2,\cdots)$有$P(X=x_i,Y=y_j)=P(X=x_i)P(Y=y_j)$，即：

$$p_{ij}=p_{i\cdot}p_{\cdot j},i,j=1,2,\cdots \tag{5.16}$$

则称X和Y相互独立。

【例5.5】　口袋里有2个白球、3个黑球。不放回地依次摸出2球，并设随机变量为：

$$X=\begin{cases}1,\text{第一次摸出白球}\\0,\text{第一次摸出黑球}\end{cases},\quad Y=\begin{cases}1,\text{第二次摸出白球}\\0,\text{第二次摸出黑球}\end{cases}$$

求(X,Y)的联合分布律及X和Y边缘分布律，并判断它们是否独立。

解 $P(X=0,Y=0)=P(Y=0|X=0)P(X=0)=\frac{2}{4}\cdot\frac{3}{5}=\frac{3}{10}$；

$P(X=0,Y=1)=P(Y=1|X=0)P(X=0)=\frac{2}{4}\cdot\frac{3}{5}=\frac{3}{10}$；

$P(X=1,Y=0)=P(Y=0|X=1)P(X=1)=\frac{3}{4}\cdot\frac{2}{5}=\frac{3}{10}$；

$P(X=1,Y=1)=P(Y=1|X=1)P(X=1)=\frac{1}{4}\cdot\frac{2}{5}=\frac{1}{10}$。

所以联合分布律为：

X \ Y	0	1
0	3/10	3/10
1	3/10	1/10

由联合分布律表的行和与列和得X和Y边缘分布律：

X	0	1
P_i	$\frac{3}{5}$	$\frac{2}{5}$

，

Y	0	1
P_j	$\frac{3}{5}$	$\frac{2}{5}$

而$P(X=0,Y=0)\neq P(X=0)P(Y=0)$，所以$X$和$Y$不独立。

5.2.3 连续型随机变量的独立性

我们用二维连续型随机变量(X,Y)的联合概率密度及边缘概率密度描述它们的统计规律。因此，定义连续型随机变量的独立性如下：

定义 5.9 设二维连续型随机变量(X,Y)的联合概率密度为$f(x,y)$，边缘概率密度为$f_X(x)$和$f_Y(y)$，若对任意的x,y，有：

$$f(x,y)=f_X(x)f_Y(y) \tag{5.17}$$

则称X和Y相互独立。

【例 5.6】 设二维随机变量(X,Y)的联合概率密度为：

$$f(x,y)=\begin{cases}Ae^{-(2x+3y)}, & x>0,y>0\\ 0, & \text{其他}\end{cases}$$

求常数A并判断X和Y是否独立。

解 由$\int_{-\infty}^{+\infty}\int_{-\infty}^{+\infty}f(x,y)dxdy=\int_0^{+\infty}\int_0^{+\infty}Ae^{-(2x+3y)}dxdy=A\left(-\frac{1}{2}e^{-2x}\right)\Big|_0^{+\infty}\left(-\frac{1}{3}e^{-3y}\right)\Big|_0^{+\infty}=\frac{A}{6}=1$，得$A=6$。

边缘概率密度为：

$$f_X(x)=\int_{-\infty}^{+\infty}f(x,y)dy=\begin{cases}\int_0^{+\infty}6e^{-(2x+3y)}dy=2e^{-2x}, & x>0\\ 0, & \text{其他}\end{cases}$$

$$f_Y(y)=\int_{-\infty}^{+\infty} f(x,y)dx=\begin{cases}\int_0^{+\infty} 6e^{-(2x+3y)}dx=3e^{-3y}, & y>0\\ 0, & \text{其他}\end{cases}$$

所以 $f(x,y)=f_X(x)f_Y(y)$，X 和 Y 相互独立。

【例 5.7】 甲、乙两人约定中午 12 时 30 分在某地会面。若甲到的时间在 12:15 到 12:45 之间服从均匀分布。乙独立地到达，且到达时间在 12:00 到 13:00 之间服从均匀分布(如图 5.3 所示)。求先到的人等另一人的时间不超过 5 分钟的概率和甲先到的概率。

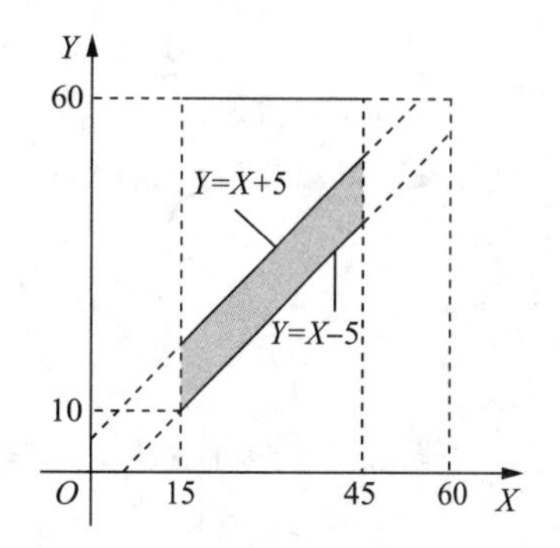

图 5.3　(X,Y)的取值区域

解　设 X 为甲到达时刻，Y 为乙到达时刻，以 12 时为起点，以分为单位，则 $X\sim U(15,45)$，$Y\sim U(0,60)$，边缘概率密度为：

$$f_X(x)=\begin{cases}1/30, & 15<x<45\\ 0, & \text{其他}\end{cases},\quad f_Y(y)=\begin{cases}1/60, & 0<x<60\\ 0, & \text{其他}\end{cases}$$

由 X 和 Y 独立知联合概率密度为 $f(x,y)=\begin{cases}1/1800, & 15<x<45,0<y<60\\ 0, & \text{其他}\end{cases}$。

先到的人等待另一人到达的时间不超过 5 分钟的概率为：

$$P(|X-Y|\leqslant 5)=P(-5\leqslant X-Y\leqslant 5)=\iint\limits_{-5\leqslant x-y\leqslant 5}\frac{1}{1800}dxdy=\int_{15}^{45}\int_{x-5}^{x+5}\frac{1}{1800}dydx=\frac{1}{6}$$

甲先到的概率为：

$$P(X<Y)=\iint\limits_{x<y}\frac{1}{1800}dxdy=\int_{15}^{45}\int_{x}^{60}\frac{1}{1800}dydx=\frac{1}{2}$$

习题 5-2

1. 设二维离散型随机变量(X,Y)的联合分布律为：

X \ Y	1	2
3	4/9	2/9
4	2/9	1/9

求 X 和 Y 的边缘分布律，并判断它们是否独立。

2. 设随机变量 X 和 Y 相互独立，下表列出了二维随机变量(X,Y)联合分布律及 X 和 Y 的边缘分布律中的部分数值，试将其余数值填入表中的空白处。

X \ Y	1	2	3	p_{i}
0		1/8		
1	1/8			
$p_{\cdot j}$	1/6		1	

3. 设(X,Y)的联合概率密度为：

(1)$f(x,y)=\begin{cases} xe^{-(x+y)}, & x>0,y>0 \\ 0, & \text{其他} \end{cases}$；

(2)$f(x,y)=\begin{cases} 2, & 0<x<y,0<y<1 \\ 0, & \text{其他} \end{cases}$。

问 X 和 Y 是否独立?

4. 某旅客到达火车站的时间 X 均匀分布在上午 7:55 至 8:00，而火车这段时间开出的时间 Y 的密度函数为：

$$f_Y(y)=\begin{cases} \dfrac{2(5-y)}{25}, & 0\leqslant y\leqslant 5 \\ 0, & \text{其他} \end{cases}$$

求此人能及时上火车的概率。

5.3 二维随机变量函数的分布

第 4 章中我们已经讨论了一维随机变量函数分布的问题，而在实际应用中，有些随机变量可能是两个或两个以上随机变量的函数，现在我们希望通过(X,Y)的分布来确定 $Z=g(X,Y)$的分布。此类问题就是我们将要讨论的两个随机变量函数的分布问题，它是技巧性较强的工作，对不同形式的函数须采用不同的方法。这里仅介绍一些基本情况。

5.3.1 离散型随机变量函数的分布

设(X,Y)是二维离散型随机变量，$Z=g(X,Y)$作为(X,Y)的函数是一个一维离散型随机变量。与一维情况类似，二维离散型随机变量函数的概率分布是比较容易求得的，当(X,Y)的所有可能取值较少时，可将 Z 的取值一一列出，然后再合并整理就可得出结果。

【例 5.8】 设二维离散型随机变量(X,Y)的联合概率分布为：

X \ Y	-1	1	2
-1	0.2	0.1	0.3
2	0.1	0.1	0.2

求 $X+Y$、XY、$\max(X,Y)$的概率分布。

解 将(X,Y)的联合概率分布表展开得：

p_{ij}	0.2	0.1	0.3	0.1	0.1	0.2
(X,Y)	$(-1,-1)$	$(-1,1)$	$(-1,2)$	$(2,-1)$	$(2,1)$	$(2,2)$
$X+Y$	-2	0	1	1	3	4
XY	1	-1	-2	-2	2	4
$\max(X,Y)$	-1	1	2	2	2	2

合并整理得出结果：

$X+Y$	-2	0	1	3	4
p_k	0.2	0.1	0.4	0.1	0.2

XY	-2	-1	1	2	4
p_k	0.4	0.1	0.2	0.1	0.2

$\max(X,Y)$	-1	1	2
p_k	0.2	0.1	0.7

【例5.9】 同时独立地掷一枚硬币和一颗骰子2次，用X表示2次中硬币出现的正面次数，用Y表示2次骰子点数不超过4的次数。

求：(1)(X,Y)的联合概率分布；(2)$P(X+Y=1)$；(3)$X+Y$的概率分布。

解　(1) X可能取值为0,1,2,Y可能取值为0,1,2,依题意计算各取值的概率得边缘概率分布为：

X	0	1	2
P_i	$\frac{1}{4}$	$\frac{1}{2}$	$\frac{1}{4}$

，

Y	0	1	2
P_j	$\frac{1}{9}$	$\frac{4}{9}$	$\frac{4}{9}$

由于X与Y相互独立，所以联合概率分布为：

X \ Y	0	1	2
0	1/36	1/9	1/9
1	1/18	2/9	2/9
2	1/36	1/9	1/9

(2) $P(X+Y=1)=P(X=0,Y=1)+P(X=1,Y=0)=\frac{1}{9}+\frac{1}{18}=\frac{1}{6}$。

(3) $X+Y$的概率分布为：

$X+Y$	0	1	2	3	4
p_k	$\frac{1}{36}$	$\frac{6}{36}$	$\frac{13}{36}$	$\frac{12}{36}$	$\frac{4}{36}$

5.3.2　连续型随机变量函数的分布

设(X,Y)是二维连续型随机向量，其联合概率密度函数为$f(x,y)$，$Z=g(X,Y)$是(X,Y)的函数。可用类似于求一元随机变量函数分布的方法来求$Z=g(X,Y)$的分布。具体如下：

(1) 求分布函数$F_Z(z)$，有：

$$F_Z(z)=P(Z\leqslant z)=P(g(X,Y)\leqslant z)=P((X,Y)\in D_Z)=\iint_{D_Z} f(x,y)dxdy$$

其中$D_Z=\{(x,y)\mid g(x,y)\leqslant z\}$；

(2)求其概率密度函数$f_Z(z)$，有$f_Z(z)=F'_Z(z)$。

此过程的实现并不容易，但我们可由此得到求和函数分布的公式，有如下定理：

定理 5.3 设 X 和 Y 是两个相互独立的连续型随机变量，联合概率密度为 $f(x,y)$，边缘概率密度为 $f_X(x)$和 $f_Y(y)$，则其和 $Z=X+Y$ 的概率密度为：

$$f_Z(z)=\int_{-\infty}^{\infty} f_X(z-y)f_Y(y)dy \tag{5.18}$$

证明 $Z=X+Y$ 分布函数为：

$$F_Z(z)=P(x+y\leqslant z)=\iint\limits_{x+y\leqslant z} f(x,y)dxdy=\iint\limits_{x+y\leqslant z} f_X(x)f_Y(y)dxdy$$

$$=\int_{-\infty}^{+\infty}\left|\int_{-\infty}^{z-y} f_X(x)dx\right| f_Y(y)dy=\int_{-\infty}^{+\infty} F_X(z-y)f_Y(y)dy$$

其中 $F_X(x)$为 X 的分布函数，对上式两端求导可得 Z 的概率密度为：

$$f_Z(z)=\int_{-\infty}^{\infty} f_X(z-y)f_Y(y)dy$$

【注】 类似地，可得 $Z=X+Y$ 的概率密度的另一个公式：

$$f_Z(z)=\int_{-\infty}^{+\infty} f_X(x)f_Y(z-x)dx \tag{5.19}$$

上述(5.18)式与(5.19)式称为卷积公式。

【例 5.10】 设 X 和 Y 是两个相互独立的连续型随机变量，且都服从参数为 1/3 的指数分布，求 $Z=X+Y$ 的概率密度。

解 $X\sim e\left(\frac{1}{3}\right)$，$Y\sim e\left(\frac{1}{3}\right)$，所以 $f_X(x)=\begin{cases}\frac{1}{3}e^{-\frac{1}{3}x}, & x>0\\ 0, & 其他\end{cases}$，$f_Y(y)=\begin{cases}\frac{1}{3}e^{-\frac{1}{3}y}, & y>0\\ 0, & 其他\end{cases}$，

$f_Z(z)=\int_{-\infty}^{\infty} f_X(z-y)f_Y(y)dy$，$\begin{cases}z-y>0\\ y>0\end{cases}\Rightarrow\begin{cases}0<y<z\\ z>0\end{cases}$，所以：

$$f_Z(z)=\begin{cases}\int_0^z \frac{1}{3}e^{-\frac{1}{3}(z-y)}\ \frac{1}{3}e^{-\frac{1}{3}y}dy, & z>0\\ 0, & 其他\end{cases}=\begin{cases}\frac{1}{9}ze^{-\frac{1}{3}z}, & z>0\\ 0, & 其他\end{cases}$$

由卷积公式还可得到关于正态分布和函数的结论，有如下定理：

定理 5.4 设 X 和 Y 相互独立，且 $X\sim N(\mu_1,\sigma_1^2)$，$Y\sim N(\mu_1,\sigma_2^2)$，则 $Z=X+Y$ 仍服从正态分布，且 $Z\sim N(\mu_1+\mu_2,\sigma_1^2+\sigma_2^2)$。

【注】 更一般地，可以证明：有限个相互独立的正态随机变量的线性组合仍服从正态分布。

习题 5-3

1. 设二维离散型随机变量(X,Y)的联合概率分布为：

X \ Y	0	1	2
0	0.10	0.25	0.15
1	0.15	0.20	0.15

求 $X+Y$、XY、$\max(X,Y)$的概率分布，并给出 R 软件实现的程序。

2. 设 X 和 Y 相互独立，$X \sim b(n_1, p)$，$Y \sim b(n_2, p)$，求 $Z = X + Y$ 的分布。

3. 设 X 和 Y 相互独立，且均服从区间 $(0,1)$ 上的均匀分布，求 $Z = X + Y$ 的概率密度。

4. 设某种商品一周的需要量是一个随机变量，其概率密度函数为：

$$f(x) = \begin{cases} xe^{-x}, & x > 0 \\ 0, & \text{其他} \end{cases}$$

如果各周的需要量相互独立，求两周需要量的概率密度函数。

第6章　数字特征

随机变量的分布函数能完整地描述随机变量的统计规律性。但是在很多实际应用中，人们不需要知道某个随机变量具体的概率分布情况，而只感兴趣某些能描述随机变量的某些特征的常量。比如，考察一个城市的交通情况时，人们更关心户均拥有的汽车的辆数；考察一个班级的数学科目考试成绩时，人们更想知道班级成绩的平均水平、成绩好坏的分散程度等。这种由随机变量的分布所确定的能刻画随机变量某一方面的特征的常量统称为数字特征，它在理论和实践上都具有重要的意义。

本章将要讨论的随机变量的常用数字特征有：数学期望、方差、相关系数、矩、偏度和峰度。

6.1　数学期望

6.1.1　数学期望的定义

对于随机变量 X，我们希望能找到这样一个数值，它能体现 X 取值的“平均”大小。例如，有一位射手，射击时击中的环数用随机变量 X 表示，假定 X 的分布律如下：

X	8	9	10
P	0.1	0.2	0.7

求该射手的平均每枪击中的环数。

显然，如果随机变量 X 等可能取值 8、9 和 10，那么 X 可能值的平均数是 $\frac{1}{3}(8+9+10)=9$，但实际上，从分布律可以看出，X 取 10 的可能性远比取 8 和 9 要大。设想该射手射击 100 次，那么他大约有 70 次击中 10 环、20 次击中 9 环、10 次击中 8 环。一般地，若射手射击 n 次，则他击中的环数大约是：

$$8\times0.1n+9\times0.2n+10\times0.7n=9.6n$$

平均起来该射手每枪击中 9.6 环，显然 9.6 才是 X 取值的平均值。因此，在研究随机变量取值的平均值时，不仅要考虑它的各个取值，还要考虑到取各个值相对应的概率。

定义 6.1　设离散型随机变量 X 的概率分布为：

$$P\{X=x_i\}=p_i, i=1,2,\cdots$$

如果级数 $\sum_{i=1}^{+\infty}x_ip_i$ 绝对收敛，则定义 X 的数学期望或均值为：

$$E(X)=\sum_{i=1}^{+\infty}x_ip_i \tag{6.1}$$

定义 6.2　设连续型随机变量 X 的概率密度函数为 $f(x)$，如果 $\int_{-\infty}^{+\infty} xf(x)dx$ 绝对收敛，则定义 X 的数学期望为：

$$E(X)=\int_{-\infty}^{+\infty} xf(x)dx \tag{6.2}$$

【注】　由数学期望的定义可知并不是所有的随机变量都有数学期望。

【例 6.1】　求服从两点分布的随机变量 X 的数学期望。

解　设两点分布的分布律为：

X	0	1
P	q	p

由离散型随机变量的数学期望的定义可知 $E(X)=0\times q+1\times p=p$。

【例 6.2】　在对一个人数众多的团队进行某种疾病的普查时，需要抽验 N 个人的血。验血的方式有两种：(1)对每个人的血分别去验，这就需要验 N 次。(2)把 k 个人分成一组，同一组的 k 个人的血混在一起进行检验，如果混合的血呈阴性反应，就说明 k 个人的血都呈阴性，此时相当于这 k 个人平均每人只需检验 $\frac{1}{k}$ 次；如果混合的血呈阳性，再对 k 个人的血逐个检验，共需检验 $k+1$ 次，相当于平均每人检验 $\frac{k+1}{k}$ 次。假设每个人化验呈阳性的概率为 p，且各人呈阳性反应是相互独立的。试说明当 p 较小时，选取适当的 k，按第二种方法可以减少检验次数，并说明 k 取什么值时最合适。

解　按照第二种方法检验，每个人的血需要检验的次数 X 是随机变量，其可能的取值为 $\frac{1}{k}$ 和 $\frac{k+1}{k}$。记 $q=1-p$，由各人呈阳性反应是相互独立的条件可知，k 个人混合的血呈阴性的概率为 q^k，即 $P\left(X=\frac{1}{k}\right)=q^k$；$k$ 个人混合的血呈阳性的概率为 $1-q^k$，则 X 的分布律为：

X	$\frac{1}{k}$	$\frac{k+1}{k}$
P	q^k	$1-q^k$

X 的数学期望为：$E(X)=\frac{1}{k}\times q^k+\left(1+\frac{1}{k}\right)(1-q^k)=1-q^k+\frac{1}{k}$，这个值表示的含义是每个人平均所需检验的次数，则 N 个人平均所需检验的次数为：

$$N(1-q^k+\frac{1}{k})$$

由于 p 一般都很小，从而 q 接近于 1。当 $k\geqslant 2$ 时，$q^k>\frac{1}{k}$。因此，$1-q^k+\frac{1}{k}<1$，$N\left(1-q^k+\frac{1}{k}\right)<N$，则 N 个人平均所需检验的次数小于 N。当 p 已知时，选取适当的 k，使 $E(X)$ 达到最小，这样就能得到最好的分组方法。

例如，当 $N=1000$，$p=0.1$ 时，$q=1-0.1=0.9$，当 $k=4$ 时，$E(X)$ 达到最小，此时平均检验的次数为：

$$1000\times(1-0.9^4+\frac{1}{4})\approx 594(\text{次})$$

减少约40%的工作量。

【例6.3】 某商店对某种家用电器的销售采用先使用后付款的方式。记使用寿命为X(以年计),规定:

$X\leqslant 1$,一台付款1500元;

$1<X\leqslant 2$,一台付款2000元;

$2<X\leqslant 3$,一台付款2500元;

$X>3$,一台付款3000元。

设寿命X服从指数分布,概率密度为:

$$f(x)=\begin{cases}\frac{1}{10}e^{-x/10}, & x>0\\ 0, & x\leqslant 0\end{cases}$$

试求该类家用电器一台收费Y的数学期望。

解 先求寿命X落在各个时间区间内的概率,即有:

$$P\{X\leqslant 1\}=\int_0^1\frac{1}{10}e^{-x/10}dx=1-e^{-0.1}\approx 0.0952;$$

$$P\{1<X\leqslant 2\}=\int_1^2\frac{1}{10}e^{-x/10}dx=e^{-0.1}-e^{-0.2}\approx 0.0861;$$

$$P\{2<X\leqslant 3\}=\int_2^3\frac{1}{10}e^{-x/10}dx=e^{-0.2}-e^{-0.3}\approx 0.0779;$$

$$P\{X>3\}=\int_3^{+\infty}\frac{1}{10}e^{-x/10}dx=e^{-0.3}\approx 0.7408。$$

则Y的分布律为:

Y	1500	2000	2500	3000
p_i	0.0952	0.0861	0.0779	0.7408

得到$E(Y)=2732.15$,即平均一台收费2732.15元。

【例6.4】 求服从区间$[a,b]$上均匀分布的随机变量X的数学期望。

解 随机变量X的密度函数为:

$$f(x)=\begin{cases}\frac{1}{b-a}, & a<x<b\\ 0, & \text{其他}\end{cases}$$

则由公式(6.2)计算得到:

$$E(X)=\int_a^b\frac{x}{b-a}dx=\frac{x^2}{2(b-a)}\bigg|_a^b=\frac{a+b}{2}$$

【例6.5】 已知随机变量X的分布函数$F(x)$如下:

$$F(x)=\begin{cases}0, & x\leqslant 0\\ \frac{x}{4}, & 0<x\leqslant 4,\\ 1, & x>4\end{cases}$$

求 $E(X)$。

解　随机变量 X 的概率密度函数为：

$$f(x)=F'(x)=\begin{cases}1/4, & 0<x<4\\ 0, & \text{其他}\end{cases}$$

因此，$E(X)=\int_{-\infty}^{+\infty}xf(x)dx=\int_0^4 x\cdot\frac{1}{4}dx=\frac{x^2}{8}\Big|_0^4=2$。

6.1.2　随机变量函数的数学期望

设 X 为一维随机变量，$g(x)$为实函数，则 $Y=g(X)$也是随机变量。理论上，可以通过 X 的分布求出 $g(X)$的分布，再根据数学期望的定义求出 $g(X)$的数学期望 $E[g(X)]$，但是显然求法比较复杂。

下面不加证明地引入有关计算随机变量函数的数学期望的定理：

定理 6.1　设 Y 是随机变量 X 的函数：$Y=g(X)$（g 是连续函数）。

(1)若 X 是离散型随机变量，其概率分布为：

$$P\{X=x_i\}=p_i, i=1,2,\cdots$$

则 Y 的数学期望为：

$$E(Y)=E[g(x)]=\sum_{i=1}^{+\infty}g(x_i)p_i \tag{6.3}$$

(2)若 X 是连续型随机变量，其概率密度为 $f(x)$，则 Y 的数学期望为：

$$E(Y)=E[g(x)]=\int_{-\infty}^{+\infty}g(x)f(x)dx \tag{6.4}$$

【注】　定理的重要性在于计算 $E(Y)$ 时不必计算 Y 的概率分布或概率密度，只需要知道 X 的分布律或概率密度就可以了。

上述定理可推广到二维及以上的情形。

定理 6.2　设(X,Y)是二维随机变量，$Z=g(X,Y)$，且 $E(Z)$存在，则：

(1)若(X,Y)是离散型随机变量，其概率分布为：

$$P\{X=x_i,Y=y_j\}=p_{ij}(i,j=1,2,\cdots) \tag{6.5}$$

则 Z 的数学期望为：

$$E(Z)=E[g(X,Y)]=\sum_{j=1}^{+\infty}\sum_{i=1}^{+\infty}g(x_i,y_j)p_{ij}$$

(2)若(X,Y)是连续型随机变量，其概率密度为 $f(x,y)$，则 Z 的数学期望为：

$$E(Z)=E[g(X,Y)]=\int_{-\infty}^{+\infty}\int_{-\infty}^{+\infty}g(x,y)f(x,y)dxdy \tag{6.6}$$

【例 6.6】　设随机变量 X 服从区间$[0,2\pi]$上的均匀分布，求 $E(\sin X)$，$E(X^2)$。

解　随机变量 X 的概率密度函数为：

$$f(x)=\begin{cases}\frac{1}{2\pi}, & 0<x<2\pi\\ 0, & \text{其他}\end{cases}$$

则由公式(6.6)可得：

$$E(\sin X)=\int_0^{2\pi}\sin x f(x)dx=\int_0^{2\pi}\frac{1}{2\pi}\sin x dx=0,$$

$$E(X^2)=\int_0^{2\pi}x^2 f(x)dx=\int_0^{2\pi}\frac{1}{2\pi}x^2 dx=\frac{4}{3}\pi^2$$

【例 6.7】 设随机变量(X,Y)的联合概率分布为：

Y \ X	−2	−1	1	2
1	0	1/4	1/4	0
4	1/4	0	0	1/4

求$E(X)$，$E(Y)$，$E(XY)$。

解 首先求出随机变量X和Y的边缘分布。X和Y的边缘分布为：

X	−2	−1	1	2
p_i	1/4	1/4	1/4	1/4

Y	1	4
p_i	1/2	1/2

则$E(X)=(-2)\times\frac{1}{4}+(-1)\times\frac{1}{4}+1\times\frac{1}{4}+2\times\frac{1}{4}=0$，$E(Y)=1\times\frac{1}{2}+4\times\frac{1}{2}=\frac{5}{2}$，

$E(XY)=(1\times(-2))\times 0+(1\times(-1))\times\frac{1}{4}+(1\times 1)\times\frac{1}{4}+(1\times 2)\times 0+(4\times(-2))\times\frac{1}{4}$

$+(4\times(-1))\times 0+(4\times 1)\times 0+(4\times 2)\times\frac{1}{4}=0$。

【例 6.8】 设某家电卖场对某种电器的需求量为随机变量X，且X服从$U[200,400]$，该卖场每销售1台这样的电器可盈利300元，但是若销售不出去，则每台需要付保管费100元。问应该进货多少台电器才能使得卖场盈利的期望值达到最大？

解 设卖场进货n台电器，盈利为Y(百元)，由题可知：

$$Y=g(X)=\begin{cases}3n, & X\geqslant n\\ 3X-(n-X), & X<n\end{cases}=\begin{cases}3n, & X\geqslant n\\ 4X-n, & X<n\end{cases}$$

由X的分布可得X的概率密度函数$f(x)$为：

$$f(x)=\begin{cases}1/200, & 200<x<400\\ 0, & \text{其他}\end{cases}$$

则Y的数学期望为：

$$\begin{aligned}E(Y)&=\int_{-\infty}^{+\infty}g(x)f(x)dx=\int_{200}^{400}\frac{1}{200}g(x)dx\\&=\frac{1}{200}\int_{200}^{n}(4x-n)dx+\int_{n}^{400}3ndx\\&=\frac{1}{100}(-n^2+700n-200^2)\end{aligned}$$

令 $L(n)=\frac{1}{100}(-n^2+700n-200^2)$，对 $L(n)$ 求导并令其等于 0，可解得 $n=350$，即当 $n=350$ 时，$L(n)$ 可取最大值。因此，该卖场应该进货该种电器 350 台才能使得收益的期望值达到最大。

6.1.3　数学期望的性质

性质 1　设 C 是常数，则有 $E(C)=C$。

性质 2　设 X 是随机变量，C 是常数，则有 $E(CX)=CE(X)$。

性质 3　设 X,Y 是两个随机变量，则有 $E(X+Y)=E(X)+E(Y)$。

【注】　上述性质可以推广到任意有限个随机变量之和的情况：

$$E\left(\sum_{i=1}^{n} C_i X_i\right)=\sum_{i=1}^{n} C_i E(X_i)$$

性质 4　设 X,Y 是两个相互独立的随机变量，则有 $E(XY)=E(X)E(Y)$。

【注 1】　上述性质可以推广到任意有限个相互独立的随机变量之积的情况：

$$E\left(\prod_{i=1}^{n} X_i\right)=\prod_{i=1}^{n} E(X_i)$$

【注 2】　由 $E(XY)=E(X)E(Y)$ 不一定能推出 X,Y 独立。

【例 6.9】　一民航送客车载有 20 位旅客自机场开出，旅客有 10 个车站可以下车。如到达一个车站没有旅客下车就不停车。以 X 表示停车的次数，求 $E(X)$（设每位旅客在各个车站下车是等可能的，并设旅客是否下车相互独立）。

解　引入随机变量：

$$X_i=\begin{cases}0, & \text{在第 } i \text{ 站没有人下车}\\ 1, & \text{在第 } i \text{ 站有人下车}\end{cases},i=1,2,\cdots,10$$

易知：

$$X=X_1+X_2+\cdots+X_{10}$$

由随机变量数学期望的性质 3 可知：

$$E(X)=\sum_{i=1}^{10} E(X_i)$$

下面求解 $E(X_i)$。根据题意，任一旅客不在第 i 站下车的概率为 $\frac{9}{10}$，因此，20 位旅客都不在第 i 站下车的概率为 $\left(\frac{9}{10}\right)^{20}$，在第 i 站有人下车的概率为 $1-\left(\frac{9}{10}\right)^{20}$，即：

$$P(X_i=0)=\left(\frac{9}{10}\right)^{20},P(X_i=1)=1-\left(\frac{9}{10}\right)^{20},i=1,2,\cdots,10$$

因此，$E(X_i)=1-\left(\frac{9}{10}\right)^{20},i=1,2,\cdots,10$。

所以 $E(X)=10\left[1-\left(\frac{9}{10}\right)^{20}\right]\approx 8.784$（次）。

【注】　本题是将 X 分解成数个随机变量之和，然后利用随机变量和的数学期望等于随

机变量的数学期望之和来求数学期望,这种处理方法具有一定的普遍意义。

【例 6.10】 设某零件的长和宽相互独立且分别服从区间$[a,b]$,$[c,d]$上的均匀分布,试求此零件面积的数学期望。

解 用随机变量 X 表示零件的长,Y 表示零件的宽,由于 X,Y 相互独立,根据随机变量的数学期望性质 4 有:

$$E(XY)=E(X)E(Y)=\left(\frac{a+b}{2}\right)\times\left(\frac{c+d}{2}\right)=\frac{(a+b)(c+d)}{4}$$

习题 6-1

1. 已知甲、乙两箱中装有同种产品,其中甲箱中装有 3 件合格品和 3 件次品,乙箱中仅装有 3 件合格品;从甲箱子中任取 3 件产品放入乙箱。求乙箱中次品数的数学期望。

2. 某产品的次品率为 0.1,检验员每天检验 4 次,每次随机地抽取 10 件产品进行检验,如果发现其中的次品数多于 1,就要调整设备。以 X 表示一天中调整设备的次数,试求 X 的数学期望(设诸产品是否为次品是相互独立的)。

3. 设随机变量 X 的分布律如下:

X	-2	1	0	1	2
p_i	0.4	0.2	0.1	0.1	0.2

求 $E(X)$,$E(X^2)$,$E(3X+5)$。

4. 设连续型随机变量 X 的概率密度为:

$$f(x)=\begin{cases}kx^a, & 0<x<2\\ 0, & \text{其他}\end{cases}$$

其中,$k,a>0$,又已知 $E(X)=0.75$,求 k,a 的值。

5. 设连续型随机变量 X 的概率密度为:

$$f(x)=\begin{cases}e^{-x}, & x>0\\ 0, & \text{其他}\end{cases}$$

求:(1) $Y=2X$ 的数学期望;

(2) $Y=e^{-2X}$ 的数学期望。

6. 一工厂生产的某种设备的寿命 X(单位:年)服从指数分布,概率密度为:

$$f(x)=\begin{cases}\frac{1}{4}e^{-\frac{x}{4}}, & x>0\\ 0, & \text{其他}\end{cases}$$

工厂规定,出售的设备若在售出一年之内损坏可予以调换。若工厂售出一台设备盈利 100 元,调换一台设备厂方需花 300 元。试求厂方出售一台设备净盈利的数学期望。

7. 已知二维离散型随机变量(X,Y)的分布律如下:

X \ Y	1	2	3
-1	0.2	0.1	0.0
0	0.1	0.0	0.3
1	0.1	0.1	0.1

(1) 求 $E(X)$,$E(Y)$;

(2) 设 $Z=X/Y$,求 $E(Z)$;

(3) 设 $Z=(X-Y)^2$,求 $E(Z)$。

8. 设二维连续型随机变量 (X,Y) 的概率密度为:

$$f(x,y)=\begin{cases}12y^2, & 0\leqslant y\leqslant x\leqslant 1\\ 0, & \text{其他}\end{cases}$$

求 $E(X)$,$E(Y)$,$E(XY)$ 及 $E(X^2+Y^2)$。

9. 设随机变量 X_1,X_2 的概率密度分别为:

$$f_1(x)=\begin{cases}2e^{-2x} & x>0\\ 0, & \text{其他}\end{cases}$$

$$f_2(x)=\begin{cases}4e^{-4x} & x>0\\ 0, & \text{其他}\end{cases}$$

(1) 求 $E(X_1+X_2)$,$E(2X_1+3X_2^2)$;

(2) 设 X_1,X_2 相互独立,求 $E(X_1X_2)$。

6.2　方差

6.2.1　方差的定义

数学期望反映了随机变量分布的平均取值,但在实际问题中,我们不仅关心随机变量的取值水平,还关心其与均值的偏离程度。例如,考察一批灯泡的寿命时,不仅希望平均寿命长,还希望灯泡相互间寿命的差异要小,差异越小说明灯泡的质量越稳定,而衡量质量稳定性的数量指标就是本节所要讨论的数字特征——方差。

定义 6.3　设 X 为随机变量,若 $E[X-E(X)]^2$ 存在,则称它为 X 的方差,记为:

$$D(X)=\mathrm{Var}(X)=E[X-E(X)]^2 \tag{6.7}$$

方差的算术平方根 $\sqrt{D(X)}$ 称为标准差或均方差,记为 $\sigma(X)$。

由定义可知,随机变量 X 的方差衡量了 X 的取值与其数学期望的偏离程度(也称为分散程度)。若 X 的取值比较集中在 $E(X)$ 的附近,则 $D(X)$ 较小;若 X 的取值比较分散,则 $D(X)$ 较大。

6.2.2　方差的计算

若随机变量 X 是离散型随机变量,其概率分布为:

$$P\{X=x_i\}=p_i,\ i=1,2,\cdots$$

则:

$$D(X)=\sum_{i=1}^{\infty}[x_i-E(X)]^2p_i$$

若 X 是连续型随机变量,且其概率密度为 $f(x)$,则:

$$D(X)=\int_{-\infty}^{+\infty}[X-E(X)]^2f(x)dx$$

利用数学期望的运算性质,可得计算方差的重要公式:

$$D(X)=E(X^2)-[E(X)]^2$$

这是由于:

$$\begin{aligned}D(X)&=E\{[X-E(X)]^2\}=E\{X^2-2XE(X)+[E(X)]^2\}\\&=E(X^2)-2E(X)\cdot E(X)+[E(X)]^2\\&=E(X^2)-[E(X)]^2\end{aligned}$$

【例 6.11】 设随机变量 X 具有数学期望 $E(X)=\mu$,方差 $D(X)=\sigma^2\neq0$。记

$$X^*=\frac{X-\mu}{\sigma}$$

则:

$$E(X^*)=E\left(\frac{X-\mu}{\sigma}\right)=\frac{1}{\sigma}E(X-\mu)=\frac{1}{\sigma}[E(X)-\mu]=0$$

$$\begin{aligned}D(X^*)&=E(X^{*2})-[E(X^*)]^2=E\left[\left(\frac{X-\mu}{\sigma}\right)^2\right]\\&=\frac{1}{\sigma^2}E[(X-\mu)^2]=\frac{\sigma^2}{\sigma^2}=1\end{aligned}$$

即 $X^*=\dfrac{X-\mu}{\sigma}$ 的数学期望为 0,方差为 1。X^* 称为 X 的标准化变量。

【例 6.12】 求服从两点分布的随机变量 X 的方差。

解 已知 $E(X)=p$,$E(X^2)=0^2\cdot q+1^2\cdot p=p$,因此 $D(X)=E(X^2)-[E(X)]^2=p-p^2=p(1-p)$。

【例 6.13】 已知 X 服从参数为 λ 的泊松分布,$X\sim P(\lambda)$,求 $E(X)$ 和 $D(X)$。

解 随机变量 X 的分布律为:

$$P\{X=k\}=\frac{\lambda^k e^{-\lambda}}{k!},\quad k=0,1,2,\cdots;\lambda>0$$

由定义得:

$$\begin{aligned}E(X)&=\sum_{k=0}^{\infty}k\frac{\lambda^k e^{-\lambda}}{k!}=\lambda e^{-\lambda}\sum_{k=1}^{\infty}\frac{\lambda^{k-1}}{(k-1)!}\\&=\lambda e^{-\lambda}\cdot e^{\lambda}=\lambda\end{aligned}$$

$$\begin{aligned}E(X^2)&=E[X(X-1)+X]=E[X(X-1)]+E(X)\\&=\sum_{k=0}^{\infty}k(k-1)\frac{\lambda^k e^{-\lambda}}{k!}+\lambda=\lambda^2e^{-\lambda}\sum_{k=2}^{\infty}\frac{\lambda^{k-2}}{(k-2)!}+\lambda\\&=\lambda^2e^{-\lambda}e^{\lambda}+\lambda\\&=\lambda^2+\lambda\end{aligned}$$

则方差 $D(X)=E(X^2)-[E(X)]^2=\lambda$。

【例 6.14】 求服从区间 $[a,b]$ 上均匀分布的随机变量 X 的方差。

解 已知 X 的期望 $E(X)=\dfrac{a+b}{2}$,则方差为:

$$D(X)=E(X^2)-[E(X)]^2=\int_a^b x^2\frac{1}{b-a}dx-\left(\frac{a+b}{2}\right)^2=\frac{(b-a)^2}{12}$$

【例 6.15】 求服从参数为 λ 的指数分布的随机变量 X 的方差。

解　已知服从参数为 λ 的指数分布的概率密度为：

$$f(x)=\begin{cases}\lambda e^{-\lambda x}, & x\geqslant 0\\ 0, & x<0\end{cases},\quad \lambda>0$$

则 $E(X)=\int_{-\infty}^{\infty} xf(x)dx=\int_{0}^{\infty} x\lambda e^{-\lambda x}dx$。

令 $t=\lambda x$，则 $E(X)=\frac{1}{\lambda}\int_{0}^{\infty} te^{-t}dt=\frac{1}{\lambda}$。

由此可得 $D(X)=\int_{0}^{\infty} x^{2}\lambda \mathrm{e}^{-\lambda x}\mathrm{d}x-\frac{1}{\lambda^{2}}=\frac{2}{\lambda^{2}}-\frac{1}{\lambda^{2}}=\frac{1}{\lambda^{2}}$。

6.2.3　方差的性质

性质 1　设 C 是常数，则 $D(C)=0$。

性质 2　设 X 是随机变量，若 C 为常数，则：

$$D(CX)=C^{2}(DX)$$

性质 3　设 X,Y 是两个随机变量，则有：

$$D(X\pm Y)=D(X)+D(Y)\pm 2E\{[X-E(X)][Y-E(Y)]\}$$

特别地，若 X,Y 相互独立，则有：

$$D(X\pm Y)=D(X)+D(Y)$$

【注】 对 n 维情形，若 $X_1,X_2,\cdots,X_n$ 相互独立，则：

$$D\left[\sum_{i=1}^{n}X_i\right]=\sum_{i=1}^{n}D(X_i)$$

$$D\left[\sum_{i=1}^{n}C_iX_i\right]=\sum_{i=1}^{n}C_i^{2}D(X_i)$$

【例 6.16】 设 $X\sim b(n,p)$，求 $E(X)$，$D(X)$。

解　X 表示 n 重伯努利试验中"成功"的次数。若设：

$$X_i=\begin{cases}1, & 第\ i\ 次试验成功\\ 0, & 第\ i\ 次试验失败\end{cases},i=1,2,\cdots,n$$

则：

$$X=\sum_{i=1}^{n}X_i$$

表示 n 次试验中"成功"的次数，且 X_i 服从 0-1 分布，则有 $E(X_i)=p$ 且 $D(X_i)=p(1-p)$。由于 $X_1,X_2,\cdots,X_n$ 相互独立，于是：

$$E(X)=\sum_{i=1}^{n}E(X_i)=np$$

$$D(X)=\sum_{i=1}^{n}D(X_i)=np(1-p)$$

【例 6.17】 设 $X\sim N(\mu,\sigma^{2})$，求 $E(X)$，$D(X)$。

解　先求标准正态变量 $Z=\frac{X-\mu}{\sigma}$ 的数学期望和方差。Z 的概率密度为：

$$\varphi(t)=\frac{1}{\sqrt{2\pi}}e^{-t^2/2},\quad -\infty<t<+\infty$$

因此：

$$E(Z)=\frac{1}{\sqrt{2\pi}}\int_{-\infty}^{\infty}te^{-t^2/2}dt=0$$

$$D(Z)=E(Z^2)-[E(Z)]^2=E(Z^2)=\frac{1}{\sqrt{2\pi}}\int_{-\infty}^{\infty}t^2e^{-t^2/2}dt$$

$$=\frac{-1}{\sqrt{2\pi}}te^{-t^2/2}\Big|_{-\infty}^{\infty}+\frac{1}{\sqrt{2\pi}}\int_{-\infty}^{\infty}e^{-t^2/2}dt$$

$$=1$$

由于 $X=\mu+\sigma Z$，即得：

$$E(X)=E(\mu+\sigma Z)=\mu$$

$$D(X)=D(\mu+\sigma Z)=D(\sigma Z)=\sigma^2D(Z)=\sigma^2$$

这就是说，正态分布的概率密度的两个参数 μ 和 σ^2 分别是该分布的数学期望和均方差，因而正态分布完全可由它的数学期望和方差所确定。

【例 6.18】 袋中有 n 张卡片，号码分别为 $1,2,\cdots,n$，从中有放回地抽取 k 张卡片，令 X 表示所抽得的 k 张卡片的号码之和，求 $E(X)$，$D(X)$。

解 令 X_i 表示第 i 次抽取的卡片号码（$i=1,2,\cdots,k$），则：

$$X=\sum_{i=1}^{k}X_i$$

由于是有放回抽取，所以 X_i 之间相互独立，且：

$$P(X_i=j)=\frac{1}{n},j=1,2,\cdots,n,i=1,2,\cdots k$$

所以：

$$E(X_i)=\sum_{j=1}^{n}j\cdot\frac{1}{n}=\frac{1}{n}\frac{n(n+1)}{2}=\frac{n+1}{2}$$

$$E(X_i^2)=\sum_{j=1}^{n}j^2\cdot\frac{1}{n}=\frac{(n+1)(2n+1)}{6}$$

$$D(X_i)=E(X_i^2)-[E(X_i)]^2$$

$$=\frac{n^2-1}{12}$$

则有：

$$E(X)=\sum_{i=1}^{k}E(X_i)=\frac{k}{2}(n+1)$$

$$D(X)=\sum_{i=1}^{k}D(X_i)=\frac{k}{12}(n^2-1)$$

习题 6-2

1. 设随机变量 X 服从泊松分布，且 $P\{X=1\}=P\{X=2\}$，求 $E(X)$ 和 $D(X)$。

2. 某人用 n 把钥匙去开门，其中只有一把能打开门上的锁，现逐个任取一把试开，求打开此门所需开门次数 X 的均值和方差，假设：(1)打不开的钥匙不放回；(2)打不开的钥匙仍放回。

3. 设随机变量 X 和 Y 相互独立，且 X 服从均值为 1、方差为 2 的正态分布，Y 服从标准正态分布，求随机变量 $Z=2X-Y+3$ 的概率密度。

4. 设随机变量 X 服从区间 $[-1,2]$ 上的均匀分布，设随机变量 $Y=\begin{cases}1, X>0\\0, X=0\\-1, X<0\end{cases}$，求 $D(Y)$。

5. 设随机变量 X_1,X_2,X_3,X_4 相互独立，且有 $E(X_i)=i, D(X_i)=5-i, i=1,2,3,4$。设：

$$Y=2X_1-X_2+3X_3-\frac{1}{2}X_4$$

求 $E(Y), D(Y)$。

6. 5 家商店联营，它们每两周售出的某种农产品的数量(单位:kg)分别为 X_1,X_2,X_3,X_4,X_5。已知 $X_1\sim N(200,255)$，$X_2\sim N(240,240)$，$X_3\sim N(180,225)$，$X_4\sim N(260,265)$，$X_5\sim N(320,270)$，X_1,X_2,X_3,X_4,X_5 相互独立。

(1)求 5 家商店两周的总销售量的均值和方差；

(2)商店每隔两周进货一次，为了使新的供货到达前商店不会脱销的概率大于 0.99，问商店的仓库应至少存储该产品多少千克？

6.3　协方差与相关系数

6.3.1　协方差的定义

对于二维随机变量 (X,Y)，除了讨论 X 与 Y 的数学期望及方差外，还需要讨论描述 X 和 Y 之间相互关系的数字特征。

当两个随机变量 X 与 Y 相互独立时，有：

$$E\{[X-E(X)][Y-E(Y)]\}=E[X-E(X)]\cdot E[Y-E(Y)]=0$$

这意味着当 $E\{[X-E(X)][Y-E(Y)]\}\neq 0$ 时，X 与 Y 不相互独立，而是存在一定的关系。

定义 6.4　当 $E\{[X-E(X)][Y-E(Y)]\}$ 存在时，则称此为 X 与 Y 的协方差，记为 $\mathrm{cov}(X,Y)$，即：

$$\mathrm{cov}(X,Y)=E\{[X-E(X)][Y-E(Y)]\}$$

若 (X,Y) 为离散型随机向量，其概率分布为：

$$P\{X=x_i,Y=y_j\}=p_{ij}\qquad (i,j=1,2,\cdots)$$

则：

$$\mathrm{cov}(X,Y)=\sum_{i,j}[x_i-E(X)][y_j-E(Y)]\cdot p_{ij}$$

若 (X,Y) 为连续型随机变量，其概率分布为 $f(x,y)$，则：

$$\mathrm{cov}(X,Y)=\int_{-\infty}^{+\infty}\int_{-\infty}^{+\infty}[x-E(x)][y-E(y)]f(x,y)dxdy$$

利用数学期望的性质，可得协方差的另一计算公式：

$$\mathrm{cov}(X,Y)=E(XY)-E(X)\cdot E(Y)$$

这是由于：

$$\begin{aligned}\mathrm{cov}(X,Y)&=E\{[X-E(X)][Y-E(Y)]\}\\&=E[XY-XE(Y)-YE(X)+E(X)\cdot E(Y)]\\&=E(XY)-E(X)\cdot E(Y)-E(X)\cdot E(Y)+E(X)\cdot E(Y)\\&=E(XY)-E(X)\cdot E(Y)\end{aligned}$$

特别地，当 X 与 Y 独立时，有：

$$\mathrm{cov}(X,Y)=0$$

由协方差的定义以及上面的展开式不难得到：

$$D(X\pm Y)=D(X)+D(Y)\pm 2\mathrm{cov}(X,Y)$$

特别地，当 X 与 Y 独立时，有：

$$D(X\pm Y)=D(X)+D(Y)$$

上述结果可以推广至 n 维的情形：

$$D\left(\sum_{i=1}^{n}X_i\right)=\sum_{i=1}^{n}D(X_i)+2\sum_{1\leqslant i<j\leqslant n}\mathrm{cov}(X_i,X_j)$$

若 $X_1,X_2,\cdots,X_n$ 两两独立，则：

$$D\left(\sum_{i=1}^{n}X_i\right)=\sum_{i=1}^{n}D(X_i)$$

6.3.2 协方差的性质

性质 1 $\mathrm{cov}(X,X)=D(X)$；

性质 2 $\mathrm{cov}(X,Y)=\mathrm{cov}(Y,X)$；

性质 3 $\mathrm{cov}(aX,bY)=ab\,\mathrm{cov}(X,Y)$，其中 a,b 是常数；

性质 4 $\mathrm{cov}(C,X)=0$，C 为任意常数；

性质 5 $\mathrm{cov}(X_1+X_2,Y)=\mathrm{cov}(X_1,Y)+\mathrm{cov}(X_2,Y)$；

性质 6 当 X 与 Y 独立时，则 $\mathrm{cov}(X,Y)=0$。

【例 6.19】 设二维离散型随机变量 (X,Y) 的联合分布律如下，求 $\mathrm{cov}(X,Y)$。

X \ Y	-1	0	1
-1	1/8	1/8	1/16
0	1/16	0	1/4
1	1/8	1/16	3/16

解 由联合分布律求得 X 与 Y 的概率分布分别为：

X	-1	0	1
P	5/16	5/16	3/8

Y	-1	0	1
P	5/16	3/16	1/2

因此有：$E(X)=(-1)\times\dfrac{5}{16}+0\times\dfrac{5}{16}+1\times\dfrac{3}{8}=\dfrac{1}{16}$

$$E(Y)=(-1)\times\frac{5}{16}+0\times\frac{3}{16}+1\times\frac{1}{2}=\frac{3}{16}$$

$$\begin{aligned}E(XY)=&(-1)\times(-1)\times\frac{1}{8}+(-1)\times0\times\frac{1}{8}+(-1)\times1\times\frac{1}{16}\\&+0\times(-1)\times\frac{1}{16}+0\times0\times0+0\times1\times\frac{1}{4}\\&+1\times(-1)\times\frac{1}{8}+1\times0\times\frac{1}{16}+1\times1\times\frac{3}{16}=\frac{1}{8}\end{aligned}$$

则 $\mathrm{cov}(X,Y)=E(XY)-E(X)E(Y)=\frac{1}{8}-\frac{1}{16}\times\frac{3}{16}=\frac{29}{256}$。

【例 6.20】 设二维连续型随机变量 (X,Y) 的联合密度函数为：

$$f(x,y)=\begin{cases}\frac{1}{8}(x+y), & 0\leqslant x\leqslant2,0\leqslant y\leqslant2\\0, & 其他\end{cases}$$

求 $\mathrm{cov}(X,Y)$。

解 由联合密度函数求得边缘密度函数分别为：

$$f_X(x)=\begin{cases}\frac{x+1}{4}, & 0\leqslant x\leqslant2\\0, & 其他\end{cases},\quad f_Y(y)=\begin{cases}\frac{y+1}{4}, & 0\leqslant y\leqslant2\\0, & 其他\end{cases}$$

则：

$$E(X)=\int_{-\infty}^{+\infty}xf_X(x)dx=\int_0^2x\cdot\frac{x+1}{4}dx=\frac{7}{6}$$

$$E(Y)=\int_{-\infty}^{+\infty}yf_Y(y)dy=\int_0^2y\cdot\frac{y+1}{4}dx=\frac{7}{6}$$

$$E(XY)=\int_{-\infty}^{+\infty}\int_{-\infty}^{+\infty}xyf(x,y)dxdy=\int_0^2\int_0^2xy\cdot\frac{1}{8}(x+y)dxdy=\frac{4}{3}$$

因此，$\mathrm{cov}(X,Y)=E(XY)-E(X)E(Y)=-\frac{1}{36}$。

6.3.3 相关系数的定义

定义 2 设 (X,Y) 为二维变量且 $D(X)\cdot D(Y)\neq0$，称

$$\rho_{XY}=\frac{\mathrm{cov}(X,Y)}{\sqrt{D(X)}\sqrt{D(Y)}}$$

为随机变量 X 和 Y 的相关系数，有时也记 ρ_{XY} 为 ρ，当 $\rho_{XY}=0$ 时，称 X 与 Y 不相关。

6.3.4 相关系数的性质

性质 1 $|\rho_{XY}|\leqslant1$。

性质 2 $|\rho_{XY}|=1$ 的充要条件是，存在常数 a,b 使：

$$P\{Y=a+bX\}=1$$

相关系数 ρ_{XY} 刻画了随机变量 X 与 Y 之间的“线性相关”程度。$|\rho_{XY}|$ 的值越接近 1，说明 X 与 Y 的线性相关程度越高；$|\rho_{XY}|$ 的值越接近于 0，说明 X 与 Y 的线性相关程度越弱。当 $|\rho_{XY}|=1$ 时，Y 与 X 的变化可完全由 X 的线性函数给出。当 $\rho_{XY}>0$ 时，说明 X 与 Y 之间存在正相关性，当 $\rho_{XY}<0$ 时，说明 X 与 Y 之间存在负相关性，当 $\rho_{XY}=0$ 时，说明 X 与 Y 之间没有线性关系，但是并不能说明 X 与 Y 之间没有其他的函数关系，因此两个随机变量不相关，并不能推出这两个随机变量相互独立。

【例 6.21】 设二维离散型随机变量 (X,Y) 的联合分布律如下：

Y \ X	−2	−1	1	2
1	0	1/4	1/4	0
4	1/4	0	0	1/4

则 X 与 Y 是否相互独立？

解 由联合分布率分别求得 X 与 Y 的分布律为：

X	−2	−1	1	2
P	1/4	1/4	1/4	1/4

Y	1	4
P	1/2	1/2

易知 $E(X)=0, E(Y)=\dfrac{5}{2}, E(XY)=0$，于是 $\rho_{XY}=0$，因此 X 与 Y 不相关，即 X 与 Y 不存在线性关系。但是 $P\{X=-2,Y=1\}=0\neq P\{X=-2\}P\{Y=1\}$，因此 X 与 Y 不相互独立。事实上，X 与 Y 具有关系 $Y=X^2$，Y 的值完全可由 X 的值所确定。

【例 6.22】 设 (X,Y) 服从二维正态分布，它的概率密度函数为：

$$f(x,y)=\frac{1}{2\pi\sigma_1\sigma_2\sqrt{1-\rho^2}}\exp\left\{\frac{-1}{2(1-\rho^2)}\left[\frac{(x-\mu_1)^2}{\sigma_1^2}-2\rho\frac{(x-\mu_1)(y-\mu_2)}{\sigma_1\sigma_2}+\frac{(y-\mu_2)^2}{\sigma_2^2}\right]\right\},$$

$$-\infty<x,y<\infty$$

求 ρ_{XY}。

解 由二维正态分布的边缘概率密度知：

$$E(X)=\mu_1, E(Y)=\mu_2, D(X)=\sigma_1^2, D(Y)=\sigma_2^2$$

$$\begin{aligned}\mathrm{cov}(X,Y)&=E\{[X-E(X)][Y-E(Y)]\}\\&=\int_{-\infty}^{+\infty}\int_{-\infty}^{+\infty}(x-\mu_1)(y-\mu_2)f(x,y)dxdy\\&=\frac{1}{2\pi\sigma_1\sigma_2\sqrt{1-\rho^2}}\int_{-\infty}^{+\infty}\int_{-\infty}^{+\infty}(x-\mu_1)(y-\mu_2)\\&\quad\times\exp\left[\frac{-1}{2(1-\rho^2)}\left(\frac{y-\mu_2}{\sigma_2}-\rho\frac{x-\mu_1}{\sigma_1}\right)^2-\frac{(x-\mu_1)^2}{2\sigma_1^2}\right]dxdy\end{aligned}$$

令 $t=\frac{1}{\sqrt{1-\rho^2}}\left(\frac{y-\mu_2}{\sigma_2}-\rho\frac{x-\mu_1}{\sigma_1}\right)$，$u=\frac{x-\mu_1}{\sigma_1}$，则有：

$$\begin{aligned}\operatorname{cov}(X,Y)&=\frac{1}{2\pi}\int_{-\infty}^{+\infty}\int_{-\infty}^{+\infty}(\sigma_1\sigma_2\sqrt{1-\rho^2}\,tu+\rho\sigma_1\sigma_2u^2)\exp\left(-\frac{u^2+t^2}{2}\right)dtdu\\&=\frac{\rho\sigma_1\sigma_2}{2\pi}\left(\int_{-\infty}^{+\infty}u^2e^{-\frac{u^2}{2}}du\right)\left(\int_{-\infty}^{+\infty}e^{-\frac{t^2}{2}}dt\right)\\&\quad+\frac{\sigma_1\sigma_2\sqrt{1-\rho^2}}{2\pi}\left(\int_{-\infty}^{+\infty}ue^{-\frac{u^2}{2}}du\right)\left(\int_{-\infty}^{+\infty}te^{-\frac{t^2}{2}}dt\right)\\&=\frac{\rho\sigma_1\sigma_2}{2\pi}\sqrt{2\pi}\sqrt{2\pi}=\rho\sigma_1\sigma_2\end{aligned}$$

则 $\rho_{XY}=\frac{\operatorname{cov}(X,Y)}{\sqrt{D(X)}\sqrt{D(Y)}}=\frac{\rho\sigma_1\sigma_2}{\sigma_1\sigma_2}=\rho$。也就是说，二维正态随机变量$(X,Y)$的概率密度函数中的参数$\rho$就是$X$与$Y$的相关系数，因此二维正态随机变量的分布完全可由$X$与$Y$各自的数学期望、方差以及它们的相关系数所确定。

在上一章中已经得到结论：若(X,Y)服从二维正态分布，则X与Y相互独立的充要条件是$\rho=0$，而ρ同时又是X与Y的相关系数，因此，若(X,Y)服从二维正态分布，则X与Y相互独立，当且仅当X与Y不相关。

6.3.5　数学期望、方差、协方差及相关系数的R实现

由方差、协方差及相关系数的定义和相关计算公式可知，方差、协方差及相关系数的计算本质上均为数学期望的计算，因此本节以介绍数学期望的R实现为基础，给出方差、协方差及相关系数的R实现过程。

一元离散型随机变量的数学期望的计算可以直接通过向量的内积运算来完成。

【例6.23】　已知随机变量X的分布律如下：

X	0	1	2	3
p	1/8	3/8	3/8	1/8

利用R软件求随机变量X的数学期望及方差。

R程序：

```
>x<-c(0,1,2,3)              #创建随机变量取值向量
>p<-c(1/8,3/8,3/8,1/8)            #创建概率向量
>mu<-sum(x*p)             #求期望
>mu           #显示期望值
[1] 1.5
>mu1<-sum(x^2*p)            #求X^2的期望
>var<-mu1-mu^2           #求方差
>var           #显示方差值
[1] 0.75
```

还有一种更简单的方式是调用 distrEx 程序包的 E( )及 var( )函数直接求随机变量及随机变量函数的期望和方差。例如，例 6.23 还可以用如下程序实现。

R 程序：

```
>install.packages(distrEx)          #安装 distrEx 程序包
>library(distrEx)          #加载 distrEx 程序包
>X<-DiscreteDistribution(supp=0:3,prob=c(1,3,3,1)/8)          #定义离散分布
>E(X)          #求期望
[1] 1.5
>var(X)          #求方差
[1] 0.75
```

【例 6.24】 已知随机变量 $X\sim b(3,0.45)$，求 $E(X)$，$E(5X+4)$，$E(X^2)$，$D(X)$及 $D(X^2)$。

R 程序：

```
>X<-Binom(size=3,prob=0.45)          #定义离散分布
>library(distrEx)          #加载 distrEx 程序包
>E(X)          #求 X 的期望
[1] 1.35
>E(5*X+4)          #求 5X+4 的期望
[1] 10.75
>E(X^2)          #求 X^2 的期望
[1] 2.565
>var(X)          #求 X 的方差
[1] 0.7425
>var(X^2)          #求 X^2 的方差
[1] 6.556275
```

一元连续型随机变量的数学期望可以直接调用 R 中的 integrate( )函数求 $xf(x)$的积分来计算，也可以调用 distrEx 程序包中的 E( )函数来实现。

【例 6.25】 已知一维连续型随机变量 X 的概率密度函数为：

$$f(x)=\begin{cases}3x^2, & 0\leqslant x\leqslant 1\\ 0, & \text{其他}\end{cases}$$

利用 R 软件求随机变量 X 的数学期望及方差。

R 程序 1：

```
>g<-function(x) 3*x^3          #定义函数
>mu<-integrate(g,lower=0,upper=1)          #求 X 的积分，计算期望
0.75 with absolute error < 8.3e-15
>g1<-function(x) 3*x^4          #定义函数
>mu1<-integrate(g1,lower=0,upper=1)          #求 X^2 的积分
0.6 with absolute error < 6.7e-15
```

```
>var<-mu1-mu^2          #求方差
>var
[1] 0.0375
```

R 程序 2：

```
>h<-function(x) 3 * x^2          #定义密度函数
>X<-AbscontDistribution(d=f,low1=0,up1=1)          #定义绝对连续的随机变量
>E(X)          #求期望
[1] 0.7496337
>var(X)          #求方差
[1] 0.03768305
```

R 中没有明确的可以直接计算多维随机变量期望值的函数，但是可以通过创建随机分布的数据框，然后进行向量列运算来计算多维离散型随机变量的数学期望、方差及协方差等。

【例 6.26】 利用 R 软件实现例 6.21。

R 程序：

```
>X<-c(-2,-2,-1,-1,1,1,2,2)
>Y<-c(1,4,1,4,1,4,1,4)
>p<-c(0,1/4,1/4,0,1/4,0,0,1/4)
>S<-data.frame(X,Y,p)
>S
   X  Y    p
1 -2  1 0.00
2 -2  4 0.25
3 -1  1 0.25
4 -1  4 0.00
5  1  1 0.25
6  1  4 0.00
7  2  1 0.00
8  2  4 0.25
>EX<-sum(S$X*S$p)          #求随机变量 X 的期望
>EX
[1] 0
>EY<-sum(S$Y*S$p)          #求随机变量 Y 的期望
>EY
[1] 2.5
>EXY<-sum(S$X*S$Y*S$p)          #求随机变量 XY 的期望
>EXY
[1] 0
```

```
>EXY-EX*EY             #求X与Y的协方差
[1] 0
```

习题 6-3

1. 箱内共有 6 个球，其中红、白、黑球的个数分别为 1、2、3 个，现从中随机地取出 2 个球，记 X 为取到的红球数，Y 为取到的白球数。

(1)求随机变量(X,Y)的联合分布律；

(2)求 $\text{cov}(X,Y)$；

(3)利用 R 实现(1)和(2)。

2. 设随机变量 X 与 Y 独立同分布，且 X 的分布律为：

X	1	2
P	2/3	1/3

记$U=\max\{X,Y\}$，$V=\min\{X,Y\}$。

(1)求(U,V)的联合分布；

(2)求 $\text{cov}(X,Y)$；

(3)利用 R 实现(1)和(2)。

3. 设二维连续型随机变量(X,Y)的联合概率密度为：

$$f(x,y)=\begin{cases}\frac{1}{8}, & 0\leqslant x\leqslant 2,0\leqslant y\leqslant 2\\ 0, & \text{其他}\end{cases}$$

求 $E(X)$，$E(Y)$，$\text{cov}(X,Y)$，ρ_{XY}，$D(X+Y)$。

4. 设二维离散型随机变量(X,Y)的联合分布律为：

X \ Y	-2	-1	0	1	2
-1	0.1	0.1	0.05	0.1	0.1
0	0	0.05	0	0.05	0
1	0.1	0.1	0.05	0.1	0.1

试验证 X 与 Y 是不相关的，且 X 与 Y 是不相互独立的。

5. 设二维连续型随机变量(X,Y)的联合概率密度为：

$$f(x,y)=\begin{cases}\frac{1}{\pi}, & x^2+y^2\leqslant 1\\ 0, & \text{其他}\end{cases}$$

试验证 X 与 Y 是不相关的，且 X 与 Y 是不相互独立的。

6. 设已知三个随机变量 X,Y,Z，且 $E(X)=1$，$E(Y)=2$，$E(Z)=3$，$D(X)=9$，$D(Y)=4$，$D(Z)=1$，$\rho_{XY}=\frac{1}{2}$，$\rho_{XZ}=-\frac{1}{3}$，$\rho_{YZ}=\frac{1}{4}$。

求：(1)$E(X+Y+Z)$；(2)$D(X+Y+Z)$；(3)$D(X-2Y+3Z)$。

6.4　矩、协方差矩阵

6.4.1　矩的定义

本节介绍随机变量的另外几个数字特征。

定义 6.6　设 X 是随机变量，若 $E(X^k)$，$k=1,2,\cdots$ 存在，则称 $E(X^k)$ 为 X 的 k 阶原点矩，简称 k 阶矩。

定义 6.7　设 X 是随机变量，$\mu=E(X)$ 存在，若 $E[(X-\mu)]^k$，$k=1,2,\cdots$ 存在，则称 $E[(X-\mu)]^k$ 为 X 的 k 阶中心矩。

定义 6.8　设 (X,Y) 为二维随机变量，若 $E(X^kY^l)$，$k,l=1,2,\cdots$ 存在，则称 $E(X^kY^l)$ 为 X 与 Y 的 (k,l) 阶联合原点矩。

定义 6.9　设 (X,Y) 为二维随机变量，$\mu_1=E(X)$，$\mu_2=E(Y)$ 存在，若 $E[(X-\mu_1)^k(Y-\mu_2)^l]$，$k,l=1,2,\cdots$ 存在，则称 $E[(X-\mu_1)^k(Y-\mu_2)^l]$ 是 X 与 Y 的 (k,l) 阶联合中心矩。

显然，X 的数学期望是 X 的一阶原点矩，方差是 X 的二阶中心矩，(X,Y) 的协方差是 X 与 Y 的 $(1,1)$ 阶联合中心矩。

在矩的概念的基础上，下面介绍随机变量的偏度系数（简称偏度）和峰度系数（简称峰度）这两个数字特征，其中偏度用来衡量随机变量分布是否偏向某一侧，而峰度是以同方差的正态分布为标准，衡量随机变量分布尾部的分散性。

定义 6.10　设 X 是随机变量，其三阶中心矩 $E[(X-\mu)]^3$ 存在，则称

$$G_1=\frac{E[(X-\mu)]^3}{[\sigma(X)]^3}$$

为 X 的偏度。

定义 6.11　设 X 是随机变量，其四阶中心矩 $E[(X-\mu)]^4$ 存在，则称

$$G_2=\frac{E[(X-\mu)]^4}{[\sigma(X)]^4}-3$$

为 X 的峰度。

随机变量 X 的偏度是度量 X 的分布是否偏向某一侧的指标。对于对称分布，偏度为0。例如，对于正态分布，因为 $E[(X-\mu)]^3=0$，因此 $G_1=0$。若 X 的分布在右侧更为扩展，则偏度为正，即 $G_1>0$；若 X 的分布在左侧更为扩展，则偏度为负，即 $G_1<0$。图6.1显示了随机变量 X 的偏度为正和为负的概率密度的图形特点。

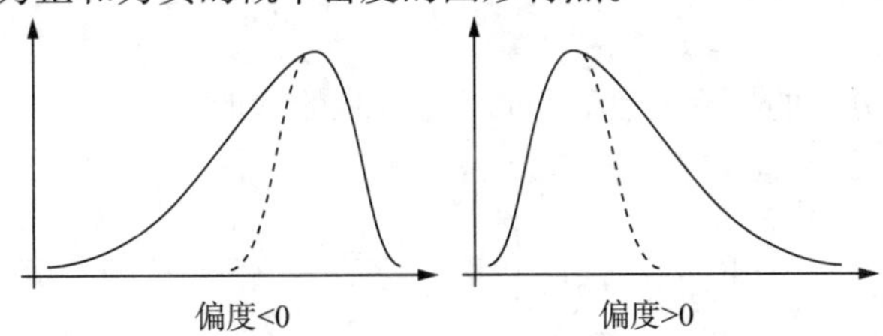

图 6.1　偏度为正和为负的概率密度函数的图形

随机变量 X 的峰度是以同方差的正态分布为标准，比较 X 的分布尾部分散性的指标。当 $X\sim N(\mu,\sigma^2)$ 时，因为 $E[(X-\mu)]^4=3\sigma^4$，所以 X 的峰度 $G_2=0$。当 $G_2>0$ 时，X 的分布中极端数值分布范围较广，这种分布称为粗尾的；当 $G_2<0$ 时，两侧极端数据较少，这种分布称为细尾的（见图 6.2）。

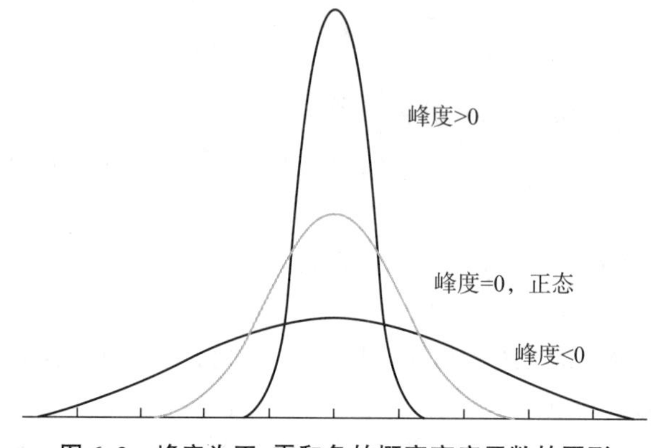

图 6.2　峰度为正、零和负的概率密度函数的图形

6.4.2　协方差矩阵的定义

对二维随机变量 (X,Y)，由其分量 X 与 Y 的数字特征以及 X 与 Y 的联合矩可以构成 (X,Y) 的数字特征矩阵。

定义 6.12　设 (X,Y) 是二维随机变量，称向量 $\begin{pmatrix}E(x)\\E(y)\end{pmatrix}$ 为 (X,Y) 的期望向量（或均值向量），称矩阵

$$\begin{pmatrix}\operatorname{cov}(X,X) & \operatorname{cov}(X,Y)\\ \operatorname{cov}(X,Y) & \operatorname{cov}(Y,Y)\end{pmatrix}=\begin{pmatrix}D(X) & \operatorname{cov}(X,Y)\\ \operatorname{cov}(X,Y) & D(Y)\end{pmatrix}$$

为 (X,Y) 的协方差矩阵。

上述定义推广至 n 维的情形，得到 n 维随机向量 $(X_1,X_2,\cdots,X_n)^T$ 的期望向量和协方差矩阵为：

$$\begin{bmatrix}EZ_1\\EZ_2\\\vdots\\EZ_n\end{bmatrix},\begin{pmatrix}\operatorname{cov}(X_1,X_1) & \cdots & \operatorname{cov}(X_1,X_n)\\ \vdots & & \vdots\\ \operatorname{cov}(X_n,X_1) & \cdots & \operatorname{cov}(X_n,X_n)\end{pmatrix}$$

6.4.3　n 维正态分布的概率密度

先考虑二维正态分布的概率密度，再推广至 n 维的情形。

二维正态随机向量 (X,Y) 的概率密度为：

$$f(x,y)=\frac{1}{2\pi\sigma_1\sigma_2\sqrt{1-\rho^2}}\exp\left\{\frac{-1}{2(1-\rho^2)}\left[\frac{(x-\mu_1)^2}{\sigma_1^2}-2\rho\frac{(x-\mu_1)(y-\mu_2)}{\sigma_1\sigma_2}+\frac{(y-\mu_2)^2}{\sigma_2^2}\right]\right\}$$

$$-\infty<x,y<\infty$$

记 $\boldsymbol{X}=\begin{pmatrix}x\\y\end{pmatrix}$，$\boldsymbol{\mu}=\begin{pmatrix}\mu_1\\\mu_2\end{pmatrix}$，$C$ 为(X,Y)的协方差矩阵，易验算：

$$(\boldsymbol{X}-\boldsymbol{\mu})^T\boldsymbol{C}^{-1}(\boldsymbol{X}-\boldsymbol{\mu})=\frac{1}{(1-\rho^2)}\left[\frac{(x-\mu_1)^2}{\sigma_1^2}-2\rho\frac{(x-\mu_1)(y-\mu_2)}{\sigma_1\sigma_2}+\frac{(y-\mu_2)^2}{\sigma_2^2}\right]$$

则二维正态随机向量(X,Y)的概率密度可用矩阵表示为：

$$f(x,y)=\frac{1}{2\pi|\boldsymbol{C}|^{1/2}}\exp\left\{-\frac{1}{2}(\boldsymbol{X}-\boldsymbol{\mu})^T\boldsymbol{C}^{-1}(\boldsymbol{X}-\boldsymbol{\mu})\right\},-\infty<x,y<\infty$$

其中$(\boldsymbol{X}-\boldsymbol{\mu})^T$ 表示$(\boldsymbol{X}-\boldsymbol{\mu})$的转置，$|\boldsymbol{C}|$为矩阵$\boldsymbol{C}$ 的行列式，$\boldsymbol{C}^{-1}$ 为矩阵 $\boldsymbol{C}$ 的逆矩阵。

由此推广至 n 维的情形，得到 n 维正态随机向量$(X_1,X_2,\cdots,X_n)$的概率密度可表示为：

$$f(x_1,x_2,\cdots,x_n)=\frac{1}{(2\pi)^{n/2}|\boldsymbol{C}|^{1/2}}\exp\left\{-\frac{1}{2}(\boldsymbol{X}-\boldsymbol{\mu})^T\boldsymbol{C}^{-1}(\boldsymbol{X}-\boldsymbol{\mu})\right\}$$

$$-\infty<x_1,x_2,\cdots,x_n<\infty$$

其中 $\boldsymbol{X}=(x_1,x_2,\cdots,x_n)^T$，$\boldsymbol{\mu}=(\mu_1,\mu_2,\cdots,\mu_n)^T$，$\boldsymbol{C}$ 为 n 维正态分布的协方差矩阵。

6.4.4 *n* 维正态分布的几个重要性质

性质1 n 维正态随机向量$(X_1,X_2,\cdots,X_n)^T$ 的每一个分量 $X_i(i=1,2,\cdots,n)$都是正态变量；反之，若 $X_1,X_2,\cdots,X_n$ 都是正态变量，且相互独立，则$(X_1,X_2,\cdots,X_n)^T$ 是 n 维正态随机向量。

性质2 n 维随机向量$(X_1,X_2,\cdots,X_n)^T$ 服从 n 维正态分布的充分必要条件是 X_1，$X_2,\cdots,X_n$ 的任意线性组合 $l_1X_1+l_2X_2+\cdots+l_nX_n$ 均服从一维正态分布，其中 $l_1,\cdots,l_n$ 为常数，且不全为零。

性质3 若 n 维随机向量$(X_1,X_2,\cdots,X_n)^T$ 服从 n 维正态分布，设 A 为 $k\times n$ 阶常数矩阵，d 为 k 维常数向量，则 $A(x_1,\cdots,x_n)^T+d$ 服从 k 维正态分布。

性质4 n 维随机向量$(X_1,X_2,\cdots,X_n)^T$ 服从 n 维正态分布，则"$X_1,X_2,\cdots,X_n$ 相互独立"与"$X_1,X_2,\cdots,X_n$ 两两不相关"等价。

【例6.26】 设随机变量 X 与 Y 相互独立，且 $X\sim N(1,2)$，$Y\sim N(0,1)$，试求 $Z=2X-Y+3$ 的概率密度。

解 $X\sim N(1,2)$，$Y\sim N(0,1)$，且 X 与 Y 相互独立，则 X 与 Y 的联合分布为正态分布，X 与 Y 的任意线性组合是正态分布，即 Z 服从正态分布，且

$$E(Z)=E(2X-Y+2)=2E(X)-E(Y)+3=5$$

$$D(Z)=D(2X-Y+2)=4D(X)+D(Y)=9$$

即 $Z\sim N(5,3^2)$，因此 Z 的概率密度为：

$$f_Z(z)=\frac{1}{3\sqrt{2\pi}}e^{-\frac{(z-5)^2}{18}},-\infty<z<\infty$$

习题 6-4

1. 设随机变量 X 服从拉普拉斯分布，其概率密度为：

$$f(x)=\frac{1}{2\lambda}e^{-\frac{|x|}{\lambda}},-\infty<x<+\infty$$

其中，$\lambda>0$ 为常数，求 X 的 k 阶中心矩。

2. 设(X,Y)服从二维正态分布，且 $X\sim N(0,1)$，$Y\sim N(0,4)$，相关系数 $\rho_{XY}=-1/4$，试写出 X 与 Y 的联合概率密度。

6.5 大数定律与中心极限定理

对自然界中的随机现象，虽然无法确切地判断其状态的变化，但是对随机现象进行大量的重复试验，却呈现出明显的规律性。用极限方法讨论其规律性，所导出的一系列重要命题统称为大数定律和中心极限定理。大数定律阐明大量随机现象平均值的稳定性，中心极限定理阐述了在某种条件下，n 个独立随机变量之和的分布，当 n 趋于无穷时，以正态分布为极限分布。这两大类定理是概率统计中的基本理论，在概率统计中具有重要的地位。

6.5.1 切比雪夫(Chebyshev)不等式

定理 6.3 设随机变量 X 的期望 $E(X)=\mu$，方差 $D(X)=\sigma^2$，则对于任意给定的正数 $\varepsilon>0$，有：

$$P\{|X-\mu|\geqslant\varepsilon\}\leqslant\frac{\sigma^2}{\varepsilon^2}$$

这个不等式称为切比雪夫不等式。

上述不等式也可以写成：

$$P\{|X-\mu|<\varepsilon\}\geqslant1-\frac{\sigma^2}{\varepsilon^2}$$

切比雪夫不等式表明，随机变量的方差越小，则随机变量 X 落在区间$[\mu-\varepsilon,\mu+\varepsilon]$以外的概率就越小，即 X 的分布集中在 $E(X)$ 的附近。

【例 6.28】 设电站供电网中有 10000 盏电灯，夜晚每盏灯开灯的概率均为 0.7，假定每盏灯的开与关是相互独立的，试用切比雪夫不等式估计夜晚同时开着的灯数在 6800～7200 盏之间的概率。

解 设随机变量 X 表示夜晚同时开着的灯数，则 $X\sim b(10000,0.7)$，且 $E(X)=7000$，$DX=2100$，所要估计的概率为 $P\{6800<X<7200\}$。由切比雪夫不等式可得：

$$P\{6800<X<7200\}=P\{|X-7000|<200\}\geqslant1-\frac{2100}{200^2}=0.9475$$

也就是说，夜晚同时开着的灯数在 6800～7200 盏之间的概率不小于 0.9475。

6.5.2 大数定律

定义 6.13 设随机变量序列 $X_1,X_2,\cdots,X_n,\cdots$，若对任意 $n>1$，$X_1,X_2,\cdots,X_n$ 都相互独立，则称 $X_1,X_2,\cdots,X_n,\cdots$ 相互独立。若所有的 X_i 都有共同的分布，则称 $X_1,X_2,\cdots,X_n,\cdots$ 为独立同分布的随机变量序列。

定义 6.14　设 $X_1,X_2,\cdots,X_n,\cdots$ 为随机变量序列，若存在随机变量 X，对任意 $\varepsilon>0$，有：

$$\lim_{n\to\infty}P(|X_n-X|\geqslant\varepsilon)=0$$

或

$$\lim_{n\to\infty}P(|X_n-X|<\varepsilon)=1$$

则称随机变量序列 $X_1,X_2,\cdots,X_n,\cdots$ 依概率收敛于随机变量 X，记为 $X_n\xrightarrow{P}X$。

定理 6.4(切比雪夫大数定律)　设随机变量序列 $X_1,X_2,\cdots,X_n,\cdots$ 相互独立且同分布，X_i 的数学期望和方差分别为：

$$E(X_i)=\mu,D(X_i)=\sigma^2,i=1,2,\cdots$$

记 $Y_n=\dfrac{1}{n}\sum_{i=1}^{n}X_i$，则对任意 $\varepsilon>0$，有：

$$\lim_{n\to\infty}P(|Y_n-\mu|<\varepsilon)=1$$

证明　$E(Y_n)=\dfrac{1}{n}\sum_{i=1}^{n}E(X_i)=\mu,D(Y_n)=\dfrac{1}{n^2}\sum_{i=1}^{n}D(X_i)=\dfrac{\sigma^2}{n}$，

由切比雪夫不等式，得：

$$P\{|Y_n-\mu|<\varepsilon\}\geqslant1-\frac{\sigma^2}{n\varepsilon^2}$$

令 $n\to\infty$，且由概率不可能大于 1，可得：

$$\lim_{n\to\infty}P(|Y_n-\mu|<\varepsilon)=1$$

成立。

定理 6.4 的结论表明，随机变量序列 $X_1,X_2,\cdots,X_n,\cdots$ 的算术平均值序列 $\{Y_n\}$ 依概率收敛于其数学期望 μ。

定理 6.5(伯努利大数定律)　设 n_A 是 n 重伯努利试验中事件 A 发生的次数，p 是事件 A 在每次试验中发生的概率，则对任意的 $\varepsilon>0$，有：

$$\lim_{n\to\infty}P\left(\left|\frac{n_A}{n}-p\right|<\varepsilon\right)=1$$

证明　因为 $n_A\sim b(n,p)$，所以：

$$n_A=X_1+X_2+\cdots+X_n$$

其中 $X_1,X_2,\cdots,X_n$ 相互独立同分布，且都服从以 p 为参数的 0-1 分布。因而

$$E(X_i)=p,D(X_i)=p(1-p),i=1,2,\cdots,n$$

而 $\dfrac{n_A}{n}=\dfrac{1}{n}\sum_{i=1}^{n}X_i$，则由定理 6.4 可得定理 6.5 的结论成立。

定理 6.5 的结论表明，当重复试验次数 n 充分大时，事件 A 发生的频率 $\dfrac{n_A}{n}$ 依概率收敛于事件 A 发生的概率 p。定理以严格的数学形式表达了频率的稳定性。在实际应用中，当试验次数很大时，可以用事件发生的频率来近似替代事件的概率。例如，估计某种商品的不合格率时，可以从这种商品中随机抽取 n 件进行测试，当 n 足够大时，不合格品的频率可以作为该种商品不合格率(概率)的估计值。

6.5.3 中心极限定理

在客观实际中,有许多随机变量,它们是由大量的相互独立的随机因素的综合影响所形成,而其中每个因素都不起主要作用。这种随机变量往往近似服从正态分布。这种现象就是中心极限定理的客观背景。本节给出两个最常用的中心极限定理。

定理 6.6(林德伯格—莱维中心极限定理) 设随机变量 $X_1,X_2,\cdots,X_n,\cdots$ 相互独立,服从同一分布,且 $E(X_i)=\mu,D(X_i)=\sigma^2\neq 0,i=1,2,\cdots$,则:

$$\lim_{n\to\infty}P\left\{\frac{\sum_{i=1}^{n}X_i-n\mu}{\sigma\sqrt{n}}\leqslant x\right\}=\int_{-\infty}^{x}\frac{1}{\sqrt{2\pi}}e^{-\frac{t^2}{2}}dt=\Phi(x)$$

上述定理表明,当 n 充分大时,n 个具有期望和方差的独立同分布的随机变量之和近似服从正态分布,即:

$$\sum_{i=1}^{n}X_i\sim N(n\mu,n\sigma^2)$$

或

$$\frac{\sum_{i=1}^{n}X_i-n\mu}{\sigma\sqrt{n}}\sim N(0,1)$$

由上式可得:

$$\overline{X}=\frac{1}{n}\sum_{i=1}^{n}X_i\sim N\left(\mu,\frac{\sigma^2}{n}\right)$$

也就是说,当 n 充分大时,均值为 μ、方差为 $\sigma^2\neq 0$ 的独立同分布的随机变量 $X_1,X_2,\cdots,X_n,\cdots$ 的算术平均值 $\overline{X}$ 近似服从均值为 μ、方差为 $\frac{\sigma^2}{n}$ 的正态分布。这一结果是数理统计中大样本统计推断的理论基础。

定理 6.7(棣莫佛—拉普拉斯中心极限定理) 设随机变量 $X_1,X_2,\cdots,X_n,\cdots$ 相互独立,并且都服从参数为 p 的两点分布,则对任意实数 x,有:

$$\lim_{n\to\infty}P\left\{\frac{\sum_{i=1}^{n}X_i-np}{\sqrt{np(1-p)}}\leqslant x\right\}=\int_{-\infty}^{x}\frac{1}{\sqrt{2\pi}}e^{-\frac{t^2}{2}}dt=\Phi(x)$$

上述定理表明,正态分布是二项分布的极限,当 n 充分大时,可以利用正态分布来近似计算二项分布的概率。

从上述中心极限定理的内容来看,无论各个同分布的随机变量 $X_i(i=1,2,\cdots)$ 服从什么分布,只要满足定理的条件,那么它们的和,当 n 充分大时,就近似服从正态分布,这就是为什么正态分布随机变量在概率论中占重要地位的一个基本原因。

【例 6.29】 设各零件的重量都是随机变量,它们相互独立且服从相同分布,其数学期望为 0.5kg,标准差为 0.1kg,问 5000 只零件的总重量超过 2510kg 的概率是多少?

解 设 X_i 表示第 i 个零件的重量($i=1,2,\cdots$),由题意 $E(X_i)=0.5,D(X_i)=0.1^2$。

所求概率为：

$$P(\sum_{i=1}^{5000}X_i>2510)=1-P(\sum_{i=1}^{5000}X_i\leqslant 2510)$$

由独立同分布的中心极限定理可知：

$$P(\sum_{i=1}^{5000}X_i\leqslant 2510)=P\left(\frac{\sum_{i=1}^{5000}X_i-5000\times 0.5}{\sqrt{5000}\times 0.1}\leqslant\frac{2510-5000\times 0.5}{\sqrt{5000}\times 0.1}\right)$$

$$\approx\Phi\left(\frac{2510-5000\times 0.5}{\sqrt{5000}\times 0.1}\right)=\Phi\left(\frac{10}{\sqrt{50}}\right)\approx 0.9207$$

即有：

$$P(\sum_{i=1}^{5000}X_i>2510)\approx 1-0.9207=0.0793$$

【例 6.30】 某单位有 200 台电话分机，每台有 5%的时间需要使用外线电话，假定每台分机是否使用外线独立，问该单位要安装多少条外线才能以 90%以上概率保证分机用外线时不等待。

解 设有 X 台电话分机同时使用外线，则 $X\sim b(200,0.05)$，即 $n=200$，$p=0.05$，计算得 $np=10$，$\sqrt{np(1-p)}\approx 3.082$。假设有 N 条外线，即：

$$P\{X\leqslant N\}\geqslant 0.9$$

由棣莫佛—拉普拉斯定理有：

$$P\{X\leqslant N\}=P\left\{\frac{X-np}{\sqrt{np(1-p)}}\leqslant\frac{N-np}{\sqrt{np(1-p)}}\right\}\approx\Phi\left(\frac{N-np}{\sqrt{np(1-p)}}\right)=\Phi\left(\frac{N-10}{3.08}\right)$$

查表得 $\Phi(1.28)=0.90$，则$\frac{N-10}{3.08}\geqslant 1.28$，解得 $N\geqslant 13.94$，取 $N=14$，即该单位要安装 14 条外线才能以 90%以上概率保证分机用外线时不等待。

6.5.4 大数定律的 R 实现

伯努利大数定律表明，当随机试验次数很大时，可以用随机事件的频率来代替事件的概率。下面以抛掷硬币试验为例，利用 R 软件给出伯努利大数定律的试验验证。

试验描述：利用 R 软件模拟硬币抛掷试验，观察正面朝上事件所发生的频率随着试验次数的增加与事件发生概率值 0.5 之间的变化关系。模拟试验次数分别为 100 次、200 次、500 次和 1000 次。

R 程序：

```
big_number<-function(m=500){
+ f<-function(n){
+ set.seed(1)
+ mean(sample(c(0,1),n,replace=T))          #1 表示正面朝上,0 表示反面朝上
+}
+ mapply(function(n)f(n),c(1:m))->y
```

```
+ x<-seq(1:m)
+ plot(x,y,type="l")
+ abline(h=0.5,col=3)
+ }
par(mfrow=c(2,2))
big_number(100)
big_number(200)
big_number(500)
big_number(1000)
```

运行结果如图 6.3 所示。从图中可以看出，在试验初期，事件发生的频率波动较大，随着试验次数的增加，频率逐渐逼近事件发生的概率值 0.5。

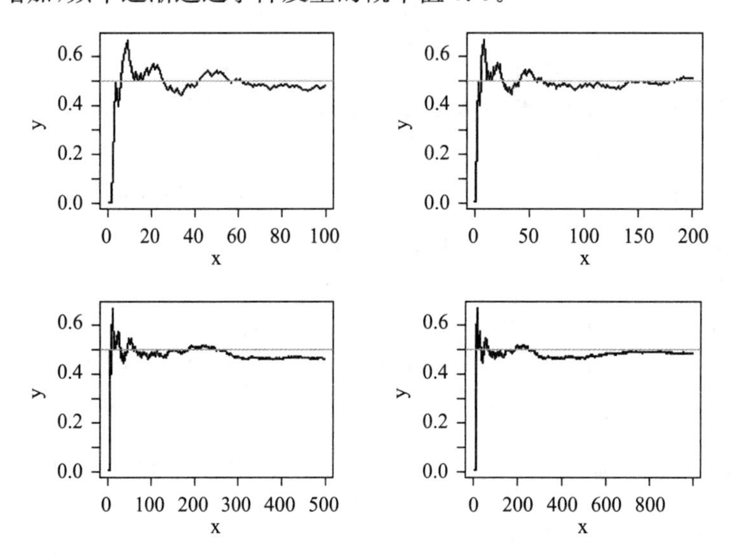

图 6.3 $b(0,1)$分布的大数定律的试验验证图

下面以正态分布 $N(3,4)$为例，给出切比雪夫大数定律的试验验证。

试验描述：利用 R 软件生成态分布 $N(3,4)$的随机数，随着随机数数量的增加，观察随机数的算术平均值与正态分布数学期望值之间的差异变化。

R 程序：

```
x<-numeric(10000)
>  for( i in 1:10000){
+  set.seed(4)
+  x[i]<-mean(rnorm(i,3,2))
+ }
>plot(seq(0,20,length=length(x)),x,pch=20,ylim=c(2,5),main="伯努利大数定律的试验验证")
>abline(h=3,col=3)
```

运行结果如图 6.4 所示。从图中可以看出，在试验初期，随机数的算术平均值波动较大，随着随机数数量的增加，数值无限逼近正态分布的数学期望值 3。

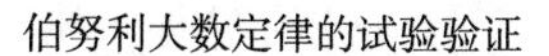

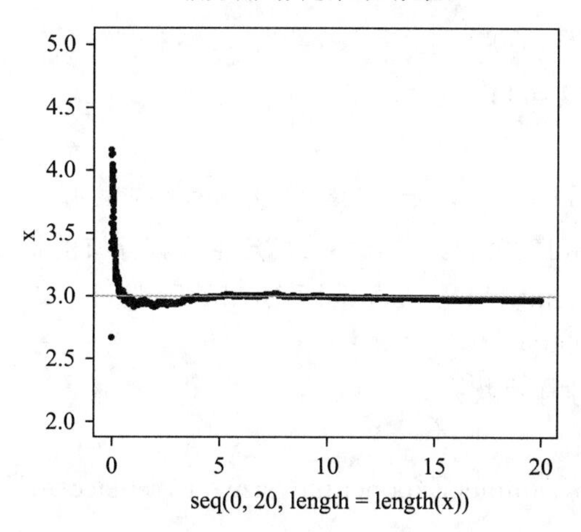

图 6.4　伯努利大数定律的试验验证图

6.5.5　中心极限定理的 R 实现

中心极限定理表明，无论各个同分布的随机变量服从何种分布，只要满足一定的条件，那么随机变量的和，当随机变量的个数 n 足够大时，就近似服从正态分布。下面利用 R 软件分别给出均匀分布、指数分布及自定义分布在 $n=2,5,30$ 时随机变量和的分布的直方图，观察随着 n 的增加，随机变量和的分布如何逐步逼近正态分布。每次试验重复的次数 $N=1000$。

1. 均匀分布 $U(0,1)$

R 程序：

```
par(mfrow=c(2,2))            # 创建 2×2 作图界面
uniform<-runif(10000,min=0,max=1)            # 均匀分布
hist(uniform,main="Uniform Distribution")
x_bar<-rep(NA,1000)
n<-2            # 抽样次数 2
for(i in 1:1000){
  x_bar[i]<-mean(sample(uniform,size=n,replace=FALSE))
}
hist(x_bar,main="n=2")
n<-5            # 抽样次数 5
for(i in 1:1000){
  x_bar[i]<-mean(sample(uniform,size=n,replace= FALSE))
}
hist(x_bar,main="n=5")
n<-30            # 抽样次数 30
for(i in 1:1000){
  x_bar[i]<-mean(sample(uniform,size=n,replace= FALSE))
```

```
}
hist(x_bar,main="n=30")
```

2. 指数分布(参数 $\lambda=1$)

R 程序：

```
par(mfrow=c(2,2))            # 创建 2*2 作图界面
Exponential<-rexp(10000,1)             # 产生指数分布随机数
hist(Exponential,main=" Exponential Distribution")          #画指数分布直方图
x_bar<-rep(NA,1000)
n<-2            # 抽样次数为 2
for(i in 1:1000){
  x_bar[i]<-mean(sample(Exponential,size=n,replace=FALSE))
}
hist(x_bar,main="n=2")
n<-5            # 抽样次数为 5
for(i in 1:1000){
  x_bar[i]<-mean(sample(Exponential,size=n,replace=FALSE))
}
hist(x_bar,main="n=5")
n<-30            # 抽样次数为 30
for(i in 1:1000){
  x_bar[i]<-mean(sample(Exponential,size=n,replace=FALSE))
}
hist(x_bar,main="n=30")
```

3. 自定义分布：混合正态分布 $\frac{1}{2}N(-3,1)+\frac{1}{2}N(3,1)$

R 程序：

```
par(mfrow=c(2,2))
mixnorm<-1/3 * rnorm(10000,-3,1)+2/3 * rnorm(10000,3,1)
hist(mixnorm,main="mixNorm Distribution")
x_bar<-rep(NA,1000)
n<-2
for(i in 1:1000){
+x_bar[i]<-mean(sample(mixn,size=n,replace=FALSE))
+ }
hist(x_bar,main="n=2")
n<-5
for(i in 1:1000){
+ x_bar[i]<-mean(sample(mixnorm,size=n,replace=FALSE))
+ }
```

```
hist(x_bar,main="n=5")
n<-30
for(i in 1:1000){
+x_bar[i]<-mean(sample(Exponential,size=n,replace=FALSE))
+ }
hist(x_bar,main="n=30")
```

程序运行结果如图 6.5、图 6.6 和图 6.7 所示。从图中可以看出,三种分布随着 n 的增加均逐步逼近正态分布。

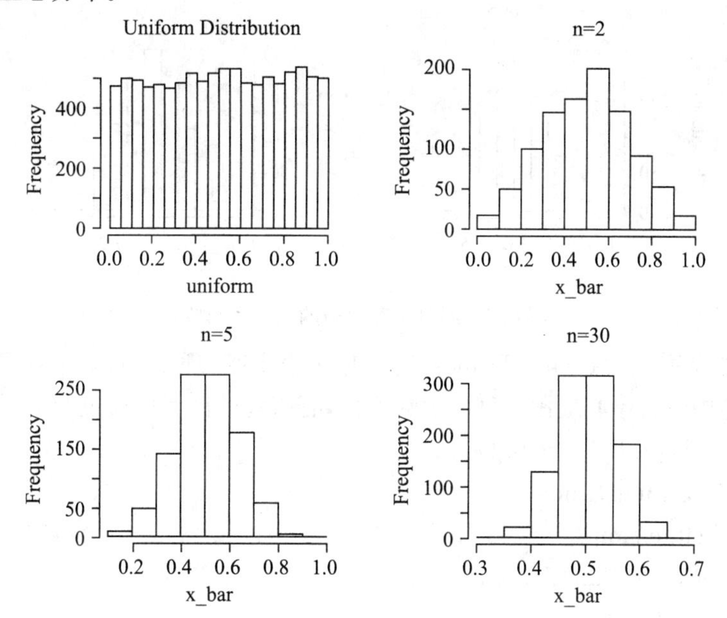

图 6.5　均匀分布的渐近正态性

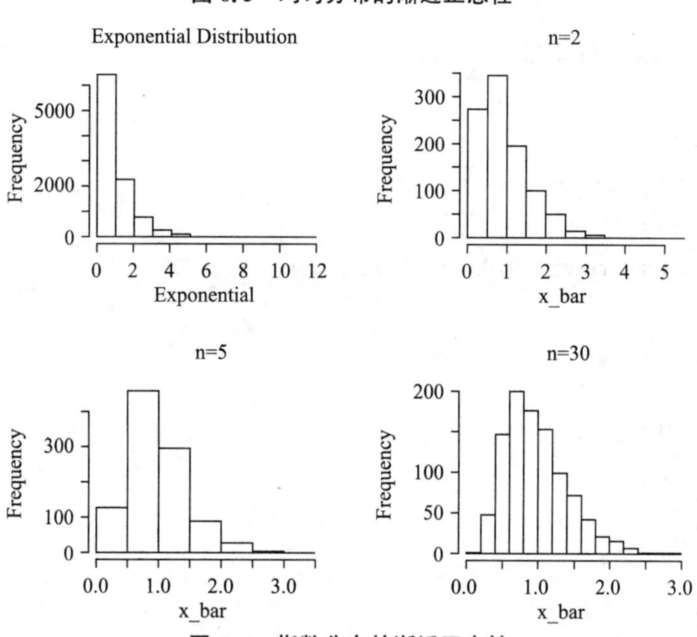

图 6.6　指数分布的渐近正态性

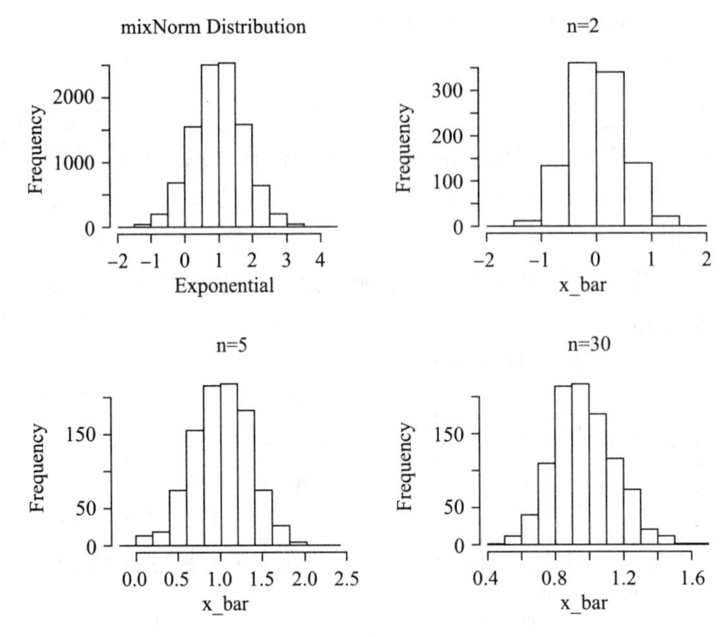

图 6.7　混合正态分布的渐近正态性

说明:R 中程序包 TeachingDemos 包含中心极限定理的演示实例 clt. examp，distrTeach 程序包中包含中心极限定理的解释实例,有兴趣的读者可通过如下程序加载学习。

```
>install.packages("TeachingDemos")
>library(TeachingDemos)
>example(clt.examp)
>install.packages("distrTeach")
>library(distrTeach)
>example(illustrateCLT)
```

【例 6.31】 用 R 软件实现例 6.29。

R 程序：

```
>num<-3000
>t<-numeric(num)
>for(i in 1:num){
+ t[i]<-sum(rnorm(5000,0.5,0,1))>2510
}
>mean(t)
[1] 0.0791
```

【例 6.32】 用 R 软件实现例 6.30。

R 程序：

```
>N<-1
>repeat{
+ N<-N+1
+ if(pbinom(N,200,0.05)>=0.9){break}
```

```
+ }
>N
[1] 14
```

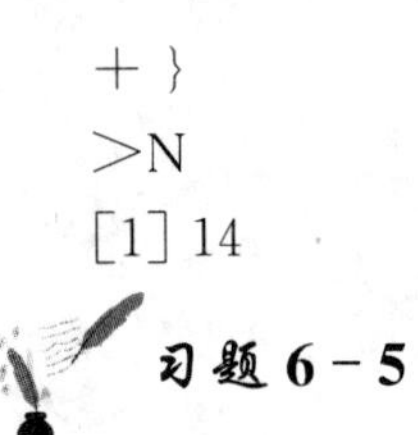

习题 6-5

1. 设随机变量 X 服从区间$(-1,1)$上的均匀分布：

(1) 求 $P(|X|<0.6)$；

(2) 试用切比雪夫不等式估计 $P(|X|<0.6)$的下界。

2. 用切比雪夫不等式确定，掷一枚质地均匀的硬币时，需要掷多少次才能保证正面出现的频率在0.4～0.6的概率不小于0.9。

3. 设随机变量 X 的方差为2，根据切比雪夫不等式估计 $P\{|X-E(X)|\geqslant 2\}\leqslant$__________。

4. 抽样检查产品质量时，若发现次品数多于10个，则拒绝接受该批产品。设某批产品的次品率为0.1，则应至少抽检多少个产品才能保证拒绝该批产品的概率为0.9？给出R软件的实现程序。

5. 已知某种疾病的发病率为0.001，某单位有5000人，该单位患有该疾病的人数超过5人的概率为多大？给出R软件的实现程序。

6. 一家保险公司共有10000人参加人寿保险，每人每年付保险费12元，设一年内每人的死亡率均为0.006，某人死亡后，其家属可以从保险公司领取1000元保险金。求：

(1) 保险公司亏损的概率；

(2) 保险公司一年利润不小于40000元的概率；

(3) 利用R软件实现(1)和(2)。

7. 某个复杂系统由100个相互独立的子系统组成，系统在运行期间，每个子系统失效的概率为0.1，当失效的子系统超过15个时，总系统便自动停止运行，求总系统不自动停止运行的概率，并给出R软件的实现程序。

第7章　数理统计的基础知识

如果根据统计学的作用不同，可以将统计学知识分为：描述统计学和推断统计学。描述统计学处理的对象是数据，主要作用是对数据分布的特征进行概括，特点是：就事论事，不做任何推断性的判断。推断统计学也需要处理数据，但是与描述统计学最大的区别在于，它认为所遇见的数据来自某一分布，推断统计学擅长根据所遇见的有限的数据去推断数据来自的分布的相关信息。

什么叫"推断"？可以理解为推算、估计等，就是根据你拥有的信息来对现实世界进行某种判断。人们无时无刻不在做推断，例如，出门根据天色、云量、风速、湿度等信息判断今天是否会下雨，医生根据望闻问切来估计病人的病情，股民根据前几天的各种数据估计今天的股市行情，等等。所以，推断离不开信息，而信息本质上就是数据。

为什么需要推断？举例说明，上海市政府想要知道 2019 年 7 月在上海推行的四分类垃圾分类新政策的民众知晓度问题，由于短时间内不太可能一一询问每一位上海市市民，人们只好进行抽样调查获得部分市民的知晓度状况，并用部分数据的知晓度比例来估计全上海市的真实比例。一个轮胎制造商正在考虑改进轮胎生产工艺，期望新工艺可以使得轮胎的行驶里程数超过企业现有生产水平。为了对这种新轮胎的平均使用寿命做出估计，制造商生产了 100 个这种新型轮胎用于检测，利用这 100 个轮胎的平均行驶里程数 36500 英里来估计新工艺下所有轮胎的平均使用寿命。以上例子均是仅仅利用了部分数据，而且利用部分数据的目的是推估我们真正关心的一个更大的现实世界。

推断靠谱吗？一叶落而知秋，而我们只能说推断统计学对所得数据以及所提问题做出尽可能正确的结论。为什么说"尽可能正确"呢？因为数据毕竟只是所研究事物的一部分，以偏概全时难免不够准确。但是，我们通过科学的分析方法使可能产生的错误越小越好，发生错误的机会越小越好。这就是数理统计的研究内容。数理统计是具有广泛应用的一个数学分支，它是以概率论为理论基础，根据试验或观察得到的带有随机误差的数据，通过设定模型（统计模型）来研究客观世界，对所研究的现象或问题的各种规律性做出种种合理的估计和判断。

数理统计的内容包括：如何收集、整理数据资料；如何对数据进行分析，从而对所研究的对象的性质、特点做出推断。后者就是我们所说的推断统计或统计推断。本书只讲述推断统计的相关基本内容。通过数理统计的学习，我们将站在随机变量及其分布的高度上去理解所看见的数据，对数据所反映出的规律性也会有更深刻的认识。

本章将先后介绍总体、样本、统计量、参数、抽样分布等非常基本和非常重要的概念，为后续学好各种统计推断方法打下坚实的基础。

7.1　总体与样本

描述统计学仅归纳现有数据的特征,因此不存在总体和样本的概念。但是,推断统计的观点是认为数据都是来自某一变量(分布)的局部或全部的数据,因此需要总体和样本的概念。

7.1.1　总体和总体分布

统计是研究现实世界中的数量特征和数量关系。在每一项不同的研究中,所关心的变量是不同的,所对应的研究范围也不同。例如,前述的一个轮胎制造商关心新工艺下的轮胎寿命问题,这里关心的变量是“寿命”,研究范围是新工艺下所有生产的轮胎。上海市2019年7月在上海推行的四分类垃圾分类新政策的民众知晓度问题,这里关心的变量是“是否知晓”,研究范围是上海市常住人口。

通俗地说,在一个特定研究中所感兴趣的个体组成的集合称为总体,组成总体的每个元素称为个体。在这个描述下,前面两个例子的总体分别为:新工艺下所生产的所有轮胎,调查时期上海市的常住人口。每一个轮胎和每一个居民则构成相应总体中的个体。注意,同质性是确定总体的基本标准,即根据研究的目的而确定,凡是符合总体特征的个体才能进入这个集合。例如,研究某市城镇居民的消费状况,则该市所有城镇居民构成了总体;如果研究某市城镇贫困居民的消费状况,那么,贫困线以下的城镇居民则构成了总体,而贫困线以上的城镇居民就是非同质的,不属于该总体。

总体还应具备大量性。因为统计是对数量特征开展研究,揭示现象在数量方面的规律,而规律需要通过大量观察个体才能显示出来。因此,总体应该由足够数量的同质性个体构成。

从表面上看,对于大多数实际问题,总体中的个体是一些实在的人或物,但是人们所关心的并不是总体中个体的一切方面,根据研究的目的不同,我们往往关心的是总体中个体的某一项或某几项数量特征,例如考察轮胎寿命时,我们并不关心轮胎的样式、尺寸,而只研究它的寿命。考察城镇居民的消费状况时,消费状况该如何反映?消费状况可以通过食品消费金额、衣着消费金额、交通消费金额、家庭设备用品消费金额、医疗保健消费金额、居住消费金额6项消费金额来体现。所以,本质上看,总体中的个体实际上都是特定变量下的具体数值。因此,自然地把新工艺下所有轮胎的寿命值的全体视为总体,而其中每一个轮胎的寿命值则是个体。

如何将总体集合中一大堆杂乱无章的数据赋予数学或概率性质呢?另一个问题,如何区别不同总体中的数据呢?为了解决这些问题,我们可以认为不同总体中的数据的概率分布规律与某一个随机变量(或向量)所对应,随机变量(或向量)的分布特征决定了数据的概率分布特征。例如,轮胎的寿命数据可能服从了一个指数分布,城镇居民的消费状况数据可能服从了六维的正态分布。经过以上分析,我们试图让读者明白,在数理统计学中“总体”这个基本概念的要旨就是一个随机变量(或向量)的概率分布。任何一个总体都可以用一个随机变量(或向量)来描述。总体的分布及数字特征,即表示总体的随机变量(或向量)的分布及数字特征。对总体的研究也就顺其自然地理解为对表示总体的随机变量(或向量)的研究。例如,一个轮胎制造商关心新工艺下的轮胎寿命问题的总体可以定义为该批轮胎的寿命分布 $e(\lambda)$;城镇居民的消费状况问题的总体可以定义为六维的正态分布 $N(\mu,\Sigma)$。综上所述,下面给出总体及总体分布的定义:

统计学中称随机变量(或向量)X 为总体,并把随机变量(或向量)的分布称为总体分布。

【例 7.1】 上海市 2019 年 7 月在上海推行的四分类垃圾分类新政策的民众知晓度问题的总体是什么?

解 调查市民对于四分类垃圾新政策是否知晓,以 0 表示不知晓,以 1 表示知晓,那么总体是由一些"1"和一些"0"所组成。设市民知晓新政策的概率为 p,则这一总体对应于一个具有参数为 p 的 0-1 分布的随机变量,具体总体分布为:

$$P\{X=x\}=p^x(1-p)^{1-x},x=0,1$$

7.1.2 样本和样本分布

在实际中,总体的分布一般是未知的,分布类型未知,或者分布类型已知但是其中的参数未知。例如,某校新生入学时的身高根据经验服从正态分布,但是不知道正态分布的 μ,σ^2。车站等车的时间由于经验不足,服从的分布是均匀分布、正态分布、指数分布都有可能,连分布的类型也不甚清楚。数理统计的任务就是要充分合理地利用总体产生的部分数据,通过对这些数据的统计分析来对总体分布进行推断。

一般的方法是"按一定的规定"从总体中抽取若干的个体进行观察,将个体的表现记录下来,这个过程叫抽样,被抽中的个体叫样本,样本所含个体数目称为样本容量,个体的表现就是第 2 章中提及的数据。

在一个实际的问题中,样本都表现为一些具体的数据,而在理论研究中,则需要把样本定义为一些随机变量,这是为什么呢?原因主要有:首先,实际中在没有抽样之前,抽到哪些个体是随机的;其次,理论研究中只有将个体的表现上升到随机变量的高度上,才能利用概率论的工具从分布的角度去理解样本的表现——数据。在后续的学习中,读者需要反复去体会。这是对"样本"概念需要理解的第一个重要的问题。

另一个问题为什么是"按一定的规定"抽取?简单地说,总体中的每一个个体都有相同的机会被抽中,是否抽中不以个人的主观意志为转移,而是按照客观的程序去确定,例如,利用软件中的随机数发生器。这样的方法产生的样本有哪些好处呢?因为排除主观的想法,我们更容易认为样本之间满足了"独立性",即样本 $X_1,X_2,\cdots,X_n$ 之间的取值不相互影响,n 个随机变量之间满足概率上关于多维随机变量互相独立的定义。市场调查中,常采用街头拦截的方法获得样本,请问这种抽样方法是否符合数理统计中随机抽取呢?答案是否定的,请读者思考为什么。

已经理解了样本是随机变量的本质,那么这个随机变量的随机规律是什么呢?不难理解,一对中国夫妻生下的孩子是不会金发碧眼的,《西游记》中的孙悟空本领再高也逃不出如来佛的手掌心,因为样本是来自于总体的,所以样本与生俱来带有和总体一致的随机规律,用数学语言来表达:样本与所考察的总体有相同的分布。综上所述,下面给出样本和简单随机样本的定义。

定义 7.1　设 X 是具有分布函数 $F(x)$ 的随机变量，若 $X_1,X_2,\cdots,X_n$ 是具有同一分布函数 $F(x)$ 且相互独立的随机变量，则称 $X_1,X_2,\cdots,X_n$ 为从总体 X[或总体 $F(x)$]得到的容量为 n 的简单随机样本，简称样本。

也可以将 n 个样本看成一个整体，写成 n 维随机向量的形式，记为：

$$(X_1,X_2,\cdots,X_n)^T$$

抽样过程一旦完成或者说完成了 n 次观察，则每一个随机变量 X_i 都会变为具体的实数 x_i，不再具有随机性，就会得到一组实数 $x_1,x_2,\cdots,x_n$，或记为 $(x_1,x_2,\cdots,x_n)^T$，称为样本值，即描述统计学中提及的“数据”。因此，描述统计学的主要任务就是针对样本值进行特征描述，而推断统计学的任务是从分布角度以概率论为基础进行推断方法的研究。

设总体 X 的分布函数为 $F(x)$，根据定义每一个样本与总体服从相同的分布，即：

$$X_i \sim F(x), i=1,2,\cdots,n$$

同时，考虑到样本之间满足互相独立性，独立性在理论上的最大便利在于：联合分布等于每一个边缘分布的乘积，则 n 个样本看成一个整体 n 维随机向量 $(X_1,X_2,\cdots,X_n)^T$ 时的联合分布 $F(x_1,x_2,\cdots,x_n)$，有：

$$F(x_1,x_2,\cdots,x_n)=\prod_{i=1}^{n}F(x_i) \tag{7.1}$$

并称其分布为样本分布函数。

特别地，若总体为离散型随机变量，其概率分布律为 $P(X=x_i)=p(x_i)$，则样本联合的概率分布律为：

$$\begin{aligned}p(x_1,x_2,\cdots,x_n)&=P(X_1=x_1,X_2=x_2,\cdots,X_n=x_n)=\prod_{i=1}^{n}P(X_i=x_i)\\&=\prod_{i=1}^{n}p(x_i)\end{aligned} \tag{7.2}$$

若总体 X 为连续型随机变量，其概率密度为 $f(x)$，则样本的联合概率密度函数为：

$$f(x_1,x_2,\cdots,x_n)=\prod_{i=1}^{n}f(x_i) \tag{7.3}$$

无论是样本的联合分布函数还是联合概率分布律或联合密度函数，统称为样本分布。

【例 7.2】　设某班级同学的身高 X 服从正态分布 $N(\mu,\sigma^2)$，为了进一步推断身高 X 的分布中的未知参数，从班级中抽出简单随机样本 10 个同学测其身高，求样本的概率密度函数。

解　因为总体 X 的概率密度函数为：

$$f(x)=\frac{1}{\sigma\sqrt{2\pi}}\exp\left\{-\frac{1}{2}\frac{(x-\mu)^2}{\sigma^2}\right\}$$

所以样本容量为 10 的简单随机样本 $(X_1,X_2,\cdots,X_{10})^T$ 的联合密度函数为：

$$\begin{aligned}f(x_1,x_2,\cdots,x_{10})&=\prod_{i=1}^{10}f(x_i)=\prod_{i=1}^{10}\frac{1}{\sigma\sqrt{2\pi}}\exp\left\{-\frac{1}{2}\frac{(x_i-\mu)^2}{\sigma^2}\right\}\\&=\left(\frac{1}{\sigma\sqrt{2\pi}}\right)^{10}\exp\left\{-\frac{1}{2\sigma^2}\sum_{i=1}^{10}(x_i-\mu)^2\right\}\end{aligned}$$

【例 7.3】 上海市 2019 年 7 月在上海推行的四分类垃圾分类新政策的民众知晓度调查中抽取了 100 位市民进行调查，求样本的概率分布律。

解 因为针对“是否知晓”这个变量，以 0 表示不知晓，以 1 表示知晓，则总体分布是 $P(X=1)=p,P(X=0)=1-p$，即：

$$P(X=k)=p^k(1-p)^{1-k},k=0,1$$

所以样本容量为 100 的简单随机样本 $(X_1,X_2,\cdots,X_{100})^T$ 的联合密度函数为：

$$\begin{aligned}p(x_1,x_2,\cdots,x_{100})&=P(X_1=x_1,X_2=x_2,\cdots,X_{100}=x_{100})\\&=\prod_{i=1}^{100}P(X_i=x_i)=\prod_{i=1}^{100}p^{x_i}(1-p)^{1-x_i}\\&=p^{\sum\limits_{i=1}^{100}x_i}(1-p)^{100-\sum\limits_{i=1}^{100}x_i}\end{aligned}$$

习题 7-1

1. 简述描述统计和推断统计对于总体的概念的区别和联系，并给出推断统计中简单随机样本的定义。

2. 某项研究准备抽取 2000 个职工家庭推断该城市所有职工家庭的平均年收入，试确定本研究的总体、样本、样本容量。

3. 某厂生产的某种电器的使用寿命服从指数分布，参数 λ 未知。为此，抽查了 n 件电器，测量其使用寿命。试确定本研究问题的总体、总体分布、样本及样本的联合概率密度函数。

4. 设总体 X 在区间 $[a,b]$ 上服从均匀分布，试求来自 X 的简单随机样本 $X_1,X_2,\cdots,X_n$ 的联合密度函数 $f(x_1,x_2,\cdots,x_n)$。

5. 设总体 X 服从参数 λ 的泊松分布，试求来自 X 的简单随机样本 $X_1,X_2,\cdots,X_n$ 的联合概率分布律。

7.2 参数与统计量

对应于总体，本文提出“参数”的概念；对应于样本，本文提出“统计量”的概念。产生样本的目的是推估总体，相应地，产生统计量的目的是推估参数。

7.2.1 参数

无论是离散型随机变量的概率分布，还是连续型随机变量的密度函数，每个分布中除了定义函数形式外，还含有允许在一定范围内自由取值的字母，这个字母常常被称为“参数”，例如，泊松分布中含有参数 λ，正态分布中含有两个参数 μ 和 σ^2。

$$P(X=k)=e^{-\lambda}\frac{\lambda^k}{k!},\lambda>0,k=0,1,2,\cdots$$

$$f(x)=\frac{1}{\sigma\sqrt{2\pi}}\exp\left\{-\frac{1}{2}\frac{(x-\mu)^2}{\sigma^2}\right\},\mu\in R,\sigma>0,x\in R$$

通过概率论知识可知参数本身就反映了分布的重要特征，例如泊松分布中的 λ 反映了分布的期望，正态分布中的 μ 和 σ^2 依次反映了分布的期望和方差。在概率论中，分布中待定字母被称为参数，而数理统计给出了更加广义的“参数”的定义：

参数是用来描述总体特征的概括性数字度量，它是研究者想要了解的总体的某种特征值。

定义中的关键词是“总体”，我们一般会关心总体的特征有总体均值、总体标准差、总体比例等，这些都是总体的重要参数，这些特征可能是分布中某些字母提供信息，也可能是字母的函数。在应用中，由于总体通常未知，所以参数也是未知的常数。例如，我们不知道一个地区的人口的平均年龄、一批产品的合格率等。正因如此，我们会从总体中产生一些样本，利用样本的信息去推断总体的参数。

7.2.2　统计量及常用统计量

样本是总体的代表和反映，样本是进行统计推断的依据，但在抽样之后，并不是直接利用样本进行推断，而是需要对样本进行加工和提炼，即针对不同的问题构造出样本的适当的函数，将样本信息集中起来进行统计推断。为此，引进统计量的概念。

定义 7.2　设 $(X_1, X_2, \cdots, X_n)^T$ 为总体 X 的一个样本，$g(X_1, X_2, \cdots, X_n)$ 是 $X_1, X_2, \cdots, X_n$ 的函数，且 g 中不含有任何总体分布未知参数，则称 $g(X_1, X_2, \cdots, X_n)$ 为一个统计量。

由于 $X_1, X_2, \cdots, X_n$ 是随机变量，由定义知统计量 $g(X_1, X_2, \cdots, X_n)$ 也是随机变量，但是如果抽样一旦完成，将样本值代入函数，则 $g(x_1, x_2, \cdots, x_n)$ 将会是一个实数。正因为构造统计量的目的是为了推断未知的总体分布特征，所以，在构造统计量时不能含有总体未知参数。如果含有，那么即便样本值代入，统计量仍然是不确定的。例如，μ 未知，则 $\frac{1}{n}\sum_{i=1}^{n}(X_i - \mu)^2$ 不是统计量。

定义中的关键词是“样本”，如同样本相对于总体，统计量则相对于参数，如果构造统计量的目的是估计总体的某个参数，我们在统计量命名时习惯性地把目的加入名字，例如，常用统计量中的两个重要统计量“样本均值”、“样本方差”等，顾名思义，构造样本均值统计量的目的是估计总体均值，构造样本方差统计量的目的是估计总体方差。

统计量在数理统计中具有极其重要的地位，统计量在数理统计中的地位相当于随机变量在概率论中的地位，它是统计推断的基础。下面将逐一给出各种常用的统计量。但是，统计量的构造方法暂时略去，将在后面章节给出解释。

(1) 样本均值：$\overline{X} = \frac{1}{n}\sum_{i=1}^{n} X_i$　　(7.4)

(2) 样本方差：$S_n^2 = \frac{1}{n}\sum_{i=1}^{n}(X_i - \overline{X})^2 = \frac{1}{n}\sum_{i=1}^{n} X_i^2 - \overline{X}^2$　　(7.5)

【注】　样本方差的另一种形式，S^2 也被称为修正的样本方差：

$$S^2 = \frac{1}{n-1}\sum_{i=1}^{n}(X_i - \overline{X})^2 = \frac{1}{n-1}\left(\sum_{i=1}^{n} X_i^2 - n\overline{X}^2\right) \tag{7.6}$$

(3) 样本标准差：$S_n = \sqrt{\frac{1}{n}\sum_{i=1}^{n}(X_i - \overline{X})^2}$ 或 $S = \sqrt{\frac{1}{n-1}\sum_{i=1}^{n}(X_i - \overline{X})^2}$　　(7.7)

(4) 样本变异系数：$V = \frac{S}{\overline{X}}$　　(7.8)

(5) 样本 k 阶原点矩：$m_k = \frac{1}{n}\sum_{i=1}^{n} X_i^k$　　(7.9)

(6) 样本 k 阶中心矩：$v_k=\frac{1}{n}\sum_{i=1}^{n}(X_i-\overline{X})^k$ (7.10)

(7) 样本偏度：$\alpha_3=\sqrt{n-1}\sum_{i=1}^{n}(X_i-\overline{X})^3/\left[\sum_{i=1}^{n}(X_i-\overline{X})^2\right]^{3/2}$ (7.11)

(8) 样本峰度：$\alpha_4=(n-1)\sum_{i=1}^{n}(X_i-\overline{X})^4/\left[\sum_{i=1}^{n}(X_i-\overline{X})^2\right]^2-3$ (7.12)

对于均值、方差、标准差、变异系数、偏度、峰度的概念，我们并不陌生，因为在本书的第 2 章中，针对数据的概括性度量，对以上概念均有详细的介绍。本章和第 2 章在表达这些计算方法时从形式上看的差别是：针对数据是用小写字母 x_i，针对样本是大写字母 X_i。在形式之下，二者解决的问题是不同的：针对数据，计算的结论仅仅是反映数据的特征而已，但是针对样本，由于统计量仍是随机变量，因此这里仅提供了由样本如何估计总体参数的方法。只有当抽样完成，将具体样本值 $x_1,x_2,\cdots,x_n$ 代入统计量中，才能得到具体数值，而产生这一数值的目的是为了估计总体的相应特征。

需要说明，关于样本偏度和样本峰度的统计量不唯一，但不同的表达式仅在细节处有差异，整体的构造思路是一致的。

7.2.3 统计推断问题简述

总体和样本是数理统计中的两个基本概念。实际应用中，总体的分布一般是未知的，分布类型未知，或者分布类型已知但含有未知参数。样本来自总体，自然带有总体的信息，这为我们利用样本信息推断总体带来了可能性，同时利用样本推断总体可以省时省力(特别是针对有破坏性的试验或总体规模特别大的情形)。根据研究的目的不同，为了更加有效地利用样本信息，统计学家设计了很多统计量，利用统计量对总体进行推断，统计量就好比是统计学家为解决某一类问题而发明的具有一定通用性的工具，只要使用工具的条件符合，都可以采用同一个工具来解决问题。当抽样完成，样本有了具体的样本值代入统计量时，针对这一次抽样，推断就有了具体结论。

我们称通过总体的样本 $X_1,X_2,\cdots,X_n$ 对总体 X 的分布进行推断的问题为统计推断问题。如果是对总体分布的类型的推断，则称为非参数统计；如果是总体分布的类型已知，对未知参数进行推断，则称为参数统计。本书重点介绍的是参数统计。总体、样本、样本值、统计量的具体关系如图 7.1 所示。

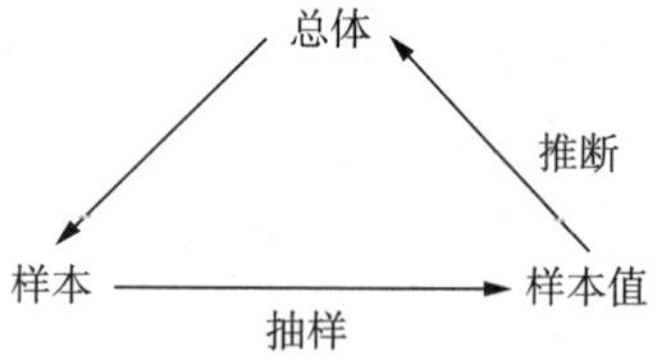

总体
推断
样本
样本值
抽样

图 7.1 总体、样本、样本值关系示意图

7.2.4 常用统计量的 R 实现

样本均值、样本方差、样本标准差可以直接调用相关函数，但偏度、峰度、原点矩在 R 的基础包中没有，需要加载相关的包、调用相关的命令，原点矩的 R 实现在第 8 章中介绍，变异系数直接采用标准差和均值计算即可，下面将一一详述：

(1) 样本均值函数 mean( )的调用格式为 mean(x,trim,na,rm=FALSE)，其中，x 为一个数值型向量、矩阵或数据框，trim=0.1 表示去掉 x 两端各 10%的观测值再计算平均值，默认状态下 trim=0，表示全部数据求平均值，na.rm 为逻辑值，表示是否移除缺失值，默认为 FALSE。

(2) 样本方差 var( )的调用格式为 var(x,na. rm=FALSE),其中,x 是一个数值型向量、矩阵或数据框,na. rm 的含义同上。

(3) 样本标准差 sd( )的调用格式为 sd(x,na. rm=FALSE),其中,各参数的含义与 var( )函数对应的参数相同,但 x 是一个数值型向量。

(4) 样本峰度、偏度可以加载 fBasics 包、e1071 包或者 moments 包,调用函数 skewness( )和函数 kurtosis( ),其调用格式为:skewness(x,na. rm=FALSE)及 kurtosis(x,na. rm=FALSE),其中各参数的含义与 var( )函数对应的参数相同,x 是一个数值型向量。

【例 7.4】 计算 ggplot2 数据包 Diamonds 数据集中钻石重量 carat 的样本中位数、样本均值、样本方差、样本标准差、变异系数、样本峰度、样本偏度。

R 程序:

```
>library("ggplot2")
>median(diamonds$carat)
[1] 0.7
>mean(diamonds$carat)
[1] 0.7979397
>var(diamonds$carat)
[1] 0.2246867
>sd(diamonds$carat)
[1] 0.4740112
>v<-sd(diamonds$carat)/mean(diamonds$carat)
>v
[1] 0.5940439
>library("e1071")
Warning message:
程序包"e1071"是用 R 版本 3.5.3 来建造的。
>skewness(diamonds$carat)
[1] 1.116584
>kurtosis(diamonds$carat)
[1] 1.25625
```

结果说明:钻石重量的中位数为 0.7,均值为 0.798,方差为 0.225,标准差为 0.474,变异系数为 0.594,偏度为 1.117,峰度为 1.256。

习题 7-2

1. 说明参数和统计量的概念。
2. 解释描述统计和推断统计的区别。
3. 举例说明总体、样本、变量、统计量及参数这几个概念及概念间的相互联系。
4. 从总体中抽取容量为 6 的样本,测得样本值为:

32、65、28、35、30、29

试求:

(1)样本中位数、样本均值、样本标准差、样本峰度、样本偏度;

(2)采用 R 软件实现(1)。

7.3 抽样分布及正态总体的抽样分布

统计量是随机变量的函数,因此仍是随机变量。对于随机变量,如果想从概率角度出发去研究,必须要了解它的数字特征或分布形式。因此,对于统计量,我们仍然不遗余力地去探究它的数字特征和分布形式,这在统计推断的过程中非常重要。数理统计中泛称统计量的分布为抽样分布。

讨论抽样分布的途径通常有两个:一是精确地求出抽样分布;二是让样本量趋于无穷时,求出抽样分布的极限分布,当样本容量充分大时,可以利用该极限分布作为抽样分布的近似分布。在抽样分布的理论中,至今已经求出的抽样分布中的精确分布并不多,精确分布很难求得,或者说精确分布存在但是因过于复杂而难以应用。本节主要介绍来自正态总体的几个常用统计量的分布。

7.3.1 统计三大分布

利用统计量的近似分布做统计推断时,对于样本容量有一定的要求,比如样本个数大于30,近似的效果才比较理想。但是利用精确分布做统计推断时,对于样本量 n 没有要求,因此精确分布对于样本量较小情况下的统计推断非常重要。精确的抽样分布大多数是在正态总体情况下获得的,在正态总体的条件下,主要有 χ^2 分布、t 分布、F 分布,这三个分布被称为统计三大分布。

本节仅对三大分布的定义和性质做简单介绍,因为三大分布的密度函数较为复杂,限于篇幅,本书也不给出三大分布的密度函数。关于三大分布的密度函数或更详细的讨论,有兴趣的读者可以参见数学形式比较严谨的数理统计类图书。

1. χ^2 分布

定义 7.3 设随机变量 $X_1,X_2,\cdots,X_n$ 相互独立,且均服从标准正态分布 $N(0,1)$,则称它们的平方和 $\sum\limits_{i=1}^{n}X_i^2$ 服从自由度为 n 的 χ^2 分布,记为 $\chi^2(n)$。

这里的自由度可以简单理解为独立变量的个数。当 $n=1,n=4,n=10,n=40$ 时,χ^2 分布的概率密度曲线如图 7—2 所示。当 n 较小时,χ^2 分布为右偏的分布;当 n 增加到足够大时,χ^2 分布的概率密度曲线趋于对称;当 n 趋于无穷大时,χ^2 分布的极限分布是正态分布。

有关 χ^2 分布的几点重要性质如下:

(1) χ^2 分布的期望与方差:$E(\chi^2)=n,D(\chi^2)=2n$。

(2) χ^2 分布具有可加性:若 $X\sim\chi^2(n),Y\sim\chi^2(m)$,且 X 与 Y 相互独立,则 $X+Y\sim\chi^2(n+m)$。

2. t 分布

定义 7.4 设随机变量 $X\sim N(0,1),Y\sim\chi^2(n)$,且 X 与 Y 相互独立,则称 $\dfrac{X}{\sqrt{Y/n}}$ 服从自由度为 n 的 t 分布,记为 $t(n)$。

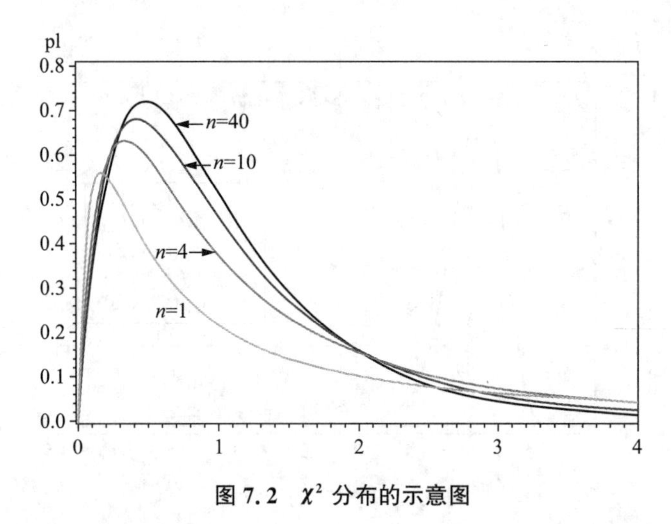

图 7.2　χ^2 分布的示意图

t 分布的概率密度曲线如图 7.3 所示，t 分布的密度曲线与标准正态分布 $N(0,1)$ 的密度函数曲线非常相似，都是单峰的偶函数。只是 $t(n)$ 的密度函数在两侧的尾部要比 $N(0,1)$ 的两侧尾部厚一些，这意味着 $t(n)$ 的方差比 $N(0,1)$ 大一些。随着自由度的增加，t 分布的密度函数越来越接近 $N(0,1)$，当 n 趋于无穷大时，t 分布的极限分布是正态分布。实际应用中，一般当 $n\geqslant 30$ 时，t 分布与 $N(0,1)$ 非常接近，但是 n 较小时，t 分布与 $N(0,1)$ 分布相差较大。历史上，t 分布的诞生对于数理统计中小样本理论及应用有着重要的促进作用。

注意到 $n=1$ 的 t 分布又被称为柯西分布，柯西分布的数学期望是不存在的。所以，当 $n\geqslant 2$ 时 t 分布的数学期望存在，当 $n\geqslant 3$ 时 t 分布的方差存在。

当 $n\geqslant 2$ 时，$E(T)=0$；当 $n\geqslant 3$ 时，$D(T)=\dfrac{n}{n-2}$。

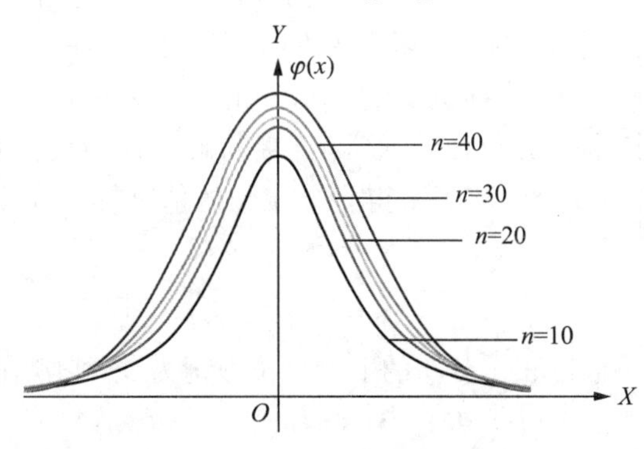

图 7.3　t 分布的示意图

3. F 分布

定义 7.5　设随机变量 $X\sim\chi^2(m)$，$Y\sim\chi^2(n)$，且 X 与 Y 相互独立，则称 $\dfrac{X/m}{Y/n}$ 服从第一自由度为 m、第二自由度为 n 的 F 分布，记为 $F(m,n)$。

F 分布的概率密度曲线如图 7.4 所示。注意，由定义可知，在 F 分布中，两个自由度的位置不可互换，且 F 分布和 t 分布存在如下关系：如果随机变量 X 服从 $t(n)$ 分布，则 X^2 服

从 $F(1,n)$ 的 F 分布。

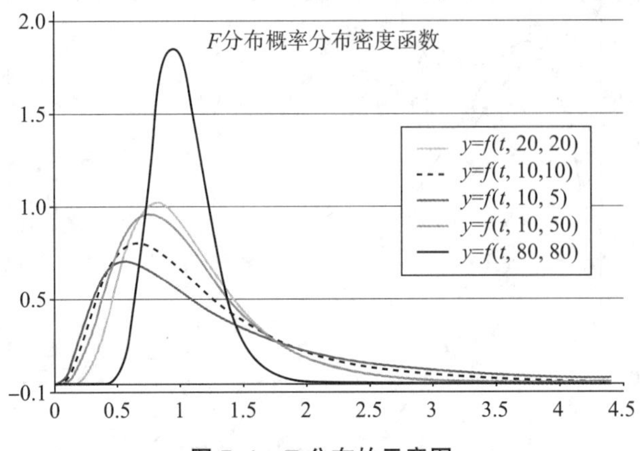

图 7.4　F 分布的示意图

有关 F 分布的期望和方差的结论为：设随机变量 X 服从 $F(m,n)$ 分布，则当 $n\geqslant 3$ 时，$E(X)=\dfrac{n}{n-2}$；当 $n\geqslant 5$ 时，$D(X)=\dfrac{2n^2(m+n-2)}{m(n-2)^2(n-4)}$。

7.3.2　概率分布的分位数

数理统计的统计推断方法有两大类：区间估计和假设检验，这两种方法在操作过程中都需要用到一个概念——分位数。因此，本节主要讲解这个概念，并给出正态分布和三大统计分布中分位数的相关结论。

上侧分位数：设随机变量 X 的分布函数为 $F(x)$，对于给定的实数 $\alpha(0<\alpha<1)$，若存在 x_α 满足 $P\{X>x_\alpha\}=\alpha$，则称 x_α 为随机变量 X 分布的水平 α 的上侧分位数。

下侧分位数：设随机变量 X 的分布函数为 $F(x)$，对于给定的实数 $\alpha(0<\alpha<1)$，若存在 x_α 满足 $P\{x<x_\alpha\}=\alpha$，则称 x_α 为随机变量 X 分布的水平 α 的下侧分位数。

本书中的分位数即指上侧分位数。通常，直接求解分位数是困难的，对常用的统计分布，一般是查分布函数值表或分位数表来得到分位数的值；同时，注意到某些分布之间的分位数有转换关系可以利用。

1. 标准正态分布

如果 $X\sim N(0,1)$，将标准正态分布的上侧分位数记为 u_α，它满足关系式：

$$P\{X>u_\alpha\}=1-P\{X\leqslant u_\alpha\}=1-\Phi(u_\alpha)=\alpha$$

即 $\Phi(u_\alpha)=1-\alpha$。

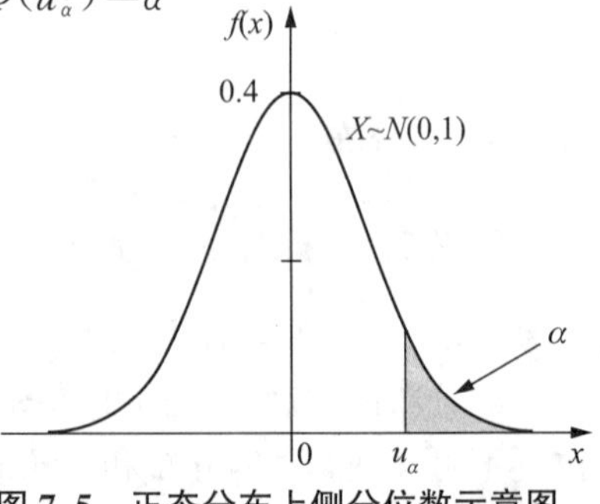

图 7.5　正态分布上侧分位数示意图

【例 7.5】 分别设 $\alpha=0.05$、0.025、0.01，依次求出标准正态分布的上侧分位点数。

解　由于 $\Phi(u_{0.05})=1-0.05=0.95$，查标准正态分布函数值表，当概率为 0.95 时所对应的分布函数的自变量值为 1.65，可得 $u_{0.05}=1.65$；又因，$\Phi(u_{0.025})=1-0.025=0.975$，同理可得 $u_{0.025}=1.96$；又因，$\Phi(u_{0.01})=1-0.01=0.99$，同理可得 $u_{0.01}=2.33$。

注意到标准正态分布是一种对称的分布，因此，对于标准正态分布，不难证明有如下结论：

$$P\{|X|>u_{\alpha/2}\}=\alpha \tag{7.13}$$

$$u_{\alpha}=-u_{1-\alpha} \tag{7.14}$$

2. χ^2 分布

如果 $Y\sim\chi^2(n)$，将自由度为 n 的 χ^2 分布的上侧分位数记为 $\chi^2_{\alpha}(n)$，它满足关系式：

$$P\{Y>\chi^2_{\alpha}(n)\}=\alpha$$

例如，查 χ^2 分布的分位数表，可以得到：

$$\chi^2_{0.1}(45)=57.505,\chi^2_{0.025}(45)=65.410,\chi^2_{0.975}(45)=28.366$$

χ^2 分布的分位数表通常仅提供了部分自由度的分位数，如果在表中没有查到，那么在 n 充分大的条件下，我们还可以利用 χ^2 分布的分位数和标准正态分布的分位数的关系进行近似计算。

费希尔(R. A. Fisher)曾证明，当 n 充分大时，近似地有：

$$\chi^2_{\alpha}(n)\approx\frac{1}{2}(u_{\alpha}+\sqrt{2n-1})^2 \tag{7.15}$$

例如，$\chi^2_{0.05}(50)\approx\frac{1}{2}(u_{0.05}+\sqrt{2\times50-1})^2=\frac{1}{2}(1.645+\sqrt{99})^2\approx67.221$。

如果查更全面详细的 χ^2 分布的分位数表，可知 $\chi^2_{0.05}(50)=67.505$，由此可知，近似存在误差，但是误差可以接受。

3. t 分布

如果 $T\sim t(n)$，将自由度为 n 的 t 分布的上侧分位点数记为 $t_{\alpha}(n)$，它满足关系式：

$$P\{T>t_{\alpha}(n)\}=\alpha$$

因为 t 分布也是对称分布，所以也有类似于标准正态分布分位数的相关性质：

$$P\{|X|>t_{\alpha/2}(n)\}=\alpha \tag{7.16}$$

$$t_{\alpha}(n)=-t_{1-\alpha}(n) \tag{7.17}$$

例如，查 t 分布的分位数表，可以得到：

$$t_{0.1}(10)=1.3722,t_{0.025}(10)=2.2281,t_{0.975}(10)=-2.2281$$

同时注意到，当自由度 n 充分大时，t 分布近似于标准正态分布，故有：

$$t_{\alpha}(n)\approx u_{\alpha}$$

例如，查 t 分布的分位数表，可以得到：

$$t_{0.05}(31)=1.6955,t_{0.025}(31)=2.0395,t_{0.01}(31)=2.4528$$

读者可以将这个结果与标准正态分布的分位数结果做比较，比较两者之间的误差大小。

4. F 分布

如果 $F\sim F(m,n)$，将自由度为(m,n)的 F 分布的上侧分位点数记为 $F_{\alpha}(m,n)$，它满足关系式：

$$P\{F>F_{\alpha}(m,n)\}=\alpha$$

例如，查 F 分布的分位数表，可以得到：

$$F_{0.05}(10,5)=4.74,F_{0.025}(10,5)=6.62$$

由 F 分布的定义可知，若 $F\sim F(m,n)$，则$\frac{1}{F}\sim F(n,m)$，根据分位数定义不难证明：

$$F_{1-\alpha}(m,n)=\frac{1}{F_{\alpha}(n,m)} \tag{7.18}$$

根据这个性质，可以得到：

$$F_{0.95}(10,5)=\frac{1}{F_{0.05}(5,10)}=\frac{1}{3.33}=0.3003$$

$$F_{0.975}(10,5)=\frac{1}{F_{0.025}(5,10)}=\frac{1}{4.24}=0.2359$$

故上述性质常常用来求分位数表中没有列出的某些上侧分位数。

7.3.3 单正态总体的抽样分布

在各种各样的统计量之中，有两个统计量非常重要：$\overline{X}$ 和 S^2。对于它们的相关结论，读者需要格外重视，下面首先来讨论这两个统计量的数字特征。

设 $X_1,X_2,\cdots,X_n$ 是取自总体 X 的一个样本，设总体 X 的期望和方差存在，且

$$E(X)=\mu,D(X)=\sigma^2$$

则：

$$E(\overline{X})=E\left(\frac{1}{n}\sum_{i=1}^{n}X_i\right)=\frac{1}{n}\sum_{i=1}^{n}E(X_i)=\frac{n\mu}{n}=\mu$$

$$D(\overline{X})=D\left(\frac{1}{n}\sum_{i=1}^{n}X_i\right)=\frac{1}{n^2}\sum_{i=1}^{n}D(X_i)=\frac{n\sigma^2}{n^2}=\frac{\sigma^2}{n}$$

这两个结论说明了什么呢？产生样本均值 $\overline{X}$ 的目的是估计总体均值，每一次抽样后将样本值代入统计量所得数值未必刚好就是总体均值，统计量的样本值是波动的，但是因为 $E(\overline{X})=\mu$，说明波动的中心就是待估计的参数；又因为 $D(\overline{X})=\frac{\sigma^2}{n}$，说明波动的程度没有总体分布那么大，是原总体分布的$\frac{1}{n}$，而且抽样的个数越多，波动程度越小。

$$\begin{aligned}E(S^2)&=E\left[\frac{1}{n-1}\left(\sum_{i=1}^{n}X_i^2-n\overline{X}^2\right)\right]\\&=\frac{1}{n-1}\left[\sum_{i=1}^{n}E(X_i^2)-nE(\overline{X}^2)\right]\\&=\frac{1}{n-1}\left[\sum_{i=1}^{n}(\sigma^2+\mu^2)-n\left(\frac{\sigma^2}{n}+\mu^2\right)\right]=\sigma^2\end{aligned}$$

产生样本方差 S^2 的目的是估计总体方差，由上面的推导可知，虽然在估计的过程中 S^2 有波动，但是围绕 σ^2 在上下波动，波动的中心仍是 σ^2。$\overline{X}$ 和 S^2 的这一良好的性能在数理统计中被称为“无偏性”，关于这一概念的学习将在第 8 章具体展开。

进一步，若假设总体分布为正态分布，即 $X\sim N(\mu,\sigma^2)$，由正态分布的性质不难理解 $\overline{X}$ 仍服从正态分布，根据上面的推导，方差和期望也是明确的，因此在总体为正态的条件下，统计量 $\overline{X}$ 的精确分布是可以获得的，即：

$$\overline{X}\sim N\left(\mu,\frac{\sigma^2}{n}\right)$$

事实上，在总体为正态分布的条件下，可以得到更多关于样本均值 $\overline{X}$ 和样本方差 S^2 的精确分布的结论，现在通过定理的形式总结如下。限于篇幅，定理的证明过程省略，有兴趣的读者可以参见数学形式比较严谨的数理统计类图书。

定理 7.1　设 $X_1,X_2,\cdots,X_n$ 是来自正态总体 $N(\mu,\sigma^2)$ 的样本，$\overline{X}$ 是样本均值，则：

$$\overline{X}\sim N\left(\mu,\frac{\sigma^2}{n}\right)\quad\Leftrightarrow\quad\frac{\overline{X}-\mu}{\sigma/\sqrt{n}}\sim N(0,1) \tag{7.19}$$

定理 7.2　设 $X_1,X_2,\cdots,X_n$ 是来自正态总体 $N(\mu,\sigma^2)$ 的样本，$\overline{X}$ 是样本均值，S^2 是样本方差，则：

(1) $$\frac{(n-1)S^2}{\sigma^2}=\frac{1}{\sigma^2}\sum_{i=1}^{n}(X_i-\overline{X})^2\sim\chi^2(n-1); \tag{7.20}$$

(2) $\overline{X}$ 与 S^2 相互独立。

定理 7.3　设 $X_1,X_2,\cdots,X_n$ 是来自正态总体 $N(\mu,\sigma^2)$ 的样本，$\overline{X}$ 是样本均值，S^2 是样本方差，则：

(1) $$\frac{1}{\sigma^2}\sum_{i=1}^{n}(X_i-\mu)^2\sim\chi^2(n); \tag{7.21}$$

(2) $$\frac{\overline{X}-\mu}{S/\sqrt{n}}\sim t(n-1)。 \tag{7.22}$$

以上三个定理给出了在不同条件下关于样本均值 $\overline{X}$ 和样本方差 S^2 的精确分布，利用这些分布可以解决相关的概率计算。

【例 7.6】　假设某物体的实际重量为 μ，但它未知。现在用一架天平去称它，共称了 100 次，得到 $X_1,X_2,\cdots,X_{10}$，假设每次称量过程彼此独立且没有系统误差，则可以认为这些测量值都服从正态分布 $N(\mu,\sigma^2)$，其中方差 σ^2 反映了天平及测量过程中的总精度。在测量重量时，我们的一般做法是用多次测量的样本均值 $\overline{X}$ 去估计 μ。请问若 $\sigma^2=0.01$，则测量值与真实值之间偏差不超过 0.01 的概率是多大？

解　根据定理 7.1，$\overline{X}\sim N\left(\mu,\frac{\sigma^2}{n}\right)$，有：

$$P\{|\overline{X}-\mu|<0.01\}=P\left\{\frac{|\overline{X}-\mu|}{\sigma/\sqrt{n}}<\frac{0.01}{\sigma/\sqrt{n}}\right\}=P\left\{\frac{|\overline{X}-\mu|}{0.1/\sqrt{10}}<\frac{0.01}{0.1/\sqrt{10}}\right\}$$

$$=P\left\{\frac{|\overline{X}-\mu|}{0.1/\sqrt{10}}<0.316\right\}=2\Phi(0.316)-1=0.248$$

即测量值与真实值之间偏差不超过 0.01 的概率约是 0.248。

【例 7.7】　在设计导弹发射装置时，重要的事情之一是研究弹着点偏离目标中心的距离的方差。对于一类导弹发射装置，弹着点偏离目标中心距离服从正态分布 $N(\mu,\sigma^2)$，这里 $\sigma^2=100\text{m}^2$，现在进行了 25 次发射试验，用 S^2 记这 25 次试验中弹着点偏离目标中心距离的样本方差，试求 S^2 超过 50 m^2 的概率。

解　在总体 σ^2 已知的条件下，根据定理 7.2，$\frac{(n-1)S^2}{\sigma^2}\sim\chi^2(n-1)$，故：

$$P\{S^2>50\}=P\left\{\frac{(n-1)S^2}{\sigma^2}>\frac{(n-1)50}{\sigma^2}\right\}=P\left\{\chi^2(24)>\frac{24\times 50}{100}\right\}$$

$$=P\{\chi^2(24)>12\}>P\{\chi^2(24)>12.401\}=0.975$$

所以，我们认为有超过97.5%的概率 S^2 超过了50 m^2。

7.3.4 双正态总体的抽样分布

在实际中，我们常会遇到比较两个总体的平均值问题，例如，比较两个不同班级学生考试成绩的接近程度、比较两个地区人均移动电话消费金额的差异等，以上问题都可以概括为比较两个总体均值之差的问题。可以考虑从两个总体中选出的两个独立随机样本，通过考察它们的样本均值之差 $\overline{X}_1-\overline{X}_2$ 的表现来判断总体均值之差，这就需要 $\overline{X}_1-\overline{X}_2$ 的抽样分布。同理，我们也需要考察两个总体的样本方差之比的抽样分布。现将相关的重要结论通过定理形式总结如下。

定理7.4 设 $X\sim N(\mu_1,\sigma_1^2)$ 与 $Y\sim N(\mu_2,\sigma_2^2)$ 是两个相互独立的正态总体，又设 $X_1,X_2,\cdots,X_{n_1}$ 是来自总体 X 的样本，$\overline{X}$ 与 S_1^2 分别为该总体的样本均值与样本方差；设 $Y_1,Y_2,\cdots,Y_{n_2}$ 是来自正态总体 Y 的样本，$\overline{Y}$ 与 S_2^2 分别为该总体的样本均值与样本方差，则：

(1) $$\overline{X}-\overline{Y}\sim N(\mu_1-\mu_2,\sigma_1^2/n_1+\sigma_2^2/n_2)\Leftrightarrow\frac{(\overline{X}-\overline{Y})-(\mu_1-\mu_2)}{\sqrt{\sigma_1^2/n_1+\sigma_2^2/n_2}}\sim N(0,1)\tag{7.23}$$

(2) 当 $\sigma_1^2=\sigma_2^2=\sigma^2$ 时，$$\frac{(\overline{X}-\overline{Y})-(\mu_1-\mu_2)}{S_w\sqrt{1/n_1+1/n_2}}\sim t(n_1+n_2-2)\ ,这里\ S_w^2=\frac{(n_1-1)S_1^2+(n_2-1)S_2^2}{(n_1+n_2-2)}\tag{7.24}$$

(3) $$\frac{S_1^2/\sigma_1^2}{S_2^2/\sigma_2^2}=\left(\frac{\sigma_2}{\sigma_1}\right)^2\frac{S_1^2}{S_2^2}\sim F(n_1-1,n_2-1)\tag{7.25}$$

【例7.8】 甲、乙两所著名高校在某年录取新生时，甲校的平均分为655分，标准差为20分，且服从正态分布；乙校的平均分为625分，标准差为25分，也服从正态分布。现从甲、乙两校各随机抽取8名新生计算其平均分，出现甲校比乙校的平均分低的可能性有多大?

解 由定理7.4的(1)可知，$\overline{X}-\overline{Y}\sim N(\mu_1-\mu_2,\sigma_1^2/n_1+\sigma_2^2/n_2)$，甲校新生平均成绩低于乙校新生平均成绩，即 $\overline{X}-\overline{Y}\leqslant 0$。

$$P(\overline{X}-\overline{Y}\leqslant 0)=P\left\{\frac{(\overline{X}-\overline{Y})-(\mu_1-\mu_2)}{\sqrt{\sigma_1^2/n_1+\sigma_2^2/n_2}}\leqslant\frac{0-(655-625)}{\sqrt{20^2/8+25^2/8}}\right\}=P(Z\leqslant -2.65)$$
$$=0.004$$

因此，出现甲校新生平均成绩低于乙校新生成绩的可能性很小，仅有0.004。

【例7.9】 设总体 X 和 Y 相互独立且都服从正态分布 $N(30,3^2)$，$X_1,X_2,\cdots,X_{20}$ 和 $Y_1,Y_2,\cdots,Y_{25}$ 是分别来自总体 X 和 Y 的样本，$\overline{X},\overline{Y},S_1^2,S_2^2$ 分别是这两个样本的均值和方差，求 $P(S_1^2/S_2^2\leqslant 0.4)$。

解 因 $\sigma_1^2=\sigma_2^2=3^2$，由定理7.4的(3)，有 $\dfrac{S_1^2}{S_2^2}\sim F(19,24)$。

因 F 分布的分位数表中没有 $n_1=19$，可以按性质转化为 $\dfrac{S_2^2}{S_1^2}\sim F(24,19)$，

故 $P\{S_1^2/S_2^2\leqslant 0.4\}=P\{S_2^2/S_1^2\geqslant 1/0.4\}=P\{S_2^2/S_1^2\geqslant 2.5\}$。

因为查 F 分布的分位数表可得 $F_{0.025}(24,19)=2.45$，即 $P\{S_2^2/S_1^2\geqslant 2.45\}=0.025$，故 $P\{S_1^2/S_2^2\leqslant 0.4\}=P\{S_2^2/S_1^2\geqslant 2.5\}\approx P\{S_2^2/S_1^2\geqslant 2.45\}=0.025$。

7.3.5　一般总体抽样分布的极限分布

统计量的分布一般取决于总体分布的情况，对于非正态总体的抽样分布一般是不容易求出的，常用统计量中的样本均值 $\overline{X}$ 的分布也只有在总体具有可加性时才容易求得，有时即使能求出统计量的精确分布，使用起来也不一定方便。基于以上原因，在应用中往往使用统计量的极限分布，在样本量充分大的时候，做近似计算。

值得庆幸的是，早在18世纪至19世纪证明的中心极限定理对大样本统计推断提供了强有力的工具，该定理告诉我们不管总体的分布是什么，只要总体方差 σ^2 存在，此时样本均值 $\overline{X}$ 的分布总是近似正态分布。总体偏离正态越远，则要求 n 越大，然而在实际应用中，总体的分布未知，此时，我们常要求 $n\geqslant 30$。一般，统计学中将 $n\geqslant 30$ 称为大样本，将 $n<30$ 称为小样本，但这只是一种经验说法。

现将极限分布的相关常用结论总结在定理7.5和定理7.6中。

定理7.5　设总体 X 的分布是任意的，并且总体的期望和方差都存在，记为：

$$E(X)=\mu, D(X)=\sigma^2$$

设 $X_1,X_2,\cdots,X_n$ 为来自总体 X 的样本，$\overline{X}$ 是样本均值，S^2 是样本方差，当 $n\to\infty$ 时，则：

$$(1)\frac{\overline{X}-\mu}{\sigma/\sqrt{n}}\xrightarrow{d}N(0,1); \tag{7.26}$$

$$(2)\frac{\overline{X}-\mu}{S/\sqrt{n}}\xrightarrow{d}N(0,1)。 \tag{7.27}$$

利用这一定理的结论，我们可以探讨关于样本比例的抽样分布，这在应用中也相当常见。例如，要估计某产品的合格品率，要比较顾客购买行为中喜欢产品甲的比例与喜欢产品乙的比例的差异。

设总体中具有某一特征的个体比例为 p，这是我们关心的参数，现在从总体中抽取样本 $X_1,X_2,\cdots,X_n$，定义：

$$X_i=\begin{cases}1,\text{具备某特征}\\0,\text{不具备某特征}\end{cases}$$

不难理解，估计 p 的统计量为 $\hat{p}=\dfrac{\sum_{i=1}^{n}X_i}{n}=\overline{X}$。

因为总体 X 的分布为0-1分布，不是正态分布，因此需要利用定理7.5，才能得到 $\hat{p}$ 的近似分布。这里，$EX=p$，$DX=p(1-p)$，则当 $n\to\infty$ 时，有：

$$\frac{\hat{p}-p}{\sqrt{p(1-p)}/\sqrt{n}}\sim N(0,1)\Leftrightarrow\hat{p}\sim N\left(p,\frac{p(1-p)}{n}\right)$$

【例7.10】　假定某个统计人员在填写一份报表的过程中有2%的概率至少会有一处错误，如果我们检查一个由600份报表组成的随机样本，求其中至少有一处错误的报表所占的比例在 0.025～0.070 之间的概率。

解 总体的 $p=0.02$，这里 $n=600$，$EX=p=0.02$，$DX=p(1-p)=0.02\times0.98$，当 $n\to\infty$时，因为近似地：

$$\frac{\hat{p}-0.02}{\sqrt{0.02\times0.98}/\sqrt{600}}\sim N(0,1)$$

从而所求概率为：

$$\begin{aligned}&P\{0.025\leqslant\hat{p}\leqslant0.07\}\\&\approx P\left\{\frac{0.025-0.02}{\sqrt{0.02\times0.98}/\sqrt{600}}\leqslant\frac{\hat{p}-0.02}{\sqrt{0.02\times0.98}/\sqrt{600}}\leqslant\frac{0.07-0.02}{\sqrt{0.02\times0.98}/\sqrt{600}}\right\}\\&=P\{0.877\leqslant Z\leqslant8.77\}=0.1902\end{aligned}$$

即统计人员在 600 份报告中至少有一处错误的报告所占的比例在 0.025～0.070 之间的概率为 19.02%。

再进一步讨论两个样本比例之差的抽样分布。

定理 7.6 设分别从具有参数 p_1 和参数 p_2 的(0-1)总体中独立抽取包含 n_1 样本 $X_1,X_2,\cdots,X_{n_1}$ 和 n_2 样本 $Y_1,Y_2,\cdots,Y_{n_2}$，则估计两个样本比例之差的统计量为：

$$\hat{p}_1-\hat{p}_2=\overline{X}-\overline{Y}$$

该统计量具备如下结论：

(1) $E(\hat{p}_1-\hat{p}_2)=p_1-p_2$；

(2) $D(\hat{p}_1-\hat{p}_2)=\dfrac{p_1(1-p_1)}{n_1}+\dfrac{p_2(1-p_2)}{n_2}$；

(3) 当 n_1 和 n_2 充分大时，$\hat{p}_1-\hat{p}_2$ 的抽样分布近似为正态分布，其均值为(1)、方差为(2)，即：

$$\hat{p}_1-\hat{p}_2\sim N\left(p_1-p_2,\frac{p_1(1-p_1)}{n_1}+\frac{p_2(1-p_2)}{n_2}\right)\tag{7.28}$$

【例 7.11】 一项市场调查表明甲城市的消费者中有 15%的人喝过某品牌矿泉水，而乙城市的消费者中只有 8%的人喝过这种矿泉水。如果这些数据是真实的，那么当我们分别从甲城市抽取 120 人、乙城市抽取 140 人组成两个独立随机样本时，样本比例之差 $\hat{p}_1-\hat{p}_2$ 不低于 0.08 的概率有多大？

解 根据题意：$p_1=0.15$，$p_2=0.08$，$n_1=120$，$n_2=140$ ，$\hat{p}_1-\hat{p}_2$ 的抽样分布可以近似为正态分布，即：

$$\hat{p}_1-\hat{p}_2\sim N\left(p_1-p_2,\frac{p_1(1-p_1)}{n_1}+\frac{p_2(1-p_2)}{n_2}\right)$$

即 $\hat{p}_1-\hat{p}_2\sim N(0.07,0.00159)$。

从而所求概率为：

$$P\{\hat{p}_1-\hat{p}_2\geqslant0.08\}=P\left(\frac{(\hat{p}_1-\hat{p}_2)-0.07}{\sqrt{0.00159}}\geqslant\frac{0.08-0.07}{\sqrt{0.00159}}\right)=P(Z\geqslant0.251)=0.4009$$

7.3.6 抽样分布概率的 R 实现

常用分布的密度函数、累积分布函数、分位函数在 R 中都可直接获得，只需在各类分布函数(正态分布——norm,t 分布——t,F 分布——f,χ^2 分布——chisq,二项分布——binom)前加上相应前缀获得(d,p,q)。下面以正态分布为例阐述上述分布函数的R调用格式。

1. 概率密度函数 dnorm( )的调用格式

dnorm(x,mean,sd,log=FALSE)

其中,x为数值或数值向量,mean为均值,sd为标准差,当log=TRUE时函数返回值不再是正态分布而是对数分布;此函数表示正态分布的密度函数在x处的值。

2. 累积分布函数 pnorm( )的调用格式

pnorm(x,mean=mu,sd=sigma,lower. tail=FALSE)

其中,各参数定义同上。lower. tail为一逻辑值,当lower. tail=FALSE时,表示正态分布在x处的累积概率的值,即 $P\{X\leqslant x\}$。

3. 分位数函数 qnorm( )的调用格式

qnorm(x,mean=mu,sd=sigma,lower. tail=FALSE)

其参数定义同上,当lower. tail=FALSE时,表示正态分布在x处的上侧分位数;反之,则为下侧分位数。

相应地,其他分布的调用格式为:

t 分布:dt(x,df),pt(x,df),pt(x,df),其中,df表示 t 分布的自由度。

F 分布:df(x,df1,df2),pf(x,df1,df2),qf(x,df1,df2),其中,df1、df2分别表示 F 分布的两个自由度。

χ^2 分布:dchisq(x,df), pchisq(x,df), qchisq(x,df)。

【例7.12】 利用R软件计算下列分位数:$u_{0.05}$,$u_{0.025}$,$\chi^2_{0.1}(45)$,$t_{0.05}(31)$,$F_{0.05}(10,5)$。

R程序:

```
>qnorm(c(0.05,0.025),lower.tail=FALSE)
[1] 1.644854 1.959964
>qchisq(0.1,45,lower.tail=FALSE)
[1] 57.5053
>qt(0.05,31,lower.tail=FALSE)
[1] 1.695519
>qf(0.05,10,5,lower.tail=FALSE)
[1] 4.735063
```

根据结果可知,$u_{0.05}=1.65$,$u_{0.025}=1.96$,$\chi^2_{0.1}(45)=57.51$,$t_{0.05}(31)=1.70$,$F_{0.05}(10,5)=4.74$。

【例7.13】 利用R实现例7.6。

R程序:

```
>pnorm(0.01/(0.1/sqrt(10)),0,1)-pnorm(-0.01/(0.1/sqrt(10)),0,1)
[1] 0.2481704
```

也可以:

```
>pnorm(0.01,0,0.1/sqrt(10))-pnorm(-0.01,0,0.1/sqrt(10))
[1] 0.2481704
```

根据结果可知，测量值与真实值之间偏差不超过 0.01 的概率约是 0.248。

习题 7－3

1. 证明：$F_{1-\alpha}(n_1,n_2)=\dfrac{1}{F_\alpha(n_2,n_1)}$。

2. 采用查表和 R 软件两种方式获得以下分布的上侧分位数：

(1) 标准正态分布的上侧分位数：$\mu_{0.1},\mu_{0.9},\mu_{0.05},\mu_{0.95}$；

(2) χ^2 分布的上侧分位数：$\chi^2_{0.95}(5),\chi^2_{0.025}(5),\chi^2_{0.95}(50),\chi^2_{0.025}(50)$；

(3) t 分布的上侧分位数：$t_{0.1}(10),t_{0.9}(10),t_{0.05}(50),t_{0.95}(50)$；

(4) F 分布的上侧分位数：$F_{0.01}(10,20),F_{0.99}(10,20),F_{0.95}(18,30)$。

3. 假设总体 X 服从二项分布 $B(10,0.03)$，设 $X_1,X_2,\cdots,X_n$ 为来自该总体的简单随机样本，$\overline{X}=\dfrac{1}{n}\sum\limits_{i=1}^{n}X_i$ 表示样本均值，$S_n^2=\dfrac{1}{n}\sum\limits_{i=1}^{n}(X_i-\overline{X})^2$ 表示样本二阶中心矩，试求 $E(\overline{X}),E(S_n^2)$。

4. 设 $X\sim N(21,4)$，$X_1,X_2,\cdots,X_{25}$ 为 X 的一个样本，求：

(1) 样本均值 $\overline{X}$ 的数学期望与方差；

(2) $P(|\overline{X}-21|<0.24)$；

(3) 利用 R 软件计算(2)。

5. 从总体 $X\sim N(\mu,\sigma^2)$ 中抽取容量为 16 的样本，在下列情形下分别求 $\overline{X}$ 与 μ 之差的绝对值小于 2 的概率。

(1) 已知 $\sigma^2=25$；(2)σ^2 未知，但 $s^2=20.8$。

6. 设 $X_1,X_2,\cdots,X_{10}$ 取自正态总体 $N(0,0.3^2)$，试求：

(1) $P\left(\sum\limits_{i=1}^{10}X_i^2>1.44\right)$；

(2) $P\left\{\dfrac{1}{2}\times 0.3^2\leqslant\dfrac{1}{10}\sum\limits_{i=1}^{10}(X_i-\overline{X})^2\leqslant 2\times 0.3^2\right\}$；

(3) 利用 R 软件计算(1)和(2)。

7. 已知离散均匀总体 X，其分布律为：

X	2	4	6
p_i	1/3	1/3	1/3

取样本容量 $n=54$ 的样本，求：

(1) 样本均值 $\overline{X}$ 的数学期望与方差；

(2) 样本均值 $\overline{X}$ 落于 4.1 到 4.4 之间的概率；

(3) 样本均值 $\overline{X}$ 超过 4.5 的概率。

8. 设总体 $X\sim f(x)=\begin{cases}|x|, & |x|<1\\ 0, & \text{其他}\end{cases}$，$X_1,X_2,\cdots,X_{50}$ 为取自 X 的一个样本，求：

(1) 样本均值 $\overline{X}$ 的数学期望与方差；

(2) 样本方差 S^2 的数学期望；

(3) $P\{|\overline{X}|>0.02\}$。

9. 设总体 X 任意，期望为 μ，方差为 σ^2，若至少要以 95%的概率保证

$$|\overline{X}-\mu|<0.1\sigma$$

问样本容量 n 应取多大？

10. 设 $X_1,X_2,\cdots,X_{16}$ 及 $Y_1,Y_2,\cdots,Y_{25}$ 分别来自两个独立总体 $N(0,16)$及 $N(1,9)$的样本，以 $\overline{X}$ 和 $\overline{Y}$ 分别表示两个样本均值，求 $P\{|\overline{X}-\overline{Y}|>1\}$，并利用 R 软件实现。

第8章 参数估计

实际生活中,人们经常会碰到预测的问题,如灯泡寿命的预测、废品率的预测、股票价格的涨跌预测、房屋成交的价格预测、人口数量的预测等,这些问题可以采用经验的方法去预测,也可以采用函数关系去预测。在这一章中,主要从概率统计的角度出发,讲述如何采用统计推断的方法(参数估计)去做预测。

例如,灯泡寿命的预测中,如果将灯泡的寿命 X 看作一个总体,根据实际经验知道,X 服从 $N(\mu,\sigma^2)$,如果参数 μ,σ^2 是已知的,灯泡寿命就直接可以预测出来,但对每一批灯泡而言,参数 μ,σ^2 是未知的,要想预测灯泡寿命,就必须确定出寿命分布的参数,这就是参数估计问题。

概括地说,参数估计问题是指当所研究的总体分布类型已知,但分布中含有一个或多个未知参数时,如何根据样本来估计未知参数的问题。即设有一个统计总体,总体的分布函数为 $F(x,\theta)$,其中 θ 为未知参数(θ 可以是单参数,也可以是参数向量)。现从该总体中随机地抽样,得到样本 $X_1,X_2,\cdots X_n$,再依据该样本对参数 θ 作出估计,或估计参数 θ 的某已知函数 $g(\theta)$。

本章将从参数估计的方法、估计量的优劣、正态总体的参数估计、比例的参数估计四个方面对参数估计问题进行详细阐述,其中参数估计方法分为点估计与区间估计两类。

8.1 点估计

本节主要讲述点估计的基本概念、点估计的评价标准,以便对点估计有初步认识和整体了解。

8.1.1 点估计的基本概念

定义 8.1 设 $X_1,X_2,\cdots,X_n$ 是取自总体 X 的一个样本,$x_1,x_2,\cdots,x_n$ 是相应的一个样本值。θ 是总体分布中的未知参数,为估计未知参数 θ,需构造一个适当的统计量:

$$\hat{\theta}(X_1,X_2,\cdots,X_n)$$

再用其观察值

$$\hat{\theta}(x_1,x_2,\cdots,x_n)$$

来估计 θ 的值。称 $\hat{\theta}(X_1,X_2,\cdots,X_n)$ 为 θ 的估计量,$\hat{\theta}(x_1,x_2,\cdots,x_n)$ 为 θ 的估计值。在不致混淆的情况下,估计量与估计值统称为点估计,简称为估计,并简记为 $\hat{\theta}$。

从定义 8.1 可以看出,寻找估计量的关键是建立 θ 与 $X_1,X_2,\cdots,X_n$ 的关系,构造一个

关于样本 $X_1,X_2,\cdots,X_n$ 的函数即统计量 $\hat{\theta}(X_1,X_2,\cdots,X_n)$。下面用例 8.1 具体阐述。

【例 8.1】 设 X 表示某种型号的电子元件的寿命(以小时计),它服从指数分布 $e\left(\frac{1}{\theta}\right)$,其概率密度为:

$$X\sim f(x,\theta)=\begin{cases}\frac{1}{\theta}e^{-x/\theta}, & x>0\\ 0, & x\leqslant 0\end{cases}$$

其中 $\theta(\theta>0)$ 为未知参数。现得样本值为:

167,131,169,144,173,199,109,212,222,250

试估计未知参数 θ。

解 根据指数分布的数字特征可知:

$$\theta=E(X)$$

根据点估计的定义 8.1,很自然地可将样本均值 $\overline{X}$ 代替 $E(X)$,从而作为 θ 的估计量,即:

$$\hat{\theta}=\overline{X}$$

然后,采用样本值求 θ 的估计值

$$\hat{\theta}=\bar{x}=\frac{1}{10}(167+131+\cdots+250)=177.6$$

故 $\hat{\theta}=\overline{X}$ 与 $\hat{\theta}=\bar{x}=177.6$ 分别为 θ 的估计量与估计值。

【注】 显然,根据指数分布的方差可知,$\theta^2=D(X)$,这里也可以将样本方差 S^2 作为 θ^2 的估计量,即 $\hat{\theta}^2=S^2$,可得 $\hat{\theta}=S$,再采用样本值求 θ 的估计值:

$$\hat{\theta}=s=\sqrt{\frac{1}{9}[(167-177.6)^2+(131-177.6)^2+\cdots+(250-177.6)^2]}=43.5487$$

这也是 θ 的一个估计值。

从例 8.1 中可以看出,点估计的概念相当宽松:

(1) 对同一参数,可用不同的方法来估计,因而得到不同的估计量;

(2) 对同一个估计量而言,不同的样本值,估计值也不一样。

因此,有必要建立一些评价估计量好坏的标准。

8.1.2 评价估计量的标准

评价一个估计量的好坏,不能仅仅依据一次试验的结果,而必须由多次试验结果来衡量。因为估计量是样本 $X_1,X_2,\cdots,X_n$ 的函数,是一个随机变量,不同的观测结果就会获得不同的参数估计值。因此,一个好的估计应在多次重复试验中体现出良好的稳健性。

本节将介绍估计量的三条评价标准:无偏性、有效性、相合性。

1. 无偏性

估计量是随机变量,不同的样本值会得到不同的估计值。因此,一个基本的标准就是希望估计值在未知参数真值的附近,不要偏大也不要偏小,也就是说,多次估计值的期望是未知参数真值(见图 8.1)。这就是无偏性标准,定义如下:

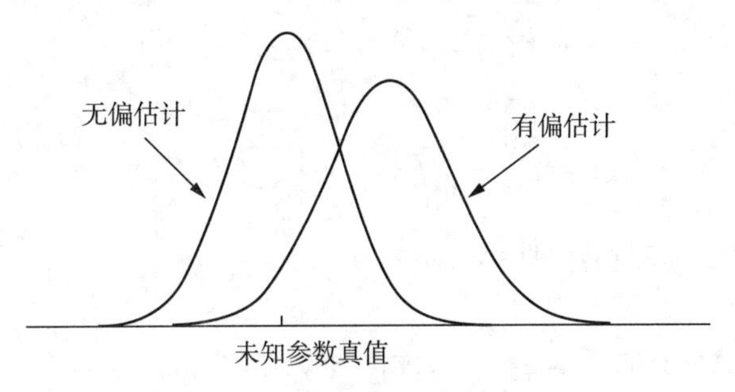

图 8.1　估计量无偏性示意图

定义 8.2　设$\hat{\theta}(X_1,\cdots,X_n)$是未知参数$\theta$的估计量，若

$$E(\hat{\theta})=\theta$$

则称$\hat{\theta}$为θ的无偏估计量(unbiased estimator)。

【注】　无偏性是对估计量的一个常见而重要的要求，其实际意义是指估计量没有系统偏差$(E(\hat{\theta})-\theta)$，只有随机偏差。例如，用样本均值作为总体均值的估计时，虽然每次抽样时估计值的偏差各不相同，但这种偏差随机地在0的周围波动，对同一统计问题大量重复使用不会产生系统偏差。

【例 8.2】　设$X_1,X_2,X_3,\cdots,X_n(n>3)$是总体$N(\mu,\sigma^2)$的一个简单随机样本，有：

$$\hat{\mu}_1=X_1,\hat{\mu}_2=\frac{1}{4}X_1+\frac{3}{4}X_2,\hat{\mu}_3=\frac{1}{3}X_1+\frac{1}{3}X_2+\frac{1}{3}X_3,$$

$$\hat{\mu}_4=aX_1+bX_2+cX_3(a+b+c=1),\hat{\mu}_5=\overline{X}=\frac{X_1+X_2+\cdots+X_n}{n}$$

试证：$\hat{\mu}_1,\hat{\mu}_2,\hat{\mu}_3,\hat{\mu}_4,\hat{\mu}_5$均为$\mu$的无偏估计。

证明　由$E(X)=\mu$，又根据样本与总体具有相同的分布，所以：

$$E(X_i)=\mu\quad(i=1,2,3,\cdots,n)$$

则有：

$$E(\hat{\mu}_1)=E(X_1)=\mu$$

$$E(\hat{\mu}_2)=E\left(\frac{1}{4}X_1+\frac{3}{4}X_2\right)=\frac{1}{4}E(X_1)+\frac{3}{4}E(X_2)=\frac{1}{4}\mu+\frac{3}{4}\mu=\mu$$

$$E(\hat{\mu}_3)=\frac{1}{3}E(X_1)+\frac{1}{3}E(X_2)+\frac{1}{3}E(X_3)=\mu$$

$$E(\hat{\mu}_4)=aE(X_1)+bE(X_2)+cE(X_3)=(a+b+c)\mu=\mu$$

$$E(\hat{\mu}_5)=\frac{1}{n}E(X_1)+\frac{1}{n}E(X_2)+\cdots+\frac{1}{n}E(X_n)=n\times\frac{1}{n}\mu=\mu$$

故$\hat{\mu}_1,\hat{\mu}_2,\hat{\mu}_3,\hat{\mu}_4,\hat{\mu}_5$均为$\mu$的无偏估计。

定理 8.1　设$X_1,\cdots,X_n$为取自总体X的样本，总体X的均值为μ、方差为σ^2。则：

(1) 样本均值$\overline{X}$是μ的一个无偏估计量，但$\overline{X}^2$不是μ^2的一个无偏估计量；

(2) 样本方差S^2是σ^2的一个无偏估计量；

(3) 样本二阶中心矩$\frac{1}{n}\sum_{i=1}^{n}(X_i-\overline{X})^2$是$\sigma^2$的一个有偏估计量。

证明　(1) $E(X)=\mu$，由样本与总体具有相同的分布得：

$$E(X_i)=\mu \quad (i=1,2,\cdots,n)$$

于是：

$$E(\overline{X})=E\left(\frac{1}{n}\sum_{i=1}^{n}X_i\right)=\frac{1}{n}\sum_{i=1}^{n}E(X_i)=\mu$$

故样本均值 $\overline{X}$ 是 μ 的一个无偏估计量。

又由：

$$E(\overline{X}^2)=D(\overline{X})+[E(\overline{X})]^2=\frac{\sigma^2}{n}+\mu^2\neq\mu^2$$

故 $\overline{X}^2$ 不是 μ^2 的一个无偏估计量。

(2) $D(X)=\sigma^2$，由样本与总体具有相同的分布，可得：

$$D(X_i)=\sigma^2 \quad (i=1,2,\cdots,n)$$

再根据样本的独立性：

$$D(\overline{X})=D\left(\frac{1}{n}\sum_{i=1}^{n}X_i\right)=\frac{1}{n^2}D\left(\sum_{i=1}^{n}X_i\right)=\frac{1}{n^2}\sum_{i=1}^{n}D(X_i)=\frac{\sigma^2}{n}$$

于是：

$$\begin{aligned}E(S^2)&=E\left(\frac{1}{n-1}\sum_{i=1}^{n}(X_i-\overline{X})^2\right)=E\left\{\frac{1}{n-1}\left[\sum_{i=1}^{n}X_i^2-n(\overline{X})^2\right]\right\}\\&=\frac{1}{n-1}\left[\sum_{i=1}^{n}E(X_i^2)-nE(\overline{X})^2\right]\\&=\frac{1}{n-1}\left\{\sum_{i=1}^{n}[D(X_i)+(EX_i)^2]-n[D(\overline{X})+(E\overline{X})^2]\right\}\\&=\frac{1}{n-1}\left[n(\sigma^2+\mu^2)-n\left(\frac{\sigma^2}{n}+\mu^2\right)\right]\\&=\sigma^2\end{aligned}$$

故样本方差 S^2 是 σ^2 的一个无偏估计量。

(3) $E\left[\frac{1}{n}\sum_{i=1}^{n}(X_i-\overline{X})^2\right]=E\left(\frac{n-1}{n}S^2\right)=\frac{n-1}{n}E(S^2)=\frac{n-1}{n}\sigma^2\neq\sigma^2$，故样本二阶中心矩 $\frac{1}{n}\sum_{i=1}^{n}(X_i-\overline{X})^2$ 是 σ^2 的一个有偏估计量。

【注】 根据(1)可知，如果 $\hat{\theta}$ 为 θ 的无偏估计量，$g(\theta)$ 是 θ 的函数，未必能推出 $g(\hat{\theta})$ 是 $g(\theta)$ 的无偏估计量。

2. 有效性

从例 8.2 可以看出，一个参数 θ 可以有多个无偏估计量，哪个估计量更好呢？应该选对 θ 估计波动程度较小的，即方差较小的估计量，如图 8.2 所示。这就是有效性标准。

定义 8.3 设 $\hat{\theta}_1=\hat{\theta}_1(X_1,\cdots,X_n)$ 和 $\hat{\theta}_2=\hat{\theta}_2(X_1,\cdots,X_n)$ 都是参数 θ 的无偏估计量，若

$$D(\hat{\theta}_1)<D(\hat{\theta}_2)$$

则称 $\hat{\theta}_1$ 较 $\hat{\theta}_2$ 有效。

另外，在数理统计中常用到最小方差无偏估计，其定义如下：

定义 8.4 设 $X_1,\cdots,X_n$ 是取自总体 X 的一个样本，$\hat{\theta}(X_1,\cdots,X_n)$ 是未知参数 θ 的一个估计量，若 $\hat{\theta}$ 满足：

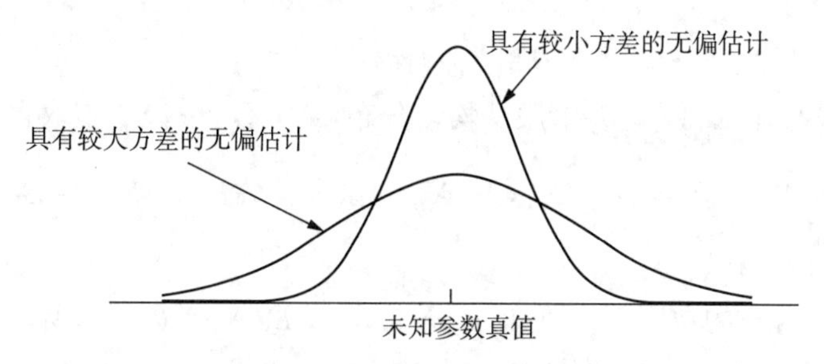

图 8.2 估计量有效性示意图

(1) $E(\hat{\theta})=\theta$，即 $\hat{\theta}$ 为 θ 的无偏估计；

(2) $D(\hat{\theta})\leqslant D(\hat{\theta}^*)$，$\hat{\theta}^*$ 是 θ 的任一无偏估计。

则称 $\hat{\theta}$ 为 θ 的最小方差无偏估计。

【例 8.3】 接例 8.2，试问：

(1) 无偏估计量 $\hat{\mu}_1,\hat{\mu}_2,\hat{\mu}_3,\hat{\mu}_5$ 哪一个更有效？

(2) 当常数 a,b,c 取何值时，$\hat{\mu}_4$ 为此种线性组合中有最小方差的无偏估计。

解 (1) 根据例 8.2 可知，μ_1,μ_2,μ_3,μ_5 为 μ 的无偏估计量，且有：

$$D(\hat{\mu}_1)=D(X_1)=\sigma^2$$

$$D(\hat{\mu}_2)=D\left(\frac{1}{4}X_1+\frac{3}{4}X_2\right)=\frac{1}{16}D(X_1)+\frac{9}{16}D(X_2)=\frac{5}{8}\sigma^2$$

$$D(\hat{\mu}_3)=D\left(\frac{1}{3}X_1+\frac{1}{3}X_2+\frac{1}{3}X_3\right)=\frac{1}{3}\sigma^2$$

$$D(\hat{\mu}_5)=\frac{1}{n^2}[D(X_1)+D(X_2)+\cdots+D(X_n)]=\frac{\sigma^2}{n}$$

对于 $n>3$，则有：

$$D(\hat{\mu}_5)<D(\hat{\mu}_3)<D(\hat{\mu}_2)<D(\hat{\mu}_1)$$

故 $\hat{\mu}_5$ 较 $\hat{\mu}_1,\hat{\mu}_2,\hat{\mu}_3$ 更有效。

(2) 根据 $D(\hat{\mu}_4)=D(aX_1+bX_2+cX_3)=(a^2+b^2+c^2)\sigma^2$，求最小方差无偏估计，即转化为在 $a+b+c=1$ 的条件下求 $a^2+b^2+c^2$ 最小。

故构造拉格朗日函数 $L(a,b,c,\lambda)=a^2+b^2+c^2+\lambda(a+b+c-1)$，令：

$$\begin{cases}\dfrac{\partial L}{\partial a}=2a+\lambda=0\\[2mm]\dfrac{\partial L}{\partial b}=2b+\lambda=0\\[2mm]\dfrac{\partial L}{\partial c}=2c+\lambda=0\\[2mm]\dfrac{\partial L}{\partial \lambda}=a+b+c-1=0\end{cases}$$

可得：

$$a=b=c=\frac{1}{3}$$

故当 $a=b=c=\dfrac{1}{3}$ 时，$D(\hat{\mu}_4)$ 达到最小。即 $\dfrac{1}{3}X_1+\dfrac{1}{3}X_2+\dfrac{1}{3}X_3$ 为此种线性组合中有最小方差的无偏估计。

【注】 $\hat{\mu}_5$ 是 μ 的最小方差无偏估计,证明略。

【例 8.4】 设总体 X 在$[0,\theta]$上服从均匀分布,$X_1,X_2,\cdots,X_n$ 是取自总体 X 的简单随机样本,$\overline{X}=\frac{1}{n}\sum_{i=1}^{n}X_i$,$X_{(n)}=\max(X_1,\cdots,X_n)$,试求常数 a,b,使 $\hat{\theta}_1=a\overline{X}$,$\hat{\theta}_2=bX_{(n)}$ 均为 θ 的无偏估计,并比较其有效性。

解 根据均匀分布的数字特征可知,$E(X)=\theta/2$,$D(X)=\theta^2/12$,所以:

$$E(\hat{\theta}_1)=aE(\overline{X})=a\cdot\theta/2$$

故当 $a=2$ 时,$E(\hat{\theta}_1)=\theta$,$\hat{\theta}_1$ 为 θ 无偏估计,且有:

$$D(\hat{\theta}_1)=D(2\overline{X})=4D(\overline{X})=4\theta^2/(12n)=\theta^2/(3n)$$

由 $X_{(n)}$ 的分布函数

$$\begin{aligned}F_n(x)&=P(X_{(n)}\leqslant x)=P(\max(X_1,X_2,\cdots,X_n)\leqslant x)\\&=P(X_1\leqslant x,X_2\leqslant x,\cdots X_n\leqslant x)=[F(x)]^n\end{aligned}$$

再根据 X 的分布函数

$$F(x)=\int_{-\infty}^{x}f(t)dt=\begin{cases}0, & x<0\\ x/\theta, & 0\leqslant x<\theta\\ 1, & \theta\leqslant x\end{cases}$$

可知,$X_{(n)}$ 的概率密度函数为:

$$f_n(x)=n[F(x)]^{n-1}f(x)=\begin{cases}nx^{n-1}/\theta^n, & 0\leqslant x<\theta\\ 0, & \text{其他}\end{cases}$$

所以:

$$E(X_{(n)})=\int_0^{\theta}\frac{nx^n}{\theta^n}dx=\frac{n}{n+1}\left.\frac{x^{n+1}}{\theta^n}\right|_0^{\theta}=\frac{n\theta}{n+1}$$

故:

$$E(\hat{\theta}_2)=bE(X_{(n)})=b\frac{n\theta}{n+1}$$

因此,当 $b=\frac{n+1}{n}$时,$\hat{\theta}_2=\frac{n+1}{n}X_{(n)}$为 θ 的无偏估计,且

$$E(X_{(n)}^2)=\int_0^{\theta}\frac{nx^{n+1}}{\theta^n}dx=\frac{n\theta^2}{n+2}$$

$$D(X_{(n)})=\frac{n\theta^2}{(n+2)(n+1)^2}$$

可得:

$$D(\hat{\theta}_1)=b^2D(X_{(n)})=\left(\frac{n+1}{n}\right)^2\cdot\frac{n\theta^2}{(n+2)(n+1)^2}=\frac{\theta^2}{n(n+2)}<\frac{\theta^2}{3n}=D(\hat{\theta}_1)$$

所以 $\hat{\theta}_2$ 比 $\hat{\theta}_1$ 更有效。

3. 相合性

根据第 6 章大数定律可知,若 $X_1,X_2,\cdots,X_n,\cdots$独立同分布,均值为 θ,$\overline{X}_n=\sum_{i=1}^{n}X_i/n$,则对任给 $\varepsilon>0$,都有 $\lim_{n\to\infty}P(|\overline{X}_n-\theta|\geqslant\varepsilon)=0$。如果将 $X_1,X_2,\cdots,X_n$ 看作是从某一总体中

抽出的样本，大数定律就可以理解为只要样本量 n 足够大，用样本均值去估计总体均值，其误差就可以任意小。也就是说，样本均值依概率收敛于总体均值。因此，可以将 $\overline{X}_n$ 看作 θ 的估计，这种性质称为相合性，字面意思：随着样本大小的增加，被估计的量与估计量逐渐"合"在一起了。

相合性是对一个估计量的最基本要求。如果一个估计量没有相合性，那么无论样本量多大，都不可能把未知参数估计到任意预定的精度，显然，这种估计量是不可取的。

定义 8.4　设 $\hat{\theta}=\hat{\theta}(X_1,\cdots,X_n)$ 为未知参数 θ 的估计量，若 $\hat{\theta}$ 依概率收敛于 θ，即对任意 $\varepsilon>0$，有：

$$\lim_{n\to\infty}P\{|\hat{\theta}-\theta|<\varepsilon\}=1$$

或

$$\lim_{n\to\infty}P\{|\hat{\theta}-\theta|\geqslant\varepsilon\}=0$$

则称 $\hat{\theta}$ 为 θ 的(弱)相合估计量。

【例 8.5】　设 $X_1,\cdots,X_n$ 是取自总体 X 的样本，且 $E(X^k)$ 存在，k 为正整数，则 $\frac{1}{n}\sum\limits_{i=1}^{n}X_i^k$ 为 $E(X^k)$ 的相合估计量。

证明　令 $Y=X^k$，$Y_i=X_i^k$，则 $Y_1,Y_2,\cdots,Y_n$ 相互独立且与 Y 同分布，则有：

$$E(Y)=E(Y_i)=E(X_i^k)$$

根据大数定律，可得：

$$\lim_{n\to\infty}P\left\{\left|\frac{1}{n}\sum_{i=1}^{n}X_i^k-E(X^k)\right|<\varepsilon\right\}=\lim_{n\to\infty}P\left\{\left|\frac{1}{n}\sum_{i=1}^{n}Y_i-E(Y)\right|<\varepsilon\right\}=1$$

故 $\frac{1}{n}\sum\limits_{i=1}^{n}X_i^k$ 是 $E(X^k)$ 的相合估计量。

特别地，样本均值 $\overline{X}$ 是总体均值 $E(X)$ 的相合估计量。

【例 8.6】　设总体 $X\sim N(\mu,\sigma^2)$，$X_1,\cdots,X_n$ 为其样本。试证：样本方差 S^2 是 σ^2 的相合估计量。

证明　根据第 7 章样本方差的分布可知：

$$\frac{(n-1)S^2}{\sigma^2}\sim X^2(n-1)$$

故

$$D\left[\frac{(n-1)S^2}{\sigma^2}\right]=2(n-1)$$

即：

$$D(S^2)=\frac{2\sigma^4}{n-1}$$

又由

$$E(S^2)=\sigma^2$$

根据切比雪夫不等式，对任意 $\varepsilon>0$，有：

$$0\leqslant P\{|S^2-E(S^2)|\geqslant\varepsilon\}=P\{|S^2-\sigma^2|\geqslant\varepsilon\}\leqslant\frac{1}{\varepsilon^2}D(S^2)=\frac{2\sigma^4}{\varepsilon^2(n-1)}$$

即：

$$\lim_{n\to\infty}P\{|S^2-E(S^2)|\geqslant\varepsilon\}=0$$

所以样本方差 S^2 是 σ^2 的相合估计量。

习题 8-1

1. 设总体 $X\sim N(0,\sigma^2)$，$X_1,X_2,\cdots,X_n$ 是来自这一总体的样本。试证：$\hat{\sigma}^2=\frac{1}{n}\sum_{i=1}^{n}X_i^2$ 是 σ^2 的无偏估计。

2. 设从均值为 μ、方差为 σ^2 的总体中分别抽取容量为 n_1,n_2 的两个简单随机样本，$\overline{X}_1,\overline{X}_2$ 分别为两个样本的均值。证明：(1)对于任意常数 $a,b(a+b=1)$，$Y=a\overline{X}_1+b\overline{X}_2$ 是 μ 的无偏估计；(2)确定常数 a，b，使 $D(Y)$ 最小。

3. 设 X_1,X_2,X_3,X_4 是来自均值为 θ 的指数分布总体的样本，其中 θ 未知，设 $T_1=\frac{1}{6}(X_1+X_2)+\frac{1}{3}(X_3+X_4)$，$T_2=\frac{X_1+X_2+2X_3+X_4}{6}$，$T_3=\frac{X_1+X_2+X_3+X_4}{4}$ 为 θ 的 3 个不同的估计量。试问：(1) T_1，T_2，T_3 是否为无偏估计量；(2)哪个无偏估计量更有效。

4. 已知总体均值 μ，总体方差 σ^2，样本均值 $\overline{X}$，样本方差 S^2，则(　　)。

A. S 是 σ 的无偏估计　　B. $\overline{X}^2$ 是 μ^2 的无偏估计

C. $\overline{X}$ 是 μ 的相合估计　　D. S 与 $\overline{X}$ 独立

8.2　点估计的常用方法

上一节讨论了估计量的概念和评价标准，本节将着重讨论如何寻找点估计量，在此介绍两种经典的点估计方法——矩估计法和极大似然估计法。

8.2.1　矩估计法

从例 8.5 也可以看出，当总体的 k 阶矩存在时，样本的 k 阶矩依概率收敛于总体的 k 阶矩(具体公式见表 8.1)。这就给出了估计未知参数的一种方法——用样本矩估计总体矩，这一替换思想是由英国统计学家皮尔逊(K. Pearson)在 19 世纪末到 20 世纪初的一系列文章中引入的。

定义 8.4　用相应的样本矩去估计总体矩的方法就称为矩估计法。用矩估计法确定的估计量称为矩估计量。相应的估计值称为矩估计值。矩估计量与矩估计值统称为矩估计。

表 8.1　总体与样本 k 阶矩的公式

	总体	样本
k 阶原点矩	$\mu_k=E(X^k)$	$A_k=\frac{1}{n}\sum_{i=1}^{n}X_i^k$
k 阶中心矩	$V_k=E[X-E(X)]^k$	$B_k=\frac{1}{n}\sum_{i=1}^{n}(X_i-\overline{X})^k$

值得注意的是，用矩估计估计未知参数值时，前提要求其总体矩存在，譬如柯西分布 $f(x)=\frac{1}{\pi\sqrt{1+(x-\theta)^2}}(-\infty<x<\infty)$，期望、方差均不存在，也就无法采用矩估计求参数 θ。

下面具体阐述求矩估计的步骤。设总体 X 的分布函数 $F(x,\theta_1,\cdots,\theta_k)$ 中含有 k 个未知参数 $\theta_1,\cdots,\theta_k$，则：

Step 1，求总体 X 的前 k 阶原点矩 $\mu_1,\cdots,\mu_k$，构造 k 个等式：

$$\mu_i=g_i(\theta_1,\cdots,\theta_k)$$

这里，$i=1,2,\cdots,k$。

Step 2，从 k 个等式中解得：

$$\theta_j=h_j(\mu_1,\cdots,\mu_k)$$

这里 $j=1,2,\cdots,k$。

Step 3，再用 μ_i 的估计量 A_i 分别代替上式中的 μ_i，即可得 $\theta_1,\cdots,\theta_k$ 的矩估计量：

$$\hat{\theta}_j=h_j(A_1,\cdots,A_k),j=1,2,\cdots,k$$

【注】 矩估计也可以用 k 阶中心矩 $V_1,\cdots,V_k$ 来求解。

【例 8.7】 设总体 X 的概率分布为：

X	1	2	3
P_k	θ^2	$2\theta(1-\theta)$	$(1-\theta)^2$

其中 θ 为未知参数。现抽得一个样本 $x_1=1,x_2=2,x_3=2$，试求 θ 的矩估计量、矩估计值。

解 先求总体一阶原点矩：

$$\mu_1=E(X)=1\times\theta^2+2\times2\theta(1-\theta)+3(1-\theta)^2=3-2\theta$$

可得：

$$\theta=\frac{3-\mu_1}{2}$$

又根据矩估计法的替换原则：

$$\mu_1=\overline{X}$$

可得矩估计量为：

$$\hat{\theta}=\frac{3-\overline{X}}{2}$$

根据抽样结果，可得一阶样本矩：

$$\overline{x}=\frac{1}{3}(1+2+2)=\frac{5}{3}$$

故矩估计值为：

$$\hat{\theta}=\frac{2}{3}$$

【例 8.8】 设总体 X 的概率密度为：

$$f(x)=\begin{cases}(\alpha+1)x^{\alpha}, & 0<x<1\\ 0, & \text{其他}\end{cases}$$

其中，$\alpha(\alpha>-1)$ 是未知参数，$X_1,X_2,\cdots,X_n$ 是取自 X 的样本，现抽得一个样本 $x_1=0.1$，$x_2=0.2,x_3=0.2$，求参数 α 的矩估计量、矩估计值。

解 先求一阶原点矩：

$$\mu_1=E(X)=\int_0^1 x(\alpha+1)x^{\alpha}dx=(\alpha+1)\int_0^1 x^{\alpha+1}dx=\frac{\alpha+1}{\alpha+2}$$

根据矩估计的替换原则：

$$\mu_1=E(X)=\overline{X}$$

可得 α 的矩估计：

$$\hat{\alpha}=\frac{2\overline{X}-1}{1-\overline{X}}$$

由抽样结果可得 α 的矩估计值：

$$\hat{\alpha}=\frac{2\overline{x}-1}{1-\overline{x}}=-\frac{4}{5}$$

【例 8.9】 研究表明，猫的听觉神经纤维反应速度 X 近似服从未知参数 λ 的泊松分布。现随机抽取 10 只猫，测得它们的听觉神经纤维反应速度（记为噪声爆发的每 200ms 的脉冲个数）数据如下：

15.1 14.6 12.0 19.2 16.1 15.5 11.3 18.7 17.1 17.2

用矩估计法计算平均反应速度 λ 的估计值。

解 根据 $X\sim P(\lambda)$，可得一阶原点矩：

$$\mu_1=E(X)=\lambda$$

根据矩估计的替换原则：

$$\mu_1=\overline{X}$$

可得 λ 的矩估计为：

$$\hat{\lambda}=\overline{X}$$

又由

$$\overline{x}=\frac{15.1+14.6+\cdots+17.2}{10}=15.68$$

故 λ 的矩估计值为：

$$\hat{\lambda}=15.68$$

因此，估计的听觉神经纤维平均反应速度是 15.68 脉冲/200ms。

【注】 此问题中也可用二阶中心矩估计，即 $V_2=B_2$，则有矩估计量为 $\hat{\lambda}=\frac{1}{n}\sum_{i=1}^{n}(X_i-\overline{X})^2$，估计值为 6.028。从这个例子也可以看出，矩估计量不唯一。一般情况下，矩估计采取这样的原则：能用低阶矩处理的就不用高阶矩。

【例 8.10】 设总体 X 在 $[a,b]$ 上服从均匀分布，a,b 未知。$X_1,X_2,\cdots,X_n$ 是来自 X 的样本，现抽得一个样本 $x_1=-2,x_2=0,x_3=4,x_4=-1,x_5=1$，试求 a,b 的矩估计量、矩估计值。

解 根据均匀分布的数字特征可知：

$$\mu_1=E(X)=(a+b)/2$$

$$\mu_2=E(X^2)=D(X)+[E(X)]^2=(b-a)^2/12+(a+b)^2/4$$

解得：

$$a=\mu_1-\sqrt{3(\mu_2-\mu_1^2)},b=\mu_1+\sqrt{3(\mu_2-\mu_1^2)}$$

用样本矩 A_1,A_2 代替 μ_1,μ_2，得到 a,b 的矩估计量分别为：

$$\hat{a}=A_1-\sqrt{3(A_2-A_1^2)}=\overline{X}-\sqrt{\frac{3}{n}\sum_{i=1}^{n}(X_i-\overline{X})^2}=\overline{X}-\sqrt{3}S_n$$

$$\hat{b}=A_1+\sqrt{3(A_2-A_1^2)}=\overline{X}+\sqrt{\frac{3}{n}\sum_{i=1}^{n}(X_i-\overline{X})^2}=\overline{X}+\sqrt{3}S_n$$

经计算 $\overline{X}=0.4,S_n=2.05913$，代入后得矩估计值为：

$$\hat{a}=-3.167,\hat{b}=3.967$$

【注】 矩估计值有时候不合理，上述例子中 x_3 并不在估计的区间 $[-3.167,3.967]$ 中。

【例 8.11】 设总体 X 的均值 μ 及方差 σ^2 都存在，且有 $\sigma^2>0$，但 μ,σ^2 均为未知，又设 $X_1,X_2,\cdots,X_n$ 是来自 X 的样本。试求 μ,σ^2 的矩估计量。

解 根据一阶原点矩和二阶原点矩可得：

$$\mu_1=E(X)=\mu$$

$$\mu_2=E(X^2)=D(X)+[E(X)]^2=\sigma^2+\mu^2$$

则有：

$$\mu=\mu_1,\sigma^2=\mu_2-\mu_1^2$$

以 A_1,A_2 代替 μ_1,μ_2，得 μ 和 σ^2 的矩估计量分别为：

$$\hat{\mu}=A_1=\overline{X}$$

$$\hat{\sigma}^2=A_2-A_1^2=\frac{1}{n}\sum_{i=1}^{n}X_i^2-\overline{X}^2=\frac{1}{n}\sum_{i=1}^{n}(X_i-\overline{X})^2$$

【注】 本例表明，总体均值与方差的矩估计量的表达式不因总体分布的不同而不同。

8.2.2 极大似然估计法

极大似然估计法是一种非常重要的点估计方法。它首先由德国数学家高斯(Gauss)于1821 年提出，英国统计学家费希尔(R. A. Fisher)于 1922 年重新发现并做了进一步的研究。

【引例 8.1】 某池塘里有鲤鱼和鲫鱼两种鱼，但是不知道其比例，试想一下，能否通过多次有放回抓鱼的结果来判断池塘里鲤鱼的比例呢？

假设抓了 n 次鱼，用随机变量 $X_i(i=1,2,\cdots,n)$ 表示，即：

$$X_i=\begin{cases}1, & \text{抓到的是鲤鱼}\\0, & \text{抓到的是鲫鱼}\end{cases}$$

假定将鱼放回后，鱼有足够的时间可以和其他的鱼混合，所以可以将多次抓鱼看作独立同分布的 0－1 分布。假设鲤鱼的比例是 p，则抓到鲤鱼的概率为：

$$L(p)=P(X_1=x_1,X_2=x_2,\cdots,X_n=x_n)=P(X_1=x_1)P(X_2=x_2)\cdots P(X_n=x_n)$$

$$=p^{x_1}(1-p)^{1-x_1}p^{x_2}(1-p)^{1-x_2}\cdots p^{x_n}(1-p)^{1-x_n}=p^{\sum_{i=1}^{n}x_i}(1-p)^{n-\sum_{i=1}^{n}x_i}$$

不妨设抓了 10 次鱼，分别看一下抓到 3 次鲤鱼(即 $\sum_{i=1}^{n}x_i=3$)、5 次鲤鱼、6 次鲤鱼的概

率分布函数 $L(p)$（见图 8.3）。

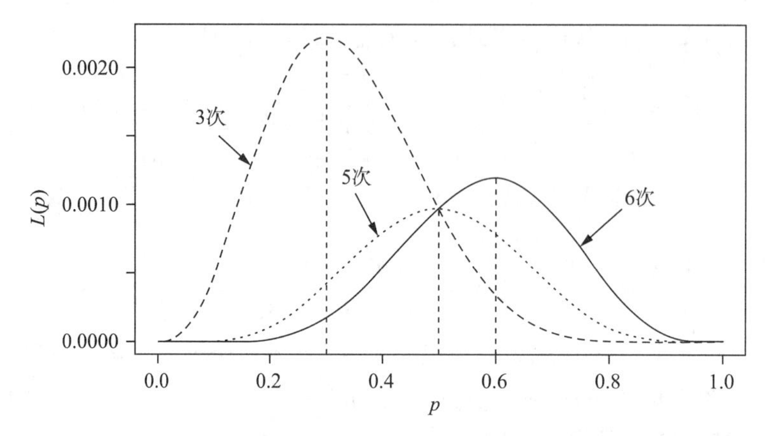

图 8.3　不同鲤鱼比例下分别抓到 3 次、5 次、6 次鲤鱼的概率分布曲线图

概率分布函数 $L(p)$ 给出了样本发生概率随着参数 p 的变化规律。从图 8.3 可以看出，根据抓到 3 次鲤鱼的概率曲线可知，当 p 等于 0.3 时，$L(p)$ 最大；根据抓到 5 次鲤鱼的概率曲线可知，当 p 等于 0.5 时，$L(p)$ 最大；根据抓到 6 次鲤鱼的概率曲线可知，当 p 等于 0.6 时，$L(p)$ 最大。不难理解，毕竟试验结果已经出现，那么鲤鱼的比例 p 应该是使得该结果发生的概率最大，这种推断的思路很符合人们的经验事实。因此，如果抓到 3 次鲤鱼，推出鲤鱼比例为 0.3；如果抓到 5 次鲤鱼，推出鲤鱼比例为 0.5；如果抓到 6 次鲤鱼，推出鲤鱼比例为 0.6。

总结一下，极大似然估计的思想为：在已经得到试验结果的情况下，应该寻找使这个结果出现的可能性（概率）最大的那个 θ 作为 θ 的估计 $\hat{\theta}$，这种方法就称为极大似然估计。我们写出该结果出现的概率，它一般依赖于参数 θ，将该概率看成 θ 的函数，用 $L(\theta)$ 表示，称为似然函数。设 $X_1,X_2,\cdots,X_n$ 是取自总体 X 的样本，样本观察值为 $x_1,x_2,\cdots,x_n$，表 8.2 给出了离散型总体、连续型总体下的似然函数表达式。

表 8.2　离散型总体、连续型总体下的似然函数

	离散型总体	连续型总体
分布	$P\{X=x\}=p(x,\theta)$，其中 θ 为未知参数	概率密度为 $f(x,\theta)$，其中 θ 为未知参数
似然函数	$L(\theta)=P(X_1=x_1,\cdots,X_n=x_n)=\prod_{i=1}^{n}p(x_i,\theta)$	$L(\theta)=L(x_1,x_2,\cdots,x_n,\theta)=\prod_{i=1}^{n}f(x_i,\theta)$

定义 8.5　若对任意给定的样本值 $x_1,x_2,\cdots,x_n$，存在 $\hat{\theta}=\hat{\theta}(x_1,x_2,\cdots,x_n)$，使得：

$$L(\hat{\theta})=\max_{\theta}L(\theta)$$

则称 $\hat{\theta}=\hat{\theta}(x_1,x_2,\cdots,x_n)$ 为 θ 的极大似然估计值。称相应的统计量 $\hat{\theta}(X_1,X_2,\cdots,X_n)$ 为 θ 的极大似然估计量。它们统称为 θ 的极大似然估计。

从定义中看出，求未知参数 θ 的极大似然估计问题，归结为求似然函数 $L(\theta)$ 的最大值点的问题。可分为两种情况探讨：

(1) 当似然函数关于未知参数可微时，可利用微分学中求最值的方法求解。

Step1，写出似然函数 $L(\theta)=L(x_1,x_2,\cdots,x_n,\theta)$。

Step2，令$\dfrac{dL(\theta)}{d\theta}=0$或$\dfrac{d\ln L(\theta)}{d\theta}=0$，求驻点。

Step3，判断并求出最大值点，在最大值点的表达式中，用样本值代入求得参数的极大似然估计值。

(2) 当似然函数关于未知参数不可微时，只能按极大似然估计法的基本思想求出最大值点。

【注】 上述方法可推广至多个未知参数的极大似然估计。

【例 8.12】 接例 8.7，求θ的极大似然估计值。

解 似然函数为：

$$L(\theta)=\theta^2\cdot 2\theta(1-\theta)\cdot 2\theta(1-\theta)=4\theta^4(1-\theta)^2$$

令

$$\frac{d}{d\theta}\ln L(\theta)=\frac{4}{\theta}-\frac{2}{1-\theta}=0$$

解得θ的极大似然估计值：

$$\hat{\theta}=\frac{2}{3}$$

【注】 这一极大似然估计值与矩估计值一样。

【例 8.13】 设$X\sim B(1,p)$，$X_1,X_2,\cdots,X_n$是取自总体X的一个样本，试求参数p的极大似然估计。

解 设$x_1,x_2,\cdots,x_n$是$X_1,X_2,\cdots,X_n$的一个样本值，X的分布律为：

$$P\{X=x\}=p^x(1-p)^{1-x},x=0,1$$

故似然函数为：

$$L(p)=\prod_{i=1}^{n}p^{x_i}=p^{\sum\limits_{i=1}^{n}x_i}(1-p)^{n-\sum\limits_{i=1}^{n}x_i}$$

令

$$\frac{d}{dp}\ln L(p)=\left(\sum_{i=1}^{n}x_i\right)\Big/p-\left(n-\sum_{i=1}^{n}x_i\right)\Big/(1-p)=0$$

可得p的极大似然估计值：

$$\hat{p}=\frac{1}{n}\sum_{i=1}^{n}x_i=\bar{x}$$

从而p的极大似然估计量为：

$$\hat{p}=\frac{1}{n}\sum_{i=1}^{n}X_i=\bar{X}$$

【注】 这一估计量与矩估计量是相同的。同时，由本例题得出的关于比例p的点估计的方法为引例 8.1 中鲤鱼比例估计方法提供了理论支撑。

【例 8.14】 设总体X服从$[0,\theta]$上的均匀分布，θ未知。$X_1,\cdots,X_n$为X的样本，$x_1,\cdots,x_n$为样本值。试求θ的极大似然估计。

解 似然函数为：

$$L(\theta)=\begin{cases}\dfrac{1}{\theta^n}, & 0\leqslant x_1,\cdots,x_n\leqslant\theta\\ 0, & 其他\end{cases}$$

因$L(\theta)$不可导，可按极大似然法的基本思想确定$\hat{\theta}$。欲使$L(\theta)$最大，θ应尽量小，同时又必

须满足 $\theta \geqslant x_i(i=1,\cdots,n)$，即 $\theta \geqslant \max(x_1,\cdots,x_n)$；否则 $L(\theta)=0$。

因此，当 $\theta=\max\{x_1,\cdots,x_n\}$ 时，$L(\theta)$ 可达最大。

故 θ 的极大似然估计值与极大似然估计量分别为：

$$\hat{\theta}=\max\{x_1,\cdots,x_n\},\hat{\theta}=\max\{X_1,\cdots,X_n\}$$

【例 8.15】 设总体 X 服从指数分布，其概率密度函数为：

$$f(x,\lambda)=\begin{cases}\lambda e^{-\lambda x}, & x>0\\ 0, & x\leqslant 0\end{cases}$$

其中未知参数 $\lambda>0$，$x_1,x_2,\cdots,x_n$ 是来自总体 X 的样本观察值，求参数 λ 的极大似然估计值。

解 似然函数为：

$$L(x_1,x_2,\cdots,x_n;\lambda)=\begin{cases}\lambda^n e^{-\lambda\sum\limits_{i=1}^{n}x_i}, & x_i>0\\ 0, & \text{其他}\end{cases}$$

显然，$L(x_1,x_2,\cdots,x_n;\lambda)$ 的最大值点一定是 $L_1(x_1,x_2,\cdots,x_n;\lambda)=\lambda^n e^{-\lambda\sum\limits_{i=1}^{n}x_i}$ 的最大值点，对其取对数 $\ln L_1(x_1,x_2,\cdots,x_n;\lambda)=n\ln\lambda-\lambda\sum\limits_{i=1}^{n}x_i$。

令 $\dfrac{d\ln L_1(x_1,x_2,\cdots,x_n;\lambda)}{d\lambda}=\dfrac{n}{\lambda}-\sum\limits_{i=1}^{n}x_i=0$，可得 λ 的极大似然估计值：

$$\hat{\lambda}=\frac{n}{\sum\limits_{i=1}^{n}x_i}=\frac{1}{\bar{x}}$$

【例 8.16】 设 $x_1,x_2,\cdots,x_n$ 是正态总体 $N(\mu,\sigma^2)$ 的样本观察值，其中 μ,σ^2 是未知参数，试求 μ 和 σ^2 的极大似然估计值。

解 似然函数为：

$$L(\mu,\sigma^2)=\prod_{i=1}^{n}\left(\frac{1}{\sqrt{2\pi}\sigma}e^{\frac{(x_i-\mu)^2}{2\sigma^2}}\right)=(\sqrt{2\pi})^{-n}(\sigma^2)^{-n/2}\exp\left\{-\frac{1}{2\sigma^2}\sum_{i=1}^{n}(x_i-\mu)^2\right\}$$

对其取对数，可得：

$$\ln L(\mu,\sigma^2)=-n\ln\sqrt{2\pi}-\frac{n}{2}\ln\sigma^2-\frac{1}{2\sigma^2}\sum_{i=1}^{n}(x_i-\mu)^2$$

令

$$\begin{cases}\dfrac{\partial\ln L}{\partial\mu}=\dfrac{1}{\sigma^2}\sum\limits_{i=1}^{n}(x_i-\mu)=0\\ \dfrac{\partial\ln L}{\partial\sigma^2}=\dfrac{1}{2\sigma^4}\sum\limits_{i=1}^{n}(x_i-\mu)^2-\dfrac{n}{2\sigma^2}=0\end{cases}$$

可得 μ 和 σ^2 的极大似然估计值：

$$\hat{\mu}=\frac{1}{n}\sum_{i=1}^{n}x_i=\bar{x},\hat{\sigma}^2=\frac{1}{n}\sum_{i=1}^{n}(x_i-\bar{x})^2$$

【注】 本例表明：极大似然估计量为 $\hat{\mu}=\dfrac{1}{n}\sum\limits_{i=1}^{n}X_i=\overline{X},\hat{\sigma}^2=\dfrac{1}{n}\sum\limits_{i=1}^{n}(X_i-\overline{X})^2$，这与例 8.11 中的矩估计量相同。

【例 8.17】 利用 R 中 stats4 包中关于植物生长的重量的数据，假定其总体服从 $N(\mu,\sigma^2)$，随机抽取了 30 株植物进行观察，试用 R 求 μ 和 σ^2 的极大似然估计值。

解 采用 stats4 包中的 mle( )函数求解，得到 μ 和 σ^2 的极大似然估计值分别为 5.0730，0.4753(见本书 194 页例 8.17 的 R 程序 1)，这与例 8.16 计算出的极大似然估计值完全吻合(见本书 195 页例 8.17 的 R 程序 2)。

回顾这一节对矩估计、极大似然估计两种点估计方法的阐述与应用，总结如下(见表 8.3)。

表 8.3　矩估计法和极大似然估计法的对比

统计方法	思想	计算	特点
矩估计(ME)	样本矩＝总体矩	较简单	某阶总体矩存在
极大似然估计(MLE)	极大似然原理	较复杂	须有观测值

8.2.3　点估计的 R 实现

点估计分为矩估计和极大似然估计两种方法，下面分别详述其 R 实现。

1. 矩估计的 R 实现

在 R 的基础包中是没有直接命令计算各阶原点矩或者中心矩的。计算各阶矩可以自编程序，常常会用到均值函数 mean( )、方差函数 var( )和标准差函数 sd( )；也可以调用程序包 actuar，用函数 emm( )计算各阶的原点矩。

emm( )函数的调用格式为：

emm(x,order,…)

其中，x 可以是数据向量或者矩阵，如果是分组数据，x 也可以是由 grouped.data( )函数生成的数据框；order 是阶数，可以赋值一个向量，这样可以计算多个原点矩。

下面给出本知识点相应例题的 R 实现程序。

(1)自编程序

例 8.1 的 R 实现

R 程序：

```
>x<-c(167,131,169,144,173,199,109,212,222,250)
>mean(x)
[1] 177.6
>sd(x)
[1] 43.5487
```

例 8.7 的 R 实现

R 程序：

```
>x<-c(1,2,2)
>theta<-(3-mean(x))/2
>theta
[1] 0.6666667
```

例 8.9 的 R 实现

R 程序：

```
>x<-c(15.1,14.6,12.0,19.2,16.1,15.5,11.3,18.7,17.1,17.2)
```

```
>mean(x)
[1] 15.68
n<-length(x)
>(n-1)/n * var(x)
[1] 6.028
```

(2) 函数调用

例 8.10 的 R 实现

R 程序：

```
>library("actuar")
>x<-c(-2,0,4,-1,1)
>M<-emm(x,1:2)
>a<-M[1]-sqrt(3 * (M[2]-M[1]^2))
>b<-M[1]+sqrt(3 * (M[2]-M[1]^2))
>a
[1] -3.166511
>b
[1] 3.966511
```

2. 极大似然估计的 R 实现

在 R 的基础包中也没有直接命令计算极大似然估计值，可以先定义似然函数再用函数 nlminb( )对参数进行估计，也可以调用包 stats4，用函数 mle( )计算极大似然估计值。

nlminb( ) 函数的调用格式为：

nlminb(start, objective, gradient = NULL, hessian = NULL, lower = - Inf, upper = Inf,…)

其中，start 是数值向量，用于设置参数的初始值；objective 指要优化的函数；gradient 和 hessian 用于设置对数似然的梯度，通常采用默认状态；lower 和 upper 设置参数的下限和上限，如果未指定，则假设所有参数都不受约束。

mle( )函数的调用格式为：

mle(minuslogl, start)

其中，minuslogl 是非负的对数似然函数；start 是数值向量，用于设置参数的初始值。

例 8.17 的 R 程序 1

```
>library("stats4")
>x<-PlantGrowth$weight
>minuslogL<-function(mu,sigma2)
+   {-sum(dnorm(x,mean=mu,sd=sqrt(sigma2),log=TRUE))}          # 对数似然函数
>MaxLikeEst<-mle(minuslogL,start=list(mu=5,sigma2=0.5))
>summary(MaxLikeEst)
Maximum likelihood estimation
```

```
Call:
mle(minuslogl=minuslogL,start=list(mu=5,sigma2=0.5))
Coefficients:
        Estimate  Std. Error
  mu     5.0730    0.1259
sigma2   0.4753    0.1227
-2 log L: 62.82
```

程序说明：给定初始值 $\mu=5,\sigma^2=0.5$，dnorm(z)函数返回的是正态分布概率密度函数 $f(x)$ 在 $x=z$ 处的函数值，-sum(dnorm(x,mean=mu,sd=sqrt(sigma2),log=TRUE))是对数似然函数（例8.16中对数似然函数），通过mle( )函数求解此对数似然函数，可以获得参数 μ,σ^2 的极大似然估计值分别为5.0730，0.4753。

例8.17的R程序2

```
>mean(x)
[1]5.073
>var(x)*(length(x)-1)/length(x)
[1]0.4753
```

3. 本节试验的R实现

引例8.1的R程序

```
>curve(x^3*(1-x)^7,0,1,xlab="p",ylab="L(p)",col=2,lty=2)      #画曲线
>curve(x^5*(1-x)^5,0,1,add=TRUE,col=3,lty=3)
>curve(x^6*(1-x)^4,0,1,add=TRUE,col=4,lty=1)
>x<-6
>L<-function(p,x)p^x*(1-p)^(10-x)          #构造函数
>optimize(L,interval=c(0,1),x=x,maximum=TRUE)          #最优化
$'maximum'
[1] 0.600002
$objective
[1] 0.001194394
```

习题 8-2

1. 设总体为二项分布 $B(n,p)$，求未知参数 p 的矩估计量。

2. 在某班期末数学考试成绩中随机抽取9人的成绩：

94 89 85 78 75 71 65 63 55

试求该班数学成绩的平均分数、标准差的矩估计值，并给出 R 实现的程序。

3. 设总体 X 的概率分布为：

Y	0	1	2	3
P	θ^2	$3\theta(1-\theta)$	$2\theta^2$	$1-3\theta$

其中 $\theta\left(0<\theta<\frac{1}{3}\right)$ 为未知参数，随机抽取获得如下样本值：

$$3,1,3,0,3,1,2,3$$

试求 θ 的矩估计值和极大似然估计值，并给出 R 实现的程序。

4. 设总体 X 具有概率概率密度为：

$$f(x,\lambda,\theta)=\begin{cases}\lambda e^{-\lambda(x-\theta)}, & x>\theta \\ 0, & x\leqslant\theta\end{cases}$$

其中，$\lambda>0$，θ 为未知参数。$X_1,X_2,\cdots,X_n$ 是来自总体 X 的样本，求 θ,λ 的矩估计量。

5. 设总体 X 在$[a,b]$上服从均匀分布，a,b 未知，$x_1,x_2,\cdots,x_n$ 是一个样本值。试求 a,b 的极大似然估计量。

6. 设总体 X 的概率密度函数为：

$$f(x,\lambda)=\begin{cases}\lambda^2 e^{-\lambda x}, & x>0 \\ 0, & x\leqslant 0\end{cases}$$

其中，未知参数 $\lambda>0$。$x_1,x_2,\cdots,x_n$ 是来自总体 X 的样本观察值，求参数 λ 的极大似然估计值和极大似然估计量。

7. 设总体 X 的概率密度函数为：

$$f(x,\theta)=\begin{cases}\dfrac{1}{1-\theta}, & \theta\leqslant x\leqslant 1 \\ 0, & 其他\end{cases}$$

其中，θ 为未知参数。$X_1,X_2,\cdots,X_n$ 是来自总体 X 的简单随机样本，求参数 θ 的矩估计量和极大似然估计量。

8.3 区间估计

前面讨论了未知参数的点估计法，它是用样本的观测值计算出的一个值去估计未知参数。正如引例 8.1 所述，若估计某湖泊中鲤鱼的比例，可根据一个实际样本，利用极大似然估计法估计出鲤鱼的比例为 0.6，但是这种估计结果使用起来把握不大。实际上，鲤鱼的比例既可能大于 0.6，也可能小于 0.6，且可能偏差较大。因此，如果能给出这个估计值的一个估计区间，以便能较大把握地（其程度可用概率来度量）相信鲤鱼比例的真值被含在这个区间内，这样的估计显然更有实用价值。故本节将要引入另一类估计方法——区间估计。在区间估计理论中，被广泛接受的一种观点是置信区间，它是由波兰统计学家奈曼（J. Neymann）于 1934 年提出的。

由中心极限定理可知，当样本容量大（$n\geqslant 30$）时，样本均值的抽样分布近似服从正态分布（均值为 μ，标准差为$\frac{\sigma}{\sqrt{n}}$）。由此可见，样本均值等可能地落在 μ 的左右，且以 0.95 的概率与 μ 的偏离不会大于 $1.96\frac{\sigma}{\sqrt{n}}$（见图 8.4），因此可以根据样本均值给出 μ 的区间估计。

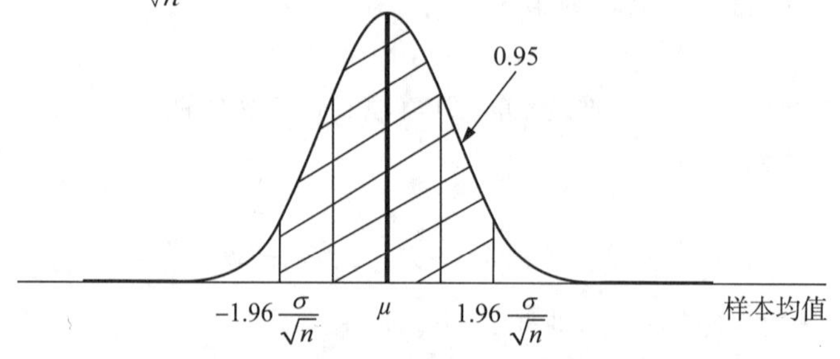

图 8.4　大样本下样本均值的抽样分布

定义 8.6　设 θ 为总体分布的未知参数，$X_1,X_2,\cdots,X_n$ 是取自总体 X 的一个样本，对给定的数 $1-\alpha(0<\alpha<1)$，若存在统计量：

$$\underline{\theta}=\underline{\theta}(X_1,X_2,\cdots,X_n),\bar{\theta}=\bar{\theta}(X_1,X_2,\cdots,X_n)$$

使得：

$$P\{\underline{\theta}<\theta<\bar{\theta}\}=1-\alpha \tag{8.1}$$

则称随机区间 $(\underline{\theta},\bar{\theta})$ 为 θ 的 $1-\alpha$ 双侧置信区间，称 $1-\alpha$ 为置信度或置信水平，又分别称 $\underline{\theta}$ 与 $\bar{\theta}$ 为 θ 的双侧置信下限与双侧置信上限。

从定义 8.6 可以看出，寻求置信区间也就是寻找相应的 $\underline{\theta}$ 与 $\bar{\theta}$，但是 θ 的分布未知，概率也就无法求解，故寻找置信区间的基本思想是：在点估计的基础上，需构造合适的函数 U，这个函数中包含未知参数 θ 和样本，且 U 的分布已知，从而可利用 U 的分布和置信度推导出关于 θ 的置信区间。具体步骤为：

Step 1，选取未知参数 θ 的某个较优估计量 $\hat{\theta}$；

Step 2，围绕 $\hat{\theta}$ 构造一个依赖于样本与参数 θ 的函数：

$$U=U(X_1,X_2,\cdots,X_n,\theta)$$

且该函数分布已知，称此随机变量为枢轴变量；

Step 3，对给定的置信度 $1-\alpha$，确定 λ_1 与 λ_2，使：

$$P\{\lambda_1<U<\lambda_2\}=1-\alpha$$

Step 4，对不等式作恒等变形后化为：

$$P\{\underline{\theta}<\theta<\bar{\theta}\}=1-\alpha$$

则 $(\underline{\theta},\bar{\theta})$ 就是 θ 的置信度为 $1-\alpha$ 的双侧置信区间。

【注】　由于 Step 3 中 λ_1 与 λ_2 的选取有很多种，因此对于置信度为 $1-\alpha$ 的置信区间就有很多组 $(\underline{\theta},\bar{\theta})$，在这里置信区间的选取通常以置信区间上下限偏离 θ 的概率为 $\frac{1-\alpha}{2}$ $\left(即 P\{U\leqslant\lambda_1\}=P\{U\geqslant\lambda_2\}=\frac{\alpha}{2}\right)$ 作为计算的准则，具体原因后面详述。

【例 8.18】　设总体 $X\sim N(\mu,\sigma^2)$，σ^2 为已知，μ 为未知，设 $X_1,X_2,\cdots,X_n$ 是来自 X 的样本，求 μ 的置信度为 $1-\alpha$ 的置信区间。

解　因为 $\overline{X}$ 是 μ 的无偏估计，且 $\frac{\overline{X}-\mu}{\sigma/\sqrt{n}}\sim N(0,1)$，根据标准正态分布的双侧 α 分位数的定义，有：

$$P\left\{\left|\frac{\overline{X}-\mu}{\sigma/\sqrt{n}}\right|<u_{\alpha/2}\right\}=1-\alpha$$

即：

$$P\left\{\overline{X}-\frac{\sigma}{\sqrt{n}}u_{\alpha/2}<\mu<\overline{X}+\frac{\sigma}{\sqrt{n}}u_{\alpha/2}\right\}=1-\alpha$$

故得到了 μ 的一个置信度为 $1-\alpha$ 的置信区间 $\left(\overline{X}-\frac{\sigma}{\sqrt{n}}u_{\alpha/2},\overline{X}+\frac{\alpha}{\sqrt{n}}u_{\alpha/2}\right)$。

在这里,只要知道样本容量 n,置信度 $1-\alpha$,以及总体方差 σ、样本均值 $\bar{x}$,就可以计算出 μ 的置信区间。若取 $\alpha=0.05,\sigma=1,n=16$,查表得 $u_{\alpha/2}=u_{0.025}=1.96$,则得到一个置信度为 0.95 的置信区间$(\overline{X}\pm 0.49)$。若一个样本的样本均值的观察值 $\bar{x}=10.20$,则得到一个置信度为 0.95 的置信区间$(10.20\pm 0.49)=(9.71,10.69)$。

【注 1】 置信度 $1-\alpha$ 的含义:在随机抽样中,若重复抽样多次,得到样本 $X_1,X_2,\cdots,X_n$ 的多个样本值$(x_1,x_2,\cdots,x_n)$,对应每个样本值都确定了一个置信区间$(\underline{\theta},\bar{\theta})$,每个这样的区间要么包含了 θ 的真值,要么不包含 θ 的真值。根据伯努利大数定理,当抽样次数充分大时,这些区间中包含 θ 的真值的频率接近于置信度(即概率) $1-\alpha$,即在这些区间中包含 θ 的真值的区间大约有 $100(1-\alpha)\%$个,不包含 θ 的真值的区间大约有 $100\alpha\%$个。例如,若令 $1-\alpha=0.95$,重复抽样 100 次,则其中大约有 95 个区间包含 θ 的真值,大约有 5 个区间不包含 θ 的真值。

下面用两次试验来展示:从一个已知 $\mu=10,\sigma=1$ 的正态分布中随机取样本容量 $n=10$ 的 100 个样本,对每一个样本计算出一个 μ 的置信度为 0.95 的置信区间。一次试验见图 8.5,可以看出有 8 组置信区间并不含有真值(粗线表示);另一次试验的结果见表 8.4,可以看出有 5 组置信区间并不含有真值(粗体表示)。

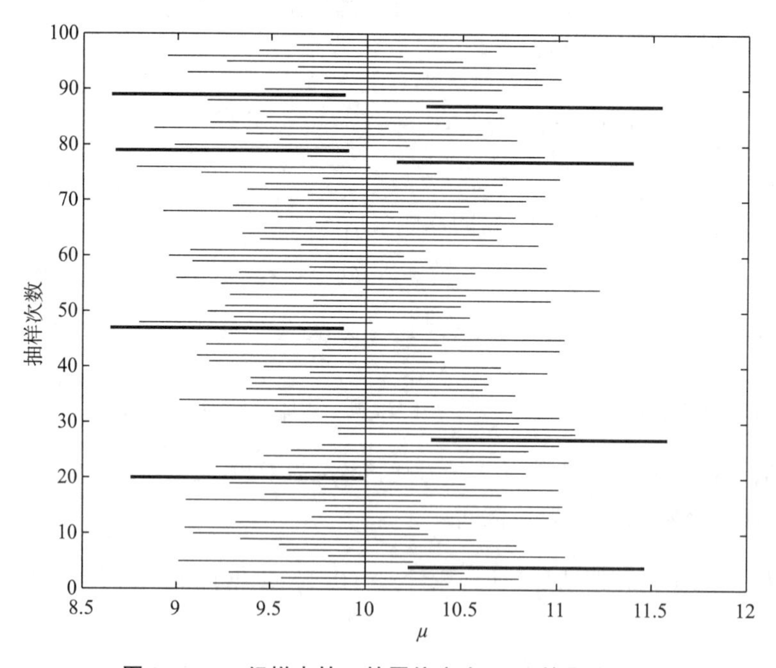

图 8.5 100 组样本的 μ 的置信度为 0.95 的置信区间

【注 2】 置信度与估计精度是一对矛盾。对于固定样本量 n,置信度 $1-\alpha$ 越大,置信区间$(\underline{\theta},\bar{\theta})$包含 θ 的真值的概率就越大,区间$(\underline{\theta},\bar{\theta})$的长度就越长,对未知参数 θ 的估计精度也就越差;反之,对参数 θ 的估计精度越高,置信区间$(\underline{\theta},\bar{\theta})$长度就越小,$(\underline{\theta},\bar{\theta})$包含 θ 的真值的概率就越低,置信度 $1-\alpha$ 越小。具体关系见表 8.5。

表 8.4　100 组样本的 μ 的置信度为 0.95 的置信区间

编号	置信下限	置信上限	编号	置信下限	置信上限	编号	置信下限	置信上限
1	9.484806	10.724419	35	9.345356	10.584969	68	9.256605	10.496218
2	9.902985	11.142597	36	9.452955	10.692568	69	8.869772	10.109385
3	9.479470	10.719082	37	9.231867	10.471480	70	9.356864	10.596477
4	9.414977	10.654590	38	8.819215	10.058828	71	9.452233	10.691845
5	9.198077	10.437690	39	**10.015336**	**11.254949**	72	**10.196829**	**11.436442**
6	9.599240	10.838853	40	9.198530	10.438142	73	8.813132	10.052745
7	8.979598	10.219211	41	9.390125	10.629737	74	9.437799	10.677412
8	9.201855	10.441467	42	8.861574	10.101187	75	9.044527	10.284140
9	9.634712	10.874325	43	9.417807	10.657420	76	9.386585	10.626197
10	9.691962	10.931575	44	9.615632	10.855245	77	9.439999	10.679612
11	9.012297	10.251910	45	8.865768	10.105381	78	8.794764	10.034377
12	9.589340	10.828953	46	9.276812	10.516425	79	8.815083	10.054696
13	**8.536724**	**9.776337**	47	9.313275	10.552888	80	9.430957	10.670570
14	9.456653	10.696266	48	9.795248	11.034860	81	9.292957	10.532570
15	9.508166	10.747778	49	9.439641	10.679253	82	9.706807	10.946420
16	9.712959	10.952572	50	9.208151	10.447764	83	9.353884	10.593497
17	9.316817	10.556430	51	9.682396	10.922009	84	8.985103	10.224716
18	9.217281	10.456894	52	9.262542	10.502155	85	9.208100	10.447713
19	9.115578	10.355191	53	9.299753	10.539366	86	9.792756	11.032369
20	9.403295	10.642908	54	9.171054	10.410667	87	9.723773	10.963386
21	9.351803	10.591416	55	9.336120	10.575733	88	9.380929	10.620542
22	9.284861	10.524474	56	9.662946	10.902559	89	9.568864	10.808477
23	9.524251	10.763864	57	9.635081	10.874694	90	9.506211	10.745824
24	9.395424	10.635036	58	9.457482	10.697095	91	**10.050264**	**11.289877**
25	9.419369	10.658982	59	9.618823	10.858436	92	9.601947	10.841560
26	9.414482	10.654095	60	9.137275	10.376888	93	9.184679	10.424292
27	9.268546	10.508159	61	9.139475	10.379088	94	8.914464	10.154077
28	9.302543	10.542156	62	9.887207	11.126820	95	9.714231	10.953844
29	9.057275	10.296888	63	9.122686	10.362299	96	8.961950	10.201563
30	9.185954	10.425567	64	9.345593	10.585206	97	9.444195	10.683808
31	9.568615	10.808228	65	**10.082637**	**11.322250**	98	9.116024	10.355637
32	9.349651	10.589264	66	9.103422	10.343035	99	9.523918	10.763531
33	9.820521	11.060134	67	8.910868	10.150481	100	9.643677	10.883290
34	9.259037	10.498650						

表 8.5　置信度与估计精度的关系(固定样本量 n)

置信度	准确度	包含真值 θ 的概率	区间长度	估计精度
大	高	大	长	低
小	低	小	短	高

那如何来解决这对矛盾呢？单单追求精度并不可靠，首先必须具备一定的准确度。因此，寻求置信区间的一般准则是：在保证置信度的条件下尽可能提高估计精度。以枢轴变量 $U \sim N(0,1)$ 为例，要求置信度为 0.95 的置信区间，则有 $P\{\lambda_1 < U < \lambda_2\} = 0.95$，这里左右 λ_1、λ_2 的选择有很多种(见图 8.6)，图中举了两个区间，区间 1：$P\{-u_{0.025} < U < u_{0.025}\} = 0.95$，区间 2：$P\{-u_{0.04} < U < u_{0.01}\} = 0.95$，虽然这两个区间的置信度都是 0.95，但很明显区间 1 的长度(1.24)<区间 2 的长度(1.289)(见本书 212 页 R 程序)。尽可能提高精度就是寻求最短的置信区间，由于正态分布具有对称性，利用双侧分位数来计算未知参数的置信度为 $1-\alpha$ 的置信区间，其区间长度在所有这类区间中是最短的，即区间 1 是最好的。

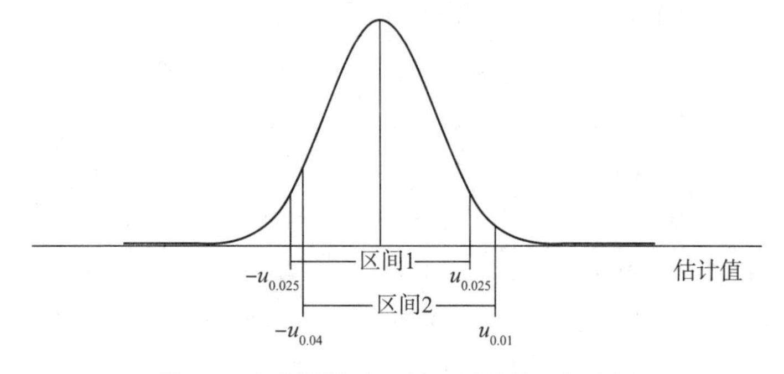

图 8.6　相同置信度下的不同置信区间比较

【注 3】　在置信区间的长度及估计精度不变的条件下，要提高置信度，就须加大样本的容量 n，以获得总体更多的信息(例 8.26)。

【注 4】　点估计和区间估计也是一对矛盾。点估计精确，但不准确；区间估计准确，但不精确。

【例 8.19】　利用 R 中 stats4 包中关于植物生长的重量的数据，假定其总体服从 $N(\mu, 0.7^2)$，随机抽取了 30 株植物进行观察，试求 μ 的置信度为 0.95 的置信区间(用 R 实现)。

解　如 R 程序所示(见本书 208 页)，μ 的置信度为 0.95 的置信区间为(4.82,5.32)。

【例 8.20】　设总体 $X \sim N(\mu, 8)$，μ 为未知参数，$X_1, \cdots, X_{36}$ 是取自总体 X 的简单随机样本，如果以区间 $(\overline{X}-1, \overline{X}+1)$ 作为 μ 的置信区间，那么置信度是多少？

解　由 $\dfrac{\overline{X}-\mu}{\sigma/\sqrt{n}} \sim N(0,1)$，可得：

$$\frac{\overline{X}-\mu}{\sqrt{2}/3} \sim N(0,1)$$

根据已知条件：

$$P\{\overline{X}-1 < \mu < \overline{X}+1\} = 1-\alpha$$

即：

$$P\{\mu-1<\overline{X}<\mu+1\}=\Phi\left(\frac{3}{\sqrt{2}}\right)-\Phi\left(\frac{-3}{\sqrt{2}}\right)=2\Phi\left(\frac{3}{\sqrt{2}}\right)-1$$

$$=2\Phi(2.121)-1=0.966=1-\alpha$$

所求的置信度为 0.966。

习题 8-3

1. 在其他条件相同的情况下，置信度为 0.95 的置信区间要比置信度为 0.9 的置信区间(　　)。

A. 宽　　B. 窄　　C. 相同　　D. 可能宽也可能窄

2. 区间估计理论中，在准确度一定的情况下，若要提高估计的精度，则(　　)。

A. 减少样本量　　B. 增大样本量

C. 降低总体离散程度　　D. 增大总体离散程度

3. 总体均值 μ 置信度为 0.95 的置信区间为$(\hat{\theta}_1,\hat{\theta}_2)$，其含义是(　　)。

A. 总体均值 μ 的真值以 95%的概率落入区间$(\hat{\theta}_1,\hat{\theta}_2)$

B. 样本均值以 95%的概率落入区间$(\hat{\theta}_1,\hat{\theta}_2)$

C. 区间$(\hat{\theta}_1,\hat{\theta}_2)$包含总体均值 μ 的真值的概率为 95%

D. 区间$(\hat{\theta}_1,\hat{\theta}_2)$包含样本均值 $\overline{X}$ 的概率为 95%

8.4　正态总体均值和方差的区间估计

与其他总体相比，正态总体参数的置信区间是最完善的，应用也是最为广泛的。本节分别介绍单正态总体、双正态总体均值和方差的置信区间。

8.4.1 单正态总体的区间估计

1. 单正态总体均值的置信区间

设总体 $X\sim N(\mu,\sigma^2)$，μ 为未知参数，$X_1,X_2,\cdots,X_n$ 是取自总体 X 的一个样本。对给定的置信度 $1-\alpha$，μ 的置信区间为：

(1) σ^2 已知

$$\left(\overline{X}-u_{\alpha/2}\cdot\frac{\sigma}{\sqrt{n}},\overline{X}+u_{\alpha/2}\cdot\frac{\sigma}{\sqrt{n}}\right) \tag{8.2}$$

(2) σ^2 未知

用 σ^2 的无偏估计 S^2 代替 σ^2，构造枢轴变量：

$$T=\frac{\overline{X}-\mu}{S/\sqrt{n}}$$

由第 7 章可知：

$$T=\frac{\overline{X}-\mu}{S/\sqrt{n}}\sim t(n-1)$$

对给定的置信度 $1-\alpha$，由

$$P\left\{-t_{\alpha/2}(n-1)<\frac{\overline{X}-\mu}{S/\sqrt{n}}<t_{\alpha/2}(n-1)\right\}=1-\alpha$$

可得：

$$P\left\{\overline{X}-t_{\alpha/2}(n-1)\cdot\frac{S}{\sqrt{n}}<\mu<\overline{X}+t_{\alpha/2}(n-1)\cdot\frac{S}{\sqrt{n}}\right\}=1-\alpha$$

因此，均值 μ 的置信度为 $1-\alpha$ 的置信区间为：

$$\left(\overline{X}-t_{\alpha/2}(n-1)\cdot\frac{S}{\sqrt{n}},\overline{X}+t_{\alpha/2}(n-1)\cdot\frac{S}{\sqrt{n}}\right) \tag{8.3}$$

【注】 求单正态总体均值 μ 的 $1-\alpha$ 置信区间的关键是要审清题意，看总体的方差是否已知。

【例 8.21】 某旅行社为调查当地旅游者的平均消费额，随机访问了 100 名旅游者，得知平均消费额 $\bar{x}=80$ 元。根据经验，已知旅游者消费服从正态分布，且标准差为 $\sigma=12$ 元，求该地旅游者平均消费额 μ 的置信度为 0.95 的置信区间。

解 σ 已知，故均值 μ 的置信度为 $1-\alpha$ 的置信区间为：

$$\left(\overline{X}-u_{\alpha/2}\cdot\frac{\sigma}{\sqrt{n}},\overline{X}+u_{\alpha/2}\cdot\frac{\sigma}{\sqrt{n}}\right)$$

对于给定的置信度 $1-\alpha=0.95$，有 $\alpha=0.05$，$\alpha/2=0.025$，查标准正态分布表 $u_{0.025}=1.96$，由 $n=100$，$\bar{x}=80$，$\sigma=12$，代入可得到均值 μ 的一个置信度为 0.95 的置信区间为：

$$\bar{x}\pm u_{\alpha/2}\cdot\frac{\sigma}{\sqrt{n}}=\bar{x}\pm u_{0.05}\cdot\frac{\sigma}{\sqrt{n}}=80\pm1.96\times\frac{12}{\sqrt{100}}\approx80\pm2.35$$

即 μ 的置信度为 0.95 的置信区间为(77.65，82.35)。

所以，95%的把握认为每个旅游者的平均消费额在 77.65 元至 82.35 元之间。

【例 8.22】 某旅行社随机访问了 100 名旅游者，得知平均消费额 $\bar{x}=80$ 元，样本标准差 $s=12$ 元，已知旅游者消费额服从正态分布，求旅游者平均消费额 μ 的置信度为 0.95 的置信区间。

解 σ 未知，故均值 μ 的置信度为 $1-\alpha$ 的置信区间为：

$$\left(\bar{x}-t_{\alpha/2}(n-1)\cdot\frac{s}{\sqrt{n}},\bar{x}+t_{\alpha/2}(n-1)\cdot\frac{s}{\sqrt{n}}\right)$$

对于给定的置信度 $1-\alpha=0.95$，有 $\alpha=0.05$，$\alpha/2=0.025$，查表得 $t_{\alpha/2}(n-1)=t_{0.025}(99)=1.98$，由 $n=100$，$\bar{x}=80$，$s=12$，代入可得到均值 μ 的一个置信度为 0.95 的置信区间为：

$$\bar{x}\pm t_{0.025}(99)\cdot\frac{s}{\sqrt{n}}=80\pm1.98\times\frac{12}{\sqrt{100}}\approx80\pm2.38$$

即 μ 的置信度为 0.95 的置信区间为(77.62，82.38)。

所以，95%的把握认为每个旅游者的平均消费额在 77.62 元至 82.38 元之间。

【例 8.23】 假设需要估计一台 PC 机的硬盘存储系统的性能。一个指标是检测硬盘驱动器故障之间的平均时间间隔。为了估计这个值，对 45 个硬盘驱动器故障的随机样本记录了故障时间间隔，经计算得到如下样本统计量：

$$\bar{x}=1762\text{h},s=215\text{h}$$

(1) 用置信度为0.9的置信区间估计平均故障时间间隔的真值；

(2) 如果硬盘驱动存储系统运转正常，平均故障时间间隔的真值将超过1700h。依据上述估计，你对这个硬盘存储系统能推断出什么？

解　(1) 根据 $1-\alpha=0.9$，可得 $\alpha/2=0.05$，查表得 $u_{0.05}=1.645$。

根据 $\bar{x}=1762, s=215$，可得到均值 μ 的一个置信度为0.9的置信区间为：

$$\bar{x}\pm u_{\alpha/2}\cdot\frac{s}{\sqrt{n}}=\bar{x}\pm u_{0.05}\cdot\frac{s}{\sqrt{n}}=1762\pm1.645\times\frac{215}{\sqrt{45}}\approx1762\pm52.7$$

即(1709.3,1814.7)。

故有90%的把握相信区间(1709.3,1814.7)包含了硬盘故障时间间隔的真值。

(2) 因为90%置信区间内的所有值都超过了1700h，所以推断(以90%的把握)硬盘存储系统正常。

【注】　在这里并没有说明总体服从怎样的分布，但是由中心极限定理保证了当样本数量足够多时无论抽样总体服从什么分布，$\bar{X}$ 均近似正态。这里需要特别注意的是中心极限定理只适合大样本情况(一般情况 $n\geqslant30$)。对于小样本，$\bar{X}$ 的抽样分布依赖于被抽样总体的分布。

【例8.24】　有一大批糖果，现从中随机地取16袋，称得重量(单位:克)如下：

506	508	499	503	504	510	497	512
514	505	493	496	506	502	509	496

设袋装糖果的重量近似地服从正态分布，试求总体均值 μ 的置信度为0.95的置信区间。

解　根据 $1-\alpha$ 可得 $\alpha/2=0.025$，查表得 $t_{0.025}(15)=2.1315$。

σ 未知，由 $\bar{x}=503.75, s=6.2022$，可得到均值 μ 的一个置信度为0.95的置信区间为

$\left(\bar{x}\pm t_{\alpha/2}(n-1)\cdot\frac{s}{\sqrt{n}}\right)=(503.75\pm2.1315\times6.2022/\sqrt{16})$，即(500.45,507.05)。

【例8.25】　接例8.24，设袋装糖果的重量近似地服从正态分布，方差为36，试求总体均值 μ 的置信度为0.95的置信区间。

解　σ 已知，μ 的置信度为0.95的置信区间为 $\left(\bar{x}\pm u_{\alpha/2}\cdot\frac{\sigma}{\sqrt{n}}\right)=(503.75\pm1.96\times6/\sqrt{16})$，即(500.81,506.69)。

【例8.26】　设总体 $X\sim N(\mu,\sigma^2)$，其中 μ 未知，$\sigma^2=4, X_1,\cdots,X_n$ 为其样本。

(1) 当 $n=16$ 时，试求置信度分别为0.9及0.95的 μ 的置信区间的长度。

(2) n 多大能使 μ 的置信度为0.9的置信区间的长度不超过1?

(3) n 多大能使 μ 的置信度为0.95的置信区间的长度不超过1?

解　(1) 记 μ 的置信区间长度为 Δ，则：

$$\Delta=(\bar{X}+u_{\alpha/2}\cdot\sigma/\sqrt{n})-(\bar{X}-u_{\alpha/2}\cdot\sigma/\sqrt{n})=2u_{\alpha/2}\cdot\sigma/\sqrt{n}$$

于是，当 $1-\alpha=0.9$ 时：

$$\Delta=2\times1.65\times2/\sqrt{16}=1.65$$

当 $1-\alpha=0.95$ 时：

$$\Delta=2\times1.96\times2/\sqrt{16}=1.96$$

(2) 欲使 $\Delta \leqslant 1$，即 $2u_{\alpha/2} \cdot \sigma/\sqrt{n} \leqslant 1$，必须 $n \geqslant (2\sigma u_{\alpha/2})^2$。

于是，当 $1-\alpha=0.9$ 时，$n \geqslant (2\times 2\times 1.65)^2$，即 $n \geqslant 44$。

即 n 至少为 44 时，μ 的 90%置信区间的长度不超过 1。

(3) 当 $1-\alpha=0.95$ 时，类似可得 $n \geqslant 62$。

【注】 此例题反映了区间估计注解中的注 2 和注 3(详见本书 198～200 页)，通过增加样本容量可提高置信度。

2. 单正态总体方差的置信区间

实际问题中要考虑精度或稳定性时，也需要对正态总体的方差 σ^2 进行区间估计。设总体 $X \sim N(\mu,\sigma^2)$，其中 μ,σ^2 未知，$X_1,X_2,\cdots,X_n$ 是取自总体 X 的一个样本，求方差 σ^2 的置信度为 $1-\alpha$ 的置信区间。

首先根据 σ^2 的无偏估计为 S^2，由第 7 章的定理知：

$$\frac{n-1}{\sigma^2}S^2 \sim \chi^2(n-1)$$

对给定的置信度 $1-\alpha$，由

$$P\left\{\chi^2_{1-\alpha/2}(n-1) < \frac{n-1}{\sigma^2}S^2 < \chi^2_{\alpha/2}(n-1)\right\} = 1-\alpha$$

即：

$$P\left\{\frac{(n-1)S^2}{\chi^2_{\alpha/2}(n-1)} < \sigma^2 < \frac{(n-1)S^2}{\chi^2_{1-\alpha/2}(n-1)}\right\} = 1-\alpha$$

于是方差 σ^2 的 $1-\alpha$ 置信区间为：

$$\left(\frac{(n-1)S^2}{\chi^2_{\alpha/2}(n-1)}, \frac{(n-1)S^2}{\chi^2_{1-\alpha/2}(n-1)}\right) \tag{8.4}$$

标准差 σ 的 $1-\alpha$ 置信区间为：

$$\left(\sqrt{\frac{(n-1)S^2}{\chi^2_{\alpha/2}(n-1)}}, \sqrt{\frac{(n-1)S^2}{\chi^2_{1-\alpha/2}(n-1)}}\right) \tag{8.5}$$

【例 8.27】 为考察某大学成年男性的胆固醇水平，现抽取了样本容量为 25 的一样本，并测得样本均值 $\bar{x}=186$，样本标准差 $s=12$。假定胆固醇水平 $X \sim N(\mu,\sigma^2)$，μ 与 σ^2 均未知。试分别求出 μ 以及 σ 的置信度为 0.9 的置信区间。

解 σ 未知，μ 的置信度为 $1-\alpha$ 的置信区间为$(\bar{X} \pm t_{\alpha/2}(n-1) \cdot s/\sqrt{n})$。

根据已知 $\alpha=0.1$，$\bar{x}=186$，$s=12$，$n=25$，查表得 $t_{\alpha/2}(25-1)=t_{0.05}(24)=1.7109$。

故 μ 的一个置信度为 0.9 的置信区间为：

$$\bar{x} \pm t_{\alpha/2}(n-1) \cdot s/\sqrt{n} = 186 \pm 1.7109 \times 12/\sqrt{25} = 186 \pm 4.106$$

即 μ 的一个置信度为 0.9 的置信区间为(181.89,190.11)。

σ 的置信度为 $1-\alpha$ 置信区间为：

$$\left(\sqrt{\frac{(n-1)S^2}{\chi^2_{\alpha/2}(n-1)}}, \sqrt{\frac{(n-1)S^2}{\chi^2_{1-\alpha/2}(n-1)}}\right)$$

查表得 $\chi^2_{0.1/2}(25-1)=36.42$，$\chi^2_{1-0.1/2}(25-1)=13.85$，可得 σ 的一个置信度为 0.9 的置信区间为：

$$\left(\sqrt{24\times12^2/36.42},\sqrt{24\times12^2/13.85}\right)$$

即 σ 的一个置信度为 0.9 的置信区间为(9.74,15.80)。

8.4.2 双正态总体的区间估计

在实际中,往往会遇到类似下面的问题,已知产品的某一质量指标服从正态分布,但由于原料、设备条件、操作人员不同或者工艺过程的改变等因素,引起总体均值、总体方差有所改变,这就需要考虑两个正态总体均值之间或方差之间是否有差异的问题,从而有必要研究两个正态总体的均值差或者方差比的置信区间。

1. 双正态总体均值差的置信区间

设 $X\sim N(\mu_1,\sigma_1^2)$,$Y\sim N(\mu_2,\sigma_2^2)$,两总体相互独立,$X_1,X_2,\cdots,X_{n_1}$ 为取自总体 $N(\mu_1,\sigma_1^2)$的一个样本,$Y_1,Y_2,\cdots,Y_{n_2}$ 为取自总体 $N(\mu_2,\sigma_2^2)$的一个样本。设 $\overline{X}$ 是总体 $N(\mu_1,\sigma_1^2)$ 的样本均值,$\overline{Y}$ 是总体 $N(\mu_2,\sigma_2^2)$的样本均值,因 $\overline{X}$ 与 $\overline{Y}$ 分别是 μ_1 与 μ_2 的无偏估计,故均值差 $\mu_1-\mu_2$ 的置信区间如下:

(1) σ_1^2,σ_2^2 已知

由第 7 章可知:

$$\frac{(\overline{X}-\overline{Y})-(\mu_1-\mu_2)}{\sqrt{\sigma_1^2/n_1+\sigma_2^2/n_2}}\sim N(0,1)$$

对给定的置信度 $1-\alpha$,由

$$P\left\{\left|\frac{(\overline{X}-\overline{Y})-(\mu_1-\mu_2)}{\sqrt{\sigma_1^2/n_1+\sigma_2^2/n_2}}\right|<u_{\alpha/2}\right\}=1-\alpha$$

可导出 $\mu_1-\mu_2$ 的置信度为 $1-\alpha$ 的置信区间为:

$$\left(\overline{X}-\overline{Y}-u_{\alpha/2}\cdot\sqrt{\frac{\sigma_1^2}{n_1}+\frac{\sigma_2^2}{n_2}},\overline{X}-\overline{Y}+u_{\alpha/2}\cdot\sqrt{\frac{\sigma_1^2}{n_1}+\frac{\sigma_2^2}{n_2}}\right)\tag{8.6}$$

(2) $\sigma_1^2=\sigma_2^2=\sigma^2$,未知

由第 7 章知:

$$T=\frac{(\overline{X}-\overline{Y})-(\mu_1-\mu_2)}{S_w\sqrt{1/n_1+1/n_2}}\sim t(n_1+n_2-2)$$

其中 $S_w^2=\dfrac{n_1-1}{n_1+n_2-2}S_1^2+\dfrac{n_2-1}{n_1+n_2-2}S_2^2$。

对给定的置信度 $1-\alpha$,根据 t 分布的对称性,由

$$P\{|T|<t_{\alpha/2}(n_1+n_2-2)\}=1-\alpha$$

可导出 $\mu_1-\mu_2$ 的置信度为 $1-\alpha$ 的置信区间为:

$$\left((\overline{X}-\overline{Y})-t_{\alpha/2}(n_1+n_2-2)\cdot S_w\sqrt{\frac{1}{n_1}+\frac{1}{n_2}},(\overline{X}-\overline{Y})+t_{\alpha/2}(n_1+n_2-2)\cdot S_w\sqrt{\frac{1}{n_1}+\frac{1}{n_2}}\right)\tag{8.7}$$

【例 8.28】 2003 年在某地区分行业调查职工平均工资情况:已知体育、卫生、社会福利事业职工工资 X(单位:元)$\sim N(\mu,218^2)$;文教、艺术、广播事业职工工资 Y(单位:元)$\sim$

$N(\mu_2,227^2)$，从总体 X 中调查 25 人，平均工资 1286 元，从总体 Y 中调查 30 人，平均工资 1272 元，求这两大类行业职工平均工资之差的置信度为 0.99 的置信区间。

解 σ_1^2,σ_2^2 已知，两大类行业职工平均工资之差的置信度为 0.99 的置信区间为：

$$\left(\bar{X}-\bar{Y}-u_{\alpha/2}\cdot\sqrt{\frac{\sigma_1^2}{n_1}+\frac{\sigma_2^2}{n_2}},\bar{X}-\bar{Y}+u_{\alpha/2}\cdot\sqrt{\frac{\sigma_1^2}{n_1}+\frac{\sigma_2^2}{n_2}}\right)$$

根据已知 $n_1=25,n_2=30,\sigma_1^2=218^2,\sigma_2^2=227^2,\bar{x}=1286,\bar{y}=1272$，由 $1-\alpha=0.99$，可知 $\alpha=0.01$，查表得 $u_{0.005}=2.576$，故 $\mu_1-\mu_2$ 的一个置信度为 0.99 的置信区间为：

$$\left(1286-1272-2.576\cdot\sqrt{\frac{218^2}{25}+\frac{227^2}{30}},1286-1272+2.576\cdot\sqrt{\frac{218^2}{25}+\frac{227^2}{30}}\right)$$

即两大类行业职工平均工资相差在 -140.95 到 168.95 之间，这个估计的置信度为 0.99。

【例 8.29】 A、B 两个地区种植同一型号的小麦。现抽取了 19 块面积相同的麦田，其中 9 块属于地区 A，另外 10 块属于地区 B，测得它们的小麦产量(单位：公斤)分别如下：

地区 A：100，105，110，125，110，98，105，116，112

地区 B：101，100，105，115，111，107，106，121，102，92

设地区 A 的小麦产量 $X\sim N(\mu_1,\sigma^2)$，地区 B 的小麦产量 $Y\sim N(\mu_2,\sigma^2)$，μ_1,μ_2,σ^2 均未知。试求这两个地区小麦的平均产量之差 $\mu_1-\mu_2$ 的置信度为 0.9 的置信区间。

解 $\sigma_1^2=\sigma_2^2=\sigma^2$ 未知，两个地区小麦的平均产量之差 $\mu_1-\mu_2$ 的置信度为 0.9 的置信区间为：

$$\left((\bar{X}-\bar{Y})-t_{\alpha/2}(n_1+n_2-2)\cdot S_w\sqrt{\frac{1}{n_1}+\frac{1}{n_2}},(\bar{X}-\bar{Y})+t_{\alpha/2}(n_1+n_2-2)\cdot S_w\sqrt{\frac{1}{n_1}+\frac{1}{n_2}}\right)$$

根据已知数据计算，$\bar{x}=109,\bar{y}=106,s_1^2=550/8,s_2^2=606/9,n_1=9,n_2=10$，可得 $s_w=\sqrt{\frac{(n_1-1)s_1^2+(n_2-1)s_2^2}{n_1+n_2-2}}=8.246$。

又由 $\alpha=0.1$，查表得 $t_{0.1/2}(17)=1.7396$，于是置信区间为：

$$\left((109-106)-1.7396\times8.246\times\sqrt{\frac{1}{9}+\frac{1}{10}},(109-106)+1.7396\times8.246\times\sqrt{\frac{1}{9}+\frac{1}{10}}\right)$$

故两个地区小麦的平均产量之差 $\mu_1-\mu_2$ 的置信度为 0.9 的置信区间为$(-3.59,9.59)$。

2. 双正态总体方差比的置信区间

设 S_1^2 是总体 $N(\mu_1,\sigma_1^2)$的容量为 n_1 的样本方差，S_2^2 是总体 $N(\mu_2,\sigma_2^2)$的容量为 n_2 的样本方差，且两总体相互独立，其中 $\mu_1,\sigma_1^2,\mu_2,\sigma_2^2$ 未知。S_1^2 与 S_2^2 分别是 σ_1^2 与 σ_2^2 的无偏估计，由第 7 章知：

$$F=\left(\frac{\sigma_2}{\sigma_1}\right)^2\frac{S_1^2}{S_2^2}\sim F(n_1-1,n_2-1)$$

对给定的置信度 $1-\alpha$，由

$$P\{F_{1-\alpha/2}(n_1-1,n_2-1)<F<F_{\alpha/2}(n_1-1,n_2-1)\}=1-\alpha$$

即：

$$P\left\{\frac{1}{F_{\alpha/2}(n_1-1,n_2-1)}\cdot\frac{S_1^2}{S_2^2}<\frac{\sigma_1^2}{\sigma_2^2}<\frac{1}{F_{1-\alpha/2}(n_1-1,n_2-1)}\cdot\frac{S_1^2}{S_2^2}\right\}=1-\alpha$$

可导出方差比 σ_1^2/σ_2^2 的置信度为 $1-\alpha$ 的置信区间为：

$$\left(\frac{1}{F_{\alpha/2}(n_1-1,n_2-1)}\cdot\frac{S_1^2}{S_2^2},\frac{1}{F_{1-\alpha/2}(n_1-1,n_2-1)}\cdot\frac{S_1^2}{S_2^2}\right) \tag{8.8}$$

【例 8.30】 某钢铁公司的管理人员为比较新旧两个电炉的温度状况，他们抽取了新电炉的 31 个温度数据及旧电炉的 25 个温度数据，并计算得样本方差分别为 $s_1^2=75$ 及 $s_2^2=100$。设新电炉的温度 $X\sim N(\mu_1,\sigma_1^2)$，旧电炉的温度 $Y\sim N(\mu_2,\sigma_2^2)$。试求 σ_1^2/σ_2^2 的置信度为 0.95 的置信区间。

解　σ_1^2/σ_2^2 的置信度为 $1-\alpha$ 的置信区间为：

$$\left(\frac{1}{F_{\alpha/2}(n_1-1,n_2-1)}\cdot\frac{S_1^2}{S_2^2},\frac{1}{F_{1-\alpha/2}(n_1-1,n_2-1)}\cdot\frac{S_1^2}{S_2^2}\right)$$

根据已知 $n_1=31,n_2=25,S_1^2=75,S_2^2=100$，又由 $\alpha=0.05$，查表得 $F_{0.05/2}(30,24)=2.209,F_{0.05/2}(24,30)=2.136$。故置信区间为：

$$\left(\frac{1}{2.209}\times\frac{75}{100},2.136\times\frac{75}{100}\right)$$

即 σ_1^2/σ_2^2 的一个置信度为 0.95 的置信区间为(0.34,1.60)。

【例 8.31】 工厂以组装线的两种不同物理排列对生产线进行试验，已经确定两种排列每天已完成单位的平均数近似相同。为了得到使生产处于最好过程控制的排列，提议采用每天生产的已完成单位个数较小方差的排列。测得结果如下：

[生产线 1] 448 523 506 500 533 447 524 469 470 494 536 481 492 567 492 457 497 483 533 408 453

[生产线 2] 372 446 537 592 536 487 592 605 550 489 461 500 430 543 459 429 494 538 540 481 484 374 495 503 547

构造两种组装线排列的日加工零件个数方差比的 95%置信区间，并依据此结果，你推荐哪一种排列？(用 R 实现)

解　根据本书 211 页 R 程序结果可知，构造两种组装线排列的日加工零件个数方差比的置信度为 0.95 的置信区间为(0.16,0.91)。因为区间内的所有值都小于 1，所以第一条组装线的日产零件数的方差小于第二条组装线的日产零件数的方差，故推荐第一条组装线。

8.4.3　正态总体的区间估计的 R 实现

1. 单正态总体均值和方差的区间估计

单正态总体均值的区间估计会根据方差已知和未知两种不同的情况而采用不同的枢轴变量，故在 R 实现中也分这两种情况。方差未知可采用 t.test( )函数；方差已知，可以调包求解，例如 UsingR 软件包，调用 simple.z.test( ) 函数，或者 BSDA 包，调用函数 z.test( )。

单正态总体方差的区间估计一般可自行编写函数。

t.test( )函数的调用格式为：

t.test(x,y=NULL,alternative=c("two.sided","less","greater"),mu=0,paired=TRUE,var.equal=FALSE,conf.level=0.95,…)

其中，x,y 为样本数据，单样本时忽略 y；alternative 选择检验类型为双侧或是单侧；mu 为检验的均值;paired 设置是否为成对检验;var. equal 设置双样本时方差是否相等;conf. level 为置信度。

函数 simple. z. test( )的调用格式为:

simple. z. test(x,sigma,conf. level=0. 95,…)

其中,x 是数据向量;sigma 是已知的总体标准差;conf. level 是置信度。

函数 z. test( )的调用格式为:

z. test(x,y=NULL,alternative="two. sided",mu=0,sigma. x=NULL,sigma. y=NULL,conf. level=0. 95,…)

其中,x,y 为样本数据,单样本时忽略 y;alternative 选择检验类型;mu 为检验的均值;sigma. x,sigma. y 为标准差;conf. level 为置信度。

(1)自编程序

例 8. 19 均值的区间估计

R 程序:

```
>library("aplpack")
>x<-PlantGrowth$weight
>mean(x)
[1] 5.073
>lcl<-mean(x)-qnorm(0.975)*0.7/sqrt(30)          #计算置信区间下限
>ucl<-mean(x)+qnorm(0.975)*0.7/sqrt(30)           #计算置信区间上限
>lcl
[1] 4.822513
>ucl
[1] 5.323487
```

例 8. 27 方差的区间估计

R 程序:

```
>alpha<-0.1
>xmean<-186
>s<-12
>n<-25
>interval1<-c(xmean-qt(alpha/2,n-1,lower.tail=F)*s/sqrt(n),xmean+qt(alpha/2,n-1,lower.tail=F)*s/sqrt(n))
>interval1
[1] 181.8939 190.1061
>l<-sqrt((n-1)/qchisq(alpha/2,n-1,lower.tail=F))*s
>u<-sqrt((n-1)/qchisq(1-alpha/2,n-1,lower.tail=F))*s
>interval2<-c(l,u)
>interval2
[1]  9.741964 15.797439
```

程序说明:qchisq(p,df,lower. tail=FALSE,…)计算 χ^2 分布的水平 p 的上侧分位数,p 是

概率,df是自由度;qt(p,df,lower. tail=FALSE,…)计算t分布的水平p的上侧分位数。

(2)调用函数

例8.24的R实现

R程序:

```
>x<-c(506,508,499,503,504,510,497,512,514,505,493,496,506,502,509,496)
>t. test(x,conf. level=0.95)
One Sample t-test
data:  x
t=324.89,df=15,p-value < 2.2e-16
alternative hypothesis: true mean is not equal to 0
95 percent confidence interval:
500.4451 507.0549
sample estimates:
mean of x
503.75
```

结果说明:x的均值为503.75,统计量T的观测值为324.89,自由度为15,均值μ的置信度为0.95的置信区间为(500.45,507.05)。

例8.25的R实现

R程序:

```
install. packages("UsingR")
library("UsingR")
>x<-c(506,508,499,503,504,510,497,512,514,505,493,496,506,502,509,496)
>simple. z. test(x,6,conf. level=0.95)
[1] 500.8101 506.6899
```

解读:均值μ的置信度为0.95的置信区间为(500.81,506.69)。

例8.26的R实现

R程序:

```
>y<-rnorm(16,0,2)
>interval<-simple. z. test(y,2,conf. level=0.95)
>gap<-interval[2]-interval[1]
>gap
[1] 1.959964
>y<-rnorm(16,0,2)
>interval<-simple. z. test(y,2,conf. level=0.9)
>gap<-interval[2]-interval[1]
>gap
[1] 1.644854
>for(i in 2:50)
+ {y<-rnorm(i,0,2)
```

```
+ interval<-simple.z.test(y,2,conf.level=0.9)
+ gap<-interval[2]-interval[1]
+ if(gap<=1)
+ {break}
+   }
>i
[1] 44
>for(i in 2:100)
+ {y<-rnorm(i,0,2)
+ interval<-simple.z.test(y,2,conf.level=0.95)
+ gap<-interval[2]-interval[1]
+ if(gap<=1)
+ {break}
+   }
>i
[1] 62
```

2. 双正态总体均值和方差的区间估计

双正态总体均值和方差的区间估计可以自行编写程序,也可以调用函数实现。均值差的区间估计采用的命令类似于单正态总体均值的区间估计,譬如:方差已知,采用 BSDA 包中函数 z.test( ),方差未知但相等,采用函数 t.test( )。方差比的区间估计可以采用函数 var.test( )。

函数 var.test( )的调用格式为:

var.test(x,y,ratio=1,alternative=c("two.sided","less","greater"),conf.level=0.95,…)

其中,x,y 为样本数据,ratio 为原假设的方差比值,两样本比较时可以用默认值 1,alternative 设置检验类型为双侧或是单侧,conf.level 为置信度。

(1)自编程序

例 8.28 均值差的区间估计的 R 实现

R 程序:

```
>xmean<-1286
>ymean<-1272
>sigma1<-218
>sigma2<-227
>n1<-25
>n2<-30
>alpha<-0.01
>delta<-sqrt(sigma1^2/n1+sigma2^2/n2)*qnorm(alpha/2,lower.tail=F)
>interval<-c(xmean-ymean-delta,xmean-ymean+delta)
>interval
```

```
[1] -140.9484  168.9484
```

例 8.30 方差比的区间估计

R 程序：

```
>s1square<-75
>s2square<-100
>n1<-31
>n2<-25
>alpha<-0.05
>l<-s1square/s2square/qf(alpha/2,n1-1,n2-1,lower.tail=FALSE)
>u<-s1square/s2square/qf(1-alpha/2,n1-1,n2-1,lower.tail=FALSE)
>interval<-c(l,u)
>interval
[1] 0.3395239 1.6019090
```

程序说明：qnorm(p,df,lower.tail=FALSE,…)计算标准正态分布的水平 p 的上侧分位数，p 是概率，df 是自由度；qf(p,df,lower.tail=FALSE,…)计算 F 分布的水平 p 的上侧分位数。

(2)调用函数

例 8.29 的 R 实现

R 程序：

```
>x<-c(100,105,110,125,110,98,105,116,112)
>y<-c(101,100,105,115,111,107,106,121,102,92)
>t.test(x,y,alternative="two.sided",mu=0,paired=FALSE,var.equal=TRUE,
conf.level=0.90)
Two Sample t-test
data:  x and y
t=0.79179,df=17,p-value=0.4394
alternative hypothesis: true difference in means is not equal to 0
90 percent confidence interval:
-3.591148  9.591148
sample estimates:
mean of x mean of y
      109       106
```

结果说明：var.equal=TRUE 表示方差相等，x 的均值为 109，y 的均值为 106，统计量 T 的观测值为 0.79179，自由度为 17，均值差的置信度为 0.9 的置信区间为(−3.59,9.59)。

例 8.31 的 R 实现

R 程序：

```
>x<-c(448,523,506,500,533,447,524,469,470,494,536,481,492,567,492,457,
497,483,533,408,453)
>y<-c(372,446,537,592,536,487,592,605,550,489,461,500,430,543,459,429,
```

```
494,538,540,481,484,374,495,503,547)
>var.test(x,y,ratio=1,alternative="two.sided",conf.level=0.95)
F test to compare two variances
data:  x and y
F=0.37751,num df=20,denom df=24,p-value=
0.03043
alternative hypothesis: true ratio of variances is not equal to 1
95 percent confidence interval:
0.1622117 0.9088800
sample estimates:
ratio of variances
         0.3775106
```

结果说明:统计量F的观测值为0.37751,自由度(20,24),方差比的置信度为0.95的置信区间为(0.16,0.91),样本的方差比为0.38。

(3)本节试验的R实现

表8.4的R实现:

R程序:

```
>l<-0
>u<-0
>c<-0
>for(i in 1:100)
+{a=mean(rnorm(10,mean=10,sd=1))
+l[i]=a-1.96*1/sqrt(10)
+u[i]=a+1.96*1/sqrt(10)
+if(l[i]>10){c=c+1}
+if(u[i]<10){c=c+1}
+}
>m<-cbind(l,u)
>write.csv(m,file="confidence_interval.csv",row.names=FALSE)
```

图8.6的R实现

R程序:

```
>a=mean(rnorm(10,mean=10,sd=1))
>l1=a+qnorm(0.025)*1/sqrt(10)
>u1=a+qnorm(0.975)*1/sqrt(10)
>l2=a+qnorm(0.04)*1/sqrt(10)
>u2=a+qnorm(0.99)*1/sqrt(10)
>interval1<-u1-l1
>interval2<-u2-l2
>interval1
```

```
[1] 1.24
>interval2
[1] 1.289
```

习题 8-4

1. 设某种清漆的 9 个样品,其干燥时间(单位:h)分别为 6.0,5.7,5.8,6.5,7.0,6.3,5.6,6.1,5.0。设干燥时间的总体服从正态分布 $X\sim N(\mu,\sigma^2)$,求在以下条件下 μ 的置信度为 0.95 的置信区间:

(1) 若由以往经验知 $\sigma=0.6$(小时);

(2) 方差 σ^2 未知;

(3) 利用 R 实现(1)和(2)。

2. 已知某种材料的抗压强度 $X\sim N(\mu,\sigma^2)$,现随机抽取 10 个试件进行抗压试验,测得数据如下(单位:10^5Pa):482 493 457 510 466 435 418 394 469 480,试求:

(1) 平均抗压强度 μ 的矩估计值、极大似然估计值;

(2) 平均抗压强度 μ 的置信度为 0.95 的置信区间;

(3) 若已知 $\sigma=30$,求 μ 的置信度为 0.95 的置信区间;

(4) σ^2 的置信度为 0.95 的置信区间。

(5) 利用 R 实现(1)、(2)、(3)、(4)。

3. 研究两种固体燃料火箭推进器的燃烧率。设两者都服从正态分布,并且已知燃烧率的标准差的近似值为 0.05cm/s,取样本容量为 $n_1=n_2=20$,得燃烧率的样本均值分别为 $\bar{x}_1=18$cm/s,$\bar{x}_2=24$cm/s。设两样本相互独立,试求两燃烧率总体均值差的置信度为 0.99 的置信区间,并给出 R 实现的程序。

4. 为比较Ⅰ,Ⅱ两种型号步枪子弹的枪口速度,随机地取Ⅰ型子弹 10 发,得到枪口速度的平均值为 $\bar{x}_1=500$(m/s),标准差 $s_1=1.10$(m/s),随机地取Ⅱ型子弹 20 发,得到枪口速度的平均值为 $\bar{x}_2=496$(m/s),标准差 $s_2=1.20$(m/s)。假设两总体都可认为近似地服从正态分布。且由生产过程可认为方差相等。求两总体均值差 $\mu_1-\mu_2$ 的置信度为 0.95 的置信区间,并给出 R 实现的程序。

5. 为了考察温度对某物体断裂强度的影响,在 70℃ 与 80℃ 时分别重复了 8 次试验,测试值的样本方差依次为:

$$s_1^2=0.8857, s_2^2=0.8266$$

假定 70℃ 下的断裂强度 $X\sim N(\mu_1,\sigma_1^2)$,80℃ 下的断裂强度 $Y\sim N(\mu_2,\sigma_2^2)$ 且 X 与 Y 相互独立,试求方差比 σ_1^2/σ_2^2 的置信度为 0.9 的置信区间,并给出 R 实现的程序。

8.5　单侧置信区间

前面讨论的置信区间的形式为$(\underline{\theta},\bar{\theta})$,我们称之为双侧置信区间,但对产品设备、电子元件等来说,关心的是平均寿命的置信下限,而在讨论产品的废品率时,感兴趣的是其置信上限。于是本节引入了单侧置信区间的概念。

8.5.1　单侧置信区间的方法

定义 8.7　设 θ 为总体分布的未知参数,$X_1,X_2,\cdots,X_n$ 是取自总体 X 的一个样本,对给定的 $1-\alpha(0<\alpha<0)$,若存在统计量

$$\underline{\theta}=\underline{\theta}(X_1,X_2,\cdots,X_n)$$

满足：

$$P\{\underline{\theta}<\theta\}=1-\alpha \tag{8.9}$$

则称$(\underline{\theta},+\infty)$为$\theta$的置信度为$1-\alpha$的单侧置信区间，称$\underline{\theta}$为$\theta$的单侧置信下限；若存在统计量

$$\bar{\theta}=\bar{\theta}(X_1,X_2,\cdots,X_n)$$

满足：

$$P\{\theta<\bar{\theta}\}=1-\alpha \tag{8.10}$$

则称$(-\infty,\bar{\theta})$为θ的置信度为$1-\alpha$的单侧置信区间，称$\bar{\theta}$为θ的单侧置信上限。

【例 8.32】 为考虑某种香烟的尼古丁含量(单位：mg)，抽取了 8 支香烟并测得尼古丁的平均含量为$\bar{x}=0.26$，设该香烟尼古丁含量$X\sim N(\mu,2.3)$。试求μ的置信度为 0.95 的单侧置信上限。

解 对于给定的置信度$1-\alpha=0.95$，有$\alpha=0.05$，σ已知，有：

$$P\left\{\frac{\bar{X}-\mu}{\sigma/\sqrt{n}}>-u_\alpha\right\}=1-\alpha$$

即：

$$P\left\{\mu<\bar{X}+u_\alpha\cdot\frac{\sigma}{\sqrt{n}}\right\}=1-\alpha$$

故均值μ的一个置信度为 0.95 的单侧置信上限为$\bar{x}+u_\alpha\cdot\frac{\sigma}{\sqrt{n}}$，查表得$u_{0.05}=1.645$，由$\bar{x}=0.26$，$n=8$，代入可得到均值$\mu$的一个置信度为 0.95 的置信区间的上限为：

$$\bar{x}+u_\alpha\cdot\frac{\sigma}{\sqrt{n}}=1.142$$

所以该批香烟的尼古丁含量低于 1.142mg，可靠程度为 0.95。

【例 8.33】 从一批灯泡中随机地抽取 5 只做寿命试验，其寿命如下(单位：h)：

1 050　1 100　1 120　1 250　1 280

已知这批灯泡寿命$X\sim N(\mu,\sigma^2)$，求平均寿命μ的置信度为 0.95 的单侧置信下限。

解 对于给定的置信度$1-\alpha=0.95$，有$\alpha=0.05$，σ未知，有：

$$P\left\{\frac{\bar{X}-\mu}{S/\sqrt{n}}<t_\alpha(n-1)\right\}=1-\alpha$$

即：

$$P\left\{\mu>\bar{X}-t_\alpha(n-1)\cdot\frac{S}{\sqrt{n}}=1-\alpha\right\}$$

故均值μ的一个置信度为 0.95 的单侧置信下限为$\bar{x}-t_\alpha(n-1)\cdot\frac{s}{\sqrt{n}}$。查表得$t_{0.025}(4)=2.1318$，由$\bar{x}=1160$，$s=99.75$，$n=5$，代入可得到均值$\mu$的一个置信度为 0.95 的置信区间的下限为：

$$\bar{x}-t_\alpha(n-1)\cdot\frac{s}{\sqrt{n}}=1064.9$$

所以该批灯泡的平均寿命至少在 1064.9h 以上，可靠程度为 0.95。

8.5.2　单侧置信区间的R实现

单侧均值或者方差的区间估计所用命令与双侧命令相同，只是对命令中参数alternative进行选择，当alternative=greater时，可得到单侧置信下限，当alternative=less时，获得单侧置信上限。

例8.33的R实现

R程序：

```
>x<-c(1050,1100,1120,1250,1280)
>t.test(x,alternative="greater",conf.level=0.95)
One Sample t-test
data:  x
t=26.003,df=4,p-value=6.497e-06
alternative hypothesis: true mean is greater than 0
95 percent confidence interval:
1064.9      Inf
sample estimates:
mean of x
    1160
```

结果说明：x的均值为1160，统计量T的观测值为26.003，自由度为4，均值μ的置信度为0.95的单侧置信下限为1064.9。

习题8-5

1. 假设总体$X\sim N(\mu,\sigma^2)$，从总体X中抽取容量为10的一个样本，算得样本均值$\bar{x}=41.3$，样本标准差$s=1.05$，求未知参数μ的置信度为0.95的单侧置信区间的下限，并给出R实现的程序。

2. 已知某地区农户人均生产蔬菜量为X(单位：kg)，且$X\sim N(\mu,\sigma^2)$，现随机抽取9个农户，得人均生产蔬菜量为：

75，　143，　156，　340，　400，　287，　256，　244，　249

问该地区农户人均生产蔬菜量最多为多少($\alpha=0.05$)？并给出R实现的程序。

8.6　0-1分布比例的区间估计

在实际生活中，往往会关心总体中比例的问题，例如，质检员可能关心装配线上生产的产品不合格的比例，电信供应商可能关心其服务区内使用电信用户的比例，引例8.1中鲤鱼的比例问题等等。本节将会讲述比例的区间估计。

8.6.1　0-1分布比例的区间估计的方法

设X服从0-1分布，其分布律为$P\{X=1\}=p$，$P\{X=0\}=1-p$，其中p为未知参

数，$0<p<1$。0－1分布的均值和方差分别为$E(X)=p, D(x)=p(1-p)$。设$X_1, X_2, \cdots, X_n$是总体X的一个样本，这里，$\overline{X}$表示样本比例。由中心极限定理知，当n充分大时：

$$u=\frac{\overline{X}-E(X)}{\sqrt{D(X)/n}}=\frac{\overline{X}-p}{\sqrt{p(1-p)/n}}$$

近似地服从$N(0,1)$，于是，对给定的置信度$1-\alpha$，则有：

$$P\left\{\left|\frac{\overline{X}-p}{\sqrt{p(1-p)/n}}\right|<u_{\alpha/2}\right\}\approx 1-\alpha \tag{8.11}$$

经不等式变形得：

$$P\{ap^2+bp+c<0\}\approx 1-\alpha$$

其中，$a=n+(u_{\alpha/2})^2, b=-2n\overline{X}-(u_{\alpha/2})^2, c=n(\overline{X})^2$。解上述不等式得：

$$P\{p_1<p<p_2\}\approx 1-\alpha$$

其中：

$$p_1=\frac{1}{2a}(-b-\sqrt{b^2-4ac}), p_2=\frac{1}{2a}(-b+\sqrt{b^2-4ac}) \tag{8.12}$$

故(p_1, p_2)可作为p的置信度为$1-\alpha$的置信区间。

【注】 关于0－1分布比例的p的区间估计方法不唯一，本书仅提供了其中一种估计方法。感兴趣的读者可以进一步参考其他统计学教材进一步了解。

【例8.34】 设抽自一大批产品的100个样品中一级品有60个，求这批产品的一级品率p的置信水平为0.95的置信区间。

解 对于给定的置信度$1-\alpha=0.95$，有$\alpha=0.05$，由

$$P\left\{\left|\frac{\overline{X}-p}{\sqrt{p(1-p)/n}}\right|<u_{\alpha/2}\right\}\approx 1-\alpha$$

解得：

$$P\{p_1<p<p_2\}\approx 1-\alpha$$

其中，$p_1=\frac{1}{2a}(-b-\sqrt{b^2-4ac}), p_2=\frac{1}{2a}(-b+\sqrt{b^2-4ac})$。

又有$a=n+(u_{\alpha/2})^2=103.84, b=-2n\overline{X}-(u_{\alpha/2})^2=-123.84, c=n(\overline{X})^2=36$，所以：

$$p_1=0.50, p_2=0.69$$

即p的一个置信度为0.95的近似置信区间为(0.50,0.69)。

8.6.2 0－1分布比例的区间估计的R实现

当样本量足够大时，比例的估计可采用Hmisc包中函数binconf( )，也可直接采用函数prop.test( )。

函数binconf的调用格式：

binconf(x,n,method=c("exact",” asymptotic”,"wilson"))

其中，x为具有某种特征的样本个数，n为样本量，参数method中的选择exact是使用F分布计算的精确区间，asymtotic是使用大样本时正态分布的近似区间，wilson是得分检验。

函数prop.test( )的调用格式为：

prop. test(x, n, alternative = c("two. sided","less","greater"), conf. level = 0. 95, correct=TRUE,…)
其中,x 为具有某种特征的样本个数,n 为样本量,correct 是逻辑值,FALSE 代表用 Yates 连续性修正,默认为 TRUE,不进行修正。

例 8.34 的 R 实现

R 程序:

```
>library(Hmisc)
>binconf(x=60,n=100,method="exact")
PointEst    Lower       Upper
   0.6      0.4972092   0.6967052
>binconf(x=60,n=100,method="asymptotic")
PointEst    Lower       Upper
   0.6      0.5039818   0.6960182
>binconf(x=60,n=100,method="wilson")
PointEst    Lower       Upper
   0.6      0.5020026   0.6905987
>prop.test(x = 60, n = 100, alternative = "two.sided", conf.level = 0.95, correct = FALSE)
1-sample proportions test without continuity correction
data:  60 out of 100, null probability 0.5
X-squared=4, df=1, p-value=0.0455
alternative hypothesis: true p is not equal to 0.5
95 percent confidence interval:
0.5020026 0.6905987
sample estimates:
  p
0.6
>prop.test(x = 60, n = 100, alternative = "two.sided", conf.level = 0.95, correct = TRUE)
1-sample proportions test with continuity correction
data:  60 out of 100, null probability 0.5
X-squared=3.61, df=1, p-value=0.05743
alternative hypothesis: true p is not equal to 0.5
95 percent confidence interval:
0.4970036 0.6952199
sample estimates:
  p
0.6
```

结果说明:比例 p 的点估计为 0.6。各种方法 exact,asymtotic,wilson 求得的置信区间有一定差异。有无 Yates 修正时求得的置信区间也不一致。此题中有 Yates 修正时的置信区间与 exact 法的置信区间基本一致。wilson 方法和无 Yates 修正时求得的置信区间一致，本题所采用的置信区间就是此置信区间(0.50,0.69)。

习题 8-6

1. 化工厂经常用不锈钢处理腐蚀性液体，但是，这些不锈钢在某种环境下会受到应力腐蚀断裂。发生在日本炼油厂和石油化学制品厂的 295 个合金钢失效样本中，有 118 个是由于应力腐蚀断裂与腐蚀疲劳引起的。构造由应力腐蚀断裂引起的合金钢失效比例真值的 95%置信区间，并给出 R 软件实现的程序。

2. 2013 年 7 月某软件公司发布的一个安全公告，报告受到安全漏洞影响的软件。在最近一年发布的 50 个公告样本中，有 32 个报告了此软件的安全问题。试求：(1)这一年中报告此软件安全问题的安全公告所占比例的一个点估计；(2)此比例的置信度为 0.9 的置信区间，并给出 R 软件实现的程序。

第 9 章　假设检验

实际生活中,人们处处都在做决策,譬如,新药是否有效、产品的检验是否合格、同一类商品买哪种品牌等等。虽然处处都在做决策,但所有决策的制定都遵循同样的模式,都是先考虑各种可能的结果,然后根据自己的信念、偏好和其他信息得出结论并采取适当的行动。在这一章中讲述如何采用统计推断的方法(假设检验)去做决策。

例如,根据以往实际经验知道,灯泡的寿命 $X \sim N(\mu,\sigma^2)$,参数 μ 和 σ^2 是已知的,现在随机抽取一批灯泡,想通过观察这批灯泡的寿命去判断生产线是否正常,即生产出的灯泡寿命的分布有无发生改变,这就是假设检验的问题。

概括地说,假设检验问题是指当总体分布未知或虽知其类型但含有未知参数时,为推断总体的某些未知特性,提出某些关于总体的假设,然后根据样本所提供的信息以及运用适当的统计量,对提出的假设做出接受或拒绝的决策。

假设检验包括参数假设检验和非参数假设检验,前者针对总体分布函数中的未知参数提出的假设进行检验,后者针对总体分布函数形式或类型的假设进行检验。本章将主要从假设检验的基本概念、单正态总体参数的假设检验、双正态总体参数的假设检验、其他类型的假设检验(比例检验、卡方检验)四个方面对假设检验问题进行详细阐述。

9.1　假设检验的基本概念

9.1.1　假设检验问题的提法

【引例 9.1】 设一箱子中有红、白两种颜色的球共 100 个,甲说这里有 98 个白球,乙从箱中任取 1 个,发现是红球,问甲的说法是否正确?

如何说明甲的说法是否正确呢?这里考虑反证法,如果甲的说法是正确的(箱中确有 98 个白球),那么乙从箱中任取一个球是红球的概率只有 0.02(实际中,通常认为概率小于 0.05 的事件为小概率事件),而小概率事件在一次随机试验中是不易发生的。根据乙取出的是红球,故有理由认为甲的说法是错误的。

归纳上述问题的思考过程:

提出假设——甲的说法正确;

计算概率——如果甲的说法正确,乙取到红球的概率为 $0.02<0.05$;

做出决策——小概率事件发生了,故认为甲的说法是错误的。

这就是假设检验问题,把要检验的假设称为原假设(零假设或基本假设),记为 H_0,把原假设 H_0 的对立面称为备择假设或对立假设,记为 H_1。在此问题中,H_0:甲的说法正确;H_1:甲的说法错误。但是,原假设和备择假设的说法未必一定要对立,只要两种说法的参数区间的交集为空集即可。例如,原假设为灯泡的平均寿命为2000小时,对立假设为灯泡的寿命大于2000小时。

H_0 和 H_1 可以互换吗?如何选择原假设 H_0 和备择假设 H_1 呢?假设检验的基本思想是找到证据"驳斥"原假设。为什么要努力"驳斥"原假设呢?原因是假设检验背后的哲学基础:企图肯定什么很难,而要否定却相对容易得多。原假设是可能被证据证明为错误的陈述,你认为正确的情况或者你想要的结果应被放置在备择假设中。因此,假设检验时就是通过证明原假设不可能为真,进而推测备择假设可能是正确的。所以备择假设有时被称为研究假设,因为它是研究者希望证明为"真"的假设。

假设检验是英国统计学家费希尔(R. A. Fisher) 1935年在《The Design of Experiment》一文中提出的,文中给了这样一个例子,有一位女士声称自己在喝英式茶的时候能区分出来是先倒茶还是先倒奶。Fisher教授就设计了这样一个实验:10杯奶茶,5杯先加奶,5杯先加茶,让该女士来品尝,以验证这位女士是否真的具有她描述的这种能力。结果是该女士全部回答正确。在这个例子中,正是基于女士全部回答正确的结果,所以我们想要获得结论"该女士有鉴别能力"。因此,针对这个问题的原假设为 H_0:该女士无鉴别能力,备择假设为 H_1:该女士有鉴别能力。

再例如,有一封装罐装可乐的生产流水线,每罐的标准容量规定为350毫升。质检员每天都要检验可乐的容量是否合格,已知每罐的容量服从正态分布,且生产比较稳定时,其标准差 $\sigma=5$ 毫升。某日上班后,质检员每隔半小时从生产线上取一罐,共抽测了6罐,测得容量(单位:毫升)如下:

353,345,357,339,355,360

试问生产线工作是否正常?

生产线是否正常的问题,在罐装容量服从正态分布且方差保持不变的条件下,归纳为正态分布的均值问题。又因为,经过计算 $\bar{x}=351.5$,抽样的结果显示罐装可乐的平均容量不是350毫升,因此,我们怀疑"$\mu=350$",换句话说,我们想要驳倒"$\mu=350$"。因此,此问题的假设为:

$$H_0:\mu=\mu_0 \qquad H_1:\mu\neq\mu_0 \quad (\mu_0=350) \tag{9.1}$$

形如(9.1)式的备择假设 H_1,表示 μ 可能大于 μ_0,也可能小于 μ_0,称为双侧备择假设。形如(9.1)式的假设检验称为双侧假设检验。

在实际问题中,有时还需要检验下列形式的假设:

$$H_0:\mu\leqslant\mu_0 \qquad H_1:\mu>\mu_0 \tag{9.2}$$

$$H_0:\mu\geqslant\mu_0 \qquad H_1:\mu<\mu_0 \tag{9.3}$$

形如(9.2)式的假设检验称为右侧检验;形如(9.3)式的假设检验称为左侧检验;右侧检验和左侧检验统称为单侧检验。

9.1.2 假设检验的基本思想

从引例9.1中可以看出,假设检验的基本思想实质上是带有某种概率性质的反证法。为了检验一个假设 H_0 是否正确,先假定该假设 H_0 正确,然后根据样本对假设 H_0 做出接受或拒绝的决策。如果样本观察值导致了不合理的现象的发生,就应拒绝假设 H_0,否则应

接受假设 H_0。

假设检验中所谓“不合理”是和概率论中的“小概率原理”相矛盾的。所谓“小概率原理”，是指对于发生概率很小的事件在一次试验中几乎不可能发生。这是一个人们在实践中广泛采用的原则，比如买彩票中大奖的概率微乎其微，所以，我们偶然买一次彩票几乎是不可能中奖的。但是“小概率原理”仅是原理而非定理，因此，它也有可能出错。因为毕竟概率再小的事件由于偶然性在一次试验中也是可能发生的。因此，假设检验中的所谓的“不合理”并非逻辑中的绝对矛盾，经过假设检验后所做的决策也有可能犯错。

但概率小到什么程度才能算作“小概率事件”呢？显然，“小概率事件”的概率越小，否定原假设 H_0 就越有说服力。常记这个概率值为 $\alpha(0<\alpha<1)$，称为检验的显著性水平。对不同的问题，检验的显著性水平 α 不一定相同，但一般应取为较小的值，常用值如 0.1，0.05 或 0.01 等。

9.1.3 假设检验的一般步骤

假设检验中最关键的问题是基于假设和抽样结果判断小概率事件是否发生。因为涉及计算概率，所以需要构造检验工具即检验统计量，且该统计量的分布必须已知。

通常有两种不同的方法来做假设检验——临界值法和 p 值法。

临界值法是指根据显著性水平 α 求拒绝原假设 H_0 的区域 W，这里区域 W 为拒绝域，拒绝域的边界点称为临界点。具体步骤为：

(1) 提出假设：原假设 H_0 及备择假设 H_1。

(2) 选择统计量：确定检验统计量 U，并在原假设 H_0 成立的前提下导出 U 的概率分布，要求 U 的分布不依赖于任何未知参数。

(3) 确定拒绝域：根据显著性水平 α，由

$$P\{拒绝\ H_0 \mid H_0\ 为真\}=\alpha$$

确定拒绝域的临界值，从而确定拒绝域。

(4) 做出决策：作一次具体的抽样，根据得到的样本观察值和所得的拒绝域，对假设 H_0 作出拒绝或接受的判断。

p 值法主要因为其计算机操作的简便性和强大的数字处理功能而广泛流行，比较适合计算机使用。具体步骤为：

(1) 提出假设：原假设 H_0 及备择假设 H_1。

(2) 选择统计量：确定检验统计量 U，并在原假设 H_0 成立的前提下导出 U 的概率分布，要求 U 的分布不依赖于任何未知参数。

(3) 求 p 值：作一次具体的抽样，根据得到的样本观察值 u 计算在原假设为真的前提下，检验统计量 U 等于 u 或更极端值的概率，这个概率被称为 p 值。

(4) 做出决策：根据显著性水平 α 比较 p 和 α 的大小。若 $p<\alpha$，则拒绝原假设 H_0；反之，则接受原假设 H_0。

【例 9.1】 某化学日用品有限责任公司用包装机包装洗衣粉，洗衣粉包装机在正常工作时，装包量 $X\sim N(500,2^2)$（单位：g），每天开工后，需先检验包装机工作是否正常。某天开工后，在装好的洗衣粉中任取 9 袋，其重量如下：

505，　499，　502，　506，　498，　498，　497，　510，　503

假设总体标准差 σ 不变，即 $\sigma=2$，试问这天包装机工作是否正常($\alpha=0.05$)？

解　临界值法：

(1) 提出假设：$H_0:\mu=500, H_1:\mu\neq500$；

(2) 选择统计量：$U=\dfrac{\overline{X}-\mu_0}{\sigma/\sqrt{n}}=\dfrac{\bar{x}-500}{2/3}\sim N(0,1)$；

(3) 确定拒绝域：由 $\alpha=0.05$，根据 $p\{|U|>u_{\alpha/2}\}=\alpha$，可知 $u_{\alpha/2}=1.96$，故 H_0 的拒绝域为 $W=(-\infty,-1.96)\cup(1.96,+\infty)$；

(4) 做出决策：由样本计算统计量 U 的值 $u=\dfrac{502-500}{2/3}=3, u\in W$。

故拒绝原假设 H_0，认为这天洗衣粉包装机工作不正常。

p 值法：

(1) 提出假设：$H_0:\mu=500, H_1:\mu\neq500$；

(2) 选择统计量：$U=\dfrac{\overline{X}-\mu_0}{\sigma/\sqrt{n}}=\dfrac{\bar{x}-500}{2/3}\sim N(0,1)$；

(3) 求 p 值：由样本计算统计量 U 的值 $u=\dfrac{502-500}{2/3}=3$，计算 $P(|U|>3)=0.0027$；

(4) 做出决策：根据 $\alpha=0.05, p=0.0027<0.05$。

故拒绝原假设 H_0，认为这天洗衣粉包装机工作不正常。

9.1.4　假设检验的两类错误

假设检验是基于小概率原理的反证法。因此，利用假设检验做决策时会发生两类错误，当 H_0 正确时，我们基于小概率事件发生作了拒绝 H_0 的判断，因而犯了"弃真"的错误，也称为第Ⅰ类错误。记 α 为犯第Ⅰ类错误的概率，即：

$$P\{拒绝\ H_0 \mid H_0\ 为真\}=\alpha \tag{9.4}$$

反之，当 H_0 不正确时，但是一次抽样检验结果并未发生不合理结果，换句话说，小概率事件没有发生，此时会作接受 H_0 的判断，因而犯了"取伪"的错误，也称为第Ⅱ类错误。记 β 为犯第Ⅱ类错误的概率，即：

$$P\{接受\ H_0 \mid H_0\ 不真\}=\beta \tag{9.5}$$

表 9.1　假设检验的结果及概率

决策	原假设 H_0	
	真	不真
接受 H_0	正确($1-\alpha$)	第Ⅱ类错误(β)
拒绝 H_0	第Ⅰ类错误(α)	正确($1-\beta$)

【引例 9.2】　某笔记本电脑生产商认为，20%以上的电脑购买者可能购买某种软件包。随机选取 10 名电脑的预期购买者，询问他们是否对此软件包感兴趣，他们之中有 5 人表示打算购买此软件包。这个样本能提供充分的证据证明多于 20%的电脑购买者会购买此软件包吗？

分析 令 p 表示所有电脑预期购买者中会购买此软件包的真实比例。根据决策目的建立假设如下：

$$H_0: p=0.2 \qquad H_1: p>0.2$$

令 Y 为样本中打算购买此软件包的人数，作为检验统计量，且 $Y \sim B(10, p)$。设 Y 的观测值为 y，定义本题的拒绝域为 $W=\{y \geq 4\}$。H_0 为真时 Y 的概率分布如图 9.2 所示。

犯第Ⅰ类错误的概率就是 H_0 为真，但拒绝了 H_0 的概率，实际上是在 $p=0.2$ 时，检验统计量 Y 落入拒绝域的概率为：

$$\alpha = 1 - \sum_{y=0}^{3} p(y) = 0.121$$

所以犯第Ⅰ类错误的概率为 0.121。

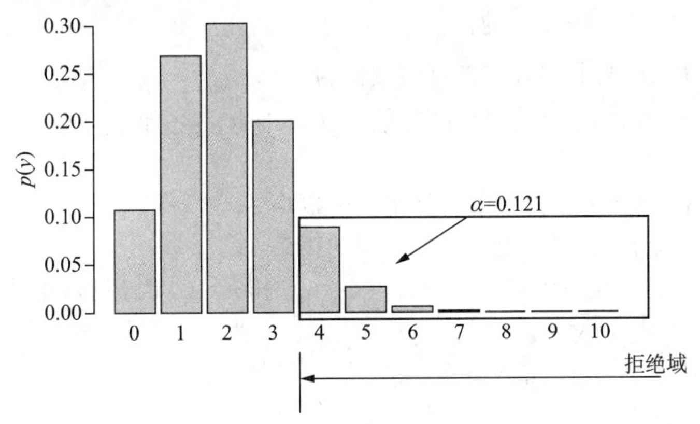

图 9.2 $p=0.2$ 时的概率图

如果计算犯第Ⅱ类错误的概率，不妨设真实的概率为 $p=0.6$，接受原假设的概率为：

$$\beta = \sum_{y=0}^{3} p(y) = 0.055$$

这是犯第Ⅱ类错误的概率(见图 9.3)。

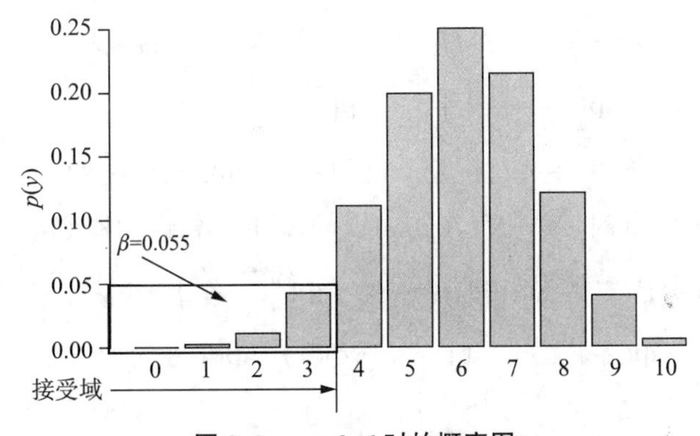

图 9.3 $p=0.6$ 时的概率图

实际中，希望这两类错误尽量小，但当样本容量 n 固定时，α、β 不能同时都变小，即 α 变小时 β 就变大，而 β 变小时 α 就变大(见表 9.2)。一般只有当样本容量 n 增大时，才有可能使两者都变小(见例 9.2)。那么 α、β 这一对矛盾该如何处理呢？在实际应用中，一般原则是：控制犯第Ⅰ类错误的概率，即给定 α，然后通过增大样本容量 n 来减小 β。对于显著性水平 α 的选取要结合实际情况，例如，针对企业产品检验问题，若注重经济效益，α 可取小些，

如 $\alpha=0.01$；若注重社会效益，α 可取大些，如 $\alpha=0.1$；若要兼顾经济效益和社会效益，一般可取 $\alpha=0.05$。

表 9.2　不同拒绝域下的两类错误的概率

拒绝域	第Ⅰ类错误概率	第Ⅱ类错误概率
$y\geqslant 3$	0.322	0.012
$y\geqslant 4$	0.121	0.055
$y\geqslant 5$	0.006	0.166

【例 9.2】 某厂生产的一种螺钉，标准要求长度是 68mm。实际生产的产品，其长度服从正态分布 $N(\mu,3.6^2)$，考虑假设检验问题：

$$H_0:\mu=68 \quad H_1:\mu\neq 68$$

设 $\overline{X}$ 为样本均值，按下列方式进行假设检验：

当 $|\overline{X}-68|>1$ 时，拒绝假设 H_0；当 $|\overline{X}-68|\leqslant 1$ 时，接受假设 H_0。

试求：

(1) 当样本容量 $n=36$ 时，犯第Ⅰ类错误的概率 α；

(2) 当样本容量 $n=64$ 时，犯第Ⅰ类错误的概率 α；

(3) 当 H_0 不成立(设 $\mu=70$)，分别计算 $n=36$ 和 $n=64$ 时，犯第Ⅱ类错误的概率 β。

解　选择统计量 $U=\dfrac{\overline{X}-\mu_0}{\sigma/\sqrt{n}}=\dfrac{\overline{X}-68}{3.6/\sqrt{n}}\sim N(0,1)$。

(1) 当 $n=36$ 时：

$$\begin{aligned}\alpha&=P\{|\overline{X}-68|>1\,|\,H_0\text{ 成立}\}=P\{\overline{X}<67\,|\,H_0\text{ 成立}\}+P\{\overline{X}>69\,|\,H_0\text{ 成立}\}\\&=\Phi\left(\frac{67-68}{0.6}\right)+\left[1-\Phi\left(\frac{69-68}{0.6}\right)\right]=\Phi(-1.67)+[1-\Phi(1.67)]\\&=2[1-\Phi(1.67)]=2[1-0.9525]=0.0950\end{aligned}$$

(2) 当 $n=64$ 时：

$$\begin{aligned}\alpha&=P\{\overline{X}<67\,|\,H_0\text{ 成立}\}+P\{\overline{X}>69\,|\,H_0\text{ 成立}\}\\&=\Phi\left(\frac{67-68}{0.45}\right)+\left[1-\Phi\left(\frac{69-68}{0.45}\right)\right]\\&=2[1-\Phi(2.22)]=2[1-0.9868]=0.0264\end{aligned}$$

(3) 当 $n=36,\mu=70$ 时，$\overline{X}\sim N(70,0.6^2)$，犯第Ⅱ类错误的概率：

$$\begin{aligned}\beta&=P\{67\leqslant\overline{X}\leqslant 69\,|\,\mu=70\}=\Phi\left(\frac{69-70}{0.6}\right)-\Phi\left(\frac{67-70}{0.6}\right)\\&=\Phi(-1.67)-\Phi(-5)=\Phi(5)-\Phi(1.67)\\&=1-0.9525=0.0475\end{aligned}$$

当 $n=64,\mu=70$ 时，$\overline{X}\sim N(70,0.45^2)$，犯第Ⅱ类错误的概率：

$$\begin{aligned}\beta&=P\{67\leqslant\overline{X}\leqslant 69\,|\,\mu=70\}=\Phi\left(\frac{69-70}{0.45}\right)-\Phi\left(\frac{67-70}{0.45}\right)\\&=\Phi(2.22)-\Phi(6.67)=\Phi(6.67)-\Phi(2.22)\\&=1-0.9868=0.0132\end{aligned}$$

【注】 通过(1)和(2)可以看出，随着样本容量 n 的增大，得到关于总体的信息更多，从

而犯“弃真”错误的概率越小。由(3)可知,随着样本容量n的增大,犯“取伪”错误的概率也越小。因此,实际中的原则是:可以在控制第I类错误的条件下,增大样本容量,从而减小第II类错误的概率。考虑单侧检验问题$H_0:\mu\leqslant 68, H_1:\mu>68$,拒绝域为$\overline{X}>69$,样本容量$n=36$,则犯第I类错误的概率为0.0475,当$H_0$不成立(设$\mu=70$),犯第II类错误的概率为0.0475,两类错误的示意图见图9.4。显然,随着拒绝域临界点的移动,α变小时β就变大,而β变小时α就变大,再次说明了α、β是一对矛盾。

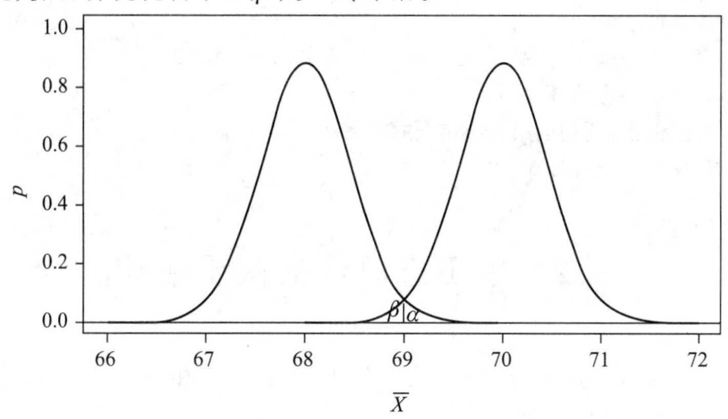

图9.4 两类错误的示意图

9.1.5 假设检验的R实现

引例9.2的实现

R程序:

```
>p<-0.2
>n<-10
>barplot(dbinom(0:n,n,p),ylab="p(y)",names=0:n)
>zp<-0
>k<-3
>for(i in 0:k)
+ {zp=zp+dbinom(i,n,p)}
>jg<-1-zp
>jg
[1] 0.1208739
>p<-0.6
>n<-10
>barplot(dbinom(0:n,n,p),ylab="p(y)",names=0:n)
>zp<-0
>k<-3
>for(i in 0:k)
+ {zp=zp+dbinom(i,n,p)}
>zp
[1] 0.05476188
```

程序说明：dbinom(x,n,p)函数中，x可以是一个数值也可以是数值向量，n是试验的次数，p表示每次试验成功概率。此命令给出二项分布在x的概率或概率分布。

习题 9-1

1. 你正在检测一种新型的汽车安全气囊，你担心气囊不能正常弹出。给出原假设和备择假设。

2. 你怀疑某个品牌的洗衣粉比商店的自有品牌好，你希望检验这两种洗衣粉，因为你想买便宜的商店品牌。给出原假设和备择假设。

3. 设 X_1,X_2,X_3,X_4 为取自总体 $X\sim N(\mu,4^2)$ 的样本，对假设检验问题 $H_0:\mu=5,H_1:\mu\neq5$，试求：

(1) 在显著性水平 0.05 下求拒绝域；

(2) 若 $\mu=6$，求上述检验所犯的第Ⅱ类错误的概率；

(3) 利用 R 软件实现(1)和(2)。

9.2 单正态总体的假设检验

鉴于正态总体是统计应用中最为常见的总体，在9.2节和9.3节中，将分别讨论单正态总体与双正态总体的参数假设检验。

9.2.1 单正态总体均值的假设检验

设总体 $X\sim N(\mu,\sigma^2)$，当检验关于总体均值 μ 的假设时，方差 σ^2 是否已知会影响到对于检验统计量的选择，故下面分两种情形进行讨论。

设总体 $X\sim N(\mu,\sigma^2)$，μ 未知，$X_1,X_2,\cdots,X_n$ 是取自总体 X 的一个样本，$\overline{X}$ 为样本均值，S^2 为样本方差。

1. σ^2 已知

(1) 双侧检验

Step1，提出假设。

假设 $H_0:\mu=\mu_0;H_1:\mu\neq\mu_0$，其中 μ_0 为已知常数。

Step2，选择统计量。

由第7章知，当 H_0 为真时：

$$U=\frac{\overline{X}-\mu_0}{\sigma/\sqrt{n}}\sim N(0,1) \tag{9.6}$$

故选取 U 作为检验统计量，记其样本观察值为 u。相应的检验法称为 u 检验法。

Step3，求拒绝域。

因为 $\overline{X}$ 是 μ 的无偏估计量，当 H_0 成立时，$|u|$ 不应太大，当 H_1 成立时，$|u|$ 有偏大的趋势，故拒绝域形式为：

$$|u|=\left|\frac{\overline{x}-\mu_0}{\sigma/\sqrt{n}}\right|>k\quad(k\ 待定)$$

根据给定的显著性水平 α，查标准正态分布表得 $k=u_{\alpha/2}$，使得：

$$P\{|U|>u_{\alpha/2}\}=\alpha$$

可得拒绝域为：

$$W=\left\{u\left|\,|u|=\left|\frac{\bar{x}-\mu_0}{\sigma/\sqrt{n}}\right|>u_{\alpha/2}\right.\right\}$$

即 $W=(-\infty,-u_{\alpha/2})\cup(u_{\alpha/2},+\infty)$，或者表达为 $W=\{|u|>u_{\alpha/2}\}$。

Step4，做出决策。

根据一次抽样后得到的样本观察值 $x_1,x_2,\cdots,x_n$ 计算出 U 的观察值 u，若 $|u|>u_{\alpha/2}$，则拒绝原假设 H_0，即认为总体均值与 μ_0 有显著差异；若 $|u|\leqslant u_{\alpha/2}$，则接受原假设 H_0，即认为总体均值与 μ_0 无显著差异。

(2) 单侧检验

右侧检验：检验假设 $H_0:\mu\leqslant\mu_0$　　$H_1:\mu>\mu_0$。拒绝域为：

$$W=\left\{u\left|\,u=\frac{\bar{x}-\mu_0}{\sigma/\sqrt{n}}>u_\alpha\right.\right\}$$

左侧检验：检验假设 $H_0:\mu\geqslant\mu_0$　　$H_1:\mu<\mu_0$。拒绝域为：

$$W=\left\{u\left|\,u=\frac{\bar{x}-\mu_0}{\sigma/\sqrt{n}}<-u_\alpha\right.\right\}$$

双侧检验、单侧检验拒绝域的示意图分别见图 9.5、图 9.6。

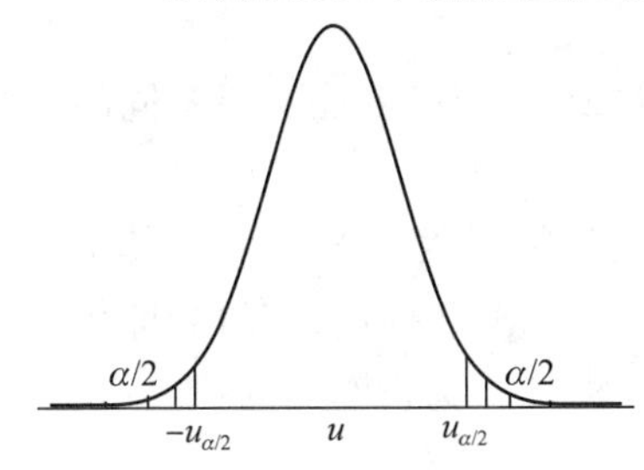

图 9.5　双侧检验示意图

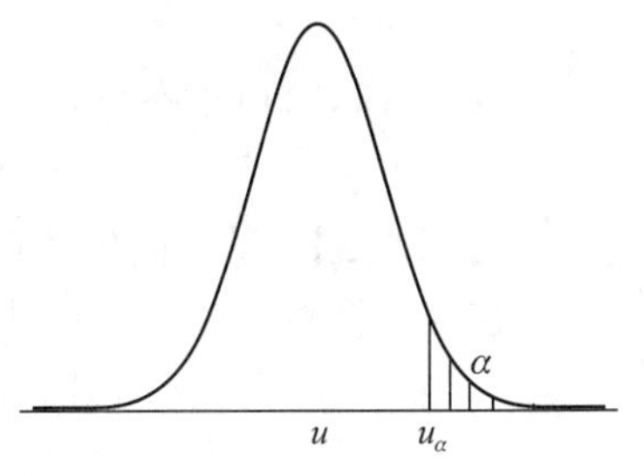

图 9.6　单侧检验示意图

2. σ^2 未知

(1) 双侧检验

Step1，提出假设。

假设 $H_0:\mu=\mu_0$　　$H_1:\mu\neq\mu_0$。其中 μ_0 为已知常数。

Step2，选择统计量。

由第 7 章知，当 H_0 为真时：

$$T=\frac{\overline{X}-\mu_0}{S/\sqrt{n}}\sim t(n-1) \tag{9.7}$$

故选取 T 作为检验统计量，记其样本观察值为 t。相应的检验法称为 t 检验法。

Step3，求拒绝域。

由于 $\overline{X}$ 是 μ 的无偏估计量，S^2 是 σ^2 的无偏估计量，当 H_0 成立时，$|t|$ 不应太大，当 H_1 成立时，$|t|$ 有偏大的趋势，故拒绝域形式为：

$$|t|=\left|\frac{\bar{x}-\mu_0}{s/\sqrt{n}}\right|>k\quad(k\text{ 待定})$$

对于给定的显著性水平 α，查分布表得 $k=t_{\alpha/2}(n-1)$，使：

$$P\{|T|>t_{\alpha/2}(n-1)\}=\alpha$$

可得拒绝域为：

$$W=\left\{t\left|\ |t|=\left|\frac{\bar{x}-\mu_0}{s/\sqrt{n}}\right|>t_{\alpha/2}(n-1)\right.\right\}$$

即 $W=(-\infty,-t_{\alpha/2}(n-1))\cup(t_{\alpha/2}(n-1),+\infty)$。

Step4，做出决策。

根据一次抽样后得到的样本观察值 $x_1,x_2,\cdots,x_n$ 计算出 T 的观察值 t，若 $|t|>t_{\alpha/2}(n-1)$，则拒绝原假设 H_0，即认为总体均值与 μ_0 有显著差异；若 $|t|\leqslant t_{\alpha/2}(n-1)$，则接受原假设 H_0，即认为总体均值与 μ_0 无显著差异。

（2）单侧检验

右侧检验：检验假设 $H_0:\mu\leqslant\mu_0$　　$H_1:\mu>\mu_0$。拒绝域为：

$$W=\left\{t\left|\ t=\frac{\bar{x}-\mu_0}{s/\sqrt{n}}>t_\alpha(n-1)\right.\right\}$$

左侧检验：检验假设 $H_0:\mu\geqslant\mu_0$　　$H_1:\mu<\mu_0$。拒绝域为：

$$W=\left\{t\left|\ t=\frac{\bar{x}-\mu_0}{s/\sqrt{n}}<-t_\alpha(n-1)\right.\right\}$$

综上所述，单正态总体均值的假设检验关键是根据总体方差 σ^2 是否已知而选择不同的统计量，方差 σ^2 已知选 u 检验法，方差 σ^2 未知选 t 检验法。

【例 9.3】 某车间生产钢丝，用 X 表示钢丝的折断力，由经验判断 $X\sim N(\mu,\sigma^2)$ 其中 $\mu=570,\sigma^2=8^2$。今换了一批材料，从性能上看估计折断力的方差 σ^2 不会有什么变化（即仍有 $\sigma^2=8^2$），但不知折断力的均值 μ 和原先有无差别。现抽得样本，测得其折断力为：

578　572　570　568　572　570　570　572　596　584

取 $\alpha=0.05$，试检验折断力均值有无变化。

解　（1）建立假设：$H_0:\mu=570$　$H_1:\mu\neq570$；

（2）选择统计量：σ^2 已知，选择统计量 $U=\dfrac{\bar{X}-\mu_0}{\sigma/\sqrt{n}}\sim N(0,1)$；

（3）求拒绝域：$P\{|U|>u_{\alpha/2}\}=\alpha$，查正态分布表得 $u_{\alpha/2}=u_{0.025}=1.96$，从而拒绝域为 $W=\{|u|>1.96\}$；

（4）做出决策：根据 $\bar{x}=\dfrac{1}{10}\sum_{i=1}^{10}x_i=575.20$，可得

$$|u|=\frac{\bar{x}-\mu_0}{\sigma/\sqrt{n}}=2.06>1.96$$

故拒绝原假设 H_0，即认为折断力的均值发生了变化。

【例 9.4】 有一工厂生产一种灯管，已知灯管的寿命 $X\sim N(\mu,40000)$，根据以往的生产经验，知道灯管的平均寿命不会超过 1500 小时。为了提高灯管的平均寿命，工厂采用了新的工艺。为了弄清楚新工艺是否真的能提高灯管的平均寿命，测试了采用新工艺生产的 25 只灯管的寿命，其平均值是 1575 小时。尽管样本的平均值大于 1500 小时，试问：可否由此判定这恰是新工艺的效应，而非偶然的原因使得抽出的这 25 只灯管的平均寿命较长呢（$\alpha=0.05$）？

解　(1) 建立假设：$H_0:\mu\leqslant 1500$　$H_1:\mu>1500$；

(2) 选择统计量：σ^2 已知，选择统计量 $U=\dfrac{\overline{X}-\mu_0}{\sigma/\sqrt{n}}\sim N(0,1)$；

(3) 求拒绝域：$P\{U>u_\alpha\}=\alpha$，查正态分布表得 $u_\alpha=u_{0.05}=1.645$，从而拒绝域为 $W=\{u>1.645\}$；

(4) 做出决策：根据 $\mu_0=1500,\sigma=200,n=25,\bar{x}=1575$，可得

$$u=\frac{\bar{x}-\mu_0}{\sigma/\sqrt{n}}=\frac{1575-1500}{200}\cdot\sqrt{25}=1.875>1.645$$

故拒绝原假设 H_0，即认为新工艺事实上提高了灯管的平均寿命。

【例 9.5】　水泥厂用自动包装机包装水泥，每袋额定重量是 50kg，某日开工后随机抽查了 9 袋，称得重量如下：

49.6　49.3　50.1　50.0　49.2　49.9　49.8　51.0　50.2

设每袋重量服从正态分布，问包装机工作是否正常($\alpha=0.05$)？

解　(1) 建立假设：$H_0:\mu=50$　$H_1:\mu\neq 50$；

(2) 选择统计量：σ^2 未知，选择统计量 $T=\dfrac{\overline{X}-\mu_0}{S/\sqrt{n}}\sim t(n-1)$；

(3) 求拒绝域：$P\{|T|>t_{\alpha/2}(n-1)\}=\alpha$，查 t 分布表得 $t_{\alpha/2}=t_{0.025}(8)=2.306$，从而拒绝域为 $W=\{|t|>2.306\}$；

(4) 做出决策：根据 $\bar{x}=49.9,s^2=0.29$，可得

$$|t|=\left|\frac{\bar{x}-50}{s/\sqrt{n}}\right|=0.56<2.306$$

故接受原假设 H_0，即认为包装机工作正常。

【例 9.6】　某公司声称某种类型的电池的平均寿命至少为 21.5 小时。有一实验室检验了该公司制造的 6 套电池，得到如下的寿命小时数：

19,18,22,20,16,25

试问：这些结果是否表明这种类型的电池低于该公司所声称的寿命($\alpha=0.05$)？

解　(1) 建立假设：$H_0:\mu\geqslant 21.5$　$H_1:\mu<21.5$；

(2) 选择统计量：σ^2 未知，选择统计量 $T=\dfrac{\overline{X}-\mu_0}{S/\sqrt{n}}\sim t(n-1)$；

(3) 求拒绝域：$P\{T<-t_\alpha(n-1)\}=\alpha$，查 t 分布表得 $t_\alpha(n-1)=t_{0.05}(5)=2.015$，从而拒绝域为 $W=\{t<-2.015\}$；

(4) 做出决策：根据已知数据计算 $\bar{x}=20,s^2=10$，可得

$$t=\frac{\bar{x}-\mu_0}{s/\sqrt{n}}=\frac{20-21.5}{\sqrt{10}}\sqrt{6}=-1.162>-2.015$$

故接受原假设 H_0，即认为这种类型电池的寿命并不比公司宣称的寿命短。

9.2.2　单正态总体方差的假设检验

设总体 $X\sim N(\mu,\sigma^2)$，μ、σ^2 均未知，$X_1,X_2,\cdots,X_n$ 是取自总体 X 的一个样本，$\overline{X}$ 为样

本均值,S^2 为样本方差。

1. 双侧检验

Step1,提出假设。

假设 $H_0:\sigma^2=\sigma_0^2 \quad H_1:\sigma^2\neq\sigma_0^2$,其中 σ_0 为已知常数。

Step2,选择统计量。

由第 7 章知,当 H_0 为真时:

$$\chi^2=\frac{n-1}{\sigma_0^2}S^2\sim\chi^2(n-1) \tag{9.8}$$

故选取 χ^2 作为检验统计量。相应的检验法称为 χ^2 检验法。

Step3,求拒绝域。

因为 S^2 是 σ^2 的无偏估计量,当 H_0 成立时,S^2 应在 σ_0^2 附近,当 H_1 成立时,χ^2 有偏小或偏大的趋势,故拒绝域形式为:

$$\chi^2=\frac{n-1}{\sigma_0^2}s^2<k_1 \text{ 或 } \chi^2=\frac{n-1}{\sigma_0^2}s^2>k_2(k_1,k_2\text{ 待定})$$

根据给定的显著性水平 α,查 χ^2 分布表得 $k_1=\chi^2_{1-\alpha/2}(n-1)$,$k_2=\chi^2_{\alpha/2}(n-1)$,使:

$$P\{\chi^2<\chi^2_{1-\alpha/2}(n-1)\}=\frac{\alpha}{2},P\{\chi^2>\chi^2_{\alpha/2}(n-1)\}=\frac{\alpha}{2}$$

即得拒绝域为:

$$W=\left\{\chi^2\left|\chi^2=\frac{n-1}{\sigma_0^2}s^2<\chi^2_{1-\alpha/2}(n-1)\text{或}\chi^2=\frac{n-1}{\sigma_0^2}s^2>\chi^2_{\alpha/2}(n-1)\right.\right\}$$

即 $W=[0,\chi^2_{1-\alpha/2}(n-1))\cup(\chi^2_{\alpha/2}(n-1),+\infty)$。

Step4,做出决策。

根据一次抽样后得到的样本观察值 $x_1,x_2,\cdots,x_n$ 计算出 χ^2 的观察值,若 $\chi^2<\chi^2_{1-\alpha/2}(n-1)$ 或 $\chi^2>\chi^2_{\alpha/2}(n-1)$,则拒绝原假设 H_0,即认为总体方差与 σ_0^2 有显著差异;若 $\chi^2_{1-\alpha/2}(n-1)\leqslant\chi^2\leqslant\chi^2_{\alpha/2}(n-1)$,则接受原假设 H_0,即认为总体方差与 σ_0^2 无显著差异。

2. 单侧检验

右侧检验:检验假设 $H_0:\sigma^2\leqslant\sigma_0^2 \quad H_1:\sigma^2>\sigma_0^2$。拒绝域为:

$$W=\left\{\chi^2\left|\chi^2=\frac{n-1}{\sigma_0^2}s^2>\chi^2_{\alpha}(n-1)\right.\right\}$$

左侧检验:检验假设 $H_0:\sigma^2\geqslant\sigma_0^2 \quad H_1:\sigma^2<\sigma_0^2$。拒绝域为:

$$W=\left\{\chi^2\left|\chi^2=\frac{n-1}{\sigma_0^2}s^2<\chi^2_{1-\alpha}(n-1)\right.\right\}$$

【例 9.7】 某厂生产的某种型号的电池,其寿命(以小时计)长期以来服从方差 $\sigma^2=5000$ 的正态分布,现有一批这种电池,从它的生产情况来看,寿命的波动性有所改变。现随机取 26 只电池,测出其寿命的样本方差 $s^2=9200$。问根据这一数据能否推断这批电池的寿命的波动性较以往的有显著的变化($\alpha=0.02$)?

解 (1) 建立假设:$H_0:\sigma^2=5000 \quad H_1:\sigma^2\neq5000$;

(2) 选择统计量:$\chi^2=\dfrac{n-1}{\sigma_0^2}S^2\sim\chi^2(n-1)$;

(3) 求拒绝域：$P\{\chi^2<\chi^2_{1-\alpha/2}(n-1)\}=\frac{\alpha}{2}, P\{\chi^2>\chi^2_{\alpha/2}(n-1)\}=\frac{\alpha}{2}$，查 χ^2 分布表得 $\chi^2_{\alpha/2}(n-1)=\chi^2_{0.01}(25)=44.314, \chi^2_{1-\alpha/2}(n-1)=\chi^2_{0.99}(25)=11.524$，从而拒绝域为 $W=[0, 11.524)\cup(44.314,+\infty)$；

(4) 做出决策：根据已知 $s^2=9200$，可得

$$\chi^2=\frac{(n-1)s^2}{\sigma_0^2}=46>44.314$$

故拒绝原假设 H_0，即认为这批电池寿命的波动性较以往有显著的变化。

【例 9.8】 某工厂生产金属丝，产品指标为折断力。折断力的方差被用作工厂生产精度的表征。方差越小，表明精度越高。以往工厂一直把该方差保持在 64(单位：kg^2)与 64 以下。最近从一批产品中抽取 10 根作折断力试验，测得的结果(单位：kg)如下：

578,572,570,568,572,570,572,596,584,570

由上述样本数据算得：

$$\bar{x}=575.2, s^2=75.74$$

为此，厂方怀疑金属丝折断力的方差是否变大了。如确实增大了，表明生产精度不如以前，就需对生产流程做一番检验，以发现生产环节中存在的问题。试在 $\alpha=0.05$ 的显著性水平下，检验厂方的怀疑。

解　(1) 建立假设：$H_0:\sigma^2\leqslant 64 \quad H_1:\sigma^2>64$；

(2) 选择统计量：$\chi^2=\frac{n-1}{\sigma_0^2}S^2\sim\chi^2(n-1)$；

(3) 求拒绝域：$P\{\chi^2>\chi^2_\alpha(n-1)\}=\alpha$，查 χ^2 分布表得 $\chi^2_\alpha(n-1)=\chi^2_{0.05}(9)=16.919$，从而拒绝域为 $W=(16.919,+\infty)$；

(4) 做出决策：根据已知 $s^2=75.74$，可得

$$\chi^2=\frac{n-1}{\sigma_0^2}s^2=\frac{9\times 75.74}{64}=10.65\leqslant 16.919$$

故接受原假设 H_0，即认为样本方差的偏大系偶然因素，生产流程正常，故不需要再做进一步的检查。

9.2.3　单正态总体假设检验的 R 实现

单正态总体均值的假设检验根据总体方差是否已知分为两种情况。当方差已知时，除了可以采用第 8 章区间估计中所提到的 BSDA 包中函数 z. test( )，也可以采用 TeachingDemos 包中函数 z. test( )，但 UsingR 软件包中函数 simple. z. test( )不能做假设检验，只能做区间估计。当方差未知时，依然采用函数 t. test( )，调用格式见均值置信区间的调用格式。当然，除了调用函数外，均值的假设检验也可以自编程序。

单正态总体方差的假设检验可以自编程序，也可以调用 TeachingDemos 包中函数 sigma. test( )。

函数 z. test( )的调用格式为：

z. test (x, mu = 0, alternative = c ("two. sided"," less"," greater"), sd = stdev, conf.

level=0.95,...)
其中 x 为样本数据;alternative 选择检验类型;mu 为检验的均值;sd 为标准差;conf. level 为置信度。

函数 sigma.test( )的调用格式为:

sigma.test(x, sigma = 1, sigmasq = sigma^2, alternative = c("two. sided","less", "greater"),conf.level=0.95,...)
其中 x 为样本数据;sigma 为检验的标准差,sigmasq 为检验的方差;alternative 选择检验类型;conf.level 为置信度。

1. 自编程序

例 9.4 均值的假设检验的 R 实现

R 程序:

```
>p<-1-pnorm((1575-1500)/200 * sqrt(25))
>p
[1] 0.03039636
```

结果说明:函数 pnorm(q,mean=0,sd=1,lower.tail=TRUE,log.p=FALSE) 返回的是标准正态分布的分布函数值,即 $P(X\leqslant q)$。$p=0.03<0.05$,故拒绝原假设 H_0,即认为新工艺事实上提高了灯管的平均寿命。

例 9.7 方差的假设检验的 R 实现

R 程序:

```
>n<-26
>s2<-9200
>sigma2<-5000
>p<-1-pchisq((n-1) * s2/sigma2,n-1)
>p
[1] 0.006417833
```

结果说明:函数 pchisq(q,df,ncp=0,lower.tail=TRUE,log.p=FALSE) 返回的是 χ^2 分布的分布函数值 $P(\chi^2\leqslant q)$,df 是自由度。$p=0.006<0.05$,拒绝原假设 H_0,即认为这批电池寿命的波动性较以往有显著的变化。

2. 调用函数

例 9.3 的 R 实现

R 程序:

```
>library("TeachingDemos")
>x<-c(578,572,570,568,572,570,570,572,596,584)
>z.test(x,mu=570,sd=8,conf.level=0.95,alternative="two.sided")
One Sample z-test
data:  x
z=2.0555, n=10.0000, Std. Dev. = 8.0000, Std. Dev. of
the sample mean=2.5298, p-value=0.03983
```

```
alternative hypothesis：true mean is not equal to 570
95 percent confidence interval：
570.2416 580.1584
sample estimates：
mean of x
   575.2
```

结果说明：在方差已知情况下，检验统计量U的观察值为2.055，样本量为10，样本均值为575.2，样本均值的标准误为2.5298，均值μ的置信度为0.95的置信区间为(570.2，580.2)。$p=0.0398<0.05$，故拒绝原假设H_0，即认为折断力的均值发生了变化。

例9.5的R实现

R程序：

```
>x<-c(49.6,49.3,50.1,50.0,49.2,49.9,49.8,51.0,50.2)
>t.test(x,mu=50,conf.level=0.95,alternative="two.sided")
One Sample t-test
data:  x
t=-0.5595, df=8, p-value=0.5911
alternative hypothesis：true mean is not equal to 50
95 percent confidence interval：
49.48785 50.31215
sample estimates：
mean of x
    49.9
```

结果说明：在方差未知情况下，检验统计量T的观察值为-0.5595，自由度为8，样本均值为49.9，均值μ的置信度为0.95的置信区间为(49.5，50.3)。$p=0.5911>0.05$，故接受原假设H_0，即认为包装机工作正常。

例9.6的R实现

R程序：

```
>library("TeachingDemos")
>x<-c(19,18,22,20,16,25)
>t.test(x,mu=21.5,conf.level=0.95,alternative="less")
One Sample t-test
data:  x
t=-1.1619, df=5, p-value=0.1489
alternative hypothesis：true mean is less than 21.5
95 percent confidence interval：
-Inf 22.60142
sample estimates：
mean of x
20
```

结果说明:这里采用的是左侧 t 检验,检验统计量 T 的观察值为-1.1619,自由度为5,样本均值为20,均值 μ 的置信度为0.95的左侧置信区间为$(-\infty,22.60)$。$p=0.1489>0.05$,故接受原假设 H_0,即认为这种类型电池的寿命并不比公司宣称的寿命短。

例9.8的R实现

R程序:

```
>library("TeachingDemos")
>x<-c(578,572,570,568,572,570,570,572,596,584)
>sigma.test(x,sigma=8,conf.level=0.95,alternative="two.sided")
One sample Chi-squared test for variance
data:   x
X-squared=10.65, df=9, p-value=0.6009
alternative hypothesis: true variance is not equal to 64
95 percent confidence interval:
  35.83075 252.40803
sample estimates:
var of x
75.73333
```

结果说明:检验统计量 χ^2 的观察值为10.65,自由度为9,样本方差为75.73,方差 σ^2 的置信度为0.95的置信区间为(35.83,252.41)。$p=0.6009>0.05$,故接受原假设 H_0,即认为生产流程正常。

习题9-2

1. 公司从生产商购买牛奶。公司怀疑生产商在牛奶中掺水以谋利。通过测定牛奶的冰点,可以检测出牛奶是否掺水。天然牛奶的冰点温度近似服从正态分布,均值 $\mu_0=-0.545℃$,标准差 $\sigma=-0.008℃$。牛奶掺水可使冰点温度升高而接近于水的冰点温度(0℃),测得生产商提交的5批牛奶的冰点温度,其均值为-0.535℃,试问可否认为生产商在牛奶中掺了水($\alpha=0.05$)?并给出 R 实现的程序。

2. 某批矿砂的5个样品中的镍含量,经测定为(%):3.25,3.27,3.24,3.26,3.24,设测定值总体服从正态分布,但参数均未知,是否能认为这批矿砂的镍含量均值为3.25($\alpha=0.01$)?并给出R实现的程序。

3. 根据环境保护条例,在排放的工业废水中,某有害物质不得超过0.0005,假定有害物质含量 X 服从正态分布。现在取5份水样,测定该有害物质含量,得到如下数据:0.000530,0.000542,0.000510,0.000495,0.000515。能否据此抽样结果说明有害物质含量超过了规定($\alpha=0.05$)?并给出R实现的程序。

4. 某饲养厂规定,屠宰的肉用鸡体重不得少于3kg,现从该饲养厂的鸡群中随机抓16只,且计算平均体重 $\bar{x}=2.8$kg,标准差 $s=0.2$kg,设肉用鸡重量 X 服从正态分布,试以 $\alpha=0.025$ 的显著性水平做出该批鸡可否屠宰的判断,并给出R实现的程序。

5. 按规定,100g罐头番茄汁中的平均维生素C含量不得少于21mg/g。现从工厂的产品中抽取17个罐头,其100g番茄汁中,测得维生素C含量(mg/g)记录如下:16,25,21,20,23,21,19,15,13,23,17,20,29,18,22,16,22。设维生素含量服从正态分布,试问这批罐头是否符合要求($\alpha=0.05$)?并给出R实现的程序。

6. 某厂生产的某种型号的灯管,其寿命(以h计)长期以来服从方差 $\sigma^2=2000$ 的正态分布。现有一批这种灯管，从它的生产情况来看，寿命的波动性有所改变。现随机取 50 只灯管，测出其寿命的样本方差 $s^2=5000$。能否根据这一数据推断这批灯管的寿命的波动性较以往的有显著的变化($\alpha=0.01$)？并给出 R 实现的程序。

7. 某厂生产一种保险丝，规定保险丝熔化时间的方差不超过 380，现从一批产品中抽取 25 个，测得其熔化时间的方差为 388.58，假定保险丝熔化时间服从正态分布，试根据所给数据，检验这批产品的方差是否符合要求($\alpha=0.05$)？并给出 R 实现的程序。

8. 设某机器生产的零件长度(单位：cm)$X\sim N(\mu,\sigma^2)$，今抽取容量为 16 的样本，测得样本均值 $\bar{x}=10$，样本方差 $s^2=0.16$。(1)求 μ 的置信度为 0.95 的置信区间；(2)在显著性水平 0.05 下检验假设 H_0：$\sigma^2\leqslant 0.1$，并给出 R 实现的程序。

9.3　双正态总体的假设检验

上节已讨论单正态总体的参数假设检验，基于同样的思想，本节将考虑双正态总体的参数假设检验。与单正态总体的参数假设检验不同的是，这里所关心的不是逐一对每个参数的值作假设检验，而是着重考虑两个总体之间的差异，即两个总体的均值或方差是否相等。

设 $X\sim N(\mu_1,\sigma_1^2)$，$Y\sim N(\mu_2,\sigma_2^2)$，$X_1,X_2,\cdots,X_{n_1}$ 为取自总体 $N(\mu_1,\sigma_1^2)$ 的一个样本，$Y_1,Y_2,\cdots,Y_{n_2}$ 为取自总体 $N(\mu_2,\sigma_2^2)$ 的一个样本，并且两样本相互独立，记 $\overline{X}$ 与 $\overline{Y}$ 分别为样本 $X_1,X_2,\cdots,X_{n_1}$ 与 $Y_1,Y_2,\cdots,Y_{n_2}$ 的均值，S_1^2 与 S_2^2 分别为 $X_1,X_2,\cdots,X_{n_1}$ 与 $Y_1,Y_2,\cdots,Y_{n_2}$ 的方差。

9.3.1　双正态总体均值差的假设检验

双正态总体均值差的假设检验根据方差是否已知分为三种情况：(1)方差 σ_1^2,σ_2^2 已知；(2)方差 σ_1^2,σ_2^2 未知，但 $\sigma_1^2=\sigma_2^2=\sigma^2$；(3)方差 σ_1^2,σ_2^2 未知，但 $\sigma_1^2\neq\sigma_2^2$。下面逐一详述。

1. 方差 σ_1^2,σ_2^2 已知

(1)双侧检验

Step1，提出假设。

假设 $H_0:\mu_1-\mu_2=\mu_0$　　$H_1:\mu_1-\mu_2\neq\mu_0$，其中 μ_0 为已知常数。

Step2，选择统计量。

由第 7 章知，方差 σ_1^2,σ_2^2 已知，当 H_0 为真时：

$$U=\frac{\overline{X}-\overline{Y}-\mu_0}{\sqrt{\sigma_1^2/n_1+\sigma_2^2/n_2}}\sim N(0,1) \tag{9.9}$$

故选取 U 作为检验统计量，记其样本观察值为 u。相应的检验法称为 u 检验法。

Step3，求拒绝域。

由于 $\overline{X}$ 与 $\overline{Y}$ 是 μ_1 与 μ_2 的无偏估计量，当 H_0 成立时，$|u|$ 不应太大，当 H_1 成立时，$|u|$ 有偏大的趋势，故拒绝域形式为：

$$|u|=\left|\frac{\bar{x}-\bar{y}-\mu_0}{\sqrt{\sigma_1^2/n_1+\sigma_2^2/n_2}}\right|>k \quad (k\text{ 待定})$$

根据给定的显著性水平 α，查标准正态分布表得 $k=u_{\alpha/2}$，使：

$$P\{|U|>u_{\alpha/2}\}=\alpha$$

即得拒绝域为：

$$W=\left\{u\,\middle|\,|u|=\left|\frac{\bar{x}-\bar{y}-\mu_0}{\sqrt{\sigma_1^2/n_1+\sigma_2^2/n_2}}\right|>u_{\alpha/2}\right\}$$

即 $W=(-\infty,-u_{\alpha/2})\cup(u_{\alpha/2},+\infty)$。

Step4，做出决策。

根据一次抽样后得到的样本观察值 $x_1,x_2,\cdots,x_{n_1}$ 和 $y_1,y_2,\cdots,y_{n_2}$ 计算出 U 的观察值 u，若 $|u|>u_{\alpha/2}$，则拒绝原假设 H_0，当 $\mu_0=0$ 时，即认为总体均值 μ_1 与 μ_2 有显著差异；若 $|u|\leqslant u_{\alpha/2}$，则接受原假设 H_0，当 $\mu_0=0$ 时，即认为总体均值 μ_1 与 μ_2 无显著差异。

(2)单侧检验

右侧检验：检验假设 $H_0:\mu_1-\mu_2\leqslant\mu_0 \quad H_1:\mu_1-\mu_2>\mu_0$。拒绝域为：

$$W=\left\{u\,\middle|\,u=\frac{\bar{x}-\bar{y}-\mu_0}{\sqrt{\sigma_1^2/n_1+\sigma_2^2/n_2}}>u_\alpha\right\}$$

左侧检验：检验假设 $H_0:\mu_1-\mu_2\geqslant\mu_0 \quad H_1:\mu_1-\mu_2<\mu_0$。拒绝域为：

$$W=\left\{u\,\middle|\,u=\frac{\bar{x}-\bar{y}-\mu_0}{\sqrt{\sigma_1^2/n_1+\sigma_2^2/n_2}}<-u_\alpha\right\}$$

2. 方差 σ_1^2,σ_2^2 未知，但 $\sigma_1^2=\sigma_2^2=\sigma^2$

(1)双侧检验

Step1，提出假设。

假设 $H_0:\mu_1-\mu_2=\mu_0 \qquad H_1:\mu_1-\mu_2\neq\mu_0$，其中 μ_0 为已知常数。

Step2，选择统计量。

由第7章知，方差 σ_1^2,σ_2^2 未知，$\sigma_1^2=\sigma_2^2=\sigma^2$，当 H_0 为真时：

$$T=\frac{\bar{X}-\bar{Y}-\mu_0}{S_w\sqrt{1/n_1+1/n_2}}\sim t(n_1+n_2-2) \tag{9.10}$$

其中，$S_w^2=\dfrac{n_1-1}{n_1+n_2-2}S_1^2+\dfrac{n_2-1}{n_1+n_2-2}S_2^2$。

故选取 T 作为检验统计量，记其样本观察值为 t。相应的检验法称为 t 检验法。

Step3，求拒绝域。

由于 S_w^2 是 σ^2 的无偏估计量，当 H_0 成立时，$|t|$ 不应太大，当 H_1 成立时，$|t|$ 有偏大的趋势，故拒绝域形式为：

$$|t|=\left|\frac{\bar{x}-\bar{y}-\mu_0}{s_w\sqrt{1/n_1+1/n_2}}\right|>k \quad (k\text{ 待定})$$

对于给定的显著性水平 α，查分布表得 $k=t_{\alpha/2}(n_1+n_2-2)$，使：

$$P\{|T|>t_{\alpha/2}(n_1+n_2-2)\}=\alpha$$

可得拒绝域为：

$$W=\left\{t \left| |t|=\left|\frac{\bar{x}-\bar{y}-\mu_0}{s_w\sqrt{1/n_1+1/n_2}}\right|>t_{\alpha/2}(n_1+n_2-2)\right.\right\}$$

即 $W=(-\infty,-t_{\alpha/2}(n_1+n_2-2))\cup(t_{\alpha/2}(n_1+n_2-2),+\infty)$。

Step4，做出决策。

根据一次抽样后得到的样本观察值 $x_1,x_2,\cdots,x_{n_1}$ 和 $y_1,y_2,\cdots,y_{n_2}$ 计算出 T 的观察值 t，若 $|t|>t_{\alpha/2}(n_1+n_2-2)$，则拒绝原假设 H_0，当 $\mu_0=0$ 时，即认为总体均值 μ_1 与 μ_2 有显著差异；若 $|t|\leqslant t_{\alpha/2}(n_1+n_2-2)$，则接受原假设 H_0，当 $\mu_0=0$ 时，即认为总体均值 μ_1 与 μ_2 无显著差异。

(2)单侧检验

右侧检验：检验假设 $H_0:\mu_1-\mu_2\leqslant\mu_0$　$H_1:\mu_1-\mu_2>\mu_0$。拒绝域为：

$$W=\left\{t \left| t=\frac{\bar{x}-\bar{y}-\mu_0}{s_w\sqrt{1/n_1+1/n_2}}>t_\alpha(n_1+n_2-2)\right.\right\}$$

左侧检验：检验假设 $H_0:\mu_1-\mu_2\geqslant\mu_0$　$H_1:\mu_1-\mu_2<\mu_0$。拒绝域为：

$$W=\left\{t \left| t=\frac{\bar{x}-\bar{y}-\mu_0}{s_w\sqrt{1/n_1+1/n_2}}<-t_\alpha(n_1+n_2-2)\right.\right\}$$

3. 方差 σ_1^2,σ_2^2 未知，但 $\sigma_1^2\neq\sigma_2^2$

(1)双侧检验

Step1，提出假设。

假设 $H_0:\mu_1-\mu_2=\mu_0$　　$H_1:\mu_1-\mu_2\neq\mu_0$，其中 μ_0 为已知常数。

Step2，选择统计量。

由第7章知，方差 σ_1^2,σ_2^2 未知，$\sigma_1^2\neq\sigma_2^2$，当 H_0 为真时：

$$T=\frac{\bar{X}-\bar{Y}-\mu_0}{\sqrt{S_1^2/n_1+S_2^2/n_2}}\underset{\sim}{\text{近似}}\ t(f) \tag{9.11}$$

其中，$f=\dfrac{\left(\dfrac{S_1^2}{n_1}+\dfrac{S_2^2}{n_2}\right)^2}{\dfrac{S_1^4}{n_1^2(n_1-1)}+\dfrac{S_2^4}{n_2^2(n_2-1)}}$。

故选取 T 作为检验统计量，记其样本观察值为 t。

Step3，求拒绝域。

拒绝域形式为：

$$|t|=\left|\frac{\bar{x}-\bar{y}-\mu_0}{\sqrt{s_1^2/n_1+s_2^2/n_2}}\right|>k\quad (k\text{ 待定})$$

对于给定的显著性水平 α，查分布表得 $k=t_{\alpha/2}(f)$，使：

$$P\{|T|>t_{\alpha/2}(f)\}=\alpha$$

可得拒绝域为：

$$W=\left\{t \left| |t|=\left|\frac{\bar{x}-\bar{y}-\mu_0}{\sqrt{s_1^2/n_1+s_2^2/n_2}}\right|>t_{\alpha/2}(f)\right.\right\}$$

即 $W=(-\infty,-t_{\alpha/2}(f))\cup(t_{\alpha/2}(f),+\infty)$。

Step4，做出决策。

根据一次抽样后得到的样本观察值 $x_1,x_2,\cdots,x_{n_1}$ 和 $y_1,y_2,\cdots,y_{n_2}$ 计算出 T 的观察值 t，若 $|t|>t_{\alpha/2}(f)$，则拒绝原假设 H_0，当 $\mu_0=0$ 时，即认为总体均值 μ_1 与 μ_2 有显著差异；若 $|t|\leqslant t_{\alpha/2}(f)$，则接受原假设 H_0，当 $\mu_0=0$ 时，即认为总体均值 μ_1 与 μ_2 无显著差异。

(2)单侧检验

右侧检验：检验假设 $H_0:\mu_1-\mu_2\leqslant\mu_0 \quad H_1:\mu_1-\mu_2>\mu_0$。拒绝域为：

$$W=\left\{t\,\middle|\,t=\frac{\bar{x}-\bar{y}-\mu_0}{\sqrt{s_1^2/n_1+s_2^2/n_2}}>t_\alpha(f)\right\}$$

左侧检验：检验假设 $H_0:\mu_1-\mu_2\geqslant\mu_0 \quad H_1:\mu_1-\mu_2<\mu_0$。拒绝域为：

$$W=\left\{t\,\middle|\,t=\frac{\bar{x}-\bar{y}-\mu_0}{\sqrt{s_1^2/n_1+s_2^2/n_2}}<-t_\alpha(f)\right\}$$

【注】 当 n_1,n_2 充分大($n_1+n_2\geqslant 50$)时：

$$T=\frac{\bar{X}-\bar{Y}-\mu_0}{\sqrt{S_1^2/n_1+S_2^2/n_2}}\text{近似地服从 } N(0,1)$$

则可以采用 u 检验法进行检验。

【例 9.9】 设甲、乙两厂生产同样的灯泡，其寿命 X,Y 分别服从正态分布 $N(\mu_1,\sigma_1^2)$，$N(\mu_2,\sigma_2^2)$，已知它们寿命的标准差分别为 84h 和 96h，现从两厂生产的灯泡中各取 60 只，测得平均寿命甲厂为 1295h，乙厂为 1230h，能否认为两厂生产的灯泡寿命无显著差异($\alpha=0.05$)?

解 (1) 建立假设：$H_0:\mu_1=\mu_2 \qquad H_1:\mu_1\neq\mu_2$。

(2) 选择统计量：σ_1^2,σ_2^2 已知，选择统计量 $U=\dfrac{\bar{X}-\bar{Y}}{\sqrt{\dfrac{\sigma_1^2}{n_1}+\dfrac{\sigma_2^2}{n_2}}}\sim N(0,1)$。

(3) 求拒绝域：$P\{|U|>u_{\alpha/2}\}=\alpha$。

查正态分布表得 $u_{\alpha/2}=u_{0.025}=1.96$ 从而拒绝域为 $W=\{|u|>1.96\}$。

(4) 做出决策：根据 $\bar{x}=1295,\bar{y}=1230,\sigma_1=84,\sigma_2=96$，可得

$$|u|=\left|\frac{\bar{x}-\bar{y}}{\sqrt{\dfrac{\sigma_1^2}{n_1}+\dfrac{\sigma_2^2}{n_2}}}\right|=3.95>1.96$$

故拒绝原假设 H_0，即认为两厂生产的灯泡寿命有显著差异。

【例 9.10】 某地某年高考后随机抽得 15 名男生、12 名女生的物理考试成绩如下：

男生：49 48 47 53 51 43 39 57 56 46 42 44 55 44 40

女生：46 40 47 51 43 36 43 38 48 54 48 34

其成绩的箱线图如图 9.7 所示，这 27 名学生的成绩能说明这个地区男女生的物理考试成绩不相上下吗($\alpha=0.05$)?

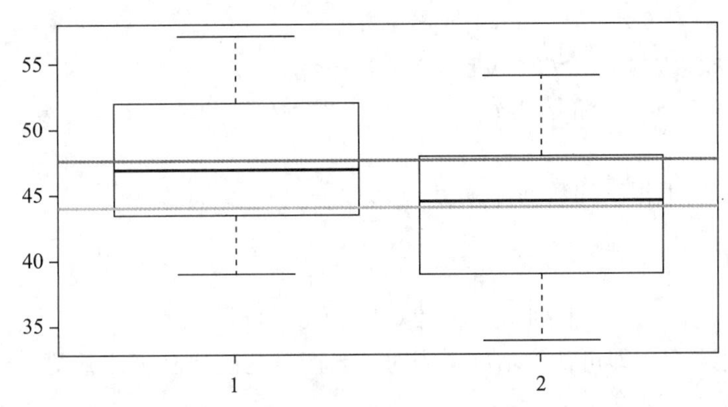

图 9.7 男生、女生成绩的箱线图

解 把男生和女生物理考试的成绩分别近似地看作服从正态分布的随机变量 $X\sim N(\mu_1,\sigma^2)$ 与 $Y\sim N(\mu_2,\sigma^2)$，则可归结为双侧检验问题。

(1) 建立假设：$H_0:\mu_1=\mu_2 \quad H_1:\mu_1\neq\mu_2$。

(2) 选择统计量：σ^2 未知，$\sigma_1^2=\sigma_2^2=\sigma^2$，选择统计量

$$T=\frac{\overline{X}-\overline{Y}-\mu_0}{S_w\sqrt{1/n_1+1/n_2}}\sim t(n_1+n_2-2)$$

(3) 求拒绝域：$P\{|T|>t_{\alpha/2}(n_1+n_2-2)\}=\alpha$。

由 $n_1=15,n_2=12$，查 t 分布表得 $t_{\alpha/2}(n_1+n_2-2)=t_{0.025}(25)=2.060$，从而拒绝域为 $W=\{|t|>2.060\}$。

(4) 做出决策：根据已知数据计算 $\bar{x}=47.6,\bar{y}=44$，

$$(n_1-1)s_1^2=\sum_{i=1}^{15}(x_i-\bar{x})^2=469.6,(n_2-1)s_2^2=\sum_{i=1}^{12}(y_i-\bar{y})^2=412$$

$$s_w=\sqrt{\frac{1}{n_1+n_2-2}\{(n_1-1)s_1^2+(n_2-1)s_2^2\}}=\sqrt{\frac{1}{25}(469.6+412)}=5.94$$

可得 $t=\dfrac{\bar{x}-\bar{y}}{s_w\sqrt{1/n_1+1/n_2}}=\dfrac{47.6-44}{5.94\sqrt{1/15+1/12}}=1.566<2.060$。

故接受原假设 H_0，即认为这一地区男女生的物理考试成绩不相上下。

【例 9.11】 设有种植玉米的甲、乙两个农业试验区，各分为 10 个小区，各小区的面积相同，除甲区各小区增施磷肥外，其他试验条件均相同，两个试验区的玉米产量(单位：kg) 如下(假设玉米产量服从正态分布)：

甲区：65 60 62 57 58 63 60 57 60 58

乙区：59 56 56 58 57 57 55 60 57 55

试统计推断是否有增施磷肥对玉米产量的影响($\alpha=0.05$)？

解 Case1：假设方差相等

(1) 建立假设：$H_0:\mu_1=\mu_2 \quad H_1:\mu_1\neq\mu_2$。

(2) 选择统计量：σ^2 未知，$\sigma_1^2=\sigma_2^2=\sigma^2$，选择统计量

$$T=\frac{\overline{X}-\overline{Y}-\mu_0}{s_w\sqrt{1/n_1+1/n_2}}\sim t(n_1+n_2-2)$$

(3) 求拒绝域：$P\{|T|>t_{\alpha/2}(n_1+n_2-2)\}=\alpha$。

由 $n_1=n_2=10$，查 t 分布表得 $t_{\alpha/2}(n_1+n_2-2)=t_{0.025}(18)=2.101$，从而拒绝域为 $W=\{t\,|\,|t|>2.101\}$。

(4) 做出决策：根据已知数据计算 $\bar{x}=60,(n_1-1)s_1^2=64,\bar{y}=57,(n_2-1)s_2^2=24$，可得

$$|t|=\left|\frac{60-57}{\sqrt{\frac{64+24}{10+10-2}}\sqrt{\frac{1}{10}+\frac{1}{10}}}\right|=3.03>2.101$$

故拒绝原假设 H_0，即可认为增施磷肥对玉米产量的改变有统计意义。

Case2：假设方差不等

(1) 建立假设：$H_0:\mu_1=\mu_2 \qquad H_1:\mu_1\neq\mu_2$。

(2) 选择统计量：σ^2 未知，$\sigma_1^2\neq\sigma_2^2$，选择统计量

$$T=\frac{\overline{X}-\overline{Y}-\mu_0}{\sqrt{s_1^2/n_1+s_2^2/n_2}}\sim t(f)$$

其中，$f=\dfrac{\left(\dfrac{s_1^2}{n_1}+\dfrac{s_2^2}{n_2}\right)^2}{\dfrac{s_1^4}{n_1^2(n_1-1)}+\dfrac{s_2^4}{n_2^2(n_2-1)}}$。

(3) 求拒绝域：$P\{|T|>t_{\alpha/2}(f)\}=\alpha$。

根据数据可知 $n_1=n_2=10,s_1^2=7.11,s_2^2=2.67$ 可得 $f\approx15$，查 t 分布表得 $t_{\alpha/2}(f)=t_{0.025}(15)=2.131$，从而拒绝域为 $W=\{|t|>2.131\}$。

(4) 做出决策：根据已知数据计算 $\bar{x}=60,\bar{y}=57$，可得

$$|t|=\left|\frac{60-57}{\frac{7.11}{10}+\frac{2.67}{10}}\right|=3.03>2.131$$

故拒绝原假设 H_0，即可认为增施磷肥对玉米产量的改变有统计意义。

【例 9.12】 甲、乙两机床加工同一种零件，抽样测量其产品的数据(单位：毫米)，经计算得：

甲机床：$n_1=80,\bar{x}=33.75,s_1=0.1$

乙机床：$n_2=100,\bar{y}=34.15,s_2=0.15$

问：在 $\alpha=0.01$ 下，两机床加工的产品尺寸有无显著差异？

解 当 $n\geqslant50$ 时，即可认为是大样本问题。

(1) 建立假设：：$H_0:\mu_1=\mu_2 \qquad H_1:\mu_1\neq\mu_2$。

(2) 选择统计量：选择统计量 $U=\dfrac{\overline{X}-\overline{Y}}{\sqrt{\dfrac{s_1^2}{n_1}+\dfrac{s_2^2}{n_2}}}\sim N(0,1)$。

(3) 求拒绝域：$P\{|U|>u_{\alpha/2}\}=\alpha$。

查正态分布表得 $u_{\alpha/2}=u_{0.005}=2.57$，从而拒绝域为 $W=\{|u|>2.57\}$。

(4) 做出决策：根据 $n_1=80, \bar{x}=33.75, s_1=0.1, n_2=100, \bar{y}=34.15, s_2=0.15$，可得

$$|u|=\left|\frac{\bar{x}-\bar{y}}{\sqrt{\frac{s_1^2}{n_1}+\frac{s_2^2}{n_2}}}\right|=21.39>2.57$$

故拒绝原假设 H_0，即认为两机床加工的产品尺寸有显著差异。

9.3.2 双正态总体方差相等的假设检验

1. 双侧检验

Step 1，提出假设。

假设 $H_0:\sigma_1^2=\sigma_2^2 \quad H_1:\sigma_1^2\neq\sigma_2^2$。

Step 2，选择统计量。

由第7章知，当 H_0 为真时：

$$F=\frac{S_1^2}{S_2^2}\sim F(n_1-1,n_2-1) \tag{9.12}$$

故选取 F 作为检验统计量。相应的检验法称为 F 检验法。

Step 3，求拒绝域。

由于 S_1^2 与 S_2^2 是 σ_1^2 与 σ_2^2 的无偏估计量，当 H_0 成立时，F 的取值应集中在1的附近，当 H_1 成立时，F 的取值有偏小或偏大的趋势，故拒绝域形式为：

$$F<k_1 \text{ 或 } F>k_2 \quad (k_1,k_2 \text{ 待定})$$

根据给定的显著性水平 α，查 F 分布表得 $k_1=F_{1-\alpha/2}(n_1-1,n_2-1)$，$k_2=F_{\alpha/2}(n_1-1,n_2-1)$，使：

$$P\{F<F_{1-\alpha/2}(n_1-1,n_2-1) \text{或} F>F_{\alpha/2}(n_1-1,n_2-1)\}=\alpha$$

即得拒绝域为：

$$W=\{F\,|\,F<F_{1-\alpha/2}(n_1-1,n_2-1) \text{或} F>F_{\alpha/2}(n_1-1,n_2-1)\}$$

即 $W=(0,F_{1-\alpha/2}(n_1-1,n_2-1))\cup(F_{\alpha/2}(n_1-1,n_2-1),+\infty)$。

Step 4，做出决策。

根据一次抽样后得到的样本观察值 $x_1,x_2,\cdots,x_{n_1}$ 和 $y_1,y_2,\cdots,y_{n_2}$ 计算出 F 的观察值，若 $F<F_{1-\alpha/2}(n_1-1,n_2-1)$ 或 $F>F_{\alpha/2}(n_1-1,n_2-1)$，则拒绝原假设 H_0，即认为总体方差 σ_1^2 与 σ_2^2 有显著差异；若 $F\leqslant F_{1-\alpha/2}(n_1-1,n_2-1)$ 或 $F\geqslant F_{\alpha/2}(n_1-1,n_2-1)$，则接受原假设 H_0，即认为总体方差 σ_1^2 与 σ_2^2 无显著差异。

2. 单侧检验

右侧检验：检验假设 $H_0:\sigma_1^2\leqslant\sigma_2^2 \quad H_1:\sigma_1^2>\sigma_2^2$。拒绝域为：

$$W=\{F\,|\,F>F_\alpha(n_1-1,n_2-1)\}$$

左侧检验：检验假设 $H_0:\sigma_1^2\geqslant\sigma_2^2 \quad H_1:\sigma_1^2<\sigma_2^2$。拒绝域为：

$$W=\{F\,|\,F<F_{1-\alpha}(n_1-1,n_2-1)\}$$

【例9.13】 两台机床加工同种零件，分别从两台车床加工的零件中抽取6个和9个测量其直径，并计算得：$s_1^2=0.345, s_2^2=0.375$。假定零件直径服从正态分布，问两台车床加工

精度有无显著差异($\alpha=0.10$)?

解 设两总体 $X\sim N(\mu_1,\sigma_1^2)$,$Y\sim N(\mu_2,\sigma_2^2)$,$\mu_1,\mu_2,\sigma_1^2,\sigma_2^2$ 未知。

(1) 建立假设:$H_0:\sigma_1^2=\sigma_2^2\quad H_1:\sigma_1^2\neq\sigma_2^2$。

(2) 选择统计量:$F=\dfrac{S_1^2}{S_2^2}\sim F(n_1-1,n_2-1)$。

(3) 求拒绝域:$P\{F<F_{1-\alpha/2}(n_1-1,n_2-1)$ 或 $F>F_{\alpha/2}(n_1-1,n_2-1)\}=\alpha$。

查 F 分布表,可得 $F_{1-\alpha/2}(n_1-1,n_2-1)=F_{0.95}(5,8)=\dfrac{1}{F_{0.05}(8,5)}=0.207$,

$F_{\alpha/2}(n_1-1,n_2-1)=F_{0.05}(5,8)=3.69$,从而拒绝域为 $W=\{F<0.207$ 或 $F>3.69\}$。

(4) 做出决策:根据 $s_1^2=0.345$,$s_2^2=0.375$ 可得

$$0.207<F=s_1^2/s_2^2=0.92<3.69$$

故接受原假设 H_0,即认为两车床加工精度无差异。

【例 9.14】 甲、乙两厂生产同一种电阻,现从甲、乙两厂的产品中分别随机抽取 12 个和 10 个样品,测得它们的电阻值后,计算出样本方差分别为 $s_1^2=1.40$,$s_2^2=4.38$。假设电阻值服从正态分布,在显著性水平 $\alpha=0.10$ 下,是否可以认为甲厂生产的电阻更稳定?

解 (1) 建立假设:$H_0:\sigma_1^2\geqslant\sigma_2^2\qquad H_1:\sigma_1^2<\sigma_2^2$。

(2) 选择统计量:$F=\dfrac{S_1^2}{S_2^2}\sim F(n_1-1,n_2-1)$。

(3) 求拒绝域:$P\{F<F_{1-\alpha}(n_1-1,n_2-1)=\alpha$。

查 F 分布表,可得 $F_{1-\alpha}(n_1-1,n_2-1)=\dfrac{1}{F_{0.1}(9,11)}=0.44$,从而拒绝域为 $W=\{F<0.44\}$。

(4) 做出决策:根据 $s_1^2=1.40$,$s_2^2=4.38$ 可得

$$s_1^2/s_2^2=0.32<0.44$$

故拒绝原假设 H_0,即认为甲厂生产的电阻更稳定。

【例 9.15】 为比较甲、乙两种安眠药的疗效,将 20 名患者分成两组,每组 10 人,如服药后延长的睡眠时间分别服从正态分布,其数据为(单位:h):

甲:5.5, 4.6, 4.4, 3.4, 1.9, 1.6, 1.1, 0.8, 0.1, −0.1

乙:3.7, 3.4, 2.0, 2.0, 0.8, 0.7, 0, −0.1, −0.2, −1.6

试问:在显著性水平 $\alpha=0.05$ 下两种药的疗效有无显著差别?

解 设甲药服后延长的睡眠时间 $X\sim N(\mu_1,\sigma_1^2)$,乙药服后延长的睡眠时间 $Y\sim N(\mu_2,\sigma_2^2)$,其中 $\mu_1,\mu_2,\sigma_1^2,\sigma_2^2$ 均为未知,先在 μ_1,μ_2,未知条件下检验假设 $H_0:\sigma_1^2=\sigma_2^2$,后再检验 $H_0:\mu_1=\mu_2$。

第一步,方差检验。

(1) 建立假设:$H_0:\sigma_1^2=\sigma_2^2\quad H_1:\sigma_1^2\neq\sigma_2^2$。

(2) 选择统计量:$F=\dfrac{S_1^2}{S_2^2}\sim F(n_1-1,n_2-1)$。

(3) 求拒绝域::$P\{F<F_{1-\alpha/2}(n_1-1,n_2-1)$ 或 $F>F_{\alpha/2}(n_1-1,n_2-1)\}=\alpha$。

根据 $n_1=10$,$n_2=10$,查 F 分布表,可得 $F_{0.025}(9,9)=4.03$,

$F_{0.975}(9,9)=1/F_{0.025}(9,9)=0.25$,从而拒绝域为$W=\{F<0.25$或$F>4.03\}$。

(4) 做出决策:根据$s_1^2=4.01,s_2^2=2.84$,可得

$$0.25<s_1^2/s_2^2=1.41<4.03$$

故接受原假设H_0,即认为在$\alpha=0.05$下认为$\sigma_1^2=\sigma_2^2$。

第二步,均值检验。

(1) 建立假设:$H_0:\mu_1=\mu_2 \quad H_1:\mu_1\neq\mu_2$。

(2) 选择统计量:σ^2未知,$\sigma_1^2=\sigma_2^2=\sigma^2$,选择统计量

$$T=\frac{\overline{X}-\overline{Y}-\mu_0}{S_w\sqrt{1/n_1+1/n_2}}\sim t(n_1+n_2-2)$$

(3) 求拒绝域:$P\{|T|>t_{\alpha/2}(n_1+n_2-2)\}=\alpha$。

由$n_1=n_2=10$,查t分布表得$t_{\alpha/2}(n_1+n_2-2)=t_{0.025}(18)=2.101$,从而拒绝域为$W=\{|t|\geqslant 2.101\}$。

(4) 做出决策:根据已知数据计算$\bar{x}=2.33,\bar{y}=1.07,s_w=1.85$,可得

$$t=\frac{2.33-1.07}{1.85\sqrt{1/10+1/10}}=1.52<2.101$$

故接受原假设H_0,即认为两种药的疗效无显著差别。

9.3.3 双正态总体假设检验的R实现

双正态总体均值差的假设检验分三种情况:(1)方差σ_1^2,σ_2^2已知;(2)方差σ_1^2,σ_2^2未知,但$\sigma_1^2=\sigma_2^2=\sigma^2$;(3)方差$\sigma_1^2,\sigma_2^2$未知,但$\sigma_1^2\neq\sigma_2^2$。情况(1)可调用函数第8章区间估计中所提到的BSDA包中函数z.test( )。情况(2)和(3)可调用函数t.test( )。当然,也可以自编程序。

双正态总体方差比的假设检验可以自编程序,也可以调用函数第8章区间估计中的函数var.test( )。

1. 自编程序

例9.9 均值差的假设检验的R实现

R程序:

```
>mean1<-1295
>mean2<-1230
>sigma1<-84
>sigma2<-96
>n1<-60
>n2<-60
>z<-(mean1-mean2)/sqrt(sigma1^2/n1+sigma2^2/n2)
>abs(z)
[1] 3.947013
>P<-2*(1-pnorm(abs(z),lower.tail=TRUE,log.p=FALSE))
>P
```

```
[1] 7.913e-05
```

结果说明：$p=0.00008<0.05$，故拒绝原假设 H_0，即认为两厂生产的灯泡寿命有显著差异。

例 9.13 方差比的假设检验的 R 实现

R 程序：

```
>s1square<-0.345
>s2square<-0.375
>n1<-6
>n2<-9
>p<-1-pf(s1square/s2square,n1-1,n2-1)
>p
[1] 0.5143397
```

结果说明：$p=0.514>0.05$，应接受原假设 H_0，即认为两车床加工精度无差异。

2. 调用函数

例 9.11 的 R 实现

R 程序：

Case1 方差相等

```
>x1<-c(65,60,62,57,58,63,60,57,60,58)
>x2<-c(59,56,56,58,57,57,55,60,57,55)
>x<-c(x1,x2)
>y1<-rep(1,length(x1))
>y2<-rep(2,length(x2))
>y<-c(y1,y2)
>t.test(x~y,var.equal=TRUE,conf.level=0.95)
Two Sample t-test
data:  x by y
t=3.0339, df=18, p-value=0.007139
alternative hypothesis: true difference in means is not equal to 0
95 percent confidence interval:
0.9225527 5.0774473
sample estimates:
mean in group 1 mean in group 2
60              57
```

结果说明：在方差未知且相等情况下，函数 t.test 中参数 var.equal=TRUE，获得检验统计量 T 的观测值为 3.03339，两个区域平均差的 95% 的置信区间为(0.9225527，5.0774473)，两样本的均值分别为 60、57。$p=0.007139<0.05$，应拒绝原假设 H_0，即可认为增施磷肥对玉米产量的改变有统计意义。

Case2 方差不等

```
>x1<-c(65,60,62,57,58,63,60,57,60,58)
```

```
>x2<-c(59,56,56,58,57,57,55,60,57,55)
>x<-c(x1,x2)
>y1<-rep(1,length(x1))
>y2<-rep(2,length(x2))
>y<-c(y1,y2)
>t.test(x~y,var.equal=FALSE,conf.level=0.95,paired=FALSE)
Welch Two Sample t-test
data:   x by y
t=3, df=15, p-value=0.008
alternative hypothesis: true difference in means is not equal to 0
95 percent confidence interval:
0.8914 5.1086
sample estimates: mean in group 1 mean in group 2
60                  57
```

结果说明:在方差未知且不相等情况下,函数 t. test 中参数 var. equal=FALSE,这里的检验进行了 Welch 调整,自由度调整为 15,检验统计量 T 的观测值为 3。$p=0.0008<0.05$,应拒绝原假设 H_0,即认为两机床加工的产品尺寸有显著差异。

例 9.15 的 R 实现

R 程序:

```
>x1<-c(5.5,4.6,4.4,3.4,1.9,1.6,1.1,0.8,0.1,-0.1)
>x2<-c(3.7,3.4,2.0,2.0,0.8,0.7,0,-0.1,-0.2,-1.6)
>var.test(x1,x2,ratio=1,conf.level=0.95,alternative="two.sided")
            F test to compare two variances
data:   x1 and x2
F=1.4127,num df=9,denom df=9,p-value=0.6151
alternative hypothesis: true ratio of variances is not equal to 1
95 percent confidence interval:
0.3508872 5.6874005
sample estimates:
ratio of variances
            1.41267
>x<-c(x1,x2)
>y1<-rep(1,length(x1))
>y2<-rep(2,length(x2))
>y<-c(y1,y2)
>t.test(x~y,var.equal=TRUE,conf.level=0.95)
    Two Sample t-test
data:   x by y
t=1.5227,df=18,p-value=0.1452
```

alternative hypothesis: true difference in means is not equal to 0

95 percent confidence interval:

−0.4784275 2.9984275

sample estimates:

mean in group 1 mean in group 2

2.33 1.07

结果说明：统计量 F 的观测值为 1.41，自由度(9,9)，方差比的置信度为 0.95 的置信区间为(0.35,5.69)。$p=0.62>0.05$，应接受原假设 H_0，即认为两种药的方差相等。统计量 T 的观测值为 1.52，自由度 18，两样本均值分别为 2.33 和 1.07，均值差的置信度为 0.95 的置信区间为(−0.48,3.00)。$p=0.15>0.05$，应接受原假设 H_0，两种药的疗效无显著差别。

习题 9-3

1. 制造厂家宣称，线 A 的平均张力比线 B 至少强 120N。为证实其说法，在同样情况下测试两种线各 50 条。线 A 的平均张力为 $\bar{x}=867$N，标准差为 $\sigma_1=62.8$N；而线 B 的平均张力为 $\bar{x}=778$N，标准差 $\sigma_2=56.1$N。试检验此制造厂家的说法($\alpha=0.05$)，并给出 R 实现的程序。

2. 下面列出了两位文学家马克・吐温的 8 篇小品文以及斯诺特格拉斯的 10 篇小品文中由 3 个字母组成的单字的比例：

马克・吐温 0.225 0.262 0.217 0.240 0.230 0.229 0.235 0.217

斯诺特格拉斯 0.209 0.205 0.196 0.210 0.202 0.207 0.224 0.223 0.220 0.201

设两组数据分别来自正态总体，且两总体方差相等，但参数均未知。两样本相互独立。试问两位作家所写的小品文中包含由 3 个字母组成的单字的比例是否有显著的差异($\alpha=0.05$)？并给出 R 实现的程序。

3. 在平炉上进行一项试验以确定改变操作方法的建议是否会增加钢的得率，试验是在同一只炉上进行的。每炼一炉钢时除操作方法外，其他条件都尽可能做到相同。先用标准方法炼一炉，然后用建议的新方法炼一炉，以后交替进行，各炼了 10 炉，其得率分别为：

标准方法：78.1 72.4 76.2 74.3 77.4 78.4 76.0 75.5 76.7 77.3

新方法：79.1 81.0 77.3 79.1 80.0 79.1 79.1 77.3 80.2 82.1

设这两个样本相互独立，且分别来自正态总体(μ_1,σ^2)和 $N(\mu_2,\sigma^2)$，μ_1,μ_2,σ^2 均未知。问建议的新操作方法能否提高得率($\alpha=0.05$)？并给出 R 实现的程序。

4. 检验了 26 匹马，测得每 100ml 的血清中所含的无机磷平均为 3.29ml，标准差为 0.27ml；又检验了 18 头羊，每 100ml 血清中所含的无机磷平均为 3.96ml，标准差为 0.40ml；设马和羊血清中所含的无机磷的量都服从正态分布，试问马和羊血清中所含的无机磷的量有无显著差异($\alpha=0.05$)？并给出 R 实现的程序。

5. 有两台车床生产同一型号的滚珠。根据过去的经验，可以认为这两台车床生产的滚珠的直径都服从正态分布。现要比较两台车床所生产的滚珠的直径的方差，分别抽出 8 个和 9 个样品，测得滚珠的直径如下(单位：mm)：

甲车床：15.0 14.5 15.2 15.5 14.8 15.1 15.2 14.8

乙车床：15.2 15.0 14.8 15.2 15.0 15.0 14.8 15.1 14.8

问乙车床产品的方差是否比甲车床的小($\alpha=0.05$)？并给出 R 实现的程序。

9.4 其他类型的假设检验

前两节介绍了关于正态总体均值和方差的假设检验，在实际生活中，还有很多重要的假设检验，本节主要讲述比例检验和分布拟合检验。

9.4.1 比例检验

引例 9.2 关于笔记本电脑购买者中购买某种软件包的比例推断就是比例的假设检验问题，即针对总体为两点分布 $B(1,p)$，关于参数 p 的假设检验，这里 p 可以理解为一个事件发生的概率。

1. 一个 0－1 分布总体参数的检验

设总体 $X\sim B(1,p)$，$X_1,X_2,\cdots,X_n$ 是取自 X 的一个样本，p 为未知参数。可知 $E(\overline{X})=p$，$D(\overline{X})=p(1-p)/n$。根据中心极限定理，当 n 充分大($n\geqslant30$)时，有：

$$\frac{\overline{X}-p}{\sqrt{p(1-p)/n}}\ \underset{\sim}{\text{近似}}\ N(0,1)$$

(1)双侧检验

Step1，提出假设。

假设 $H_0:p=p_0\qquad H_1:p\neq p_0$。

Step2，选择统计量。

当 H_0 为真时：

$$U=\frac{\overline{X}-p_0}{\sqrt{p_0(1-p_0)/n}}\ \underset{\sim}{\text{近似}}\ N(0,1)$$

其中 $\overline{X}=\frac{\mu_n}{n}$，$\mu_n$ 是 n 次独立重复试验中事件 A 发生(即 $X=1$)的次数。

Step3，求拒绝域。

因为 $\overline{X}$ 是 p 的无偏估计量，当 H_0 成立时，$|u|$不应太大，当 H_1 成立时，$|u|$有偏大的趋势，故拒绝域形式为：

$$|u|=\left|\frac{\overline{X}-p_0}{\sqrt{p_0(1-p_0)/n}}\right|>k\quad(k\ \text{待定})$$

根据给定的显著性水平 α，查标准正态分布表得 $k=u_{\alpha/2}$，使：

$$P\{|U|>u_{\alpha/2}\}\approx\alpha$$

则拒绝域为：

$$W=\left\{u\ \middle|\ |u|=\left|\frac{\overline{X}-p_0}{\sqrt{p_0(1-p_0)/n}}\right|>u_{\alpha/2}\right\}$$

即 $W=(-\infty,-u_{\alpha/2})\cup(u_{\alpha/2},+\infty)$。

Step4，做出决策。

根据一次抽样后得到的样本观察值 $x_1,x_1,\cdots,x_n$ 计算出 U 的观察值 u，若$|u|>u_{\alpha/2}$，则拒绝原假设 H_0，即认为总体比例与 p_0 有显著差异；若$|u|\leqslant u_{\alpha/2}$，则接受原假设 H_0，即认为总体比例与 p_0 无显著差异。

(2) 单侧检验

右侧检验：检验假设 $H_0:p\leqslant p_0\quad H_1:p>p_0$，拒绝域为 $W=\{u|u>u_\alpha\}$。

左侧检验：检验假设 $H_0: p \geqslant p_0 \quad H_1: p < p_0$，拒绝域为 $W=\{u \mid u<-u_\alpha\}$。

2. 两个 0－1 分布总体参数的检验

对两个独立 0－1 总体 X 与 Y，要检验的是两个总体参数 p_1, p_2 差异性。根据中心极限定理，当 H_0 为真，且 n_1, n_2 充分大(n_1, n_2 均大于 100)时，有：

$$U=\frac{\bar{P}_1-\bar{P}_2}{\sqrt{\bar{P}(1-\bar{P})(1/n_1+1/n_2)}} \overset{近似}{\sim} N(0,1) \tag{9.14}$$

其中，$\bar{P}_1=\mu_{n_1}/n_0$，$\bar{P}_2=\mu_{n_2}/n_2$，$\bar{P}=(\mu_{n_1}+\mu_{n_2})/(n_1+n_2)$，$\mu_{n_1}$ 是 n_1 次独立重复试验中事件 A 发生(即 $X=1$)的次数，μ_{n_2} 是 n_2 次独立重复试验中事件 B 发生(即 $Y=1$)的次数。

(1) 双侧检验

Step1，提出假设。

假设 $H_0: p_1=p_2 \qquad H_1: p_1 \neq p_2$。

Step2，选择统计量。

当 H_0 为真时：

$$U=\frac{\bar{P}_1-\bar{P}_2}{\sqrt{\bar{P}(1-\bar{P})(1/n_1+1/n_2)}} \overset{近似}{\sim} N(0,1)$$

Step3，求拒绝域。

拒绝域形式为：

$$|u|=\left|\frac{\bar{p}_1-\bar{p}_2}{\sqrt{\bar{p}(1-\bar{p})(1/n_1+1/n_2)}}\right|>k \quad (k\ 待定)$$

根据给定的显著性水平 α，查标准正态分布表得 $k=u_{\alpha/2}$，使：

$$P\{|U|>u_{\alpha/2}\} \approx \alpha$$

则拒绝域为：

$$W=\left\{u \,\middle|\, |u|=\left|\frac{\bar{p}_1-\bar{p}_2}{\sqrt{\bar{p}(1-\bar{p})(1/n_1+1/n_2)}}\right|>u_{\alpha/2}\right\}$$

即 $W=(-\infty,-u_{\alpha/2}) \cup (u_{\alpha/2},+\infty)$。

Step4，做出决策。

根据一次抽样后得到的样本观察值 $x_1, x_2, \cdots, x_n$ 和 $y_1, y_2, \cdots, y_{n_2}$ 计算出 U 的观察值 u，若 $|u|>u_{\alpha/2}$，则拒绝原假设 H_0，即认为两总体比例有显著差异；若 $|u| \leqslant u_{\alpha/2}$，则接受原假设 H_0，即认为两总体比例无显著差异。

(2) 单侧检验

右侧检验：检验假设 $H_0: p_1 \leqslant p_2 \quad H_1: p_1 > p_2$，拒绝域为 $W=\{u \mid u>u_\alpha\}$。

左侧检验：检验假设 $H_0: p_1 \geqslant p_2 \quad H_1: p_1 < p_2$，拒绝域为 $W=\{u \mid u<-u_\alpha\}$。

【例 9.16】 一项调查结果声称，某市老年人口的比重为 15.2%。该市老年人口研究会为了检验该项调查结果是否可靠，随机抽选了 400 名居民，发现其中有 62 位老年人。问调查结果是否支持该市老年人口比重为 15.2%的看法($\alpha=0.01$)？

解 设该市老年人口的比重为 p，引入随机变量 $X=\begin{cases}1, & 抽得的居民是老年人 \\ 0, & 抽得的居民不是老年人\end{cases}$，则 X

服从 0－1 分布，此问题即做比例检验。

（1）建立假设：$H_0: p=0.152 \quad H_1: p\neq 0.152$。

（2）选择统计量：$U=\dfrac{\overline{X}-p_0}{\sqrt{p_0(1-p_0)/n}} \overset{近似}{\sim} N(0,1)$。

（3）求拒绝域：$P\{|U|>u_{\alpha/2}\}\approx\alpha$。

查正态分布表得 $u_{\alpha/2}=u_{0.005}=2.58$，从而拒绝域为 $W=\{|u|>2.58\}$。

（4）做出决策：根据 $\bar{x}=\dfrac{62}{400}=0.155$，可得

$$|u|=\left|\frac{0.155-0.152}{\sqrt{0.152(1-0.152)/100}}\right|=0.167<2.58$$

故接受原假设 H_0，即支持该市老年人口比重为 15.2%的看法。

【例 9.17】 某地区主管工业的负责人收到一份报告，该报告中说他主管的工厂中执行环境保护条例的厂家不足 60%，这位负责人认为应不低于 60%，于是他在该地区众多的工厂中随机抽查了 60 个厂家，结果发现有 33 家执行了环境条例，那么由他本人的调查结果能否证明那份报告中的说法有问题($\alpha=0.005$)？

解　（1）建立假设：$H_0: p\geqslant 0.6 \quad H_1: p<0.6$。

（2）选择统计量：$U=\dfrac{\overline{X}-p_0}{\sqrt{p_0(1-p_0)/n}} \overset{近似}{\sim} N(0,1)$。

（3）求拒绝域：$P\{U<-u_\alpha\}\approx\alpha$。

查正态分布表得 $u_\alpha=u_{0.05}=1.645$，从而拒绝域为 $W=\{u<-1.645\}$。

（4）做出决策：根据 $\bar{x}=\dfrac{33}{60}=0.55$，可得

$$u=\frac{0.55-0.6}{\sqrt{0.6(1-0.6)/60}}=-0.79>-1.645$$

故接受原假设 H_0，即认为执行环保条例的厂家不低于 60%。

【例 9.18】 在 A 县调查 $n_1=1500$ 个农户，其中有中小型农业机械的农户 $\mu_{n_1}=300$ 户；在 B 县调查 $n_2=1800$ 户，其中有中小型农业机械的农户 $\mu_{n_2}=320$ 户。试问在显著性水平 $\alpha=0.05$ 下两个县有中小型农户的比例有无差异？

解　（1）建立假设：$H_0: p_1=p_2 \quad H_1: p_1\neq p_2$。

（2）选择统计量：$U=\dfrac{\overline{P}_1-\overline{P}_2}{\sqrt{\overline{P}(1-\overline{P})(1/n_1+1/n_2)}} \overset{近似}{\sim} N(0,1)$。

（3）求拒绝域：$P\{|U|>u_{\alpha/2}\}\approx\alpha$。

查正态分布表得 $u_\alpha=u_{0.025}=1.96$，从而拒绝域为 $W=\{|u|>1.96\}$。

（4）做出决策：根据 $\bar{p}_1=\dfrac{\mu_{n_1}}{n_1}=0.200$，$\bar{p}_2=\dfrac{\mu_{n_2}}{n_2}=0.178$，$\bar{p}=\dfrac{\mu_{n_1}+\mu_{n_2}}{n_1+n_2}=0.188$，可得

$$|u|=\left|\frac{0.200-0.178}{\sqrt{0.188(1-0.188)(1/1500+1/1800)}}\right|=1.61<1.96$$

故接受原假设 H_0，即认为两个县有中小型农户的比例无差异。

9.4.2 分布拟合检验

前面所介绍的各种检验法，是在总体分布类型已知的情况下，对其中的未知参数进行检验，这类统计检验法统称为参数检验。在实际问题中，有时并不能确切预知总体服从何种分布，这时就需要根据来自总体的样本对总体的分布进行推断，以判断总体服从何种分布。这类统计检验称为非参数检验。

解决这类问题的工具之一是英国统计学家皮尔逊(K. Pearson)在1900年发表的一篇文章中引进的——χ^2 检验法。下面根据总体分布中是否含有未知参数进行阐述。

1. 总体分布中不含未知参数

χ^2 检验法是在总体 X 的分布未知时，根据来自总体的样本，检验总体分布的假设的一种检验方法，通常称作拟合优度检验。一般地，根据样本观察值用直方图和经验分布函数，推断出总体可能服从的分布，然后作检验。其步骤为：

Step1，提出假设。

H_0：总体 X 的分布函数为 $F(x)$；

H_1：总体 X 的分布函数不是 $F(x)$。

Step2，选择统计量。

将总体 X 的取值范围分成 k 个互不相交的小区间，记为 $A_1,A_2,\cdots,A_k$，区间的划分视具体情况而定(使每个小区间所含样本值个数不小于5，而区间个数 k 不要太大也不要太小)，把落入第 i 个小区间 A_1 的样本值的个数记作 f_i，称为组频数，所有组频数之和 $f_1+f_2+\cdots+f_k$ 等于样本容量 n。当 H_0 为真时，根据所假设的总体理论分布，可算出总体 X 的值落入第 i 个小区间 A_i 的概率 p_i。

当 H_0 为真时，n 次试验中样本值落入第 i 个小区间 A_i 的频率 f_i/n 与概率 P_i 应很接近，基于这种思想，皮尔逊引进如下检验统计量：

$$\chi^2=\sum_{i=1}^{k}\frac{(f_i-np_i)^2}{np_i}\ \underset{\sim}{\text{近似}}\ \chi^2(k-1) \tag{9.15}$$

Step3，求拒绝域。

当 H_1 成立时，则 f_i/n 与 p_i 有偏大的趋势，故拒绝域形式为：

$$\chi^2=\sum_{i=1}^{k}\frac{(f_i-np_i)^2}{np_i}>l\quad (l\ \text{待定})$$

根据给定的显著性水平 α，查 χ^2 分布表得 $k=\chi_\alpha^2(k-1)$，使：

$$P\{\chi^2>\chi_\alpha^2(k-1)\}=\alpha$$

即得拒绝域为：

$$W=\left\{\chi^2\,\middle|\,\chi^2=\sum_{i=1}^{k}\frac{(f_i-np_i)^2}{np_i}>\chi_\alpha^2(k-1)\right\}$$

即 $W=(\chi_\alpha^2(k-1),+\infty)$。

Step4，做出决策。

根据一次抽样后得到的样本观察值 $f_1,f_2,\cdots,f_k$ 计算出 χ^2 的观察值，若 $\chi^2>\chi_\alpha^2(k-1)$，则拒绝原假设 H_0，即认为与总体分布有显著差异；若 $\chi^2\leqslant\chi_\alpha^2(k-1)$，则接受原假

设 H_0，即认为与总体分布无显著差异。

2. 总体分布中含未知参数

在对总体分布的假设检验中，有时只知道总体 X 的分布函数的形式，但其中还含有未知参数，即分布函数为：

$$F(x,\theta_1,\theta_2,\cdots,\theta_r)$$

其中 $\theta_1,\theta_2,\cdots,\theta_r$ 为未知参数。故在检验之前，首先利用样本 $X_1,X_2,\cdots,X_n$，求出 $\theta_1,\theta_2,\cdots,\theta_r$ 的极大似然估计 $\hat{\theta}_1,\hat{\theta}_2,\cdots,\hat{\theta}_r$，然后再进行检验。

其步骤归结为：

Step1，计算未知参数估计量。

利用样本 $X_1,X_2,\cdots,X_n$，求出 $\theta_1,\theta_2,\cdots,\theta_r$ 的极大似然估计 $\hat{\theta}_1,\hat{\theta}_2,\cdots,\hat{\theta}_r$。

Step2，提出假设。

H_0：总体 X 的分布函数为 $F(x,\hat{\theta}_1,\hat{\theta}_2,\cdots,\hat{\theta}_r)$；

H_1：总体 X 的分布函数不服从 $F(x,\hat{\theta}_1,\hat{\theta}_2,\cdots,\hat{\theta}_r)$。

Step3，选择统计量。

$$\chi^2=\sum_{i=1}^{k}(f_i-n\hat{p}_i)^2/n\hat{p}_i \underset{\sim}{\text{近似}} \chi_\alpha^2(k-r-1)$$

Step4，求拒绝域。

$$W=\left\{\chi^2 \middle| \chi^2=\sum_{i=1}^{k}(f_i-n\hat{p}_i)^2/n\hat{p}_i>\chi_\alpha^2(k-r-1)\right\}$$

即 $W=(\chi_\alpha^2(k-r-1),+\infty)$。

Step5，做出决策。

根据一次抽样后得到的样本观察值计算 $f_1,f_2,\cdots,f_k$，然后计算出 χ^2 的观察值，若 $\chi^2>\chi_\alpha^2(k-r-1)$，则拒绝原假设 H_0，即认为与总体分布有显著差异；若 $\chi^2\leqslant\chi_\alpha^2(k-r-1)$，则接受原假设 H_0，即认为与总体分布无显著差异。

【注】 在使用 χ^2 检验法时，要求 $n\geqslant50$，以及每个理论频数 $np_i\geqslant5(i=1,\cdots,k)$，否则应适当地合并相邻的小区间，使 np_i 满足要求。

【例 9.19】 某农场 10 年前在一鱼塘里按比例 20：15：40：25 投放了四种鱼(鲑鱼、鲈鱼、竹夹鱼和鲇鱼)的鱼苗。现从鱼塘里获得一样本如下：

序号	1	2	3	4
种类	鲑鱼	鲈鱼	竹夹鱼	鲇鱼
数量(条)	132	100	200	168

试取 $\alpha=0.05$ 检验各类鱼数量的比例较 10 年前是否有显著改变。

解　以 X 记鱼种类的序号，则此鱼塘里鱼的分布律为：

X	1	2	3	4
P_i	0.20	0.15	0.40	0.25

(1) 建立假设：H_0：X 服从上述分布律　H_1：X 不服从上述分布律。

(2) 选择统计量：$\chi^2=\sum_{i=1}^{k}\frac{(f_i-np_i)^2}{np_i}$ 近似 $\chi^2(k-1)$。

(3) 求拒绝域：$P\{\chi^2>\chi^2_\alpha(k-1)\}=\alpha$。

4 个区间满足皮尔逊 χ^2 检验法的要求，故查 χ^2 分布表得 $\chi^2_\alpha(k-1)=\chi^2_{0.05}(3)=7.815$，从而拒绝域为 $W=\{\chi^2>7.815\}$。

(4) 做出决策：

鱼的种类 x	1	2	3	4	
实测频数 f_i	132	100	200	168	
p_i	0.20	0.15	0.40	0.25	
np_i	120	90	240	150	
$(f_i-np_i)^2/np_i$	1.2	1.11	6.67	2.16	$\sum=11.14$

可得：

$$\chi^2=\sum_{i=1}^{k}\frac{(f_i-np_i)^2}{np_i}=11.14>7.815$$

故拒绝原假设 H_0，即认为各鱼类数量的比例较 10 年前有显著改变。

【例 9.20】 从 1500 年到 1931 年的 432 年间，每年爆发战争的次数可以看作一个随机变量，据统计，这 432 年间共爆发了 299 次战争，具体数据如下：

战争次数 X	发生 X 次战争的年数
0	223
1	142
2	48
3	15
4	4

试取 $\alpha=0.05$ 检验 X 是否服从泊松分布。

解 假设 X 服从泊松分布 $X\sim P(\lambda)$，根据前述理论可知，λ 的极大似然估计为：

$$\hat{\lambda}=\bar{x}=\frac{299}{432}=0.69$$

(1) 建立假设：$H_0:X\sim P(0.69)$ $H_1:X$ 不满足上述分布律。

(2) 选择统计量：$\chi^2=\sum_{i=1}^{k}\frac{(f_i-np_i)^2}{np_i}$ 近似 $\chi^2(k-r-1)$。

(3) 求拒绝域：因为有一个未知参数 λ，所 $P\{\chi^2>\chi^2_\alpha(k-r-1)\}=\alpha$。

5 个区间并不都满足皮尔逊 χ^2 检验法的要求，所以要将 $X=3$ 和 $X=4$ 合并，所以查 χ^2 分布表得 $\chi^2_\alpha(k-r-1)=\chi^2_{0.05}(4-1-1)=\chi^2_{0.05}(2)=5.991$，从而拒绝域为 $W=\{\chi^2>5.991\}$。

(4) 做出决策：

计算事件 $X=i$ 的概率 p_i，p_i 的估计是 $\hat{p}_i=e^{-0.69}0.69^i/i!$，$i=0,1,2,3,4$。

战争次数 x	0	1	2	3	4	
实测频数 f_i	223	142	48	15	4	
$\hat{p}_i$	0.501576	0.346087	0.1194	0.027462	0.00474	
$n\hat{p}_i$	216.7	149.5	51.6	12.0	2.05	
				14.05		
$(f_i-n\hat{p}_i)^2/n\hat{p}_i$	0.183	0.376	0.251	1.744		$\sum=2.555$

可得：

$$\chi^2=\sum_{i=1}^{k}\frac{(f_i-np_i)^2}{np_i}=2.555<5.991$$

故接受原假设 H_0，即认为每年发生战争的次数 X 服从参数为 0.69 的泊松分布。

9.4.3 其他假设检验的 R 实现

比例检验可以调用函数 prop. test( )，分布拟合检验通常调用函数 chisq. test( )。

函数 prop. test( )的调用格式为：

prop. test(x, n, p, alternative= c("two. sided","less","greater"), conf. level=0.95, correct=TRUE,…)

其中，x 为具有某种特征的样本个数，可以是一个数值，也可以是一组向量；n 为样本量，可以是一个数值，也可以是一组向量，若为向量时，表示多总体比例相等的假设检验；p 为原假设成立的比例值；correct 是逻辑值，FALSE 代表用 Yates 连续性修正，默认为 TRUE，不进行修正。

函数 chisq. test( )的调用格式为：

chisq. test(x, correct=TRUE, p=rep(1/length(x), length(x)),…)

其中，x 是样本数据的向量或矩阵；correct 设置计算检验统计量时是否进行连续修正，默认为 TRUE；p 为原假设落在区间内的理论概率，默认为均匀分布，实际中根据分布函数计算的概率分布。

例 9.16 的 R 实现

R 程序：

```
>prop. test(x=62,n=400,p=0.152,alternative="two. sided",conf. level=0.95,correct =FALSE)
        1-sample proportions test without continuity correction
data:  62 out of 400,null probability 0.152
X-squared=0.027929,df=1,p-value=0.8673
alternative hypothesis:true p is not equal to 0.152
95 percent confidence interval:
  0.1228326 0.1937309
sample estimates:
p
```

0.155

结果说明：比例 p 的点估计为 0.155，p 的置信度为 0.95 的置信区间(0.12，0.19)。$p=0.8673>0.05$，应接受原假设 H_0，即可认为支持该市老年人口比重为 15.2%的看法。

例 9.18 的 R 实现

R 程序：

```
>prop.test(c(300,320),c(1500,1800),alternative="two.sided",conf.level=0.95)
    2-sample test for equality of proportions with
    continuity correction
data:c(300,320) out of c(1500,1800)
X-squared=2.5044,df=1,p-value=0.1135
alternative hypothesis: two.sided
95 percent confidence interval:
 -0.00525354  0.04969798
sample estimates:
 prop 1    prop 2
0.2000000 0.1777778
```

结果说明：两总体比例 p 的点估计分布为 0.2、0.178，比例差的置信度为 0.95 的置信区间(−0.005，0.0497)。$p=0.1135>0.05$，应接受原假设 H_0，即可认为两个县有中小型农户的比例无差异。

例 9.19 的 R 实现

R 程序：

```
>X<-c(132,100,200,168)
>pt<-c(0.2,0.15,0.4,0.25)
>chisq.test(X,correct=TRUE,p=pt)
    Chi-squared test for given probabilities
data:  X
X-squared=11.138,df=3,p-value=0.011
```

结果说明：$p=0.011<0.05$，应拒绝原假设 H_0，即认为各鱼类数量的比例较 10 年前有显著改变。

习题 9-4

1. 丽华厂有批产品 10000 件，按规定的标准，出厂时的次品率不得超过 3%，质量检验员从中任意抽取 100 件，发现其中有 5 件次品，问这批产品能否出厂($\alpha=0.05$)？并给出 R 实现的程序。

2. 根据某市公路交通部门某年的前 6 个月交通事故记录，统计得星期一至星期日发生交通事故的次数如下：

星期	1	2	3	4	5	6	7
次数	36	23	29	31	34	60	25

试问交通事故发生是否与星期几无关($\alpha=0.05$)？并给出R实现的程序。

3. 自1965年1月1日至1971年2月9日共2231天中，全世界记录到里氏震级4级和4级以上地震计162次，统计如下：

相继两次地震

间隔天数	0～4	5～9	10～14	15～19	20～24	25～29	30～34	35～39	40
出现的频率	50	31	26	17	10	8	6	6	8

试检验相继两次地震间隔的天数 X 服从指数分布($\alpha=0.05$)，并给出R实现的程序。

第 10 章　方差分析与回归分析

方差分析与回归分析均为数理统计中具有广泛应用的内容，本章主要介绍它们最基本的部分及利用 R 软件实现的方法。

10.1　单因素方差分析

在科学试验、生产实践和社会生活中，影响一个事件的因素往往很多。例如，在工业生产中，产品的质量往往受到原材料、设备、技术及员工素质等因素的影响；在工作中，个人的收入除了会受到性别、学历、专业及工作时间等确定因素的影响外，还受到个人能力、经历及机遇等偶然因素的影响。每个因素的改变都可能会影响最终结果，但是有的因素影响大，有的因素影响小。因此，在实际问题中，找出对最终结果有显著影响的那些因素就非常必要了。方差分析就是根据试验的结果进行分析，鉴别各个相关因素对试验结果影响的有效方法。

10.1.1　基本概念

在方差分析中，我们将要考察的对象的某种特征称为试验指标。影响试验指标的条件称为因素。因素通常分为两类：一类是人们可控制的（如上述提到的原材料、设备、学历、专业等因素）；另一类是人们无法控制的（如上述提到的员工素质与机遇等因素）。本章我们所讨论的因素都是可控制因素。因素所处的状态称为因素的水平。如果在一项试验的过程中只有一个因素在改变，则称为单因素试验；如果多于一个因素在改变，则称为多因素试验。

为方便起见，用大写字母 A，B，C 等来表示因素，用大写字母加下标来表示该因素的水平，如 A_1，A_2，A_3 等。

【例 10.1】 设有 3 台机器，用来生产规格相同的铝合金薄板。取样，测量薄板的厚度精确至千分之一厘米，得到的结果如表 10.1 所示。试分析不同的机器所生产的铝合金薄板是否有差异。

表 10.1　铝合金薄板的厚度　　（单位：厘米）

机器Ⅰ	机器Ⅱ	机器Ⅲ
0.236	0.257	0.258
0.238	0.253	0.264
0.248	0.255	0.259
0.245	0.254	0.267
0.243	0.261	0.262

分析：在本例中试验指标为铝合金薄板的厚度，机器为因素，3 种类型机器分别代表因素的 3 个水平。由于只有机器的类型在改变，因此该试验为单因素试验，目的就是为了检验机器这一因素对铝合金薄板的厚度是否有显著性影响。

【例 10.2】 某食品公司对一种食品设计了 4 种包装。为了考察哪种包装最受欢迎，选了 10 个有相似销售量的商店做试验，其中两种包装各指定三个商店销售。在试验期间各商店的货架摆放位置、空间都尽量一致，营业员的促销方法也基本相同。观察在一定时期的销售量，数据如表 10.2 所示。试分析不同包装的食品销售量是否一致。

表 10.2　销售量

包装类型	商店			商店数
	1	2	3	
A_1	12	18	—	2
A_2	14	12	13	3
A_3	19	17	21	3
A_4	24	30	—	2

分析：在本例中试验指标为食品的销售量，包装为因素，4 种不同的包装分别代表因素的 4 个水平。由于只有包装的类型在改变，因此该实验为单因素试验。目的就是为了检验包装这一因素对食品的销售量是否有显著性影响。由于商店间的差异性已经被控制在最小的范围内，因此，一种包装在不同商店里的销售量被看作是一种包装的若干次重复观察，所以可以把一种包装看作一个总体。为比较四种包装的销售量是否一致，相当于要比较这四个总体的均值是否一致。为简化起见，需要给出若干假定，把要回答的问题归结为某类统计问题，然后设法解决它。

10.1.2　前提假设

设单因素 A 具有 r 个水平，分别记为 $A_1, A_2, \cdots, A_r$，在每个水平 $A_i(i=1,2,\cdots,r)$下，要考察的指标可以看成一个总体，因此有 r 个总体，并假设：

(1) 每个总体均服从正态分布；

(2) 每个总体的方差相同；

(3) 从每个总体中抽取的样本相互独立。

因此，比较各个总体的均值是否一致，就是要检验各个总体的均值是否相等。假设第 i 个总体的均值为 μ_i，则要检验的假设为：

$$\begin{aligned} &H_0: \mu_1 = \mu_2 = \cdots = \mu_r \\ &H_1: \mu_1, \mu_2, \cdots, \mu_r \text{ 不全相等} \end{aligned} \tag{10.1}$$

在水平 $A_i(i=1,2,\cdots,r)$下，进行 n_i 次独立试验，得到样本为 $X_{i1}, X_{i2}, \cdots, X_{in_i}$，样本的总个数为：

$$n = \sum_{i=1}^{r} n_i$$

由假设可得到 $X_{ij} \sim N(\mu_i, \sigma^2)$，其中 μ_i, σ^2 均未知，即有：

$$X_{ij}-\mu_i \sim N(0,\sigma^2)$$

因此 $X_{ij}-\mu_i$ 可视为随机误差,记 $\varepsilon_{ij}=X_{ij}-\mu_i$,从而得到如下数学模型:

$$\begin{cases} X_{ij}=\mu_i+\varepsilon_{ij}, i=1,2,\cdots,r; j=1,2,\cdots,n_i \\ \varepsilon_{ij}\sim N(0,\sigma^2),\text{各个}\varepsilon_{ij}\text{ 相互独立且}\mu_i,\sigma^2\text{ 未知} \end{cases} \tag{10.2}$$

方差分析的任务:

(1) 检验该模型中 r 个总体 $N(\mu_i,\sigma^2)(i=1,2,\cdots,r)$ 的均值是否相等;

(2) 估计未知参数 $\mu_1,\mu_2,\cdots,\mu_r$ 和 σ^2。

为了将方差分析的任务(1)写成更便于讨论的形式,将 $\mu_1,\mu_2,\cdots,\mu_r$ 的加权平均值记为 μ,即:

$$\mu=\frac{1}{n}\sum_{i=1}^{r}n_i\mu_i$$

μ 称为总平均。再引入:

$$\delta_i=\mu_i-\mu, \qquad i=1,2,\cdots,r$$

δ_i 表示在水平 A_i 下总体的均值与总平均 μ 的差异,称其为因素 A 的第 i 个水平 A_i 的效应。显然,有 $n_1\delta_1+n_2\delta_2+\cdots+n_r\delta_r=0$ 成立,则模型(10.2)可以改写为:

$$\begin{cases} X_{ij}=\mu+\delta_i+\varepsilon_{ij}, i=1,2,\cdots,r; j=1,2,\cdots,n_i \\ \sum_{i=1}^{r}n_i\delta_i=0 \\ \varepsilon_{ij}\sim N(0,\sigma^2),\text{各个}\varepsilon_{ij}\text{ 相互独立且}\mu_i,\sigma^2\text{ 未知} \end{cases} \tag{10.3}$$

则前述所需要检验的假设等价于:

$$\begin{aligned} &H_0:\delta_1=\delta_2=\cdots=\delta_r=0 \\ &H_1:\delta_1,\delta_2,\cdots,\delta_r\text{ 不全为零} \end{aligned} \tag{10.4}$$

10.1.3 偏差平方和及其分解

为了将全部试验数据间的差异性体现出来,引入总偏差平方和 S_T:

$$S_T=\sum_{i=1}^{r}\sum_{j=1}^{n_i}(X_{ij}-\overline{X})^2$$

来度量各个体间的差异程度。其中:

$$\overline{X}=\frac{1}{n}\sum_{i=1}^{r}\sum_{j=1}^{n_i}X_{ij}$$

为所有样本的总均值。又记水平 A_i 下的样本均值为 $\overline{X}_{i.}$,即:

$$\overline{X}_{i.}=\frac{1}{n_i}\sum_{j=1}^{n_i}X_{ij}$$

如果 H_0 成立,则 r 个总体间无显著性差异,也就是说,因素 A 对指标没有显著影响,所有的 X_{ij} 可以认为是来自同一个总体 $N(\mu,\sigma^2)$,各个 X_{ij} 间的差异都是由随机因素引起的。如果 H_0 不成立,则在总偏差中,除随机因素引起的差异外,还包括因素 A 的不同水平的作用而产生的差异,如果不同水平作用产生的差异比随机因素引起的差异大得多,就可以认为

因素 A 对指标有显著的影响，否则，认为无显著性影响。由此，可以将总偏差中的这两种差异分开，然后进行比较。

通过分解，可将 S_T 写成：

$$S_T=\sum_{i=1}^{r}\sum_{j=1}^{n_i}(X_{ij}-\overline{X})^2=\sum_{i=1}^{r}\sum_{j=1}^{n_i}[(X_{ij}-\overline{X}_{i.})+(\overline{X}_{i.}-\overline{X})]^2$$

$$=\sum_{i=1}^{r}\sum_{j=1}^{n_i}(X_{ij}-\overline{X}_{i.})^2+2\sum_{i=1}^{r}\sum_{j=1}^{n_i}(X_{ij}-\overline{X}_{i.})(\overline{X}_{i.}-\overline{X})+\sum_{i=1}^{r}n_i(\overline{X}_{i.}-\overline{X})^2$$

由 $\overline{X}$ 与 $\overline{X}_{i.}$ 的定义知：

$$\sum_{i=1}^{r}\sum_{j=1}^{n_i}(X_{ij}-\overline{X}_{i.})(\overline{X}_{i.}-\overline{X})=0$$

因此，S_T 分解为：

$$S_T=S_A+S_E \tag{10.5}$$

其中：

$$S_A=\sum_{i=1}^{r}n_i(\overline{X}_{i.}-\overline{X})^2 \tag{10.6}$$

$$S_E=\sum_{i=1}^{r}\sum_{j=1}^{n_i}(X_{ij}-\overline{X}_{i.})^2 \tag{10.7}$$

S_A 表示在每个水平下的样本均值与样本总均值的差异，它是由因素 A 取不同水平引起的，称为组间（偏差）平方和，也称为因素 A 的偏差平方和。

S_E 表示在水平 A_i 下样本值与该水平下的样本均值之间的差异，它是由随机误差引起的，称为组内（偏差）平方和，也称为误差（偏差）平方和。

10.1.4　S_E 与 S_A 的统计特性

如果 H_0 成立，则所有的 X_{ij} 都服从正态分布 $N(\mu,\sigma^2)$，且相互独立，则可证明 S_E 与 S_A 具有如下统计特性：

（1）$\dfrac{S_T}{\sigma^2}\sim\chi^2(n-1)$；

（2）$\dfrac{S_E}{\sigma^2}\sim\chi^2(n-r)$，且 $E(S_E)=(n-r)\sigma^2$，所以$\dfrac{S_E}{n-r}$为 σ^2 的无偏估计；

（3）$\dfrac{S_A}{\sigma^2}\sim\chi^2(r-1)$，且 $E(S_A)=(r-1)\sigma^2$，所以$\dfrac{S_A}{r-1}$为 σ^2 的无偏估计；

（4）S_A 与 S_E 相互独立。

证明略。

10.1.5　检验方法

如果组间差异比组内差异大得多，则说明因素的各水平间有显著差异，即 r 个总体不能认为是同一个正态总体，也就是认为 H_0 不成立，此时，比值$\dfrac{S_A/(r-1)}{S_E/(n-r)}$有偏大的趋势。为

此,选用统计量:

$$F=\frac{S_A/(r-1)}{S_E/(n-r)}$$

在 H_0 为真时,有:

$$F=\frac{S_A/(r-1)}{S_E/(n-r)}\sim F(r-1,n-r)$$

则检验步骤为:

(1) 根据样本观察值计算 S_A 和 S_E,进而计算出统计量 F 的值。

(2) 对给定的显著性水平 α,查 $F_\alpha(r-1,n-r)$的值。

(3) 比较 F 与 $F_\alpha(r-1,n-r)$的值,当 $F>F_\alpha(r-1,n-r)$时,拒绝 H_0,表示因素 A 的各水平下的效应有显著性差异;当 $F<F_\alpha(r-1,n-r)$时,接受 H_0,表示没有理由认为因素 A 的各水平下的效应有显著性差异。

为表达的方便和直观,将上面的分析过程和结果写成如表 10.3 所示的形式,称为单因素方差分析表。

表 10.3 单因素方差分析表

方差来源	平方和	自由度	均方	F 比
因素 A	S_A	$r-1$	$MS_A=\frac{S_A}{r-1}$	$F=\frac{MS_A}{MS_E}$
误差 E	S_E	$n-r$	$MS_E=\frac{S_E}{n-r}$	
总和 T	S_T	$n-1$		

【例 10.3】 在例 10.2 中,检验假设 $H_0:\mu_1=\mu_2=\mu_3=\mu_4$, H_1: μ_1,μ_2,μ_3,μ_4 不全相等($\alpha=0.05$)。

解 这里 $r=4,n_1=n_4=2,n_2=n_3=3,n=10$,根据公式计算可得:

$$S_T=304,S_A=258,S_E=46$$

S_T,S_A,S_E 的自由度依次为 $n-1=9,r-1=3,n-r=6$,得方差分析表如下:

方差来源	平方和	自由度	均方	F 比
因素 A	258	3	86	11.22
误差 E	46	6	7.67	
总和 T	304	9		

查表可得 $F_{0.05}(3,6)=4.74<11.22$,故在 0.05 水平下拒绝 H_0,即认为四种包装的销售量有显著差异。这说明不同包装受欢迎的程度不同。

10.1.6 单因素方差分析的 R 实现

R 中 lm( )函数与 aov( )函数都能实现方差分析,两个函数的结果是等同的,本章我们主要采用 aov( )函数。aov( )函数的调用格式为:

aov(formula,data=dataframe)

单因素方差分析的 formula(表达式)为 $y \sim A$,其中 y 表示试验指标,A 表示影响因素。

【例 10.4】 用 R 软件实现例 10.2。

R 程序:创建数据框 data. baozhuang

```
>xiaoliang<-c(12,18,14,12,13,19,17,21,24,30)        #创建销量向量
>baozhuang<-factor(c(rep(1,2),rep(2,3),rep(3,3),rep(4,2)))      创建包装因子
>data. baozhuang<-data. frame(xiaoliang,baozhuang)
>data. baozhuang
   xiaoliang  baozhuang
1      12        1
2      18        1
3      14        2
4      12        2
5      13        2
6      19        3
7      17        3
8      21        3
9      24        4
10     30        4
```

调用 aov( )函数进行方差分析,并用 summary( )函数提取方差分析表:

```
>baozhuang. aov<-aov(xiaoliang~baozhuang,data=data. baozhuang)
>summary(baozhuang. aov)
            Df  Sum Sq  Mean Sq  F value     Pr(>F)
baozhuang    3    258    86.00    11.22   0.00713 * *
 Residuals   6     46     7.67

    ---

Signif. codes: 0 '* * *' 0.001 '* *' 0.01 '*' 0.05 '.' 0.1 ' ' 1
```

上述结果中,Df 表示自由度,Sum Sq 表示平方和,其中组间平方和 258,组内平方和 46,Mean Sq 表示均方和,F value 表示 F 比,Pr(>F)表示检验 p 值。

【例 10.5】 为研究注射不同剂量雌激素对大白鼠子宫重量的影响,取 4 窝不同种系的大白鼠,每窝 3 只,随机地分配到 3 个组内,接受不同剂量的雌激素的注射,然后测定其子宫重量,结果见表 10.4。问注射不同剂量的雌激素对大白鼠的子宫重量是否有影响?

R 程序:创建数据框 data. jisu

```
>zhongliang<-c(106,116,145,42,68,115,70,111,133,42,63,87)        #创建重
量向量
>jisu<-factor(c(rep("A1",3),rep("A2",3),rep("A3",3),rep("A4",3)))
#创建激素因子
>data. jisu<-data. frame(zhongliang,jisu)
>data. jisu
```

```
     zhongliang  jisu
1    106         A1
2    116         A1
3    145         A1
4    42          A2
5    68          A2
6    115         A2
7    70          A3
8    111         A3
9    133         A3
10   42          A4
11   63          A4
12   87          A4
```

调用 aov( )函数进行方差分析，并用 summary( )函数提取方差分析表：

```
>jisu.aov<-aov(zhongliang~jisu,data=data.jisu)
>summary(jisu.aov)
           Df  Sum Sq  Mean Sq  F value  Pr(>F)
  jisu      3  6458    2152.6   2.602    0.124
Residuals   8  6617    827.2
```

上述结果显示，检验 p 值为 0.124，大于 0.05，因此在 $\alpha=0.05$ 的水平下可以认为，注射不同剂量的雌激素对大白鼠子宫重量无显著性影响。

表 10.4　大白鼠注射不同剂量雌激素后的子宫重量　　（单位：g）

大白鼠种类	雌激素剂量（μg/100g）			大白鼠只数
	0.2	0.4	0.8	
A_1	106	116	145	3
A_2	42	68	115	3
A_3	70	111	133	3
A_4	42	63	87	3

习题 10－1

1. 粮食加工试验 5 种贮藏方法，检验它们对粮食含水率是否有显著影响。在贮藏前这些粮食的含水率几乎没有差别，贮藏后含水率如下表所示：

含水率（%）		试验批号				
		1	2	3	4	5
因素 A（贮藏方法）	A_1	7.3	8.3	7.6	8.4	8.3
	A_2	5.4	7.4	7.1		
	A_3	8.1	6.4	6.4		
	A_4	7.9	9.5	9.5	10.0	
	A_5	7.1				

(1) 问不同的贮藏方法对含水率的影响是否有明显差异($\alpha=0.05$)?

(2) 利用R软件实现(1)。

2. 为了了解烫伤后不同时期切痂对肝脏三磷酸腺苷(ATP)含量的影响,将30只雄性大鼠随机分3组,每组10只:A组为烫伤对照组,B组为烫伤后24小时(休克期)切痂组,C组为烫伤后96小时(非休克期)切痂组,全部动物统一在烫伤后168小时处死并测量其肝脏的ATP含量,结果如下表所示:

A组	B组	C组
7.76	12.14	10.85
7.71	13.60	8.58
8.43	14.42	7.19
8.47	13.85	9.36
10.30	17.53	9.59
6.67	14.16	8.81
11.73	14.94	8.22
5.78	13.01	9.95
6.61	14.18	11.26
6.97	17.72	8.68

(1) 试在显著性水平$\alpha=0.05$下,检验3组大鼠肝脏的ATP含量是否有显著性差异;

(2) 利用R软件实现(1)。

3. 调查得到健康男子各年龄组淋巴细胞转化率(%)如下:

11~20岁	8	1	2	1	3	0	0	8	4	8	0	6
21~60岁	4	7	8	7	0	1	3	4	6	2		
61~80岁	2	6	7	0	7	3	1					

(1) 试在显著性水平$\alpha=0.05$下,检验各组的平均转化率有无显著性差异。设各个总体服从正态分布,且方差相等。

(2) 利用R软件实现(1)。

10.2　双因素方差分析

在许多实际问题中,经常要考虑两个因素对试验指标的影响。例如,同时考虑工人的技术和机器对产品质量是否有显著影响。这里工人的技术与机器是两个因素。多因素方差分析与单因素方差分析的基本思想是一致的,不同之处在于不仅各因素对试验指标起作用,各个因素不同水平的搭配也对试验指标起作用。统计学上把多因素不同水平的搭配对试验指标的影响称为交互作用。交互作用的效应只有在有重复的实验中才能分析出来。

本节只讨论双因素方差分析。将双因素方差分析分为无重复和等重复试验两种情况来讨论。对无重复试验只分别检验两个因素对试验结果有无显著性影响;等重复试验增加考虑两个因素的交互作用对试验结果有无显著性影响。

10.2.1 无重复双因素方差分析

设因素 A,B 作用于试验指标。因素 A 有 r 个水平 $A_1,A_2,\cdots,A_r$,因素 B 有 s 个水平 $B_1,B_2,\cdots,B_s$。对因素 A,B 的每一个水平的一对组合 $(A_i,B_j)(i=1,2,\cdots,r;j=1,2,\cdots,s)$ 只进行一次试验,得到 rs 个试验结果 X_{ij},列于表 10.5 中。

表 10.5 无重复双因素试验数据表

试验结果 / 因素 B / 因素 A	B_1	B_2	$\cdots$	B_s
A_1	X_{11}	X_{12}	$\cdots$	X_{1s}
A_2	X_{21}	X_{22}	$\cdots$	X_{2s}
$\vdots$	$\vdots$	$\vdots$	$\vdots$	$\vdots$
A_r	X_{r1}	X_{r2}	$\cdots$	X_{rs}

1. 假设前提

假设前提与单因素方差分析的假设前提相同,即:

(1) $X_{ij}\sim N(\mu_{ij},\sigma^2)$,$\mu_{ij}$,$\sigma^2$ 未知$(i=1,2,\cdots,r;j=1,2,\cdots,s)$;

(2) 每个总体的方差相同;

(3) 各 $X_{ij}(i=1,2,\cdots,r;j=1,2,\cdots,s)$相互独立。

引入下列记号:

$$\mu=\frac{1}{rs}\sum_{i=1}^{r}\sum_{j=1}^{s}\mu_{ij}$$

$$\mu_{i\cdot}=\frac{1}{s}\sum_{j=1}^{s}\mu_{ij},i=1,2,\cdots,r$$

$$\mu_{\cdot j}=\frac{1}{r}\sum_{i=1}^{r}\mu_{ij},j=1,2,\cdots,s$$

那么,要比较同一个因素的各个总体的均值是否一致,就是要检验各个总体的均值是否相等,即要检验的假设为:

$$\begin{cases}H_{0A}:\mu_{1\cdot}=\mu_{2\cdot}=\cdots=\mu_{r\cdot}\\ H_{1A}:\mu_{1\cdot},\mu_{2\cdot},\cdots,\mu_{r\cdot}\text{不全相等}\end{cases}$$

$$\begin{cases}H_{0B}:\mu_{\cdot 1}=\mu_{\cdot 2}=\cdots=\mu_{\cdot s}\\ H_{1B}:\mu_{\cdot 1},\mu_{\cdot 2},\cdots,\mu_{\cdot s}\text{不全相等}\end{cases}$$

由假设前提(1),记 $X_{ij}-\mu_{ij}=\varepsilon_{ij}$,即有:

$$\varepsilon_{ij}=X_{ij}-\mu_{ij}\sim N(0,\sigma^2)$$

因此,ε_{ij} 可看作随机误差,从而得到如下的数学模型:

$$\begin{cases} X_{ij}=\mu_{ij}+\varepsilon_{ij} & (i=1,2,\cdots,r;j=1,2,\cdots,s) \\ \varepsilon_{ij}\sim N(0,\sigma^2),\mu_{ij},\sigma^2 \text{ 未知,各 } \varepsilon_{ij} \text{ 相互独立} \end{cases}$$

记 $\alpha_i=\mu_{i\cdot}-\mu, i=1,2,\cdots,r, \beta_j=\mu_{\cdot j}-\mu, j=1,2,\cdots,s$。易见：

$$\sum_{i=1}^{r}\alpha_i=0$$

$$\sum_{j=1}^{s}\beta_j=0$$

称 μ 为总平均，称 α_i 为水平 A_i 的效应，称 β_j 为水平 B_j 的效应，且 $\mu_{ij}=\mu+\alpha_i+\beta_j$。

于是，上述模型可改写成：

$$\begin{cases} X_{ij}=\mu+\alpha_i+\beta_j+\varepsilon_{ij} & (i=1,2,\cdots,r;j=1,2,\cdots,s) \\ \varepsilon_{ij}\sim N(0,\sigma^2),\mu_{ij},\sigma^2 \text{ 未知,各 } \varepsilon_{ij} \text{ 相互独立} \\ \sum_{i=1}^{r}\alpha_i=0,\sum_{j=1}^{s}\beta_j=0 \end{cases}$$

检验假设为：

$$\begin{cases} H_{0A}:\alpha_1=\alpha_2=\cdots=\alpha_r=0 \\ H_{1A}:\alpha_1,\alpha_2,\cdots,\alpha_r \text{ 不全为零} \end{cases}$$

$$\begin{cases} H_{0B}:\beta_1=\beta_2=\cdots=\beta_s=0 \\ H_{1B}:\beta_1,\beta_2,\cdots,\beta_s \text{ 不全为零} \end{cases}$$

若 H_{0A}（或 H_{0B}）成立，则认为因素 A（或因素 B）的影响不显著，否则影响显著。

2. 偏差平方和及其分解

类似于单因素方差分析，需要将总偏差平方和进行分解，记：

$$\bar{X}=\frac{1}{rs}\sum_{i=1}^{r}\sum_{j=1}^{s}X_{ij}$$

$$\bar{X}_{i\cdot}=\frac{1}{s}\sum_{j=1}^{s}X_{ij}, i=1,2,\cdots,r$$

$$\bar{X}_{\cdot j}=\frac{1}{r}\sum_{i=1}^{r}X_{ij}, j=1,2,\cdots,s$$

将总偏差平方和进行分解：

$$\begin{aligned} S_T &= \sum_{i=1}^{r}\sum_{j=1}^{s}(X_{ij}-\bar{X})^2 \\ &= \sum_{i=1}^{r}\sum_{j=1}^{s}[(\bar{X}_{i\cdot}-\bar{X})+(\bar{X}_{\cdot j}-\bar{X})+(X_{ij}-\bar{X}_{i\cdot}-\bar{X}_{\cdot j}+\bar{X})]^2 \end{aligned}$$

由于在 S_T 的展开式中三个交叉项的乘积都等于零，因此有：

$$S_T=S_A+S_B+S_E$$

其中：

$$S_A=\sum_{i=1}^{r}\sum_{j=1}^{s}(\bar{X}_{i\cdot}-\bar{X})^2=s\sum_{i=1}^{r}(\bar{X}_{i\cdot}-\bar{X})^2$$

$$S_B=\sum_{i=1}^{r}\sum_{j=1}^{s}(\bar{X}_{\cdot j}-\bar{X})^2=r\sum_{j=1}^{s}(\bar{X}_{\cdot j}-\bar{X})^2$$

$$S_E=\sum_{i=1}^{r}\sum_{j=1}^{s}(X_{ij}-\overline{X}_{i\cdot}-\overline{X}_{\cdot j}+\overline{X})^2$$

称 S_A,S_B 和 S_E 分别为因素 A 的偏差平方和、因素 B 的偏差平方和及误差平方和。

类似地,可以证明当 H_{0A},H_{0B} 成立时,有:

(1) S_T/σ^2,S_A/σ^2,S_B/σ^2,S_E/σ^2 分别服从自由度依次为 $rs-1$,$r-1$,$s-1$,$(r-1)(s-1)$的 χ^2 分布;

(2) S_T,S_A,S_B,S_E 相互独立。

3. 检验方法

当 H_{0A} 为真时,可以证明:

$$F_A=\frac{S_A/(r-1)}{S_E/(r-1)(s-1)}\sim F(r-1,(r-1)(s-1))$$

若显著性水平为 α,得假设 H_{0A} 的拒绝域为:

$$W=\left\{F_A\,\middle|\,F_A=\frac{S_A/(r-1)}{S_E/((r-1)(s-1))}\geqslant F_\alpha(r-1,(r-1)(s-1))\right\}$$

类似地,当 H_{0B} 为真时,可以证明:

$$F_B=\frac{S_B/(s-1)}{S_E/((r-1)(s-1))}\sim F(s-1,(r-1)(s-1))$$

若显著性水平为 α,得假设 H_{0B} 的拒绝域为:

$$W=\left\{F_B\,\middle|\,F_B=\frac{S_B/(s-1)}{S_E/((r-1)(s-1))}\geqslant F_\alpha(s-1,(r-1)(s-1))\right\}$$

无重复双因素方差分析表如表 10.6 所示。

表 10.6　无重复双因素方差分析表

方差来源	平方和	自由度	均方和	F 值
因素 A	S_A	$r-1$	$\overline{S}_A=\frac{S_A}{r-1}$	$F_A=\overline{S}_A/\overline{S}_E$
因素 B	S_B	$s-1$	$\overline{S}_B=\frac{S_B}{s-1}$	$F_B=\overline{S}_B/\overline{S}_E$
误差	S_E	$(s-1)(r-1)$	$\overline{S}_E=\frac{S_E}{(r-1)(s-1)}$	
总和	S_T	$rs-1$		

【例 10.6】 酿造厂有化验员 3 名,负责发酵粉的颗粒检验。这三位化验员每天从该厂所产的发酵粉中抽样一次,连续 10 天,每天检验其中所含颗粒的百分率,结果如下表所示。设 $\alpha=0.05$,试分析 3 名化验员的化验技术之间与所抽取样本时间有无显著性差异。

百分率(%)		因素 B(化验时间)				
		B_1	B_2	B_3	B_4	B_5
因素 A(化验员)	A_1	10.1	4.7	3.1	3.0	7.8
	A_2	10.0	4.9	3.1	3.2	7.8
	A_3	10.2	4.8	3.0	3.0	7.8

百分率(%)		因素 B(化验时间)				
		B_6	B_7	B_8	B_9	B_{10}
因素 A（化验员）	A_1	8.2	7.8	6.0	4.9	3.4
	A_2	8.2	7.7	6.2	5.1	3.4
	A_3	8.4	7.8	6.1	5.0	3.3

解　需要检验化验员及化验时间这两个因素对发酵粉所含颗粒的百分率这个试验指标是否有显著性影响，且采样无重复，因此采用无重复双因素方差分析法。

由题可知 $r=3,s=10$，按照公式计算可得：

$$S_A=0.02,S_B=164.57,S_E=0.13,S_T=164.72$$

$$F_A\approx1.248,F_B\approx2444.158$$

当 $\alpha=0.05$ 时，查表得：

$$F_\alpha(r-1,(r-1)(s-1))=F_{0.05}(2,18)=7.21$$

$$F_\alpha(s-1,(r-1)(s-1))=F_{0.05}(9,18)=4.14$$

从而得到方差分析表：

方差来源	平方和	自由度	F 值
因素 A	$S_A=0.02$	2	$F_A\approx1.248$
因素 B	$S_B=164.57$	9	$F_B\approx2444.158$
误差	$S_E=0.13$	18	
总和	$S_T=164.72$	29	

由于 $F_A<F_{0.05}(2,18)$，而 $F_B>F_{0.05}(9,18)$，因此可以认为 3 名化验员的化验技术之间无显著差异，每日所抽取样本时间有显著差异。

4. 无重复双因素方差分析的 R 实现

调用 aov( )函数进行无重复双因素方差分析时，表达式 formula 的形式为 $y\sim A+B$，其中 y 为试验指标，A 和 B 为影响因素。

【例 10.7】　利用 R 软件实现例 10.6。

R 程序：创建数据框 data. baifenbi

```
>baifenbi<-c(10.1,4.7,3.1,3.0,7.8,8.2,7.8,6.0,4.9,3.4,
+ 10.0,4.9,3.1,3.2,7.8,8.2,7.7,6.2,5.1,3.4,
+ 10.2,4.8,3.0,3.0,7.8,8.4,7.8,6.1,5.0,3.3)          #创建百分率向量
>huayanyuan<-factor(c(rep(1,10),rep(2,10),rep(3,10)))          #创建化验员因子
>huayanshijian<-factor(c(1,2,3,4,5,6,7,8,9,10,1,2,3,4,5,6,7,8,9,10,1,2,3,4,5,6,7,8,9,10))          #创建化验时间因子
>data.baifenbi<-data.frame(baifenbi,huayanyuan,huayanshijian)          #创建data.baifenbi 数据框
```

```
>data.baifenbi
   baifenbi  huayanyuan  huayanshijian
1    10.1        1           1
2     4.7        1           2
3     3.1        1           3
4     3.0        1           4
5     7.8        1           5
6     8.2        1           6
7     7.8        1           7
8     6.0        1           8
9     4.9        1           9
10    3.4        1          10
11   10.0        2           1
12    4.9        2           2
13    3.1        2           3
14    3.2        2           4
15    7.8        2           5
16    8.2        2           6
17    7.7        2           7
18    6.2        2           8
19    5.1        2           9
20    3.4        2          10
21   10.2        3           1
22    4.8        3           2
23    3.0        3           3
24    3.0        3           4
25    7.8        3           5
26    8.4        3           6
27    7.8        3           7
28    6.1        3           8
29    5.0        3           9
30    3.3        3          10
```

调用函数 aov( )进行无重复双因素方差分析,并用函数 summary( )提取方差分析表:

```
>summary(aov(baifenbi~huayanyuan+huayanshijian))
                Df   Sum Sq   Mean Sq   F value    Pr(>F)
huayanyuan       2    0.02    0.009      1.248     0.311
huayanshijian    9  164.57   18.286   2444.158    <2e-16 ***
Residuals       18    0.13    0.007
---
```

Signif. codes：0 ‘＊＊＊’ 0.001 ‘＊＊’ 0.01 ‘＊’ 0.05 ‘.’ 0.1 ‘ ’ 1

上述结果显示，因素 A 的检验 p 值是 0.311，大于显著性水平 0.05，因素 B 的检验 p 值远小于 0.05，因此可以认为 3 名化验员的化验技术之间无显著差异，每日所抽取样本之间有显著差异。

10.2.2　等重复双因素方差分析

设因素 A,B 作用于试验指标。因素 A 有 r 个水平 $A_1,A_2,\cdots,A_r$，因素 B 有 s 个水平 $B_1,B_2,\cdots,B_s$。对因素 A,B 的每一个水平的一对组合 $(A_i,B_j)(i=1,2,\cdots,r;j=1,2,\cdots,s)$ 进行 $t(t\geqslant 2)$ 次试验（称为等重复试验），得到 rst 个试验结果：

$$X_{ijk}(i=1,2,\cdots,r;j=1,2,\cdots,s;k=1,2,\cdots,t)$$

1. 假设前提

(1) $X_{ijk}\sim N(\mu_{ij},\sigma^2)$，$\mu_{ij},\sigma^2$ 未知 $(i=1,2,\cdots,r;j=1,2,\cdots,s;k=1,2,\cdots,t)$；

(2) 每个总体的方差相同；

(3) 各 $X_{ijk}(i=1,2,\cdots,r;j=1,2,\cdots,s;k=1,2,\cdots,t)$ 相互独立。

由假设前提(1)，记 $X_{ijk}-\mu_{ij}=\varepsilon_{ijk}$，即有：

$$\varepsilon_{ijk}=X_{ijk}-\mu_{ij}\sim N(0,\sigma^2)$$

因此，ε_{ijk} 可看作随机误差，从而得到如下的数学模型：

$$\begin{cases}X_{ijk}=\mu_{ij}+\varepsilon_{ijk}, & (i=1,2,\cdots,r;j=1,2,\cdots,s;k=1,2,\cdots,t)\\ \varepsilon_{ijk}\sim N(0,\sigma^2),\mu_{ij},\sigma^2 \text{ 未知，各 } \varepsilon_{ij} \text{ 相互独立}\end{cases}$$

类似地，引入记号 $\mu,\mu_{i.},\mu_{.j},\alpha_i,\beta_j$，易见 $\sum_{i=1}^{r}\alpha_i=0,\sum_{j=1}^{s}\beta_j=0$。仍称 μ 为总平均，称 α_i 为水平 A_i 的效应，称 β_j 为水平 B_j 的效应。则 $\mu_{ij}=\mu+\alpha_i+\beta_j+\gamma_{ij}(i=1,2,\cdots,r;j=1,2,\cdots,s)$，其中：

$$\gamma_{ij}=\mu_{ij}-\mu_{i.}-\mu_{.j}+\mu \qquad (i=1,2,\cdots,r;j=1,2,\cdots,s)$$

称 γ_{ij} 为水平 A_i 和水平 B_j 的交互效应，这是由 A_i 与 B_j 搭配联合起作用而引起的。易见：

$$\sum_{j=1}^{s}\gamma_{ij}=0,i=1,2,\cdots,r$$

$$\sum_{i=1}^{r}\gamma_{ij}=0,j=1,2,\cdots,s$$

则上述数学模型可以改写为：

$$\begin{cases}X_{ijk}=\mu+\alpha_i+\beta_j+\gamma_{ij}+\varepsilon_{ijk} & (i=1,2,\cdots,r;j=1,2,\cdots,s;k=1,2\cdots,t)\\ \varepsilon_{ijk}\sim N(0,\sigma^2)\text{，各 } \varepsilon_{ijk} \text{ 相互独立} \\ \sum_{i=1}^{r}\alpha_i=0,\sum_{j=1}^{s}\beta_j=0,\sum_{j=1}^{s}\gamma_{ij}=0,\sum_{i=1}^{r}\gamma_{ij}=0\end{cases}$$

其中，$\mu,\alpha_i,\beta_j,\gamma_{ij}$ 及 σ^2 都是未知参数。

检验假设为：

$$\begin{cases}H_{0A}:\alpha_1=\alpha_2=\cdots=\alpha_r=0\\ H_{1A}:\alpha_1,\alpha_2,\cdots,\alpha_r \text{ 不全为零}\end{cases}$$

$$\begin{cases} H_{0B}: \beta_1 = \beta_2 = \cdots = \beta_s = 0 \\ H_{1B}: \beta_1, \beta_2, \cdots, \beta_s \text{ 不全为零} \end{cases}$$

$$\begin{cases} H_{0A\times B}: \gamma_{11} = \gamma_{12} = \cdots = \gamma_{rs} = 0 \\ H_{1A\times B}: \gamma_{11}, \gamma_{12}, \cdots, \gamma_{rs} \text{ 不全为零} \end{cases}$$

2. 偏差平方和及其分解

引入记号：

$$\overline{X} = \frac{1}{rst}\sum_{i=1}^{r}\sum_{j=1}^{s}\sum_{k=1}^{t} X_{ijk}$$

$$\overline{X}_{ij\cdot} = \frac{1}{t}\sum_{k=1}^{t} X_{ijk}, i = 1, 2, \cdots, r; j = 1, 2, \cdots, s$$

$$\overline{X}_{i\cdot\cdot} = \frac{1}{st}\sum_{j=1}^{s}\sum_{k=1}^{t} X_{ijk}, i = 1, 2, \cdots, r$$

$$\overline{X}_{\cdot j\cdot} = \frac{1}{rt}\sum_{i=1}^{r}\sum_{k=1}^{t} X_{ijk}, j = 1, 2, \cdots, s$$

称下列 S_T 为总偏差平方和(或总变差)：

$$S_T = \sum_{i=1}^{r}\sum_{j=1}^{s}\sum_{k=1}^{t} (X_{ijk} - \overline{X})^2$$

上式可分解为 $S_T = S_A + S_B + S_{A\times B} + S_E$，其中：

$$S_A = st\sum_{i=1}^{r} (\overline{X}_{i\cdot\cdot} - \overline{X})^2$$

$$S_B = rt\sum_{j=1}^{s} (\overline{X}_{\cdot j\cdot} - \overline{X})^2$$

$$S_{A\times B} = t\sum_{i=1}^{r}\sum_{j=1}^{s} (\overline{X}_{ij\cdot} - \overline{X}_{i\cdot\cdot} - \overline{X}_{\cdot j\cdot} + \overline{X})^2$$

$$S_E = \sum_{i=1}^{r}\sum_{j=1}^{s}\sum_{k=1}^{t} (X_{ijk} - \overline{X}_{ij\cdot})^2$$

同样，称 S_E 为误差平方和，S_A 和 S_B 分别为因素 A 和因素 B 的偏差平方和，$S_{A\times B}$ 称为 A，B 交互偏差平方和。

类似地，可以证明当 $H_{0A}, H_{0B}, H_{0A\times B}$ 成立时，有：

(1) $S_T/\sigma^2, S_A/\sigma^2, S_B/\sigma^2, S_{A\times B}/\sigma^2, S_E/\sigma^2$ 分别服从自由度依次为 $rst-1, r-1, s-1, (r-1)(s-1), rs(t-1)$ 的 χ^2 分布；

(2) $S_T, S_A, S_B, S_{A\times B}, S_E$ 相互独立。

3. 检验方法

当 H_{0A} 为真时，可以证明：

$$F_A = \frac{S_A/(r-1)}{S_E/(rs(t-1))} \sim F(r-1, rs(t-1))$$

若显著性水平为 α，假设 H_{0A} 的拒绝域为：

$$W = \left\{ F_A \,\middle|\, F_A = \frac{S_A/(r-1)}{S_E/(rs(t-1))} \geqslant F_\alpha(r-1, rs(t-1)) \right\}$$

当 H_{0B} 为真时，可以证明：

$$F_B=\frac{S_B/(s-1)}{S_E/(rs(t-1))}\sim F(s-1,rs(t-1))$$

若显著性水平为 α，假设 H_{0B} 的拒绝域为：

$$W=\left\{F_B\left|F_B=\frac{S_B/(s-1)}{S_E/(rs(t-1))}\geqslant F_\alpha(s-1,rs(t-1))\right.\right\}$$

当 $H_{0A\times B}$ 为真时，可以证明：

$$F_{A\times B}=\frac{S_{A\times B}/((r-1)(s-1))}{S_E/(rs(t-1))}\sim F((r-1)(s-1),rs(t-1))$$

若显著性水平为 α，假设 $H_{0A\times B}$ 的拒绝域为：

$$W=\left\{F_{AB}\left|F_{A\times B}=\frac{S_{A\times B}/((r-1)(s-1))}{S_E/(rs(t-1))}\geqslant F_\alpha((r-1)(s-1),rs(t-1))\right.\right\}$$

等重复双因素方差分析表如表 10－7 所示。

表 10－7　等重复双因素方差分析表

方差来源	平方和	自由度	均方和	F 值
因素 A	S_A	$r-1$	$\bar{S}_A=\frac{S_A}{r-1}$	$F_A=\bar{S}_A/\bar{S}_E$
因素 B	S_B	$s-1$	$\bar{S}_B=\frac{S_B}{s-1}$	$F_B=\bar{S}_B/\bar{S}_E$
交互作用	$S_{A\times B}$	$(r-1)(s-1)$	$\bar{S}_{A\times B}=\frac{S_{A\times B}}{(r-1)(s-1)}$	$F_{A\times B}=\bar{S}_{A\times B}/\bar{S}_E$
误差	S_E	$rs(t-1)$	$\bar{S}_E=\frac{S_E}{rs(t-1)}$	
总和	S_T	$rst-1$		

【例 10.8】 下表给出某种化工过程在三种浓度、四种温度水平下得率的数据。假设在诸水平搭配下得率的总体服从正态分布，且方差相等，试在 $\alpha=0.05$ 水平下检验在不同浓度下得率有无显著性差异，在不同温度下得率是否有显著性差异，交互作用的效应是否显著。

浓度	温度(摄氏度)			
	10	24	38	52
2%	14	11	13	10
	10	11	9	12
4%	9	10	7	6
	7	8	11	10
6%	5	13	12	14
	11	14	13	10

解　由题可知，采样有重复，因此需要检验浓度、温度及这两个因素的相互交互对得率有无显著性影响，可采用等重复双因素方差分析法，其中 $r=3,s=4,t=2$。

根据公式计算可得：$S_A=44.33$，$S_B=11.50$，$S_{A\times B}=27.00$，$S_E=65.00$，$S_T=147.83$。自由度分别为 2、3、12 和 23。均方和 $\bar{S}_A=22.167$，$\bar{S}_B=3.833$，$\bar{S}_{A\times B}=4.500$，$\bar{S}_E=5.417$。$F$ 值为 $F_A\approx4.092$，$F_B\approx0.708$，$F_{A\times B}\approx0.831$。通过查表可得：$F_{0.05}(2,12)=3.89$，$F_{0.05}(3,12)=3.49$，$F_{0.05}(6,12)=3$，而 $F_A\approx4.092>3.89$，$F_B\approx0.708<3.49$，$F_{A\times B}\approx0.831<3$。因此，可以认为浓度对得率有显著性影响，而温度及交互作用对得率都无显著性影响。

4. 等重复双因素方差分析的 R 实现

调用 aov( )函数进行无重复双因素方差分析时，表达式 formula 的形式为 $y\sim A*B$，其中 y 为试验指标，A 和 B 为影响因素。

【例 10.9】 利用 R 实现例 10.8。

R 程序：

创建数据框 data. delv

```
>delv<-c(14,10,11,11,13,9,10,12,9,7,10,8,7,11,6,10,5,11,13,14,12,13,14,10)        #创建得率向量
>nongdu<-factor(c(rep(1,8),rep(2,8),rep(3,8)))          #创建浓度因子
>wendu<-factor(c(1,1,2,2,3,3,4,4,1,1,2,2,3,3,4,4,1,1,2,2,3,3,4,4))
#创建温度因子
>data.delv<-data.frame(delv,nongdu,wendu)          #创建 data.delv 数据框
>data.delv
```

	delv	nongdu	wendu
1	14	1	1
2	10	1	1
3	11	1	2
4	11	1	2
5	13	1	3
6	9	1	3
7	10	1	4
8	12	1	4
9	9	2	1
10	7	2	1
11	10	2	2
12	8	2	2
13	7	2	3
14	11	2	3
15	6	2	4
16	10	2	4
17	5	3	1
18	11	3	1

```
19        13        3        2
20        14        3        2
21        12        3        3
22        13        3        3
23        14        3        4
24        10        3        4
```

调用 aov( )函数进行等重复双因素方差分析,并调用 summary( )函数提取方差分析表:

```
>summary(aov(delv~nongdu * wendu))
                Df  Sum Sq  Mean Sq  F value  Pr(>F)
nongdu           2   44.33   22.167    4.092  0.0442 *
wendu            3   11.50    3.833    0.708   0.5657
nongdu:wendu     6   27.00    4.500    0.831   0.5684
Residuals       12   65.00    5.417
---
Signif. codes:  0 '***' 0.001 '**' 0.01 '*' 0.05 '.' 0.1 ' ' 1
```

上述结果显示,浓度因素的检验 p 值是 0.0442,小于显著性水平 0.05,温度因素的检验 p 值为 0.5657,大于 0.05,两因素交互作用的检验 p 值为 0.5684,也大于 0.05。因此,可以认为在显著性水平 0.05 的条件下,只有浓度因素对得率的影响是显著的。

习题 10-2

1. 为了研究某种金属管防腐蚀的功能,考虑了 4 种不同的涂料涂层。将金属管埋在 3 种不同性质的土壤中,经历一段时间,测得金属管腐蚀的最大深度数据如下表所示(单位:mm):

	温度		
	1	2	3
涂层	1.63	1.35	1.27
	1.34	1.30	1.22
	1.19	1.14	1.27
	1.30	1.09	1.32

(1) 在显著性水平 $\alpha=0.05$ 下检验不同涂料涂层下腐蚀的最大深度的平均值有无显著性差异;在不同性质的土壤下腐蚀的最大深度的平均值有无显著性差异。设两因素没有交互作用。

(2) 利用 R 软件实现(1)。

2. 一火箭使用四种燃料、三种推进器作射程试验。每种燃料与每种推进器的组合各发射火箭两次,得射程数据如下表所示(单位:海里)。

(1) 假设符合双因素方差分析模型的条件,试在显著性水平 $\alpha=0.05$ 下,检验不同燃料、不同推进器下的射程是否有显著性差异。

(2) 利用 R 软件实现(1)。

推进器(B)		B_1	B_2	B_3
燃料(A)	A_1	58.2	56.2	65.3
		52.6	41.2	60.8
	A_2	49.1	54.1	51.6
		42.8	50.5	48.4
	A_3	60.1	70.9	39.2
		58.3	73.2	40.7
	A_4	75.8	58.2	48.7
		71.5	51.0	41.4

10.3　一元线性回归

在客观世界中普遍存在变量之间的关系，这些关系一般可分为确定的和非确定的两类。确定性关系是指变量之间的关系可用函数来表达，非确定性关系即所谓相关关系。例如，人的身高与体重、人的血压与年龄、气象中的温度与湿度等。这是因为我们所涉及的变量(如体重、血压、湿度)是随机变量，上面所说的变量关系是非确定性的。回归分析是研究两个或两个以上变量的相关关系的一种重要的统计方法。

10.3.1　基本介绍

具有相关关系的变量虽然不具有确定的函数关系，但是可以借助函数关系来表示它们之间的统计规律，这种近似地表示它们之间的相关关系的函数称为回归函数。在实际中，最简单的情形是由两个变量形成的关系，可用下列模型表示：

$$Y=f(x)$$

但是，由于两个变量之间不存在确定的函数关系，因此，必须把随机波动考虑进去，故引入如下模型：

$$Y=f(x)+\varepsilon$$

其中，Y 是随机变量，x 是普通变量，ε 是随机变量(称为随机误差)。

回归分析就是根据已得的试验结果以及以往的经验来建立统计模型，并研究变量间的相关关系，建立起变量之间关系的近似表达式。

10.3.2　一元线性回归模型

1. 引例

施化肥量 x 对水稻产量 Y 影响的试验数据见表 10.8。

表 10.8　施化肥量与水稻产量的关系

施化肥量	15	20	25	30	35	40	45
水稻产量	330	345	365	405	445	450	455

为了研究这些数据的规律性，将施化肥量作为横坐标，水稻产量作为纵坐标，绘制两者的散点图，如图 10.1 所示。

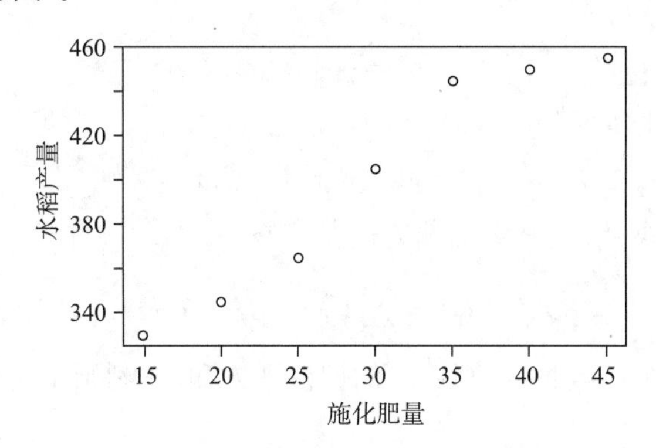

图 10.1　施化肥量与水稻产量的散点图

从图 10.1 可以看出，虽然图中的点是散乱的，但是大体上散布在某一条直线附近，也就是说明施化肥量与水稻产量之间大致呈线性关系，这些点与直线的偏离是水稻生长过程中随机因素影响的结果，因此水稻生长过程中施化肥量与水稻产量的数据可以假设有如下关系成立：

$$y_i=\beta_0+\beta_1 x_i+\varepsilon_i, i=1,2,3,4,5,6,7$$

其中，ε_i 是测量误差，它反映了变量之间的不确定关系。

2. 一元线性回归模型

一般地，当随机变量 Y 与普通变量 x 之间有线性关系时，可设：

$$Y=\beta_0+\beta_1 x+\varepsilon$$

$\varepsilon \sim N(0,\sigma^2)$，其中 β_0 和 β_1 为待定系数。

设 $(x_1,Y_1),(x_2,Y_2),\cdots,(x_n,Y_n)$ 为取自总体 (x,Y) 的一组样本，而 $(x_1,y_1),(x_2,y_2),\cdots,(x_n,y_n)$ 为该样本的观察值。其中，$x_1,x_2,\cdots,x_n$ 是确定且不完全相同的一组数，$Y_1,Y_2,\cdots,Y_n$ 在试验前为随机变量，在试验或观察后为具体的数值，则：

$$Y_i=\beta_0+\beta_1 x_i+\varepsilon_i, i=1,2,\cdots,n$$

其中，ε_i 相互独立，$i=1,2,\cdots,n$。

在线性模型中，由假设知：

$$E(Y)=\beta_0+\beta_1 x, Y\sim N(\beta_0+\beta_1 x,\sigma^2)$$

回归分析的任务就是根据样本观察值来寻求待定参数 β_0 和 β_1 的估计 $\hat{\beta}_0$ 和 $\hat{\beta}_1$。

对给定的 x 值，取

$$\hat{Y}=\hat{\beta}_0+\hat{\beta}_1 x$$

作为 $E(Y)=\beta_0+\beta_1 x$ 的估计，上述方程称为 Y 关于 x 的线性回归方程或经验公式，该方程的直线称为回归直线，β_1 称为回归系数。

10.3.3 回归方程的参数估计

1. 问题描述

给定样本的一组观察值$(x_1,y_1),(x_2,y_2),\cdots,(x_n,y_n)$，对每个$x_i$都可以确定一个回归值：

$$\hat{y}_i=\hat{\beta}_0+\hat{\beta}_1 x_i$$

回归值$\hat{y}_i$与实际观察值y_i之差

$$y_i-\hat{y}_i=y_i-\hat{\beta}_0+\hat{\beta}_1 x_i$$

刻画了y_i与回归直线$\hat{y}=\hat{\beta}_0+\hat{\beta}_1 x$的偏离程度。令

$$Q(\beta_0,\beta_1)=\sum_{i=1}^{n}(y_i-\beta_0-\beta_1 x_i)^2$$

则上式表示所有观察值y_i与回归直线$\hat{y}_i$的偏差平方和，它刻画了所有观察值与回归直线的偏离度。

2. 最小二乘法

所谓最小二乘法，就是寻求β_0和β_1的估计$\hat{\beta}_0$和$\hat{\beta}_1$，使得：

$$Q(\hat{\beta}_0,\hat{\beta}_1)=\min Q(\beta_0,\beta_1)$$

利用微分的方法，求Q关于β_0,β_1的偏导数，并令其为零，得：

$$\begin{cases}\dfrac{\partial Q}{\partial \beta_0}=-2\sum\limits_{i=1}^{n}(y_i-\beta_0-\beta_1 x_i)=0\\ \dfrac{\partial Q}{\partial \beta_1}=-2\sum\limits_{i=1}^{n}(y_i-\beta_0-\beta_1 x_i)x_i=0\end{cases}$$

求解得：

$$\begin{cases}\hat{\beta}_0=\bar{y}-\bar{x}\hat{\beta}_1\\ \hat{\beta}_1=\dfrac{n\sum\limits_{i=1}^{n}x_i y_i-\left(\sum\limits_{i=1}^{n}x_i\right)\left(\sum\limits_{i=1}^{n}y_i\right)}{n\sum\limits_{i=1}^{n}x_i^2-\left(\sum\limits_{i=1}^{n}x_i\right)^2}\end{cases}$$

其中，$\bar{x}=\frac{1}{n}\sum\limits_{i=1}^{n}x_i,\bar{y}=\frac{1}{n}\sum\limits_{i=1}^{n}y_i$。若记

$$L_{xx}=\sum_{i=1}^{n}(x_i-\bar{x})^2=\sum_{i=1}^{n}x_i^2-n\bar{x}^2$$

$$L_{xy}=\sum_{i=1}^{n}(x_i-\bar{x})(y_i-\bar{y})=\sum_{i=1}^{n}x_i y_i-n\bar{x}\bar{y}$$

则：

$$\hat{\beta}_0=\bar{y}-\bar{x}\hat{\beta}_1,\hat{\beta}_1=L_{xy}/L_{xx}$$

上述结果称为β_0,β_1的最小二乘估计，而$\hat{Y}=\hat{\beta}_0+\hat{\beta}_1 x$为$Y$关于$x$的一元经验回归方程。

定理 10.1 若$\hat{\beta}_0,\hat{\beta}_1$为$\beta_0,\beta_1$的最小二乘估计，则$\hat{\beta}_0,\hat{\beta}_1$分别是$\beta_0,\beta_1$的无偏估计，且

$$\hat{\beta}_0 \sim N\left(\beta_0, \sigma^2\left(\frac{1}{n}+\frac{\bar{x}^2}{L_{xx}}\right)\right)$$

$$\hat{\beta}_1 \sim N\left(\beta_1, \frac{\sigma^2}{L_{xx}}\right)$$

10.3.4　回归方程的假设检验

由线性回归模型 $Y=\beta_0+\beta_1 x+\varepsilon, \varepsilon \sim N(0,\sigma^2)$ 可知，当 $\beta_1=0$ 时，就认为 Y 与 x 之间不存在线性回归关系。因此，需要检验如下假设：

$$H_0:\beta_1=0, H_1:\beta_1 \neq 0$$

为了检验假设 H_0，先分析样本观察值 $y_1,y_2,\cdots,y_n$ 的差异，它可以用总的偏差平方和来度量，记为：

$$SST=\sum_{i=1}^{n}(y_i-\bar{y})^2$$

分解总的偏差平方和得到：

$$\begin{aligned} SST &= \sum_{i=1}^{n}(y_i-\hat{y}_i+\hat{y}_i-\bar{y})^2 \\ &= \sum_{i=1}^{n}(y_i-\hat{y}_i)^2+2\sum_{i=1}^{n}(y_i-\hat{y}_i)(\hat{y}_i-\bar{y})+\sum_{i=1}^{n}(\hat{y}_i-\bar{y})^2 \\ &= \sum_{i=1}^{n}(y_i-\hat{y}_i)^2+\sum_{i=1}^{n}(\hat{y}_i-\bar{y})^2 \end{aligned}$$

令

$$SSR=\sum_{i=1}^{n}(\hat{y}_i-\bar{y})^2$$

$$SSE=\sum_{i=1}^{n}(y_i-\hat{y}_i)^2$$

则有：

$$SST=SSR+SSE$$

上式称为总偏差平方和分解公式。其中，SSR 称为回归平方和，它是由普通变量 x 的变化引起的，它的大小（在与误差相比下）反映了普通变量 x 的重要程度；SSE 为剩余平方和，它是由试验误差以及其他未加控制的因素引起的，它的大小反映了试验误差及其他因素对试验结果的影响。

定理 10.2　在线性模型下，当 H_0 成立时，$\hat{\beta}_1$ 与 SSE 相互独立，且

$$\frac{SSE}{\sigma^2} \sim \chi^2(n-2), \frac{SSR}{\sigma^2} \sim \chi^2(1)$$

对 H_0 的检验有三种本质相同的检验方法：

（1）t 检验法

由定理 10.1，$\hat{\beta}_1 \sim N\left(\beta_1, \dfrac{\sigma^2}{L_{xx}}\right)$，因此：

$$\frac{(\hat{\beta}_1-\beta_1)}{(\sigma/\sqrt{L_{xx}})} \sim N(0,1)$$

若令 $\hat{\sigma}^2=SSE/(n-2)$,则由定理 2 知,当 H_0 成立时,$\hat{\sigma}^2$ 为 σ^2 的无偏估计,有:

$$\frac{(n-2)\hat{\sigma}^2}{\sigma^2}=\frac{SSE}{\sigma^2}\sim\chi^2(n-2)$$

且$(\hat{\beta}_1-\beta_1)/(\sigma/\sqrt{L_{xx}})$与$(n-2)\hat{\sigma}^2/\sigma^2$ 相互独立。因此,取检验统计量:

$$T=\frac{\hat{\beta}_1}{\hat{\sigma}}\sqrt{L_{xx}}\sim t(n-2)$$

给定显著性水平 α,查表得 $t_{\frac{\alpha}{2}}(n-2)$,根据试验数据$(x_1,y_1),(x_2,y_2),\cdots,(x_n,y_n)$计算 T 的值 t,当$|t|>t_{\frac{\alpha}{2}}(n-2)$时,拒绝 H_0,这时回归效应显著;当$|t|\leqslant t_{\frac{\alpha}{2}}(n-2)$时,接受 H_0,此时没有理由认为回归效果显著。

(2) F 检验法

由定理 10.2,当 H_0 为真时,取统计量:

$$F=\frac{SSR}{SSE/(n-1)}\sim F(1,n-2)$$

给定显著性水平 α,查表得 $F_\alpha(1,n-2)$,根据试验数据$(x_1,y_1),(x_2,y_2),\cdots,(x_n,y_n)$计算 F 的值 F_0,若 $F_0>F_\alpha$,拒绝 H_0,即回归效果显著;若 $F_0\leqslant F_\alpha(1,n-2)$,接受 H_0,即没有理由认为回归效果显著。

(3) 相关系数检验法

对于线性回归中的变量 x 和 Y,其样本的相关系数为:

$$R=\frac{\sum_{i=1}^{n}(x_i-\bar{x})(Y_i-\bar{Y})}{\sqrt{\sum_{i=1}^{n}(x_i-\bar{x})^2\sum_{i=1}^{n}(Y_i-\bar{Y})^2}}=\frac{L_{xY}}{\sqrt{L_{xx}}\sqrt{L_{YY}}}$$

它反映了普通变量 x 和 Y 之间的线性相关程度。故取检验统计量为 r,则:

$$r=\frac{L_{xx}}{\sqrt{L_{xx}}\sqrt{L_{YY}}}$$

给定显著性水平 α,查相关系数表得 $r_\alpha(n-2)$,根据试验数据$(x_1,y_1),(x_2,y_2),\cdots,(x_n,y_n)$计算 R 的值 r,当$|r|>r_\alpha(n-2)$时,拒绝 H_0,即回归效果显著;当$|r|\leqslant r_\alpha(n-2)$时,接受 H_0,即没有理由认为回归效果显著。

10.3.5 预测问题

在回归问题中,若回归方程通过检验效果显著,则可利用它对随机变量 Y 的新观察值 y_0 进行点预测或区间预测。

对给定的 x_0,由回归方程可得到回归值:

$$\hat{y}_0=\hat{\beta}_0+\hat{\beta}_1x_0$$

称 $\hat{y}_0$ 为 y 在 x_0 处的预测值。y 的观察值 y_0 与预测值 $\hat{y}_0$ 的差称为预测误差。下面求 y_0 的预测区间。

由定理 10.1 知:

$$Y_0-\hat{y}_0 \sim N\left(0,\left[1+\frac{1}{n}+\frac{(x_0-\overline{x})^2}{L_{xx}}\right]\sigma^2\right)$$

记 $\hat{\sigma}=\sqrt{\dfrac{SSE}{n-2}}$，则由定理 10.2 知：

$$\frac{(n-2)\hat{\sigma}^2}{\sigma^2} \sim \chi^2(n-2)$$

又因为 $Y_0-\hat{y}_0$ 与 $\hat{\sigma}^2$ 相互独立，所以：

$$T=\frac{Y_0-\hat{y}_0}{\left[\hat{\sigma}\sqrt{1+\frac{1}{n}+\frac{(x_0-\overline{x})^2}{L_{xx}}}\right]} \sim t(n-2)$$

给定显著性水平 α，则 y_0 的置信度为 $1-\alpha$ 的预测区间为：

$$\left(\hat{y}_0-t_{\frac{\alpha}{2}}(n-2)\hat{\sigma}\sqrt{1+\frac{1}{n}+\frac{(x_0-\overline{x})^2}{L_{xx}}},\hat{y}_0+t_{\frac{\alpha}{2}}(n-2)\hat{\sigma}\sqrt{1+\frac{1}{n}+\frac{(x_0-\overline{x})^2}{L_{xx}}}\right)$$

易见，y_0 的预测区间长度为 $2t_{\frac{\alpha}{2}}(n-2)\hat{\sigma}\sqrt{1+\frac{1}{n}+\frac{(x_0-\overline{x})^2}{L_{xx}}}$，对给定的 α，x_0 越靠近样本均值 $\overline{x}$，则预测区间长度越小、效果越好。当 n 很大时，且 x_0 较接近 $\overline{x}$ 时，有：

$$\sqrt{1+\frac{1}{n}+\frac{(x_0-\overline{x})^2}{L_{xx}}} \approx 1, t_{\frac{\alpha}{2}}(n-2) \approx u_{\frac{\alpha}{2}}$$

则预测区间近似为：

$$(\hat{y}_0-u_{\frac{\alpha}{2}}\hat{\sigma},\hat{y}_0+u_{\frac{\alpha}{2}}\hat{\sigma})$$

10.3.6　可化为一元线性回归的情形

上述讨论了一元线性回归的情况，在实际应用中，有时会遇到更复杂的回归问题，但在某些情况下，可以通过适当的变量变换将它化成一元线性回归来处理。下面介绍几种常见的可转化为一元线性回归的模型。

(1) $Y=\beta_0+\dfrac{\beta_1}{x}+\varepsilon,\varepsilon \sim N(0,\sigma^2)$　(10.8)

其中，β_0,β_1,σ^2 是与 x 无关的未知参数。令 $x'=\dfrac{1}{x}$，$Y'=Y$，则式(10.8)可以化为下列一元线性回归模型：

$$Y'=\beta_0+\beta_1 x'+\varepsilon,\qquad \varepsilon \sim N(0,\sigma^2)$$

(2) $Y=\alpha e^{\beta x}\cdot\varepsilon,\ln\varepsilon \sim N(0,\sigma^2)$　(10.9)

其中，α,β,σ^2 是与 x 无关的未知参数。将 $Y=\alpha e^{\beta x}\cdot\varepsilon$ 两边取对数，得：

$$\ln Y=\ln\alpha+\beta x+\ln\varepsilon,$$

令 $Y'=\ln Y,\beta_0=\ln\alpha,\beta_1=\beta,x'=x,\varepsilon'=\ln\varepsilon$，则式(10.9)可转化为下列一元线性回归模型：

$$Y'=\beta_0+\beta_1 x'+\varepsilon',\varepsilon' \sim N(0,\sigma^2)$$

(3) $Y=\alpha x^{\beta}\cdot\varepsilon,\ln\varepsilon \sim N(0,\sigma^2)$　(10.10)

其中，α,β,σ^2 是与 x 无关的未知参数。将 $Y=\alpha x^{\beta}\cdot\varepsilon$ 的两边取对数，得：

$$\ln Y=\ln\alpha+\beta x+\ln\varepsilon$$

令 $Y'=\ln Y,\beta_0=\ln\alpha,\beta_1=\beta,x'=\ln x,\varepsilon'=\ln\varepsilon$，则式(10.10)可转化为下列一元线性回归模型：

$$Y'=\beta_0+\beta_1 x'+\varepsilon',\varepsilon'\sim N(0,\sigma^2)$$

(4) $Y=\alpha+\beta h(x)+\varepsilon,\quad \varepsilon\sim N(0,\sigma^2)$ (10.11)

其中，α,β,σ^2 是与 x 无关的未知参数，$h(x)$ 是 x 的已知函数。令 $Y'=Y,\beta_0=\alpha,\beta_1=\beta,x'=h(x)$，则式(10.11)可转化为下列一元线性回归模型：

$$Y'=\beta_0+\beta_1 x'+\varepsilon,\varepsilon\sim N(0,\sigma^2)$$

若在原模型下，对于(x,Y)有样本$(x_1,y_1),(x_2,y_2),\cdots,(x_n,y_n)$，就相当于在新模型下有$(x'_1,y'_1),(x'_2,y'_2),\cdots,(x'_n,y'_n)$，因而就能利用一元线性回归的方法进行估计、检验和预测，在得到 Y' 关于 x' 的回归方程后，再将原变量代回，就得到 Y 关于 x 的回归方程，它们的图形是一条曲线，也称为曲线回归方程。

【例 10.10】 为研究某一化学反应过程中温度 x(℃)对产品得率 Y(%)的影响，测得数据如下：

温度 x(℃)	100	110	120	130	140	150	160	170	180	190
得率 Y(%)	45	51	54	61	66	70	74	78	85	89

(1) 画出 Y 与 x 的散点图；

(2) 建立 Y 关于 x 的回归方程；

(3) 对线性回归方程做假设检验(显著性水平取为 $\alpha=0.05$，采用 F 检验法)；

(4) 给出 $x_0=165$ 时观察值 y_0 的置信度为 95%的预测区间。

解 (1) 由下图 10.2 可见 Y 与 x 具有明显的线性关系。

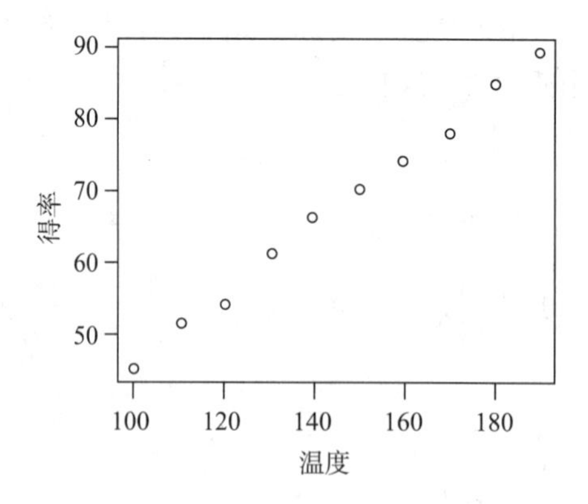

图 10.2 温度与得率的散点图

(2) $\bar{x}=145,\bar{y}=67.3,L_{xx}=8250,L_{yy}=1932.1,L_{xy}=3985$。

$$\hat{\beta}_1=L_{xy}/L_{xx}\approx 0.483,\hat{\beta}_0=\bar{y}-\hat{\beta}_1\bar{x}\approx -2.735$$

得回归方程：$Y=-2.73939+0.48303x$。

(3) 需要检验如下假设：

$$H_0:\beta_1=0,\quad H_1:\beta_1\neq 0$$

计算检验统计量的值 $F_0=\dfrac{SSR}{SSE/(n-2)}$，其中 $SSR=\hat{\beta}_1 L_{xy}\approx 0.483\times 3985=1924.755$，$SSE=L_{yy}-\hat{\beta}_1 L_{xy}\approx 1932.1-1924.755=7.345$。$n=10$，因此计算得 $F_0\approx 2096.398$，$\alpha=0.05$，$F_{0.05}(1,8)=5.32$。因 $F_0>F_{0.05}(1,8)$，故回归是显著的。

(4)将 $x_0=165$ 代入回归方程 $Y=-2.73939+0.48303x$ 中，得到 $\hat{y}_0=76.961$，$t_{0.025}(8)=2.306$，$\hat{\sigma}=\sqrt{\dfrac{SSE}{n-2}}\approx\sqrt{\dfrac{7.345}{8}}\approx 0.958$，$\sqrt{1+\dfrac{1}{n}+\dfrac{(x_0-\overline{x})^2}{L_{xx}}}\approx 1.072$，

则 y_0 的置信度为 95%的预测区间为：

$$(76.961-2.306\times 0.958\times 1.072,76.961-2.306\times 0.958\times 1.072)$$

$$\approx(74.593,79.329)$$

【例 10.11】 下表是 1957 年美国旧轿车价格的调查数据，以 x 表示轿车的使用年数，Y 表示相应的平均价格，求 Y 关于 x 的回归方程(价格单位：美元)。

使用年数 x	1	2	3	4	5	6	7	8	9	10
平均价格 Y	2651	1943	1494	1087	765	538	484	290	226	204

解　作散点图如图 10.3 所示。

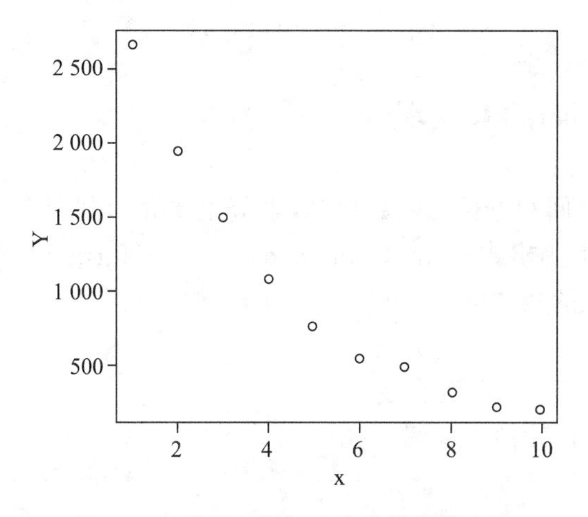

图 10.3　使用年数与平均价格的散点图

从图 10.3 可以看出，Y 与 x 呈指数关系，因此可以采用模型(10.9)，即 $Y=\alpha e^{\beta x}\cdot\varepsilon$，$\ln\varepsilon\sim N(0,\sigma^2)$，经过变量变换后就转化为：

$$Y'=\beta_0+\beta_1 x'+\varepsilon',\varepsilon'\sim N(0,\sigma^2)$$

其中，$Y'=\ln Y$，$\beta_0=\ln\alpha$，$\beta_1=\beta$，$x'=x$，$\varepsilon'=\ln\varepsilon$。将数据进行相应变换得到：

$x'=x$	1	2	3	4	5	6	7	8	9	10
$Y'=\ln Y$	7.883	7.572	7.309	6.991	6.640	6.288	6.182	5.670	5.421	5.318

画出 Y' 与 x' 的散点图，如图 10.4 所示。

由图 10.4 可见，Y' 与 x' 具有较强的线性相关关系。因此，建立 Y' 与 x' 的一元回归方程并对方程进行假设检验。

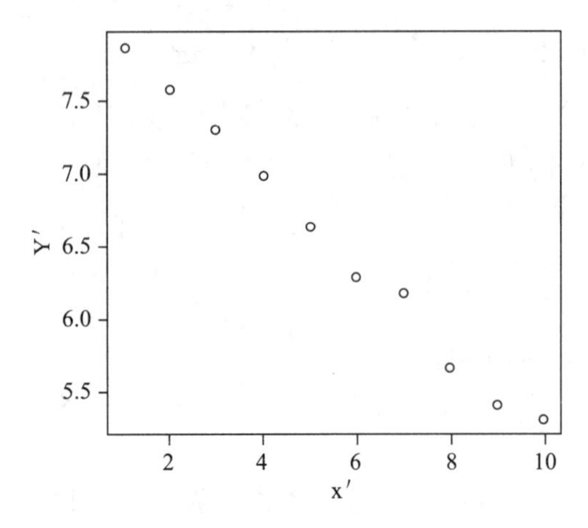

图 10.4 转换后的数据的散点图

经计算可得$\hat{\beta}_1=-0.2977$，$\hat{\beta}_0=8.165$，从而有：

$$\hat{Y}'=8.165-0.2977x'$$

$|t|=32.38>t_{0.025}(8)=2.3060$，因此线性回归效果是高度显著的，代回原变量，得到曲线回归方程：

$$\hat{Y}=\exp(\hat{Y}')=3515.721e^{-0.2977x}$$

10.3.7 一元线性回归的 R 实现

在 R 中可用于线性回归分析的函数很多，本节主要介绍利用 lm( )函数进行回归分析的方法。lm( )函数的调用格式是 lm(formula，data)，其中 formula 表示要拟合的模型形式，data 表示用于拟合模型的数据框。formula(表达式)形式如下：

$$Y\sim x_1+x_2+\cdots+x_k$$

其中，Y 为因变量，$x_1,x_2,\cdots,x_k$ 为自变量。

【例 10.12】 利用 R 软件实现例 10.10。

R 程序：

(1)创建数据框 data.delv

```
>wendu<-c(100,110,120,130,140,150,160,170,180,190)          #创建温度向量
>delv<-c(45,51,54,61,66,70,74,78,85,89)          #创建得率向量
>data.delv<-data.frame(wendu,delv)          #创建数据框 data.delv
>data.delv          #显示数据
     wendu     delv
1     100       45
2     110       51
3     120       54
4     130       61
5     140       66
6     150       70
```

```
7        160        74
8        170        78
9        180        85
10       190        89
>plot(wendu,delv,xlab="温度",ylab="得率")          #画出温度与得率的散点图
```

(2) 调用 lm( )函数进行一元线性回归分析,利用 summary( )函数提取回归分析结果:

```
>fit<-lm(delv~wendu,data.delv)          #一元线性回归分析
>summary(fit)          #提取回归分析结果
Call:
lm(formula=delv ~ wendu,data=data.delv)
Residuals:
    Min        1Q        Median      3Q        Max
 -1.3758    -0.5591     0.1242     0.7470     1.1152
Coefficients:
              Estimate    Std. Error    t value    Pr(>|t|)
(Intercept)   -2.73939    1.54650       -1.771     0.114
  wendu        0.48303    0.01046       46.169     5.35e-11 ***
---
Signif. codes:  0 '***' 0.001 '**' 0.01 '*' 0.05 '.' 0.1 ' ' 1
Residual standard error: 0.9503 on 8 degrees of freedom
Multiple R-squared:  0.9963,    Adjusted R-squared:  0.9958
F-statistic:  2132 on 1 and 8 DF,p-value: 5.353e-11
```

分析结果表明,检验 T 统计量的值为 46.169,检验 p 值远小于 0.05,因此 x 对 Y 有显著性影响。$\hat{\beta}_0=-2.73939$,$\hat{\beta}_1=0.48303$,则回归方程为:

$$Y=-2.73939+0.48303x$$

说明:在 R 中,回归方程的假设检验的三种方法均被实现,检验结果分别为,检验 T 统计量的值为 46.169,检验 p 值远小于 0.05;检验 F 统计量的值为 2132,自由度分别为 1 和 8,检验 p 值远小于 0.05;相关系数 R^2 的值为 0.9503,该值越接近于 1,说明方程拟合的效果越好。三种检验方法均表明 Y 与 x 具有显著的线性相关关系。

(3) 调用 predict( )函数对新观察值进行区间预测

```
>lm.predict<-predict(fit,newdata=data.frame(wendu=165),interval="prediction",level=0.95)          #求新观察值的区间预测
>lm.predict          #显示预测结果
        fit          lwr          upr
    176.96061      74.6122      79.30902
```

由上述结果可知,当 $x_0=165$ 时,观察值 y_0 的点预测值为 76.96061,

置信度为 95%的预测区间为(74.6122,79.30902)。

(4) 将回归方程直线添加到散点图中,观察拟合效果(如图 10.5 所示)

```
>plot(wendu,delv,xlab="wendu",ylab="delv")
>abline(lm(delv~wendu,data.delv))
```

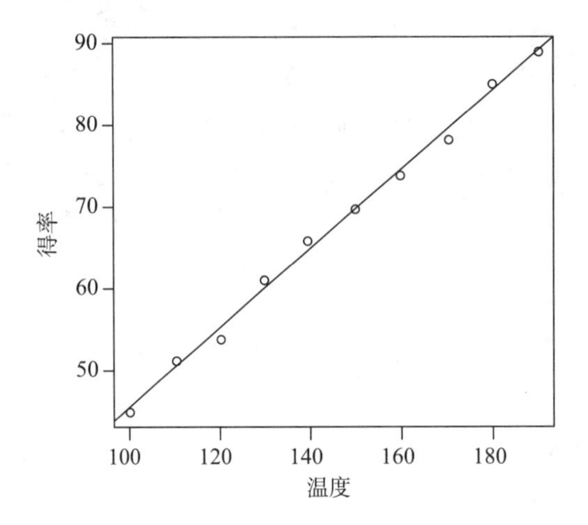

图 10.5 回归方程直线

【例 10.13】 利用 R 软件来实现例 10.11。

R 程序：

```
>x<-c(1,2,3,4,5,6,7,8,9,10)            #创建向量 x
>Y<-c(2651,1943,1494,1087,765,538,484,290,226,204)            #创建向量 Y
>data.jiage<-data.frame(x,Y)            #创建数据框 data.jiage
>data.jiage            #显示数据
      x      Y
1     1   2651
2     2   1943
3     3   1494
4     4   1087
5     5    765
6     6    538
7     7    484
8     8    290
9     9    226
10   10    204
>plot(x,Y)            #画出 Y 与 x 的散点图
>plot(x,log(Y),xlab="x",ylab=" Y")            #画出 x′与 Y′的散点图
>summary(lm(log(Y)~x,data.jiage))            #一元线性回归分析并提取分析结果
Call:
lm(formula=log(Y) ~ x,data=data.jiage)
Residuals:
      Min          1Q        Median        3Q          Max
 -0.113260    -0.057771    0.009276    0.032580    0.130340
```

```
Coefficients:
              Estimate    Std. Error t  value      Pr(>|t|)
(Intercept)   8.164585    0.057051     143.11      6.36e-15 ***
x            -0.297680    0.009195    -32.38       9.03e-10 ***
---
Signif. codes:  0 '***' 0.001 '**' 0.01 '*' 0.05 '.' 0.1 ' ' 1
Residual standard error: 0.08351 on 8 degrees of freedom
Multiple R-squared:  0.9924,    Adjusted R-squared:  0.9915
F-statistic:  1048 on 1 and 8 DF,   p-value: 9.027e-10
```

习题 10－3

1. 某医院研究儿童体重与心脏横径的关系，测得 10 名 8 岁正常男童的体重(x，公斤)与心脏横径(y，厘米)，数据如下表所示：

x	25.5	19.5	24.0	20.5	25.0	22.0	21.5	23.5	26.5	23.5
y	9.2	7.8	9.4	8.6	9.0	8.8	9.0	9.4	9.7	8.8

(1) 求经验回归方程 $\hat{y}=\hat{\beta}_0+\hat{\beta}_1 x$；

(2) 检验线性关系的显著性($\alpha=0.05$)；

(3) 利用 R 软件实现(1)和(2)。

2. 某建材实验室做陶粒混凝土实验时，考察每立方米(m^3)混凝土的水泥用量 x(kg)对混凝土抗压强度(kg/m^3)的影响，测得下列数据：

x	150	160	170	180	190	200	210	220	230	240	250	260
y	56.9	58.3	61.6	64.6	68.1	71.3	74.1	77.4	80.2	82.6	86.4	89.7

(1) 求经验回归方程 $\hat{y}=\hat{\beta}_0+\hat{\beta}_1 x$；

(2) 检验线性关系的显著性($\alpha=0.05$)；

(3) 设 $x_0=215$，求 y 的预测值及置信度为 0.95 的预测区间。

(4) 利用 R 软件实现(1)、(2)和(3)。

3. 槲寄生是一种寄生在大树上部树枝上的寄生植物，它喜欢寄生在年轻的大树上。下面给出在一定条件下完成的试验中采集的大树的年龄 x(年)与每株大树上槲寄生的株树 y 的数据，如下表所示：

x	3	4	9	15	40
y	28	10	15	6	1
	33	36	22	14	1
	22	24	10	9	

(1) 作 y 与 x 的散点图；

(2) $z=\ln y$，作出 z 与 x 的散点图；

(3) 以模型 $Y=ae^{bx}\varepsilon$，$\ln\varepsilon\sim N(0,\sigma^2)$拟合数据，其中 a,b,σ^2 与 x 无关，试求取曲线回归方程 $\hat{y}=\hat{a}\exp(\hat{b}x)$；

(4) 利用 R 软件实现(1)、(2)和(3)。

4. 一种合金在某种添加剂的不同浓度之下，各做三次试验，得浓度 x 与抗压强度 y 的数据如下：

x	10.0	15.0	20.0	25.0	30.0
y	25.2	29.8	31.2	31.7	29.4
	27.3	31.1	32.6	30.1	30.8
	28.7	27.8	29.7	32.3	32.8

(1) 作 y 与 x 的散点图；

(2) 以模型 $Y=b_0+b_1x+b_2x^2+\varepsilon,\varepsilon\sim N(0,\sigma^2)$ 拟合数据，其中 b_0,b_1,b_2,σ^2 与 x 无关，求回归方程 $\hat{y}=\hat{b}_0+\hat{b}_1x+\hat{b}_2x^2$；

(3) 利用 R 软件实现(1)和(2)。

10.4 多元线性回归

在许多实际问题中，随机变量 Y 往往与多个普通变量 $x_1,x_2,\cdots,x_p(p>1)$ 有关。研究一个随机变量与其他多个变量之间的关系的主要方法是多元线性回归分析。

10.4.1 多元线性回归模型

设影响因变量 Y 的自变量为 $x_1,x_2,\cdots,x_p(p>1)$，所谓多元线性模型是指这些自变量对 Y 的影响是线性的，即：

$$Y=\beta_0+\beta_1x_1+\beta_2x_2+\cdots+\beta_px_p+\varepsilon,\varepsilon\sim N(0,\sigma^2) \tag{10.12}$$

其中，$\beta_0,\beta_1,\beta_2,\cdots,\beta_p,\sigma^2$ 是与 $x_1,x_2,\cdots,x_p$ 无关的未知参数，称 Y 为对自变量 $x_1,x_2,\cdots,x_p$ 的线性回归函数。

记 n 组样本分别为 $(x_{i1},x_{i2},\cdots,x_{ip},y_i)(i=1,2,\cdots,n)$，则有：

$$\begin{cases} y_1=\beta_0+\beta_1x_{11}+\beta_2x_{12}+\cdots+\beta_px_{1p}+\varepsilon_1 \\ y_2=\beta_0+\beta_1x_{21}+\beta_2x_{22}+\cdots+\beta_px_{2p}+\varepsilon_2 \\ \cdots\cdots\cdots\cdots\cdots\cdots\cdots\cdots\cdots\cdots \\ y_n=\beta_0+\beta_1x_{n1}+\beta_2x_{n2}+\cdots+\beta_px_{np}+\varepsilon_n \end{cases}$$

其中，$\varepsilon_1,\varepsilon_2,\cdots,\varepsilon_n$ 相互独立，且 $\varepsilon_i\sim N(0,\sigma^2),i=1,2,\cdots,n$，这个模型称为多元线性回归模型。令

$$\boldsymbol{Y}=\begin{pmatrix} y_1 \\ y_2 \\ \vdots \\ y_n \end{pmatrix},\boldsymbol{X}=\begin{pmatrix} 1 & x_{11} & x_{12} & \cdots & x_{1p} \\ 1 & x_{21} & x_{22} & \cdots & x_{2p} \\ \vdots & \vdots & \vdots & \cdots & \vdots \\ 1 & x_{n1} & x_{n2} & \cdots & x_{np} \end{pmatrix},\boldsymbol{\beta}=\begin{pmatrix} \beta_0 \\ \beta_1 \\ \vdots \\ \beta_p \end{pmatrix},\boldsymbol{\varepsilon}=\begin{pmatrix} \varepsilon_1 \\ \varepsilon_2 \\ \vdots \\ \varepsilon_n \end{pmatrix}$$

则上述数学模型可用矩阵形式表示为 $\boldsymbol{Y}=\boldsymbol{X\beta}+\boldsymbol{\varepsilon}$，其中 $\boldsymbol{\varepsilon}$ 是 $\boldsymbol{n}$ 维随机向量，它的分量相互独立。

10.4.2 回归方程参数估计

与一元线性回归类似，这里仍采用最小二乘法估计参数 $\beta_0,\beta_1,\beta_2,\cdots,\beta_p$，引入偏差平方和：

$$Q(\beta_0,\beta_1,\beta_2,\cdots,\beta_p)=\sum_{i=1}^{n}(y_i-\beta_0-\beta_1x_{i1}-\beta_2x_{i2}-\cdots-\beta_px_{ip})^2$$

最小二乘法就是求 $\hat{\beta}=(\hat{\beta}_0,\hat{\beta}_1,\cdots,\hat{\beta}_p)^T$，使得：

$$\min_{\beta}Q(\beta_0,\beta_1,\beta_2,\cdots,\beta_p)=Q(\hat{\beta}_0,\hat{\beta}_1,\cdots,\hat{\beta}_p)$$

因为 $Q(\beta_0,\beta_1,\beta_2,\cdots,\beta_p)$ 是 $\beta_0,\beta_1,\beta_2,\cdots,\beta_p$ 的非负二次型，故其最小值一定存在。根据多元微积分的极值原理，令

$$\begin{cases}\dfrac{\partial Q}{\partial\beta_0}=-2\sum\limits_{i=1}^{n}(y_i-\beta_0-\beta_1x_{i1}-\cdots-\beta_px_{ip})=0\\ \dfrac{\partial Q}{\partial\beta_j}=-2\sum\limits_{i=1}^{n}(y_i-\beta_0-\beta_1x_{i1}-\cdots-\beta_px_{ip})x_{ij}=0,\quad j=1,2,\cdots,p\end{cases}$$

上述方程组可用矩阵表示为：

$$\boldsymbol{X}^{\mathrm{T}}\boldsymbol{X}\boldsymbol{\beta}=\boldsymbol{X}^{\mathrm{T}}\boldsymbol{Y}$$

在矩阵系数 $\boldsymbol{X}^{\mathrm{T}}\boldsymbol{X}$ 满秩的条件下，可解得：

$$\hat{\boldsymbol{\beta}}=(\boldsymbol{X}^{\mathrm{T}}\boldsymbol{X})^{-1}\boldsymbol{X}^{\mathrm{T}}\boldsymbol{Y}$$

$\hat{\boldsymbol{\beta}}$ 就是 $\boldsymbol{\beta}$ 的最小二乘估计，即 $\hat{\boldsymbol{\beta}}$ 为回归方程

$$\hat{y}=\hat{\beta}_0+\hat{\beta}_1x_1+\cdots+\hat{\beta}_px_p$$

的回归系数。

与一元线性回归一样，模型(10.12)往往是一种假设，为了考察这一假定是否符合实际观察结果，还需要进行以下的假设检验：

$$H_0:\beta_1=\beta_2=\cdots=\beta_p=0$$

$$H_1:\beta_i\ \text{不全为零},i=1,2,\cdots,p$$

若在显著性水平 α 下拒绝 H_0，就认为回归效果是显著的。

在实际应用中，因多元线性回归所涉及的数据量较大，相关分析与计算较复杂，通常只能用统计分析软件来完成。因此，下面直接通过多元线性回归的 R 软件实现来解释多元线性回归分析的具体步骤。

10.4.3　多元线性回归的 R 实现

【例 10.14】　某皮鞋零售店连续 18 个月的库存资金额(x_1)、广告投入费用(x_2)及销售额(Y)的数据如表 10.9 所示。试建立 Y 与 x_1,x_2 的多元线性回归方程(假设显著性水平 $\alpha=0.05$)。

表 10.9　某皮鞋零售店库存资金额、广告投入费用及销售额数据　　单位:万元

月份	库存资金额 x_1	广告投入费用 x_2	销售额 Y
1	75.2	30.6	1090.4
2	77.6	31.3	1133
3	80.7	33.9	1242.1
4	76	29.6	1003.2

续前表

月份	库存资金额 x_1	广告投入费用 x_2	销售额 Y
5	79.5	32.5	1283.2
6	81.8	27.9	1012.2
7	98.3	24.8	1098.8
8	67.7	23.6	826.3
9	74	33.9	1003.3
10	151	27.7	1554.6
11	90.8	45.5	1199
12	102.3	42.6	1483.1
13	115.6	40	1407.1
14	125	45.8	1551.3
15	137.8	51.7	1601.2
16	175.6	67.2	2311.7
17	155.2	65	2126.7
18	174.3	65.4	2256.5

R 程序：

```
>kucun<-c(75.2,77.6,80.7,76,79.5,81.8,98.3,67.7,74,151,90.8,102.3,115.6,125,137.8,+175.6,155.2,174.3)    #创建库存向量
>guanggao<-c(30.6,31.3,33.9,29.6,32.5,27.9,24.8,23.6,33.9,27.7,45.5,42.6,40,45.8,+51.7,67.2,65,65.4)    #创建广告向量
>xiaoshou<-c(1090.4,1133,1242.1,1003.2,1283.2,1012.2,1098.8,826.3,1003.3,1554.6,+1199,1483.1,1407.1,1551.3,1601.2,2311.7,2126.7,2256.5)    #创建销售向量
>data.xiaoshou<-data.frame(kucun,guanggao,xiaoshou)    #创建 data.xiaoshou 数据框
>par(mfrow=c(1,2))    #绘制 1×2 图形模式
>plot(kucun,xiaoshou,xlab="x1",ylab="Y")    #绘制 kucun 与 xiaoshou 的散点图
>plot(guanggao,xiaoshou,xlab="x2",ylab="Y")    #绘制 guanggao 与 xiaoshou 的散点图
>fit<-lm(xiaoshou~kucun+guanggao)    #多元回归分析
>summary(fit)    #提取回归分析结果
Call:
lm(formula=xiaoshou ~ kucun+guanggao)
Residuals:
```

```
   Min          1Q          Median        3Q          Max
-172.812     -50.486       -5.579       55.188      186.366
Coefficients:
              Estimate     Std. Error    t value     Pr(>|t|)
(Intercept)   86.953       75.117        1.158       0.265141
  kucun        7.109        1.095        6.492       1.02e-05 ***
 guanggao     13.684        2.825        4.844       0.000214 ***
---
Signif. codes:  0 '***' 0.001 '**' 0.01 '*' 0.05 '.' 0.1 ' ' 1
Residual standard error: 97.16 on 15 degrees of freedom
Multiple R-squared:  0.9573,    Adjusted R-squared:  0.9516
F-statistic: 168.3 on 2 and 15 DF,   p-value: 5.32e-11
```

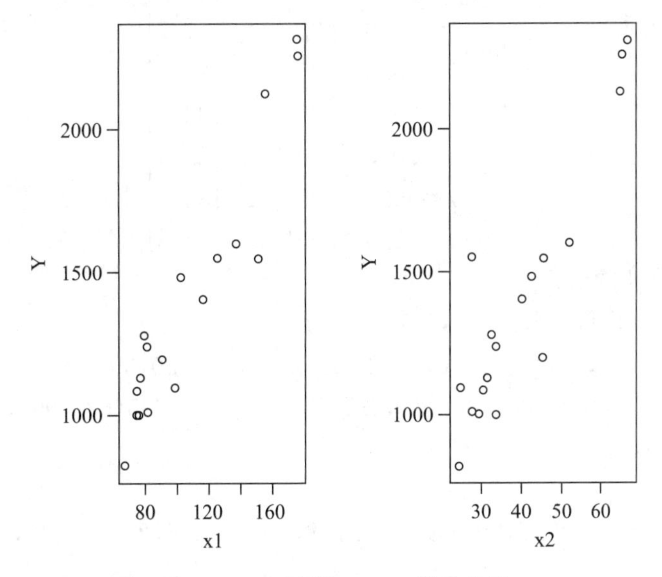

图 10.6　Y 分别与 x_1, x_2 的散点图

从图 10.6 可以看出，库存资金额与销售额、广告投入费用与销售额都存在明显的线性趋势。从分析结果可以得到多元线性回归方程为 $Y=86.953+7.109x_1+13.684x_2$。两个变量的检验 p 值均小于显著性水平 0.05，因此它们与销售额之间都存在显著的线性相关性，即回归效果显著。

【例 10.15】　一种合金在某种添加剂的不同浓度之下各做三次试验，得如下数据：

浓度 x	10.0	15.0	20.0	25.0	30.0
抗压强度 y	25.2	29.8	31.2	31.7	29.4
	27.3	31.1	32.6	30.1	30.0
	28.7	27.8	29.7	32.3	32.8

以模型 $y=b_0+b_1x+b_2x^2+\varepsilon, \varepsilon\sim N(0,\sigma^2)$ 拟合数据，其中 b_0，b_1，b_2，σ^2 与 x 无关，求回归方程 $\hat{y}=\hat{b}_0+\hat{b}_1x+\hat{b}_2x^2$。

解 令 $x_1=x, x_2=x^2$，则上述模型可以写成：

$$y=b_0+b_1x_1+b_2x_2+\varepsilon, \varepsilon \sim N(0,\sigma^2)$$

这是一个二元线性回归模型，可根据 $\hat{\boldsymbol{\beta}}=(\boldsymbol{X}^{\mathrm{T}}\boldsymbol{X})^{-1}\boldsymbol{X}^{\mathrm{T}}\boldsymbol{y}$ 来求解。其中：

$$\boldsymbol{X}=\begin{pmatrix} 1 & 10.0 & 100 \\ 1 & 10.0 & 100 \\ 1 & 10.0 & 100 \\ 1 & 15.0 & 225 \\ 1 & 15.0 & 225 \\ 1 & 15.0 & 225 \\ 1 & 20.0 & 400 \\ 1 & 20.0 & 400 \\ 1 & 20.0 & 400 \\ 1 & 25.0 & 625 \\ 1 & 25.0 & 625 \\ 1 & 25.0 & 625 \\ 1 & 30.0 & 900 \\ 1 & 30.0 & 900 \\ 1 & 30.0 & 900 \end{pmatrix}, \boldsymbol{y}=\begin{pmatrix} 25.2 \\ 27.3 \\ 28.7 \\ 29.8 \\ 31.1 \\ 27.8 \\ 31.2 \\ 32.6 \\ 29.7 \\ 31.7 \\ 30.1 \\ 32.3 \\ 29.4 \\ 30.0 \\ 32.8 \end{pmatrix}$$

下面给出计算 $\hat{\boldsymbol{\beta}}$ 的 R 程序：

```
>a<-c(1,1,1,1,1,1,1,1,1,1,1,1,1,1,1)
>b<-c(10,10,10,15,15,15,20,20,20,25,25,25,30,30,30)
>c<-c(100,100,100,400,400,400,225,225,225,625,625,625,900,900,900)
>d<-rbind(a,b,c)
>X<-t(d)              #创建 X 矩阵
>e<-c(25.2,27.3,28.7,29.8,31.1,27.8,31.2,32.6,29.7,31.7,30.1,32.3,29.4,
30.0,32.8)
>Y<-matrix(e)              #创建 Y 矩阵
>beta<-(solve(t(X)%*%X)%*%t(X))%*%Y              #求参数估计向量 beta
>beta
          [,1]
a   25.173063584
b   0.333047069
c   -0.004120011
```

上述计算也可以通过调用 lm( )函数来完成，程序如下：

```
>data.nongdu<-data.frame(b,c,e)              #创建数据框
>fit<-lm(e~b+c,data.nongdu)              #调用 lm( )函数进行多元线性回归分析
>summary(fit)              #提取回归分析结果
Call:
lm(formula=e ~ b+c,data=data.nongdu)
```

```
Residuals:
   Min        1Q       Median     3Q        Max
 -2.892     -1.016     0.293     1.311     2.579
Coefficients:
              Estimate     Std. Error   t value     Pr(>|t|)
(Intercept)   25.173064    1.634246     15.403      2.87e-09 ***
b              0.333047    0.142634      2.335      0.0377 *
c             -0.004120    0.003527     -1.168      0.2655
---
Signif. codes:  0 '***' 0.001 '**' 0.01 '*' 0.05 '.' 0.1 ' ' 1
Residual standard error: 1.681 on 12 degrees of freedom
Multiple R-squared:   0.46,     Adjusted R-squared:   0.37
F-statistic: 5.111 on 2 and 12 DF,   p-value: 0.0248
```

由上述两种结果均可得到回归方程为 $\hat{y}=25.173+0.333x-0.004x^2$。

习题 10-4

1. 下面给出了某种产品每件平均单价 y(元)与批量 x(件)之间的关系的一组数据：

x	20	25	30	35	40	50	60	65	70	75	80	90
y	1.81	1.70	1.65	1.55	1.48	1.40	1.30	1.26	1.24	1.21	1.20	1.18

以模型 $y=b_0+b_1x+b_2x^2+\varepsilon,\varepsilon\sim N(0,\sigma^2)$拟合数据，其中 b_0,b_1,b_2,σ^2 与 x 无关，利用 R 软件求回归方程 $\hat{y}=\hat{b}_0+\hat{b}_1x+\hat{b}_2x^2$。

2. 某种化工产品的得率 y 与反应温度 x_1、反应时间 x_2 及某反应物浓度 x_3 有关。设对给定的 x_1,x_2,x_3，得率 y 服从正态分布，且方差与 x_1,x_2,x_3 无关。现有试验结果如下：

x_1	−1	−1	−1	−1	1	1	1	1
x_2	−1	−1	1	1	−1	−1	1	1
x_3	−1	1	−1	1	−1	1	−1	1
得率	7.6	10.3	9.2	10.2	8.4	11.1	9.8	12.6

(1) 设 $y=b_0+b_1x_1+b_2x_2+b_3x_3$，利用 R 软件求 y 的多元线性回归方程。

(2) 若认为反应时间不影响得率，即认为

$$y=\beta_0+\beta_1x_1+\beta_2x_3$$

利用 R 软件求 y 的多元线性回归方程。

附表 1 泊松分布概率值表

$$P\{X=m\}=\frac{\lambda^m}{m!}e^{-\lambda}$$

m \ λ	0.1	0.2	0.3	0.4	0.5	0.6	0.7	0.8
0	0.904837	0.818731	0.740818	0.670320	0.606531	0.548812	0.496585	0.449329
1	0.090484	0.163746	0.222245	0.268128	0.303265	0.329287	0.347610	0.359463
2	0.004524	0.016375	0.033337	0.053626	0.075816	0.098786	0.121663	0.143785
3	0.000151	0.001092	0.003334	0.007150	0.012636	0.019757	0.028388	0.038343
4	0.000004	0.000055	0.000250	0.000715	0.001580	0.002964	0.004968	0.007669
5		0.000002	0.000015	0.000057	0.000158	0.000356	0.000696	0.001227
6			0.000001	0.000004	0.000013	0.000036	0.000081	0.000164
7					0.000001	0.000003	0.000008	0.000019
8							0.000001	0.000002
9								
10								
11								
12								
13								
14								
15								
16								
17								

m \ λ	0.9	1.0	1.5	2.0	2.5	3.0	3.5	4.0
0	0.406570	0.367879	0.223130	0.135335	0.082085	0.049787	0.030197	0.018316
1	0.365913	0.367879	0.334695	0.270671	0.205212	0.149361	0.105691	0.073263
2	0.164661	0.183940	0.251021	0.270671	0.256516	0.224042	0.184959	0.146525
3	0.049398	0.061313	0.125511	0.180447	0.213763	0.224042	0.215785	0.195367
4	0.011115	0.015328	0.047067	0.090224	0.133602	0.168031	0.188812	0.195367
5	0.002001	0.003066	0.014120	0.036089	0.066801	0.100819	0.132169	0.156293
6	0.000300	0.000511	0.003530	0.012030	0.027834	0.050409	0.077098	0.104196
7	0.000039	0.000073	0.000756	0.003437	0.009941	0.021604	0.038549	0.059540
8	0.000004	0.000009	0.000142	0.000859	0.003106	0.008102	0.016865	0.029770
9		0.000001	0.000024	0.000191	0.000863	0.002701	0.006559	0.013231
10			0.000004	0.000038	0.000216	0.000810	0.002296	0.005292
11				0.000007	0.000049	0.000221	0.000730	0.001925
12				0.000001	0.000010	0.000055	0.000213	0.000642
13					0.000002	0.000013	0.000057	0.000197
14						0.000003	0.000014	0.000056
15						0.000001	0.000003	0.000015
16							0.000001	0.000004
17								0.000001

续前表

m \ λ	4.5	5.0	5.5	6.0	6.5	7.0	7.5	8.0
0	0.011109	0.006738	0.004087	0.002479	0.001503	0.000912	0.000553	0.000335
1	0.049990	0.033690	0.022477	0.014873	0.009772	0.006383	0.004148	0.002684
2	0.112479	0.084224	0.061812	0.044618	0.031760	0.022341	0.015555	0.010735
3	0.168718	0.140374	0.113323	0.089235	0.068814	0.052129	0.038889	0.028626
4	0.189808	0.175467	0.155819	0.133853	0.111822	0.091226	0.072916	0.057252
5	0.170827	0.175467	0.171401	0.160623	0.145369	0.127717	0.109375	0.091604
6	0.128120	0.146223	0.157117	0.160623	0.157483	0.149003	0.136718	0.122138
7	0.082363	0.104445	0.123449	0.137677	0.146234	0.149003	0.146484	0.139587
8	0.046329	0.065278	0.084871	0.103258	0.118815	0.130377	0.137329	0.139587
9	0.023165	0.036266	0.051866	0.068838	0.085811	0.101405	0.114440	0.124077
10	0.010424	0.018133	0.028526	0.041303	0.055777	0.070983	0.085830	0.099262
11	0.004264	0.008242	0.014263	0.022529	0.032959	0.045171	0.058521	0.072190
12	0.001599	0.003434	0.006537	0.011264	0.017853	0.026350	0.036575	0.048127
13	0.000554	0.001321	0.002766	0.005199	0.008926	0.014188	0.021101	0.029616
14	0.000178	0.000472	0.001087	0.002228	0.004144	0.007094	0.011304	0.016924
15	0.000053	0.000157	0.000398	0.000891	0.001796	0.003311	0.005652	0.009026
16	0.000015	0.000049	0.000137	0.000334	0.000730	0.001448	0.002649	0.004513
17	0.000004	0.000014	0.000044	0.000118	0.000279	0.000596	0.001169	0.002124
18	0.000001	0.000004	0.00014	0.000039	0.000101	0.000232	0.000487	0.000944
19		0.000001	0.000004	0.000012	0.000034	0.000085	0.000192	0.000397
20			0.000001	0.000004	0.000011	0.000030	0.000072	0.000159
21				0.000001	0.000003	0.000010	0.000026	0.000061
22					0.000001	0.000003	0.000009	0.000022
23						0.000001	0.000003	0.000008
24							0.000001	0.000003
25								0.000001
26								
27								
28								
29								

续前表

m \ λ	8.5	9.0	9.5	10.0	m \ λ	20	m \ λ	30
0	0.000203	0.000123	0.000075	0.000045	5	0.0001	12	0.0001
1	0.001729	0.001111	0.000711	0.000454	6	0.0002	13	0.0002
2	0.007350	0.004998	0.003378	0.002270	7	0.0005	14	0.0005
3	0.020826	0.014994	0.010696	0.007567	8	0.0013	15	0.0010
4	0.044255	0.033737	0.025403	0.018917	9	0.0029	16	0.0019
5	0.075233	0.060727	0.048266	0.037833	10	0.0058	17	0.0034
6	0.106581	0.091090	0.076421	0.063055	11	0.0106	18	0.0057
7	0.129419	0.117116	0.103714	0.090079	12	0.0176	19	0.0089
8	0.137508	0.131756	0.123160	0.112599	13	0.0271	20	0.0134
9	0.129869	0.131756	0.130003	0.125110	14	0.0387	21	0.0192
10	0.110388	0.118580	0.123502	0.125110	15	0.0516	22	0.0261
11	0.085300	0.097020	0.106661	0.113736	16	0.0646	23	0.0341
12	0.060421	0.072765	0.084440	0.094780	17	0.0760	24	0.0426
13	0.039506	0.050376	0.061706	0.072908	18	0.0844	25	0.0511
14	0.023986	0.032384	0.041872	0.052077	19	0.0888	26	0.0590
15	0.013592	0.019431	0.026519	0.034718	20	0.0888	27	0.0655
16	0.007221	0.010930	0.015746	0.021699	21	0.0846	28	0.0702
17	0.003610	0.005786	0.008799	0.012764	22	0.0769	29	0.0726
18	0.001705	0.002893	0.004644	0.007091	23	0.0669	30	0.0726
19	0.000763	0.001370	0.002322	0.003732	24	0.0557	31	0.0703
20	0.000324	0.000617	0.001103	0.001866	25	0.0446	32	0.0659
21	0.000131	0.000264	0.000499	0.000889	26	0.0343	33	0.0599
22	0.000051	0.000108	0.000215	0.000404	27	0.0254	34	0.0529
23	0.000019	0.000042	0.000089	0.000176	28	0.0181	35	0.0453
24	0.000007	0.000016	0.000035	0.000073	29	0.0125	36	0.0378
25	0.000002	0.000006	0.000013	0.000029	30	0.0083	37	0.0306
26	0.000001	0.000002	0.000005	0.000011	31	0.0054	38	0.0242
27	0.000001	0.000002	0.000004	32	0.0034	39	0.0186	
28		0.000001	0.000001	33	0.0020	40	0.0139	
29				0.000001	34	0.0012	41	0.0102
							42	0.0073
							43	0.0051
					35	0.0007	44	0.0035
					36	0.0004	45	0.0023
					37	0.0002	46	0.0015
					38	0.0001	47	0.0010
					39	0.0001	48	0.0006

附表 2　标准正态分布表

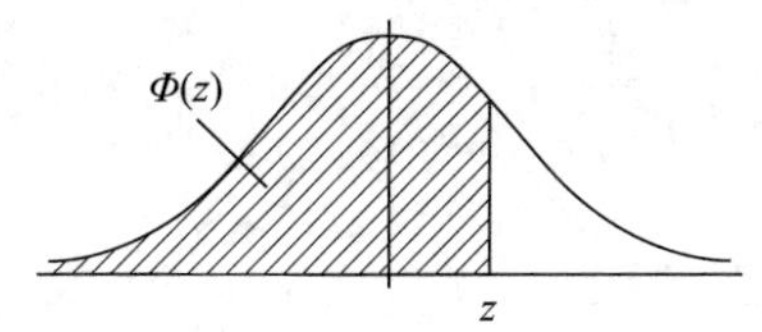

$$\Phi(z)=\int_{-\infty}^{z}\frac{1}{\sqrt{2\pi}}=e^{-u^2/2}\mathrm{d}u=P\{Z\leqslant z\}$$

z	0	1	2	3	4	5	6	7	8	9
0.0	0.5000	0.5040	0.5080	0.5120	0.5160	0.5199	0.5239	0.5279	0.5319	0.5359
0.1	0.5398	0.5438	0.5478	0.5517	0.5557	0.5596	0.5636	0.5675	0.5714	0.5753
0.2	0.5793	0.5832	0.5871	0.5910	0.5948	0.5987	0.6026	0.6064	0.6103	0.6141
0.3	0.6179	0.6217	0.6255	0.6293	0.6331	0.6368	0.6406	0.6443	0.6480	0.6517
0.4	0.6554	0.6591	0.6628	0.6664	0.6700	0.6736	0.6772	0.6808	0.6844	0.6879
0.5	0.6915	0.6950	0.6985	0.7019	0.7054	0.7088	0.7123	0.7157	0.7190	0.7224
0.6	0.7257	0.7291	0.7324	0.7357	0.7389	0.7422	0.7454	0.7486	0.7517	0.7549
0.7	0.7580	0.7611	0.7642	0.7673	0.7704	0.7734	0.7764	0.7794	0.7823	0.7852
0.8	0.7881	0.7910	0.7939	0.7967	0.7995	0.8023	0.8051	0.8078	0.8106	0.8133
0.9	0.8159	0.8186	0.8212	0.8238	0.8264	0.8289	0.8315	0.8340	0.8365	0.8389
1.0	0.8413	0.8438	0.8461	0.8485	0.8508	0.8531	0.8554	0.8577	0.8599	0.8621
1.1	0.8643	0.8665	0.8686	0.8708	0.8729	0.8749	0.8770	0.8790	0.8810	0.8830
1.2	0.8849	0.8869	0.8888	0.8907	0.8925	0.8944	0.8962	0.8980	0.8997	0.9015
1.3	0.9032	0.9049	0.9066	0.9082	0.9099	0.9115	0.9131	0.9147	0.9162	0.9177
1.4	0.9192	0.9207	0.9222	0.9236	0.9251	0.9265	0.9279	0.9292	0.9306	0.9319
1.5	0.9332	0.9345	0.9357	0.9370	0.9382	0.9394	0.9406	0.9418	0.9429	0.9441
1.6	0.9452	0.9463	0.9474	0.9484	0.9495	0.9505	0.9515	0.9525	0.9535	0.9545
1.7	0.9554	0.9564	0.9573	0.9582	0.9591	0.9599	0.9608	0.9616	0.9625	0.9633
1.8	0.9641	0.9649	0.9656	0.9664	0.9671	0.9678	0.9686	0.9693	0.9699	0.9706
1.9	0.9713	0.9719	0.9726	0.9732	0.9738	0.9744	0.9750	0.9756	0.9761	0.9767
2.0	0.9772	0.9778	0.9783	0.9788	0.9793	0.9798	0.9803	0.9808	0.9812	0.9817
2.1	0.9821	0.9826	0.9830	0.9834	0.9838	0.9842	0.9846	0.9850	0.9854	0.9857
2.2	0.9861	0.9864	0.9868	0.9871	0.9875	0.9878	0.9881	0.9884	0.9887	0.9890
2.3	0.9893	0.9896	0.9898	0.9901	0.9904	0.9906	0.9909	0.9911	0.9913	0.9916
2.4	0.9918	0.9920	0.9922	0.9925	0.9927	0.9929	0.9931	0.9932	0.9934	0.9936
2.5	0.9938	0.9940	0.9941	0.9943	0.9945	0.9946	0.9948	0.9949	0.9951	0.9952
2.6	0.9953	0.9955	0.9956	0.9957	0.9959	0.9960	0.9961	0.9962	0.9963	0.9964
2.7	0.9965	0.9966	0.9967	0.9968	0.9969	0.9970	0.9971	0.9972	0.9973	0.9974
2.8	0.9974	0.9975	0.9976	0.9977	0.9977	0.9878	0.9979	0.9979	0.9980	0.9981
2.9	0.9981	0.9982	0.9982	0.9983	0.9984	0.9984	0.9985	0.9985	0.9986	0.9986
3.0	0.9987	0.9990	0.9993	0.9995	0.9997	0.9998	0.9998	0.9999	0.9999	1.0000

注：表中末行系函数值 $\Phi(3.0)$，$\Phi(3.1)$，…，$\Phi(3.9)$。

附表 3　t 分布表

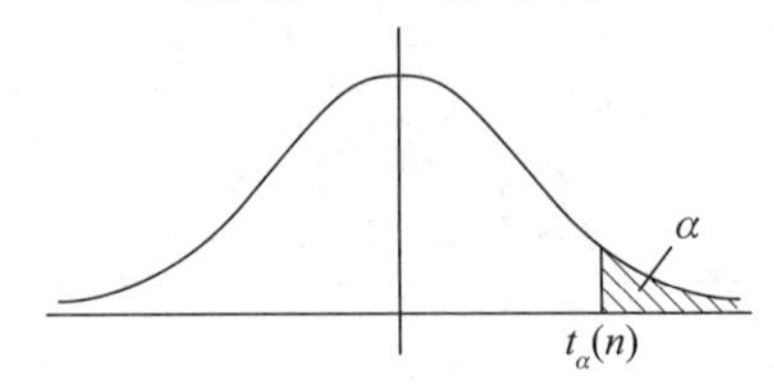

$P\{t(n)>t_\alpha(n)\}=\alpha$

n	$\alpha=0.25$	0.10	0.05	0.025	0.01	0.005
1	1.0000	3.0777	6.3138	12.7062	31.8205	63.6567
2	0.8165	1.8856	2.9200	4.3027	6.9646	9.9248
3	0.7649	1.6377	2.3534	3.1824	4.5407	5.8409
4	0.7407	1.5332	2.1318	2.7764	3.7469	4.6041
5	0.7267	1.4759	2.0150	2.5706	3.3649	4.0321
6	0.7176	1.4398	1.9432	2.4469	3.1427	3.7074
7	0.7111	1.4149	1.8946	2.3646	2.9980	3.4995
8	0.7064	1.3968	1.8595	2.3060	2.8965	3.3554
9	0.7027	1.3830	1.8331	2.2622	2.8214	3.2498
10	0.6998	1.3722	1.8125	2.2281	2.7638	3.1693
11	0.6974	1.3634	1.7959	2.2010	2.7181	3.1058
12	0.6955	1.3562	1.7823	2.1788	2.6810	3.0545
13	0.6938	1.3502	1.7709	2.1604	2.6503	3.0123
14	0.6924	1.3450	1.7613	2.1448	2.6245	2.9768
15	0.6912	1.3406	1.7531	2.1314	2.6025	2.9467
16	0.6901	1.3368	1.7459	2.1199	2.5835	2.9208
17	0.6892	1.3334	1.7396	2.1098	2.5669	2.8982
18	0.6884	1.3304	1.7341	2.1009	2.5524	2.8784
19	0.6876	1.3277	1.7291	2.0930	2.5395	2.8609
20	0.6870	1.3253	1.7247	2.0860	2.5280	2.8453
21	0.6864	1.3232	1.7207	2.0796	2.5176	2.8314
22	0.6858	1.3212	1.7171	2.0739	2.5083	2.8188
23	0.6853	1.3195	1.7139	2.0687	2.4999	2.8073
24	0.6848	1.3178	1.7109	2.0639	2.4922	2.7969
25	0.6844	1.3163	1.7081	2.0595	2.4851	2.7874
26	0.6840	1.3150	1.7056	2.0555	2.4786	2.7787
27	0.6837	1.3137	1.7033	2.0518	2.4727	2.7707
28	0.6834	1.3125	1.7011	2.0484	2.4671	2.7633
29	0.6830	1.3114	1.6991	2.0452	2.4620	2.7564
30	0.6828	1.3104	1.6973	2.0423	2.4573	2.7500
31	0.6825	1.3095	1.6955	2.0395	2.4528	2.7440

续前表

n	$\alpha=0.25$	0.10	0.05	0.025	0.01	0.005
32	0.6822	1.3086	1.6939	2.0369	2.4487	2.7385
33	0.6820	1.3077	1.6924	2.0345	2.4448	2.7333
34	0.6818	1.3070	1.6909	2.0322	2.4411	2.7284
35	0.6816	1.3062	1.6896	2.0301	2.4377	2.7238
36	0.6814	1.3055	1.6883	2.0281	2.4345	2.7195
37	0.6812	1.3049	1.6871	2.0262	2.4314	2.7154
38	0.6810	1.3042	1.6860	2.0244	2.4286	2.7116
39	0.6808	1.3036	1.6849	2.0227	2.4258	2.7079
40	0.6807	1.3031	1.6839	2.0211	2.4233	2.7045
41	0.6805	1.3025	1.6829	2.0195	2.4208	2.7012
42	0.6804	1.3020	1.6820	2.0181	2.4185	2.6981
43	0.6802	1.3016	1.6811	2.0167	2.4163	2.6951
44	0.6801	1.3011	1.6802	2.0154	2.4141	2.6923
45	0.6800	1.3006	1.6794	2.0141	2.4121	2.6896

附表 4 χ^2 分布表

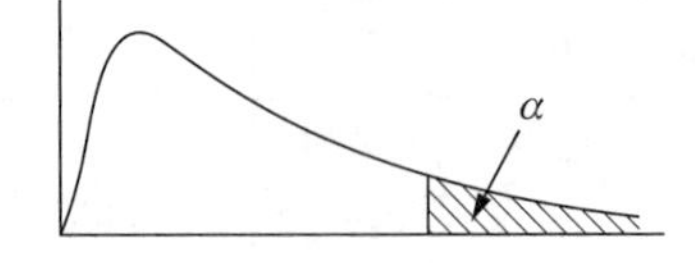

$P\{\chi^2(n)>\chi_\alpha^2(n)\}=\alpha$

n	$\alpha=0.995$	0.99	0.975	0.95	0.90	0.75
1	—	—	0.001	0.004	0.016	0.102
2	0.010	0.020	0.051	0.103	0.211	0.575
3	0.072	0.115	0.216	0.352	0.584	1.213
4	0.207	0.297	0.484	0.711	1.064	1.923
5	0.412	0.554	0.831	1.145	1.610	2.675
6	0.676	0.872	1.237	1.635	2.204	3.455
7	0.989	1.239	1.690	2.167	2.833	4.255
8	1.344	1.646	2.180	2.733	3.490	5.071
9	1.735	2.088	2.700	3.325	4.168	5.899
10	2.156	2.558	3.247	3.940	4.865	6.737
11	2.603	3.053	3.816	4.575	5.578	7.584
12	3.074	3.571	4.404	5.226	6.304	8.438
13	3.565	4.107	5.009	5.892	7.042	9.299
14	4.075	4.660	5.629	6.571	7.790	10.165
15	4.601	5.229	6.262	7.261	8.547	11.037
16	5.142	5.812	6.908	7.962	9.312	11.912
17	5.697	6.408	7.564	8.672	10.085	12.792
18	6.265	7.015	8.231	9.390	10.865	13.675
19	6.844	7.633	8.907	10.117	11.651	14.562
20	7.434	8.260	9.591	10.851	12.443	15.452
21	8.034	8.897	10.283	11.591	13.240	16.344
22	8.643	9.542	10.982	12.338	14.042	17.240
23	9.260	10.196	11.689	13.091	14.848	18.137
24	9.886	10.856	12.401	13.848	15.659	19.037
25	10.520	11.524	13.120	14.611	16.473	19.939

续前表

n	α=0.995	0.99	0.975	0.95	0.90	0.75
26	11.160	12.198	13.844	15.379	17.292	20.843
27	11.808	12.879	14.573	16.151	18.114	21.749
28	12.461	13.565	15.308	16.928	18.939	22.657
29	13.121	14.257	16.047	17.708	19.768	23.567
30	13.787	14.953	16.791	18.493	20.599	24.478
31	14.458	15.655	17.539	19.281	21.434	25.390
32	15.134	16.362	18.291	20.072	22.271	26.304
33	15.815	17.074	19.047	20.867	23.110	27.219
34	16.501	17.789	19.806	21.664	23.952	28.136
35	17.192	18.509	20.569	22.465	24.797	29.054
36	17.887	19.233	21.336	23.269	25.643	29.973
37	18.586	19.960	22.106	24.075	26.492	30.893
38	19.289	20.691	22.878	24.884	27.343	31.815
39	19.996	21.426	23.654	25.695	28.196	32.737
40	20.707	22.164	24.433	26.509	29.051	33.660
41	21.421	22.906	25.215	27.326	29.907	34.585
42	22.138	23.650	25.999	28.144	30.765	35.510
43	22.859	24.398	26.785	28.965	31.625	36.436
44	23.584	25.148	27.575	29.787	32.487	37.363
45	24.311	25.901	28.366	30.612	33.350	38.291

n	α=0.25	0.10	0.05	0.025	0.01	0.005
1	1.323	2.706	3.841	5.024	6.635	7.879
2	2.773	4.605	5.991	7.378	9.210	10.597
3	4.108	6.251	7.815	9.348	11.345	12.838
4	5.385	7.779	9.488	11.143	13.277	14.860
5	6.626	9.236	11.071	12.833	15.086	16.750
6	7.841	10.645	12.592	14.449	16.812	18.548
7	9.037	12.017	14.067	16.013	18.475	20.278
8	10.219	13.362	15.507	17.535	20.090	21.955
9	11.389	14.684	16.919	19.023	21.666	23.589
10	12.549	15.987	18.307	20.483	23.209	25.188

续前表

n	$\alpha=0.25$	0.10	0.05	0.025	0.01	0.005
11	13.701	17.275	19.675	21.920	24.725	26.757
12	14.845	18.549	21.026	23.337	26.217	28.300
13	15.984	19.812	22.362	24.736	27.688	29.819
14	17.117	21.064	23.685	26.119	29.141	31.319
15	18.245	22.307	24.996	27.488	30.578	32.801
16	19.369	23.542	26.296	28.845	32.000	34.267
17	20.489	24.769	27.587	30.191	33.409	35.718
18	21.605	25.989	28.869	31.526	34.805	37.156
19	22.718	27.204	30.144	32.852	36.191	38.582
20	23.828	28.412	31.410	34.170	37.566	39.997
21	24.935	29.615	32.671	35.479	38.932	41.401
22	26.039	30.813	33.924	36.781	40.289	42.796
23	27.141	32.007	35.172	38.076	41.638	44.181
24	28.241	33.196	36.415	39.364	42.980	45.559
25	29.339	34.382	37.652	40.646	44.314	46.928
26	30.435	35.563	38.885	41.923	45.642	48.290
27	31.528	36.741	40.113	43.194	46.963	49.645
28	32.620	37.916	41.337	44.461	48.278	50.993
29	33.711	39.087	42.557	45.722	49.588	52.336
30	34.800	40.256	43.773	46.979	50.892	53.672
31	35.887	41.422	44.985	48.232	52.191	55.003
32	36.973	42.585	46.194	49.480	53.486	56.328
33	38.058	43.745	47.400	50.725	54.776	57.648
34	39.141	44.903	48.602	51.966	56.061	58.964
35	40.223	46.059	49.802	53.203	57.342	60.275
36	41.304	47.212	50.998	54.437	58.619	61.581
37	42.383	48.363	52.192	55.668	59.892	62.883
38	43.462	49.513	53.384	56.896	61.162	64.181
39	44.539	50.660	54.572	58.120	62.428	65.476
40	45.616	51.805	55.758	59.342	63.691	66.766
41	46.692	52.949	56.942	60.561	64.950	68.053
42	47.766	54.090	58.124	61.777	66.206	69.336
43	48.840	55.230	59.304	62.990	67.459	70.616
44	49.913	56.369	60.481	64.201	68.710	71.893
45	50.985	57.505	61.656	65.410	69.957	73.166

附表5 F分布表

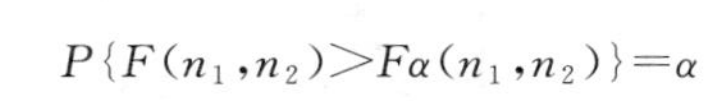

$P\{F(n_1,n_2)>F\alpha(n_1,n_2)\}=\alpha$

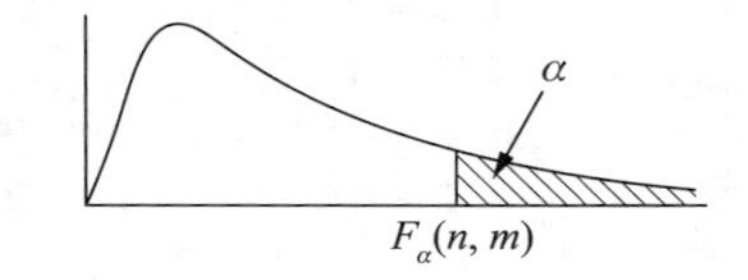

$\alpha=0.10$

n_2 \ n_1	1	2	3	4	5	6	7	8	9	10	12	15	20	24	30	40	60	120	∞
1	39.86	49.50	53.59	55.83	57.24	58.20	58.91	59.44	59.86	60.19	60.71	61.22	61.74	62.00	62.26	62.53	62.79	63.06	63.33
2	8.53	9.00	9.16	9.24	9.29	9.33	9.35	9.37	9.38	9.39	9.41	9.42	9.44	9.45	9.46	9.47	9.47	9.48	9.49
3	5.54	5.46	5.39	5.34	5.31	5.28	5.27	5.25	5.24	5.23	5.22	5.20	5.18	5.18	5.17	5.16	5.15	5.14	5.13
4	4.54	4.32	4.19	4.11	4.05	4.01	3.98	3.95	3.94	3.92	3.90	3.87	3.84	3.83	3.82	3.80	3.79	3.78	3.76
5	4.06	3.78	3.62	3.52	3.45	3.40	3.37	3.34	3.32	3.30	3.27	3.24	3.21	3.19	3.17	3.16	3.14	3.12	3.10
6	3.78	3.46	3.29	3.18	3.11	3.05	3.01	2.98	2.96	2.94	2.90	2.87	2.84	2.82	2.80	2.78	2.76	2.74	2.72
7	3.59	3.26	3.07	2.96	2.88	2.83	2.78	2.75	2.72	2.70	2.67	2.63	2.59	2.58	2.56	2.54	2.51	2.49	2.47
8	3.46	3.11	2.92	2.81	2.73	2.67	2.62	2.59	2.56	2.54	2.50	2.46	2.42	2.40	2.38	2.36	2.34	2.32	2.29
9	3.36	3.01	2.81	2.69	2.61	2.55	2.51	2.47	2.44	2.42	2.38	2.34	2.30	2.28	2.25	2.23	2.21	2.18	2.16
10	3.29	2.92	2.73	2.61	2.52	2.46	2.41	2.38	2.35	2.32	2.28	2.24	2.20	2.18	2.16	2.13	2.11	2.08	2.06
11	3.23	2.86	2.66	2.54	2.45	2.39	2.34	2.30	2.27	2.25	2.21	2.17	2.12	2.10	2.08	2.05	2.03	2.00	1.97
12	3.18	2.81	2.61	2.48	2.39	2.33	2.28	2.24	2.21	2.19	2.15	2.10	2.06	2.04	2.01	1.99	1.96	1.93	1.90
13	3.14	2.76	2.56	2.43	2.35	2.28	2.23	2.20	2.16	2.14	2.10	2.05	2.01	1.98	1.96	1.93	1.90	1.88	1.85
14	3.10	2.73	2.52	2.39	2.31	2.24	2.19	2.15	2.12	2.10	2.05	2.01	1.96	1.94	1.91	1.89	1.86	1.83	1.80
15	3.07	2.70	2.49	2.36	2.27	2.21	2.16	2.12	2.09	2.06	2.02	1.97	1.92	1.90	1.87	1.85	1.82	1.79	1.76
16	3.05	2.67	2.46	2.33	2.24	2.18	2.13	2.09	2.06	2.03	1.99	1.94	1.89	1.87	1.84	1.81	1.78	1.75	1.72
17	3.03	2.64	2.44	2.31	2.22	2.15	2.10	2.06	2.03	2.00	1.96	1.91	1.86	1.84	1.81	1.78	1.75	1.72	1.69
18	3.01	2.62	2.42	2.29	2.20	2.13	2.08	2.04	2.00	1.98	1.93	1.89	1.84	1.81	1.78	1.75	1.72	1.69	1.66
19	2.99	2.61	2.40	2.27	2.18	2.11	2.06	2.02	1.98	1.96	1.91	1.86	1.81	1.79	1.76	1.73	1.70	1.67	1.63
20	2.97	2.59	2.38	2.25	2.16	2.09	2.04	2.00	1.96	1.94	1.89	1.84	1.79	1.77	1.74	1.71	1.68	1.64	1.61
21	2.96	2.57	2.36	2.23	2.14	2.08	2.02	1.98	1.95	1.92	1.87	1.83	1.78	1.75	1.72	1.69	1.66	1.62	1.59
22	2.95	2.56	2.35	2.22	2.13	2.06	2.01	1.97	1.93	1.90	1.86	1.81	1.76	1.73	1.70	1.67	1.64	1.60	1.57
23	2.94	2.55	2.34	2.21	2.11	2.05	1.99	1.95	1.92	1.89	1.84	1.80	1.74	1.72	1.69	1.66	1.62	1.59	1.55

续前表

$\alpha=0.10$

n_2 \ n_1	1	2	3	4	5	6	7	8	9	10	12	15	20	24	30	40	60	120	∞
24	2.93	2.54	2.33	2.19	2.10	2.04	1.98	1.94	1.91	1.88	1.83	1.78	1.73	1.70	1.67	1.64	1.61	1.57	1.53
25	2.92	2.53	2.32	2.18	2.09	2.02	1.97	1.93	1.89	1.87	1.82	1.77	1.72	1.69	1.66	1.63	1.59	1.56	1.52
26	2.91	2.52	2.31	2.17	2.08	2.01	1.96	1.92	1.88	1.86	1.81	1.76	1.71	1.68	1.65	1.61	1.58	1.54	1.50
27	2.90	2.51	2.30	2.17	2.07	2.00	1.95	1.91	1.87	1.85	1.80	1.75	1.70	1.67	1.64	1.60	1.57	1.53	1.49
28	2.89	2.50	2.29	2.16	2.06	2.00	1.94	1.90	1.87	1.84	1.79	1.74	1.69	1.66	1.63	1.59	1.56	1.52	1.48
29	2.89	2.50	2.28	2.15	2.06	1.99	1.93	1.89	1.86	1.83	1.78	1.73	1.68	1.65	1.62	1.58	1.55	1.51	1.47
30	2.88	2.49	2.28	2.14	2.05	1.98	1.93	1.88	1.85	1.82	1.77	1.72	1.67	1.64	1.61	1.57	1.54	1.50	1.46
40	2.84	2.44	2.23	2.09	2.00	1.93	1.87	1.83	1.79	1.76	1.71	1.66	1.61	1.57	1.54	1.51	1.47	1.42	1.38
60	2.79	2.39	2.18	2.04	1.95	1.87	1.82	1.77	1.74	1.71	1.66	1.60	1.54	1.51	1.48	1.44	1.40	1.35	1.29
120	2.75	2.35	2.13	1.99	1.90	1.82	1.77	1.72	1.68	1.65	1.60	1.55	1.48	1.45	1.41	1.37	1.32	1.26	1.19
∞	2.71	2.30	2.08	1.94	1.85	1.77	1.72	1.67	1.63	1.60	1.55	1.49	1.42	1.38	1.34	1.30	1.24	1.17	1.00

$\alpha=0.05$

n_2 \ n_1	1	2	3	4	5	6	7	8	9	10	12	15	20	24	30	40	60	120	∞
1	161.4	199.5	215.7	224.6	230.2	234.0	236.8	238.9	240.5	241.9	243.9	245.9	248.0	249.1	250.1	251.1	252.2	253.3	254.3
2	18.51	19.00	19.16	19.25	19.30	19.33	19.35	19.37	19.38	19.40	19.41	19.43	19.45	19.45	19.46	19.47	19.48	19.49	19.50
3	10.13	9.55	9.28	9.12	9.01	8.94	8.89	8.85	8.81	8.79	8.74	8.70	8.66	8.64	8.62	8.59	8.57	8.55	8.53
4	7.71	6.94	6.59	6.39	6.26	6.16	6.09	6.04	6.00	5.96	5.91	5.86	5.80	5.77	5.75	5.72	5.69	5.66	5.63
5	6.61	5.79	5.41	5.19	5.05	4.95	4.88	4.82	4.77	4.74	4.68	4.62	4.56	4.53	4.50	4.46	4.43	4.40	4.36
6	5.99	5.14	4.76	4.53	4.39	4.28	4.21	4.15	4.10	4.06	4.00	3.94	3.87	3.84	3.81	3.77	3.74	3.70	3.67
7	5.59	4.74	4.35	4.12	3.97	3.87	3.79	3.73	3.68	3.64	3.57	3.51	3.44	3.41	3.38	3.34	3.30	3.27	3.23
8	5.32	446	4.07	3.84	3.69	3.58	3.50	3.44	3.39	3.35	3.28	3.22	3.15	3.12	3.08	3.04	3.01	2.97	2.93
9	5.12	4.26	3.86	3.63	3.48	3.37	3.29	3.23	3.18	3.14	3.07	3.01	2.94	2.90	2.86	2.83	2.79	2.75	2.71
10	4.96	4.10	3.71	3.48	3.33	3.22	3.14	3.07	3.02	2.98	2.91	2.85	2.77	2.74	2.70	2.66	2.62	2.58	2.54
11	4.84	3.98	3.59	3.36	3.20	3.09	3.01	2.95	2.90	2.85	2.79	2.72	2.65	2.61	2.57	2.53	2.49	2.45	2.40
12	4.75	3.89	3.49	3.26	3.11	3.00	2.91	2.85	2.80	2.75	2.69	2.62	2.54	2.51	2.47	2.43	2.38	2.34	2.30
13	4.67	3.81	3.41	3.18	3.03	2.92	2.83	2.77	2.71	2.67	2.60	2.53	2.46	2.42	2.38	2.34	2.30	2.25	2.21
14	4.60	3.74	3.34	3.11	2.96	2.85	2.76	2.70	2.65	2.60	2.53	2.46	2.39	2.35	2.31	2.27	2.22	2.18	2.13
15	4.54	3.68	3.29	3.06	2.90	2.79	2.71	2.64	2.59	2.54	2.48	2.40	2.33	2.29	2.25	2.20	2.16	2.11	2.07

续前表

$\alpha=0.005$

n_2 \ n_1	1	2	3	4	5	6	7	8	9	10	12	15	20	24	30	40	60	120	∞
16	4.49	3.63	3.24	3.01	2.85	2.74	2.66	2.59	2.54	2.49	2.42	2.35	2.28	2.24	2.19	2.15	2.11	2.06	2.01
17	4.45	3.59	3.20	2.96	2.81	2.70	2.61	2.55	2.49	2.45	2.38	2.31	2.23	2.19	2.15	2.10	2.06	2.01	1.96
18	4.41	3.55	3.16	2.93	2.77	2.66	2.58	2.51	2.46	2.41	2.34	2.27	2.19	2.15	2.11	2.06	2.02	1.97	1.92
19	4.38	3.52	3.13	2.90	2.74	2.63	2.54	2.48	2.42	2.38	2.31	2.23	2.16	2.11	2.07	2.03	1.98	1.93	1.88
20	4.35	3.49	3.10	2.87	2.71	2.60	2.51	2.45	2.39	2.35	2.28	2.20	2.12	2.08	2.04	1.99	1.95	1.90	1.84
21	4.32	3.47	3.07	2.84	2.68	2.57	2.49	2.42	2.37	2.32	2.25	2.18	2.10	2.05	2.01	1.96	1.92	1.87	1.81
22	4.30	3.44	3.05	2.82	2.66	2.55	2.46	2.40	2.34	2.30	2.23	2.15	2.07	2.03	1.98	1.94	1.89	1.84	1.78
23	4.28	3.42	3.03	2.80	2.64	2.53	2.44	2.37	2.32	2.27	2.20	2.13	2.05	2.01	1.96	1.91	1.86	1.81	1.76
24	4.26	3.40	3.01	2.78	2.62	2.51	2.42	2.36	2.30	2.25	2.18	2.11	2.03	1.98	1.94	1.89	1.84	1.79	1.73
25	4.24	3.39	2.99	2.76	2.60	2.49	2.40	2.34	2.28	2.24	2.16	2.09	2.01	1.96	1.92	1.87	1.82	1.77	1.71
26	4.23	3.37	2.98	2.74	2.59	2.47	2.39	2.32	2.27	2.22	2.15	2.07	1.99	1.95	1.90	1.85	1.80	1.75	1.69
27	4.21	3.35	2.96	2.73	2.57	2.46	2.37	2.31	2.25	2.20	2.13	2.06	1.97	1.93	1.88	1.84	1.79	1.73	1.67
28	4.20	3.34	2.95	2.71	2.56	2.45	2.36	2.29	2.24	2.19	2.12	2.04	1.96	1.91	1.87	1.82	1.77	1.71	1.65
29	4.18	3.33	2.93	2.70	2.55	2.43	2.35	2.28	2.22	2.18	2.10	2.03	1.94	1.90	1.85	1.81	1.75	1.70	1.64
30	4.17	3.32	2.92	2.69	2.53	2.42	2.33	2.27	2.21	2.16	2.09	2.01	1.93	1.89	1.84	1.79	1.74	1.68	1.62
40	4.08	3.23	2.84	2.61	2.45	2.34	2.25	2.18	2.12	2.08	2.00	1.92	1.84	1.79	1.74	1.69	1.64	1.58	1.51
60	4.00	3.15	2.76	2.53	2.37	2.25	2.17	2.10	2.04	1.99	1.92	1.84	1.75	1.70	1.65	1.59	1.53	1.47	1.39
120	3.92	3.07	2.68	2.45	2.29	2.18	2.09	2.02	1.96	1.91	1.83	1.75.	1.66	1.61	1.55	1.50	1.43	1.35	1.25
∞	3.84	3.00	2.60	2.37	2.21	2.10	2.01	1.94	1.88	1.83	1.75	1.67	1.57	1.52	1.46	1.39	1.32	1.22	1.00

$\alpha=0.025$

n_2 \ n_1	1	2	3	4	5	6	7	8	9	10	12	15	20	24	30	40	60	120	∞
1	647.8	799.5	864.2	899.6	921.8	937.1	948.2	956.7	963.3	968.6	976.7	984.9	993.1	997.2	1001	1006	1010	1014	1018
2	38.51	39.00	39.17	39.25	39.30	39.33	39.36	39.37	39.39	39.40	39.41	39.43	39.45	39.46	39.46	39.47	39.48	39.49	39.50
3	17.44	16.04	15.44	15.10	14.88	14.73	14.62	14.54	14.47	14.42	14.34	14.25	14.17	14.12	14.08	14.04	13.99	13.95	13.90
4	12.22	10.65	9.98	9.60	9.36	9.20	9.07	8.98	8.90	8.84	8.75	8.66	8.56	8.51	8.46	8.41	8.36	8.31	8.26
5	10.01	8.43	7.76	7.39	7.15	6.98	6.85	6.76	6.68	6.62	6.52	6.43	6.33	6.28	6.23	6.18	6.12	6.07	6.02
6	8.81	7.26	6.60	6.23	5.99	5.82	5.70	5.60	5.52	5.46	5.37	5.27	5.17	5.12	5.07	5.01	4.96	4.90	4.85
7	8.07	6.54	5.89	5.52	5.29	5.12	4.99	4.90	4.82	4.76	4.67	4.57	4.47	4.41	4.36	4.31	4.25	4.20	4.14
8	7.57	6.06	5.42	5.05	4.82	4.65	4.53	4.43	4.36	4.30	4.20	4.10	4.00	3.95	3.89	3.84	3.78	3.73	3.67
9	7.21	5.71	5.08	4.72	4.48	4.32	4.20	4.10	4.03	3.96	3.87	3.77	3.67	3.61	3.56	3.51	3.45	3.39	3.33

续前表

$\alpha=0.025$

n_2 \ n_1	1	2	3	4	5	6	7	8	9	10	12	15	20	24	30	40	60	120	∞
10	6.94	5.46	4.83	4.47	4.24	4.07	3.95	3.85	3.78	3.72	3.62	3.52	3.42	3.37	3.31	3.26	3.20	3.14	3.08
11	6.72	5.26	4.63	4.28	4.04	3.88	3.76	3.66	3.59	3.53	3.43	3.33	3.23	3.17	3.12	3.06	3.00	2.94	2.88
12	6.55	5.10	4.47	4.12	3.89	3.73	3.61	3.51	3.44	3.37	3.28	3.18	3.07	3.02	2.96	2.91	2.85	2.79	2.72
13	6.41	4.97	4.35	4.00	3.77	3.60	3.48	3.39	3.31	3.25	3.15	3.05	2.95	2.89	2.84	2.78	2.72	2.66	2.60
14	6.30	4.86	4.24	3.89	3.66	3.50	3.38	3.29	3.21	3.15	3.05	2.95	2.84	2.79	2.73	2.67	2.61	2.55	2.49
15	6.20	4.77	4.15	3.80	3.58	3.41	3.29	3.20	3.12	3.06	2.96	2.86	2.76	2.70	2.64	2.59	2.52	2.46	2.40
16	6.12	4.69	4.08	3.73	3.50	3.34	3.22	3.12	3.05	2.99	2.89	2.79	2.68	2.63	2.57	2.51	2.45	2.38	2.32
17	6.04	4.62	4.01	3.66	3.44	3.28	3.16	3.06	2.98	2.92	2.82	2.72	2.62	2.56	2.50	2.44	2.38	2.32	2.25
18	5.98	4.56	3.95	3.61	3.38	3.22	3.10	3.01	2.93	2.87	2.77	2.67	2.56	2.50	2.44	2.38	2.32	2.26	2.19
19	5.92	4.51	3.90	3.56	3.33	3.17	3.05	2.96	2.88	2.82	2.72	2.62	2.51	2.45	2.39	2.33	2.27	2.20	2.13
20	5.87	4.46	3.86	3.51	3.29	3.13	3.01	2.91	2.84	2.77	2.68	2.57	2.46	2.41	2.35	2.29	2.22	2.16	2.09
21	5.83	4.42	3.82	3.48	3.25	3.09	2.97	2.87	2.80	2.73	2.64	2.53	2.42	2.37	2.31	2.25	2.18	2.11	2.04
22	5.79	4.38	3.78	3.44	3.22	3.05	2.93	2.84	2.76	2.70	2.60	2.50	2.39	2.33	2.27	2.21	2.14	2.08	2.00
23	5.75	4.35	3.75	3.41	3.18	3.02	2.90	2.81	2.73	2.67	2.57	2.47	2.36	2.30	2.24	2.18	2.11	2.04	1.97
24	5.72	4.32	3.72	3.38	3.15	2.99	2.87	2.78	2.70	2.64	2.54	2.44	2.33	2.27	2.21	2.15	2.08	2.01	1.94
25	5.69	4.29	3.69	3.35	3.13	2.97	2.85	2.75	2.68	2.61	2.51	2.41	2.30	2.24	2.18	2.12	2.05	1.98	1.91
26	5.66	4.27	3.67	3.33	3.10	2.94	2.82	2.73	2.65	2.59	2.49	2.39	2.28	2.22	2.16	2.09	2.03	1.95	1.88
27	5.63	4.24	3.65	3.31	3.08	2.92	2.80	2.71	2.63	2.57	2.47	2.36	2.25	2.19	2.13	2.07	2.00	1.93	1.85
28	5.61	4.22	3.63	3.29	3.06	2.90	2.78	2.69	2.61	2.55	2.45	2.34	2.23	2.17	2.11	2.05	1.98	1.91	1.83
29	5.59	4.20	3.61	3.27	3.04	2.88	2.76	2.67	2.59	2.53	2.43	2.32	2.21	2.15	2.09	2.03	1.96	1.89	1.81
30	5.57	4.18	3.59	3.25	3.03	2.87	2.75	2.65	2.57	2.51	2.41	2.31	2.20	2.14	2.07	2.01	1.94	1.87	1.79
40	5.42	4.05	3.46	3.13	2.90	2.74	2.62	2.53	2.45	2.39	2.29	2.18	2.07	2.01	1.94	1.88	1.80	1.72	1.64
60	5.29	3.93	3.34	3.01	2.79	2.63	2.51	2.41	2.33	2.27	2.17	2.06	1.94	1.88	1.82	1.74	1.67	1.58	1.48
120	5.15	3.80	3.23	2.89	2.67	2.52	2.39	2.30	2.22	2.16	2.05	1.94	1.82	1.76	1.69	1.61	1.53	1.43	1.31
∞	5.02	3.69	3.12	2.79	2.57	2.41	2.29	2.19	2.11	2.05	1.94	1.83	1.71	1.64	1.57	1.48	1.39	1.27	1.00

$\alpha=0.01$

n_2 \ n_1	1	2	3	4	5	6	7	8	9	10	12	15	20	24	30	40	60	120	∞
1	4052	4999.5	5403	5625	5764	5859	5928	5981	6022	6056	6106	6157	6209	6235	6261	6287	6313	63339	6366
2	98.50	99.00	99.17	99.25	99.30	99.33	99.36	99.37	99.39	99.40	99.42	99.43	99.45	99.46	99.47	99.47	99.48	99.49	99.50
3	34.12	30.82	2946	28.71	28.24	27.91	27.67	27.49	27.35	27.23	27.05	26.87	26.69	26.60	26.50	26.41	26.32	26.22	26.13

续前表

$\alpha=0.01$

n_2 \ n_1	1	2	3	4	5	6	7	8	9	10	12	15	20	24	30	40	60	120	∞
4	21.20	18.00	16.69	15.98	15.52	15.21	14.98	14.80	14.66	14.55	14.37	14.20	14.02	13.93	13.84	13.75	13.65	13.56	13.46
5	16.26	13.27	12.06	11.39	10.97	10.67	10.46	10.29	10.16	10.05	9.89	9.72	9.55	9.47	9.38	9.29	9.20	9.11	9.02
6	13.75	10.92	9.78	9.15	8.75	8.47	8.26	8.10	7.98	7.87	7.72	7.56	7.40	7.31	7.23	7.14	7.06	6.97	6.88
7	12.25	9.55	8.45	7.85	7.46	7.19	6.99	6.84	6.72	6.62	6.47	6.31	6.16	6.07	5.99	5.91	5.82	5.74	5.65
8	11.26	8.65	7.59	7.01	6.63	6.37	6.18	6.03	5.91	5.81	5.67	5.52	5.36	5.28	5.20	5.12	5.03	4.95	4.86
9	10.56	8.02	6.99	6.42	6.06	5.80	5.61	5.47	5.35	5.26	5.11	4.96	4.81	4.73	4.65	4.57	4.48	4.40	4.31
10	10.04	7.56	6.55	5.99	5.64	5.39	5.20	5.06	4.94	4.85	4.71	4.56	4.41	4.33	4.25	4.17	4.08	4.00	3.91
11	9.65	7.21	6.22	5.67	5.32	5.07	4.89	4.74	4.63	4.54	4.40	4.25	4.10	4.02	3.94	3.86	3.78	3.69	3.60
12	9.33	6.93	5.95	5.41	5.06	4.82	4.64	4.50	4.39	4.30	4.16	4.01	3.86	3.78	3.70	3.62	3.54	3.45	3.36
13	9.07	6.70	5.74	5.21	4.86	4.62	4.44	4.30	4.19	4.10	3.96	3.82	3.66	3.59	3.51	3.43	3.34	3.25	3.17
14	8.86	6.51	5.56	5.04	4.69	4.46	4.28	4.14	4.03	3.94	3.80	3.66	3.51	3.43	3.35	3.27	3.18	3.09	3.00
15	8.68	6.36	5.42	4.89	4.56	4.32	4.14	4.00	3.89	3.80	3.67	3.52	3.37	3.29	3.21	3.13	3.05	2.96	2.87
16	8.53	6.23	5.29	4.77	4.44	4.20	4.03	3.89	3.78	3.69	3.55	3.41	3.26	3.18	3.10	3.02	2.93	2.84	2.75
17	8.40	6.11	5.18	4.67	4.34	4.10	3.93	3.79	3.68	3.59	3.46	3.31	3.16	3.08	3.00	2.92	2.83	2.75	2.65
18	8.29	6.01	5.09	4.58	4.25	4.01	3.84	3.71	3.60	3.51	3.37	3.23	3.08	3.00	2.92	2.84	2.75	2.66	2.57
19	8.18	5.93	5.01	4.50	4.17	3.94	3.77	3.63	3.52	3.43	3.30	3.15	3.00	2.92	2.84	2.76	2.67	2.58	2.49
20	8.10	5.85	4.94	4.43	4.10	3.87	3.70	3.56	3.46	3.37	3.23	3.09	2.94	2.86	2.78	2.69	2.61	2.52	2.42
21	8.02	5.78	4.87	4.37	4.04	3.81	3.64	3.51	3.40	3.31	3.17	3.03	2.88	2.80	2.72	2.64	2.55	2.46	2.36
22	7.95	5.72	4.82	4.31	3.99	3.76	3.59	3.45	3.35	3.26	3.12	2.98	2.83	2.75	2.67	2.58	2.50	2.40	2.31
23	7.88	5.66	4.76	4.26	3.94	3.71	3.54	3.41	3.30	3.21	3.07	2.93	2.78	2.70	2.62	2.54	2.45	2.35	2.26
24	7.82	5.61	4.72	4.22	3.90	3.67	3.50	3.36	3.26	3.17	3.03	2.89	2.74	2.66	2.58	2.49	2.40	2.31	2.21
25	7.77	5.57	4.68	4.18	3.85	3.63	3.46	3.32	3.22	3.13	2.99	2.85	2.70	2.62	2.54	2.45	2.36	2.27	2.17
26	7.72	5.53	4.64	4.14	3.82	3.59	3.42	3.29	3.18	3.09	2.96	2.81	2.66	2.58	2.50	2.42	2.33	2.23	2.13
27	7.68	5.49	4.60	4.11	3.78	3.56	3.39	3.26	3.15	3.06	2.93	2.78	2.63	2.55	2.47	2.38	2.29	2.20	2.10
28	7.64	5.45	4.57	4.07	3.75	3.53	3.36	3.23	3.12	3.03	2.90	2.75	2.60	2.52	2.44	2.35	2.26	2.17	2.06
29	7.60	5.42	4.54	4.04	3.73	3.50	3.33	3.20	3.09	3.00	2.87	2.73	2.57	2.49	2.41	2.33	2.23	2.14	2.03
30	7.56	5.39	4.51	4.02	3.70	3.47	3.30	3.17	3.07	2.98	2.84	2.70	2.55	2.47	2.39	2.30	2.21	2.11	2.01
40	7.31	5.18	4.31	3.83	3.51	3.29	3.12	2.99	2.89	2.80	2.66	2.52	2.37	2.29	2.20	2.11	2.02	1.92	1.80
60	7.08	4.98	4.13	3.65	3.34	3.12	2.95	2.82	2.72	2.63	2.50	2.35	2.20	2.12	2.03	1.94	1.84	1.73	1.60
120	6.85	4.79	3.95	3.48	3.17	2.96	2.79	2.66	2.56	2.47	2.34	2.19	2.03	1.95	1.86	1.76	1.66	1.53	1.38
∞	6.63	4.61	3.78	3.32	3.02	2.80	2.64	2.51	2.41	2.32	2.18	2.04	1.88	1.79	1.70	1.59	1.47	1.32	1.00

续前表

$\alpha=0.005$

n_2 \ n_1	1	2	3	4	5	6	7	8	9	10	12	15	20	24	30	40	60	120	∞
1	16211	20000	21615	22500	23056	23437	23715	23925	24091	24224	24426	24630	24836	24940	25044	25148	25253	25359	25464
2	198.5	199.0	199.2	199.2	199.3	199.3	199.4	199.4	199.4	199.4	199.4	199.4	199.4	199.5	199.5	199.5	199.5	199.5	199.5
3	55.55	49.80	47.47	46.19	45.39	44.84	44.43	44.13	43.88	43.69	43.39	43.08	42.78	42.62	42.47	42.31	42.15	41.99	41.83
4	31.33	26.28	24.26	23.15	22.46	21.97	21.62	21.35	21.14	20.97	20.70	20.44	20.17	20.03	19.89	19.75	19.61	19.47	19.32
5	22.78	18.31	16.53	15.56	14.94	14.51	14.20	13.96	13.77	13.62	13.38	13.15	12.90	12.78	12.66	12.53	12.40	12.27	12.14
6	18.63	14.54	12.92	12.03	11.46	11.07	10.79	10.57	10.39	10.25	10.03	9.81	5.59	9.47	9.36	9.24	9.12	9.00	8.88
7	16.24	12.40	10.88	10.05	9.52	9.16	8.89	8.68	8.51	8.38	8.18	7.97	7.75	7.64	7.53	7.42	7.31	7.19	7.08
8	14.69	11.04	9.60	8.81	8.30	7.95	7.69	7.50	7.34	7.21	7.01	6.81	6.61	6.50	6.40	6.29	6.18	6.06	5.95
9	13.61	10.11	8.72	7.96	7.47	7.13	6.88	6.69	6.54	6.42	6.23	6.03	5.83	5.73	5.62	5.52	5.41	5.30	5.19
10	12.83	9.43	8.08	7.34	6.87	6.54	6.30	6.12	5.97	5.85	5.66	5.47	5.27	5.17	5.07	4.97	4.86	4.75	4.64
11	12.23	8.91	7.60	6.88	6.42	6.10	5.86	5.68	5.54	5.42	5.24	5.05	4.86	4.76	4.65	4.55	4.45	4.34	4.23
12	11.75	8.51	7.23	6.52	6.07	5.76	5.52	5.35	5.20	5.09	4.91	4.72	4.53	4.43	4.33	4.23	4.12	4.01	3.90
13	11.37	8.19	6.93	6.23	5.79	5.48	5.25	5.08	494	4.82	4.64	4.46	4.27	4.17	4.07	3.97	3.87	3.76	3.65
14	11.06	7.92	6.68	6.00	5.56	5.26	5.03	4.86	4.72	4.60	4.43	4.25	4.06	3.96	3.86	3.76	3.66	3.55	3.44
15	10.80	7.70	6.48	5.80	5.37	5.07	4.85	4.67	4.54	4.42	4.25	4.07	3.88	3.79	3.69	3.58	3.48	3.37	3.26
16	10.58	7.51	6.30	5.64	5.21	491	4.69	4.52	4.38	4.27	4.10	3.92	3.73	3.64	3.54	3.44	3.33	3.22	3.11
17	10.38	7.35	6.16	5.50	5.07	4.78	4.56	4.39	4.25	4.14	3.97	3.79	3.61	3.51	3.41	3.31	3.21	3.10	2.98
18	10.22	7.21	6.03	5.37	496	4.66	4.44	4.28	4.14	4.03	3.86	3.68	3.50	3.40	3.30	3.20	3.10	2.99	2.87
19	10.07	7.09	5.92	5.27	4.85	4.56	4.34	4.18	4.04	3.93	3.76	3.59	3.40	3.31	3.21	3.11	3.00	2.89	2.78
20	9.94	6.99	5.82	5.17	4.76	4.47	4.26	4.09	3.96	3.85	3.68	3.50	3.32	3.22	3.12	3.02	2.92	2.81	2.69
21	9.83	6.89	5.73	5.09	4.68	4.39	4.18	4.01	3.88	3.77	3.60	3.43	3.24	3.15	3.05	2.95	2.84	2.73	2.61
22	9.73	6.81	5.65	5.02	4.61	4.32	4.11	3.94	3.81	3.70	3.54	3.36	3.18	3.08	2.98	2.88	2.77	2.66	2.55
23	9.63	6.73	5.58	4.95	4.54	4.26	4.05	3.88	3.75	3.64	3.47	3.30	3.12	3.02	2.92	2.82	2.71	2.60	2.48
24	9.55	6.66	5.52	4.89	4.49	4.20	3.99	3.83	3.69	3.59	3.42	3.25	3.06	2.97	2.87	2.77	2.66	2.55	2.43
25	9.48	6.60	5.46	484	4.43	4.15	3.94	3.78	3.64	3.54	3.37	3.20	3.01	2.92	2.82	2.72	2.61	2.50	2.38

续前表

$\alpha=0.005$

n_2 \ n_1	1	2	3	4	5	6	7	8	9	10	12	15	20	24	30	40	60	120	∞
26	9.41	6.54	5.41	4.79	4.38	4.10	3.89	3.73	3.60	3.49	3.33	3.15	2.97	2.87	2.77	2.67	2.56	2.45	2.33
27	9.34	6.49	5.36	4.74	4.34	4.06	3.85	3.69	3.56	3.45	3.28	3.11	2.93	2.83	2.73	2.63	2.52	2.41	2.29
28	9.28	6.44	5.32	4.70	4.30	4.02	3.81	3.65	3.52	3.41	3.25	3.07	2.89	2.79	2.69	2.59	2.48	2.37	2.25
29	9.23	6.40	5.28	4.66	4.26	3.98	3.77	3.61	3.48	3.38	3.21	3.04	2.86	2.76	2.66	2.56	2.45	2.33	2.21
30	9.18	6.35	5.24	4.62	4.23	3.95	3.74	3.58	3.45	3.34	3.18	3.01	2.82	2.73	2.63	2.52	2.42	2.30	2.18
40	8.83	6.07	4.98	4.37	3.99	3.71	3.51	3.35	3.22	3.12	2.95	2.78	2.60	2.50	2.40	2.30	2.18	2.06	1.93
60	8.49	5.79	4.73	4.14	3.76	3.49	3.29	3.13	3.01	2.90	2.74	2.57	2.39	2.29	2.19	2.08	1.96	1.83	1.69
120	8.18	5.54	4.50	3.92	3.55	3.28	3.09	2.93	2.81	2.71	2.54	2.37	2.19	2.09	1.98	1.87	1.75	1.61	1.43
∞	7.88	5.30	4.28	3.72	3.35	3.09	2.90	2.74	2.62	2.52	2.36	2.19	2.00	1.90	1.79	1.67	1.53	1.36	1.00

附表 6　相关系数临界值表

$P\{|r|>r_\alpha\}=\alpha$

$n-2$ \ α	0.10	0.05	0.02	0.01	0.001	α / $n-2$
1	0.98769	0.99692	0.999507	0.9877	0.9999988	1
2	0.90000	0.95000	0.98000	0.99000	0.99900	2
3	0.8054	0.8783	0.9343	0.95874	0.99114	3
4	0.7293	0.8114	0.8822	0.91720	0.97407	4
5	0.6694	0.7545	0.8329	0.8745	0.95088	5
6	0.6215	0.7067	0.7887	0.8743	0.92490	6
7	0.5822	0.6664	0.7498	0.7977	0.8983	7
8	0.5494	0.6319	0.7155	0.7646	0.8721	8
9	0.5214	0.6021	0.6851	0.7348	0.8471	9
10	0.4973	0.5760	0.6581	0.7079	0.8233	10
11	0.4762	0.5529	0.6339	0.6835	0.8010	11
12	0.4575	0.5324	0.6120	0.6614	0.7800	12
13	0.4409	0.5140	0.5923	0.6411	0.7604	13
14	0.4259	0.4973	0.5742	0.6226	0.7420	14
15	0.4124	0.4821	0.5577	0.6055	0.7247	15
16	0.4000	0.4683	0.5425	0.5897	0.7084	16
17	0.3887	0.4555	0.5285	0.5751	0.6932	17
18	0.3783	0.4438	0.5155	0.5614	0.6788	18
19	0.3687	0.4329	0.5034	0.5487	0.652	19
20	0.3598	0.4227	0.4921	0.5368	0.6524	20
25	0.3233	0.3809	0.4451	0.4869	0.5974	25
30	0.2960	0.3494	0.4093	0.4487	0.5541	30
35	0.2746	0.3246	0.3810	0.4182	0.5189	35
40	0.2573	0.3044	0.3578	0.3932	0.4896	40
45	0.2429	0.2876	0.3384	0.3721	0.4647	45
50	0.2306	0.2732	0.3218	0.3542	0.4432	50
60	0.2108	0.2500	0.2948	0.3248	0.4079	60
70	0.1954	0.2319	0.2737	0.3017	0.3798	70
80	0.1829	0.2172	0.2565	0.2830	0.3568	80
90	0.1726	0.2050	0.2422	0.2673	0.3375	90
100	0.1638	0.1946	0.2301	0.2540	0.3211	100

参考文献

1. 阿兰・F. 祖尔,埃琳娜・N. 耶诺,埃里克・H. W. G. 密斯特. R语言初学者指南[M]. 周丙常,王亮译,西安:西安交通大学出版社,2011.

2. Peter Dalgaard. R语言统计入门[M]. 郝智恒,何通,邓一硕,刘旭华译. 北京:人民邮电出版社,2014.

3. 贾俊平,何晓群,金勇进. 统计学(第五版)[M]. 北京:中国人民大学出版社,2012.

4. 汤银才. R语言与统计分析[M]. 北京:高等教育出版社,2008.

5. 茆诗松,程依明,濮晓龙. 概率论与数理统计教程[M]. 北京:高等教育出版社,2004.

6. 李贤平. 概率论基础(第三版)[M]. 上海:复旦大学出版社,2010.

7. 吴赣昌. 概率论与数理统计(第五版)[M]. 北京:中国人民大学出版社,2017.

8. 陈希孺. 概率论与数理统计[M]. 合肥:中国科学技术大学出版社,2000.

9. 盛骤,谢式千,潘承毅. 概率论与数理统计(第四版)[M]. 北京:高等教育出版社,2008.

10. 王静龙,梁小筠,王黎明. 属性数据分析[M]. 北京:高等教育出版社,2013.

11. Robert R. Johnson,Patricia J. Kuby. 统计学[M]. 夏国风,蒋爱萍等译. 北京:机械工业出版社,2011.

12. 杜先能,孙国正,蒋威,侯为波,祝东进. 概率论与数理统计[M]. 合肥:安徽大学出版社,2003.

13. 谢龙汉,尚涛. SPSS统计分析与数据挖掘[M]. 北京:电子工业出版社,2012.

14. 李曦. 概率论与数理统计习题精解巧析[M]. 北京:电子工业出版社,2016.

15. 吕书飞,梁飞豹,刘文丽,薛美玉. 应用统计分析R语言实战[M]. 北京:北京大学出版社,2017.

16. G. Jay Kerns. *Introduction to Probability and Statistics Using R*(First Edition), GNU Free Documentation License,2011,www.nongnu.org/ipsur/.

17. 师义民,徐伟,秦超英,许勇. 数理统计(第四版)[M]. 北京:科学出版社,2015.

18. 吴喜之. 统计学:从数据到结论[M]. 北京:中国统计出版社,2004.

19. 曾五一,肖红. 统计学导论[M]. 北京:科学出版社,2007.

20. 戴维・R. 安德森等. 商务与经济统计(原书第13版)[M]. 张建华等译. 北京:机械工业出版社,2018.